普通高等教育规划教材

煤化工工艺学

鄂永胜　刘　通　主编
贺凤伟　　　主审

化学工业出版社
·北京·

本书主要讲解煤化工生产的反应原理、生产实用工艺和主要生产设备，同时兼顾最新工艺技术的开发和应用情况。全书分九章，分别介绍了绪论、炼焦及化学产品回收、煤的低温干馏、煤的气化、煤与碳一化学、碳一化学品合成技术、煤的直接液化、洁净煤技术、煤化工生产与环境保护。

本书可作为高等学校煤化工专业学生的教材，也可供从事煤化工设计、生产、科研的技术人员及有关专业师生参考。

图书在版编目（CIP）数据

煤化工工艺学/鄂永胜，刘通主编 . —北京：化学工业出版社，2015.9（2024.8重印）

普通高等教育规划教材

ISBN 978-7-122-24725-4

Ⅰ.①煤… Ⅱ.①鄂…②刘… Ⅲ.①煤化工-工艺学-高等学校-教材 Ⅳ.①TQ53

中国版本图书馆 CIP 数据核字（2015）第 171013 号

责任编辑：张双进　　　　　　　　　　文字编辑：向　东
责任校对：边　涛　　　　　　　　　　装帧设计：王晓宇

出版发行：化学工业出版社（北京市东城区青年湖南街 13 号　邮政编码 100011）
印　　装：北京虎彩文化传播有限公司
787mm×1092mm　1/16　印张 18　字数 478 千字　2024 年 8 月北京第 1 版第 5 次印刷

购书咨询：010-64518888　　　　　　　售后服务：010-64518899
网　　址：http://www.cip.com.cn
凡购买本书，如有缺损质量问题，本社销售中心负责调换。

定　　价：49.00 元　　　　　　　　　　　　　　　　版权所有　违者必究

前　言

《煤化工工艺学》一书主要讲解煤化工生产的反应原理、生产实用工艺和主要生产设备，同时兼顾最新工艺技术的开发和应用情况。其中生产实用工艺的讲解是本书的重点。

本书的编排突出了两个特点：一个是注重理论联系实际，着重讲解煤化工领域现行应用的生产工艺，如化学产品回收中脱硫的 HPF 脱硫法、粗苯精制的低温加氢工艺、低温干馏中的兰炭生产技术、神华集团的煤炭直接液化技术和甲醇制烯烃工艺等；另一个是注重对煤化工专业领域的新知识、新技术和新工艺的讲解，如煤和碳一化学的关系、甲醇制汽油等甲醇化工技术等。

全书共分九章，分别介绍了绪论、炼焦及化学产品回收、煤的低温干馏、煤的气化、煤与碳一化学、碳一化学品合成技术、煤的直接液化、洁净煤技术和煤化工生产与环境保护内容。

本书可作为高等学校煤化工专业教材，也可供从事煤化工设计、生产、科研的技术人员及有关专业师生参考。

本书由辽宁科技学院鄂永胜、刘通任主编，田景利、王强参编。其中第 1 章、第 5 章和第 6 章由鄂永胜编写，第 4 章、第 7 章和第 8 章由刘通编写，第 3 章、第 9 章由田景利编写，第 2 章由王强编写。全书由辽宁科技学院贺凤伟主审。

由于编者水平有限，书中难免有不当之处，希望各位专家和读者提出批评和指正。

编者
2015 年 1 月

目录

8 洁净煤技术 ……… 254

9 煤化工生产与环境保护 ……… 270

1 绪论

1.1 煤及煤化工

　　煤是古代植物埋藏在地下经历了复杂的生物化学和物理化学变化逐渐形成的固体可燃性矿物，是一种固体可燃有机岩，主要由植物遗体经生物化学作用，埋藏后再经地质作用转变而成，俗称煤炭。煤炭被人们誉为黑色的金子，工业的食粮，它是 18 世纪以来人类世界使用的主要能源之一。

　　煤炭是地球上蕴藏量最丰富，分布地域最广的化石燃料。据世界能源委员会的评估，世界煤炭可采资源量达 4.84×10^4 亿吨标准煤，占世界化石燃料可采资源量的 66.8%。世界煤炭可采储量的 60% 集中在美国（25%）、前苏联地区（23%）和中国（12%），此外，澳大利亚、印度、德国和南非 4 个国家共占 29%，上述 7 国或地区的煤炭产量占世界总产量的 80%，已探明的煤炭储量在石油储量的 63 倍以上，世界上煤炭储量丰富的国家同时也是煤炭的主要生产国。

　　中国煤炭资源丰富，除上海以外其他各省区均有分布，但分布极不均衡。在中国北方的大兴安岭-太行山、贺兰山之间的地区，地理范围包括煤炭资源量大于 1000 亿吨以上的内蒙古、山西、陕西、宁夏、甘肃、河南 6 省区的全部或大部，是中国煤炭资源集中分布的地区，其资源量占全国煤炭资源量的 50% 左右，占中国北方地区煤炭资源量的 55% 以上。在中国南方，煤炭资源量主要集中于贵州、云南、四川三省，这三省煤炭资源量之和为 3525.74 亿吨，占中国南方煤炭资源量的 91.47%；探明保有资源量也占中国南方探明保有资源量的 90% 以上。

　　"十一五"规划建议中进一步确立了"煤为基础、多元发展"的基本方略，为中国煤炭工业的兴旺发展奠定了基础。中国煤炭工业将继续保持旺盛的发展趋势，今后一个较长时期内，中国煤炭工业的发展前景都将非常广阔。

　　煤炭的用途十分广泛，可以根据其使用目的归纳为两大类：一类是动力煤，用于燃烧获取其中的能量，如火力发电等；另一类是煤化工用煤，主要包括气化用煤，低温干馏用煤，加氢液化用煤等，已获取清洁能源和化工产品。随着环境保护要求的日趋严格，煤化工用煤的比例正在迅速增加。

　　虽然现在煤化工相对于石油化工仍处于从属地位，但在今后相当长的一段时间内，由于石油的日渐枯竭，导致它必然走向衰败，而煤炭因储量巨大，加之科学技术的飞速发展，煤炭气化等新技术日趋成熟，并得到广泛应用，煤炭必将成为人类生产生活中的无法替代的能源和化工产品原料。

　　煤化工是以煤为原料，经过化学加工使煤转化为气体、液体、固体燃料及化学品，生产出各种化工产品的工业，是相对于石油化工、天然气化工而言的。从理论上来说，以原油和天然气为原料通过石油化工工艺生产出来的产品也都可以以煤为原料通过煤化工工艺生产出来。

煤化工主要包括煤的气化、液化、干馏，以及焦油加工和电石乙炔化工等。见图1-1。

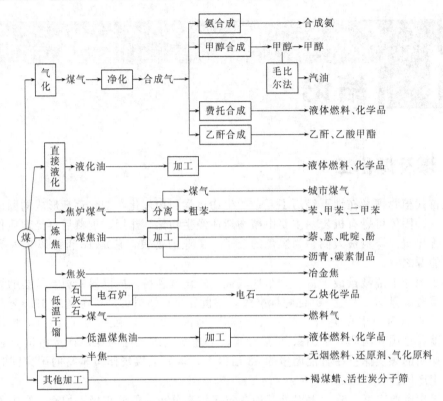

图1-1　煤化工分离及产品示意图

在煤化工可利用的生产技术中，炼焦是应用最早的工艺，并且至今仍然是化学工业的重要组成部分。

煤的气化在煤化工中占有重要地位，用于生产各种气体燃料，是洁净的能源，有利于提高人民生活水平和环境保护；煤气化生产的合成气是合成液体燃料、化工原料等多种产品的原料。

煤直接液化，即煤高压加氢液化，可以生产人造石油和化学产品。在石油短缺时，煤的液化产品将替代天然石油。

发展运用煤化工开始于18世纪后半叶，19世纪形成了完整的煤化工体系。进入20世纪，许多以农林产品为原料的有机化学品多改为以煤为原料生产，煤化工成为化学工业的重要组成部分。随着世界石油资源不断减少，煤化工有着广阔的前景。

1.2　煤化工发展史

中国是使用煤最早的国家之一，早在公元前就用煤冶炼铜矿石、烧陶瓷，至明代已用焦炭冶铁。但煤作为化学工业的原料加以利用并逐步形成工业体系，则是在近代工业革命之后。煤中有机质的基本结构单元，是以芳香族稠环为核心，周围连有杂环及各种官能团的大分子。这种特定的分子结构使它在隔绝空气的条件下，通过热加工和催化加工，能获得固体产品，如焦炭或半焦。同时，还可得到大量的煤气（包括合成气），以及具有经济价值的化学品和液体燃料（如烃类、醇类、氨、苯、甲苯、二甲苯、萘、酚、吡啶、蒽、菲、咔唑等）。因此，煤化工的发展包含着能源和化学品生产两个重要方面，两者相辅相成，促进煤炭综合利用技术的发展。

1.2.1 初创时期

初创时期主要为冶金用焦和煤气的生产。18世纪中叶由于工业革命的进展，英国对炼铁用焦炭的需要量大幅度地增加，炼焦炉应运而生。1763年发展了将煤用于炼焦的蜂窝式炼焦炉，它是由耐火砖砌成圆拱形的空室，顶部及侧壁分别开有煤料和空气进口。点火后，煤料分解放出的挥发性组分，与由侧门进入的空气在拱形室内燃烧，产生的热量由拱顶辐射到煤层提供干馏所需的热源，一般经过48~72h，即可得到合格的焦炭。

18世纪末，煤用于生产民用煤气。1792年，苏格兰人 W. 默多克用铁甑干馏烟煤，并将所得煤气用于家庭照明。1812年，这种干馏煤气首先用于伦敦街道照明，随后世界一些主要城市也相继采用。1816年，美国巴尔的摩市建立了煤干馏工厂生产煤气。从此，铁甑干馏煤的工业就逐步得到发展。1840年，法国用焦炭制取产生炉煤气，用于炼铁。1875年，美国生产增热水煤气用作城市煤气。1850~1860年，法国及欧洲其他国家相继建立了炼焦厂。这时的炼焦炉已开始采用由耐火材料砌成的长方形双侧加热的干馏室。室的每端有封闭铁门，在推焦时可以开启，这种炉就是现代炼焦炉的雏形。虽然焦炭是炼焦的主要目的产物，但是炼焦化学品的回收，也引起人们的重视。19世纪70年代德国成功地建成了有化学品回收装置的焦炉，由煤焦油中提取了大量的芳烃，作为医药、农药、染料等工业的原料。

第一次世界大战期间，钢铁工业高速发展，同时作为火炸药原料的氨、苯及甲苯也很急需，这促使炼焦工业进一步发展，并形成炼焦副产化学品的回收和利用工业。1925年，中国在石家庄建成了第一座焦化厂，满足了汉冶萍炼铁厂对焦炭的需要。

1920~1930年间，煤低温干馏的研究得到重视并较快发展，所得半焦可作民用无烟燃料，低温干馏焦油则进一步加工成液体燃料。1934年，在中国上海建成拥有直立式干馏炉和增热水煤气炉的煤气厂，生产城市煤气。

1.2.2 全面发展时期

第二次世界大战前夕及大战期间，煤化工取得了全面而迅速的发展。1923年德国发明的由一氧化碳加氢合成液体燃料的费托合成法，1933年开始工业生产，1938年产量已达590kt。1931年，F. 柏吉斯由于成功地将煤直接液化制取液体燃料，而获得诺贝尔化学奖。这种由煤高压加氢液化制取液体燃料的方法，1939年已达到1.10Mt的年生产能力。在此期间，德国还建立了大型的低温干馏工厂，以褐煤为主加入少量烟煤的压型煤砖作为原料，开发了克虏伯-鲁奇外热式干馏炉及鲁奇-斯皮尔盖斯内热式干馏炉。所得半焦用于造气，经费托合成制取液体燃料；低温干馏焦油经简单处理后作海军船用燃料，或经高压加氢制取汽油和柴油。1944年低温干馏焦油年生产能力已达到945kt。第二次世界大战末期，德国用加氢液化方法由煤及煤焦油年生产的液体燃料达4Mt，由煤生产液体燃料总量已达每年4.8Mt。与此同时，工业上还从煤焦油中提取各种芳烃及杂环有机产品，作为染料、炸药等的原料。此外，由煤直接化学加工制取磺化煤、腐植酸和褐煤蜡的小型工业，及以煤为原料制取碳化钙，进而生产乙炔从而以乙炔为原料的化学工业也获得发展。

▶ 1.2.3　萧条时期

第二次世界大战后，由于大量廉价石油和天然气的开采，除炼焦工业随钢铁工业的发展而不断发展外，工业上大规模由煤制液体燃料的生产暂时中止，不少工业化国家用天然气代替了民用煤气。以石油和天然气为原料的石油化工飞速发展，致使以煤为基础的乙炔化学工业的地位大大降低。值得提出的是，南非由于其所处的特殊地理和政治环境以及资源条件，以煤为原料合成液体燃料的工业一直在发展。1955 年，SASOL-Ⅰ费托合成法工业装置建成。1977 年，又开发了大型流化床反应器，并先后开发 SASOL-Ⅱ、SASOL-Ⅲ，1982 年相继建成两座规模为年产 1.6Mt 的人造石油生产工厂。

▶ 1.2.4　技术开发时期

1973 年中东战争以及随之而来的石油大幅度涨价，使由煤生产液体燃料及化学品的方法又重新受到重视。欧美等国对此又进行了开发研究工作，并取得了进展。如在煤直接液化的方法中发展了氢煤法、供氢溶剂法（EDS）和溶剂精炼煤法（SRC）等；在煤间接液化法中发展了 SASOL 法，将煤气化制得合成气，再经合成制取发动机燃料；亦可将合成甲醇再转化生产优质汽油，或直接作为燃料甲醇使用。

由于石油的消耗量大，而煤的资源极为丰富，煤化工将得到进一步的发展。

中国发展"十二五"期间，国内经济结构将继续延续重化工业发展的态势，国民经济对能源消费的需求仍将保持平稳增长。预计国内以煤炭为主的能源消费格局短期难以改变，煤炭消费将基本与国民经济增长保持同步增长。

发展新型煤化工可以部分代替石化产品，对于保障国家能源安全具有重要的战略意义。我国石油、天然气对外依存度日益提高，石油进口比例已经超过 50%，国家能源安全问题日益突出。随着国内石油、天然气供应的日益紧张，国内化工行业出现了向煤化工倾斜的趋势。国家在内蒙古、山西、宁夏、河南等地开展了一系列示范工程项目，支持新型煤化工的发展。其中，内蒙古是中国煤化工产业发展最快的地区之一，部分煤化工技术走在全国前列。

从总量上来看，2006 年在建煤化工项目有 30 项，总投资达 800 多亿元，新增产能为甲醇 850 万吨，二甲醚 90 万吨，烯烃 100 万吨，煤制油 124 万吨。而已备案的甲醇项目产能 3400 万吨，烯烃 300 万吨，煤制油 300 万吨。2006 年，国家发改委出台了政策并利用各种渠道广泛征求意见，以期规范和扶持煤化工产业的发展。2006 年中国自主知识产权的煤化工技术也取得了很大的进展，开始从实验室走向生产。

2007 年是中国煤化工产业稳步推进的一年，在国际油价一度冲击百元大关、全球对替代化工原料和替代能源的需求越发迫切的背景下，中国的煤化工行业以其领先的产业化进度成为中国能源结构的重要组成部分。煤化工行业的投资机遇仍然受到国际国内投资者的高度关注，煤化工技术的工业放大不断取得突破、大型煤制油和煤制烯烃装置的建设进展顺利、二甲醚等相关的产品标准相继出台。

1.3　传统煤化工与现代煤化工

煤化工从发展历程上可以分为传统煤化工和现代煤化工，其中煤焦化、煤合成氨、电石属于传统煤化工，而目前所热议的煤化工实际上是现代煤化工，主要是指煤制甲醇、煤制乙二醇、煤制天然气、煤制油、煤制二甲醚及煤制烯烃等项目。目前煤化工热的背景源于石油、天然气价格的不断上涨，使得以煤为原料的煤化工产品在生产上具备了巨大的成本优势，从而成为相对石化产品的最具竞争力的替代产品。

现代煤化工以生产洁净能源和可替代石油化工的产品为主，它与能源、化工技术结合，可形成煤炭-能源化工一体化的新兴产业。煤炭-能源化工产业将在中国能源的可持续利用中扮演重要的角色，是今后 20 年的重要发展方向，这对于中国减轻燃煤造成的环境污染、降低中国对进口石油的依赖均有着重大意义。可以说，煤化工行业在中国面临着新的市场需求和发展机遇。

现代煤化工具备以下特点。

（1）以清洁能源为主要产品　新型煤化工以生产洁净能源和可替代石油化工产品为主，如柴油、汽油、航空煤油、液化石油气、乙烯原料、聚丙烯原料、替代燃料（甲醇、二甲醚）、电力、热力等，以及煤化工独具优势的特有化工产品，如芳香烃类产品。

（2）煤炭-能源化工一体化　新型煤化工是未来中国能源技术发展的战略方向，紧密依托于煤炭资源的开发，并与其他能源、化工技术结合，形成煤炭-能源化工一体化的新兴产业。

（3）高新技术及优化集成　新型煤化工根据煤种、煤质特点及目标产品不同，采用不同煤转化高新技术，并在能源梯级利用、产品结构方面对不同工艺优化集成，提高整体经济效益，如煤焦化-煤直接液化联产、煤焦化-化工合成联产、煤气化合成-电力联产、煤层气开发与化工利用、煤化工与矿物加工联产等。同时，新型煤化工可以通过信息技术的广泛利用，推动现代煤化工技术在高起点上迅速发展和产业化建设。

（4）建设大型企业和产业基地　新型煤化工发展将以建设大型企业为主，包括采用大型反应器和建设大型现代化单元工厂，如百万吨级以上的煤直接液化、煤间接液化工厂以及大型联产系统等。

在建设大型企业的基础上，形成新型煤化工产业基地及基地群，制砂设备。每个产业基地包括若干不同的大型工厂，相近的几个基地组成基地群，成为国内新的重要能源产业。

（5）有效利用煤炭资源　新型煤化工注重煤的洁净、高效利用，如高硫煤或高活性低变质煤作化工原料煤，在一个工厂用不同的技术加工不同煤种并使各种技术得到集成和互补，使各种煤炭达到物尽其用，充分发挥煤种、煤质特点，实现不同质量煤炭资源的合理、有效利用。新型煤化工强化对副产煤气、合成尾气、煤气化及燃烧灰渣等废物和余能的利用。

（6）经济效益最大化　通过建设大型工厂，应用高新技术，发挥资源与价格优势，资源优化配置，技术优化集成，资源、能源的高效合理利用等措施，减少工程建设的资金投入，降低生产成本，提高综合经济效益。

（7）环境友好　通过资源的充分利用及污染的集中治理，达到减少污染物排放，实现环境友好。

（8）人力资源得到发挥　通过新型煤化工产业建设，带动煤炭开采业及其加工业、运输业、建筑业、装备制造业、服务业等发展，扩大就业，充分发挥我国人力资源丰富的优势。

我国是世界上最大的煤化工生产国，煤化工产品多、生产规模较大，当前我国正处于传统煤化工向现代煤化工转型时期，以石油替代为目标的现代煤化工产业刚刚起步。由于国际市场油价高起，我国现代煤化工项目已呈现遍地开花之势，激发了富煤地区发展煤化工产业的积极性。据了解,在煤炭资源丰富的鄂尔多斯、通辽、赤峰、阿拉善盟等地,煤化工产业开始"井喷"。神华集团煤直接液化项目、伊泰集团间接法煤制油项目、神华包头煤制烯烃项目、大唐多伦煤制烯烃项目、通辽乙二醇项目等煤化工重点项目相继建成并投产。目前,全国煤制烯烃的在建及拟建产能达 2800 万吨,煤制油在建及拟建产能达 4000 万吨,煤制天然气在建及拟建产能接近 1500 亿立方米,煤制乙二醇在建及拟建产能超过 500 万吨。这些项目全部建成之后,我国将是世界上产能最大的现代煤化工国家。

1.4　本书简介

本书共 9 章,在兼顾传统煤化工的同时注重对现代煤化工的产品、工艺技术和生产设备进行详细讲解和说明。

第 1 章绪论,主要介绍了煤及煤化工、煤化工发展史和现代煤化工的范畴和特点。

第 2 章炼焦及化学产品回收,主要内容为煤的成焦过程、焦炉结构、炼焦生产工艺、炼焦技术发展、粗煤气的净化、焦油回收及加工和粗苯回收及精制。炼焦主要产品为冶金用焦炭,副产品粗煤气经过净化可以得到净煤气,同时可以回收焦油和粗苯等化工产品。

第 3 章煤的低温干馏,主要内容为煤低温干馏介绍和生产工艺、兰炭生产工艺。低温干馏比较简单,条件比较温和,在经济上有一定的竞争力。低温干馏获得的半焦(兰炭)、焦油和煤气都是洁净能源和有用产品。

第 4 章煤的气化,主要内容有煤气化的基本原理、固定床气化法、流化床气化法、气流床气化法、煤气化联合循环发电、煤炭地下气化和煤的气化方法的评价与选择等。煤气化生产的煤气既是清洁能源,更是有机化学合成的原料气。气化方法有固定床、流化床和气流床三种,对煤制合成气的三种气化工艺和设备进行了详细说明。

第 5 章煤与碳一化学,主要内容有碳一化学介绍、合成气净化、费托合成、煤气的甲烷化、合成氨和合成甲醇。以煤气化得到的合成气为原料气,生产各种化工产品的方法属于最基本的碳一化学。合成气净化后可以通过费托合成生产烃类产品,也可以甲烷化生产代用天然气,还可以合成氨和甲醇等基本化工产品。

第 6 章碳一化学品合成技术,主要内容有二甲醚生产技术、甲醇制烯烃、甲醇转化成汽油、乙醇的合成、乙二醇的合成、醋酸的合成、碳酸二甲酯的合成、其他化合物的合成和碳一化学发展前景等。合成气制甲醇,进一步可生产二甲醚、乙烯、丙烯和汽油,也可以直接合成乙醇、乙二醇和醋酸等化工产品,这些都是典型的碳一化学品合成技术。

第 7 章煤的直接液化,主要内容有煤直接液化的原理、煤直接液化工艺、煤直接液化的反应器和催化剂、中国神华煤直接液化项目介绍和煤炭液化技术比较。在石油短缺时,煤直接液化可以生产人造石油,缓解石油短缺问题。中国神华是世界上唯一工业化的煤直接液化生产厂,对此工艺和设备进行了较详细的介绍。

第 8 章洁净煤技术,主要内容为煤炭洗选技术、粉煤成型技术和水煤浆技术等。随着环境保护要求的越来越严格,煤直接燃烧受到越来越多的限制,发展洁净煤技术对改善环境污染起着重要作用。煤炭洗选技术、粉煤成型技术和水煤浆技术是比较典型的洁净煤生产技术,对环境保护有着重要意义。

第 9 章煤化工生产与环境保护,主要内容为环境保护概述、煤化工生产中的主要污染物、煤化工污染的防治和煤化工的"三废"治理。本章对煤化工生产过程中产生的污染物提出了切实可行的治理措施，有效减轻甚至避免了煤化工生产过程中对环境的危害。

参 考 文 献

[1] 郭树才，胡浩权．煤化工工艺学．第 3 版．北京：化学工业出版社，2012.
[2] 中国大百科全书总编辑委员会．中国大百科全书化工卷．北京：中国大百科出版社，1987.
[3] 中国煤化工装备行业深度调研与投资预测分析报告．中金企信（北京）国际信息咨询有限公司，2014.
[4] 2010—2013 年中国煤化工行业发展及未来走向分析报告．北京中经科情经济信息咨询有限公司，2010.
[5] 能源史话：煤化工发展史（一）．中外能源，2008（01）.

2 炼焦及化学产品回收

2.1 概述

2.1.1 炼焦的发展

在选煤厂经过洗选后的精煤作为炼焦原料煤送至焦化厂。焦化厂一般由备煤、炼焦、回收、精苯、焦油五个车间组成。

煤在焦炉内隔绝空气加热到 1000℃ 左右，可获得焦炭、化学产品和煤气。此过程称为高温干馏或高温炼焦，一般简称炼焦。

焦炭主要用于高炉炼铁。煤气可以用来合成氨，生产化学肥料或用作加热燃料。炼焦所得化学产品种类很多，特别是含有多种芳香族化合物，主要有硫酸铵、吡啶碱、苯、甲苯、二甲苯、酚、萘、蒽和沥青等。所以炼焦化学工业能提供农业需要的化学肥料和农药，合成纤维的原料苯，塑料和炸药的原料酚以及医药原料吡啶碱等。可见，炼焦化学工业与许多部门都有关系，可生产很多重要产品，是煤综合利用行之有效的方法。

炼焦主要产品焦炭，是炼铁原料，所以炼焦是伴随钢铁工业发展起来的。初期炼铁使用木炭，由于木材逐渐缺乏，使炼铁发展受到限制，人们才开始寻求焦炭炼铁。1735 年焦炭炼铁获得成功。

初期焦炉都是结焦和加热在一起进行的，有一部分煤被烧掉。为了使结焦和加热分开，缩短结焦时间，出现了倒焰式焦炉。

由于炼焦化学产品焦油和氨找到了用途，促进了燃烧室和炭化室完全隔开的焦炉，即所谓副产回收焦炉的发展。燃烧室排出的废气温度很高，此部分废热没有回收，有的用来加热废热锅炉，这种设有废热回收的焦炉，叫做废热式焦炉。

为了降低耗热量和节省焦炉煤气，由废热式焦炉进一步发展到回收废热的蓄热式焦炉。蓄热式焦炉对应每个炭化室下方有一个蓄热室，蓄热室有蓄热用的格子砖。当废气经过蓄热室时，废气把格子砖加热，格子砖蓄存了热量，当气流方向换向后，格子砖把蓄存的热量再传给冷的空气，使蓄存热量又带回燃烧室。

焦炉由废热式焦炉发展到蓄热式焦炉，即具备了现代焦炉形式。由于原料煤的限制，为了获得高产优质低消耗的炼焦产品，近 100 年来，世界各国出现了不同形式的炼焦炉，其中以欧洲大陆最为发达。

中国自己开办的第一座焦化厂，是 1914 年开始修建的石家庄焦化厂。至今中国焦化工业已伴随钢铁工业发展成煤化工领域中较大的部门，达到了较高水平。现在中国是世界第一大焦炭生产国和出口国，从 1993 年起中国焦炭产量居世界第一位。2005 年焦炭产量达 2.8×10^8 t，占世界总产量的 36% 左右。焦炭出口量占世界总出口量的 50% 以上。但是，焦炉大型化和装备水平低于发达国家水平。

■ 2.1.2 炼焦化学产品的组成与产率

炼焦过程析出的挥发性产物，称之为粗煤气。粗煤气的产率和组成与原料煤性质和炼焦热工条件有关。

粗煤气中含有许多化合物，包括常温下的气态物质，如氢气、甲烷、一氧化碳和二氧化碳等；烃类；含氧化合物，如酚类；含氮化合物，如氨、氰化氢、吡啶类和喹啉类等；含硫化合物，如硫化氢、二硫化碳和噻吩等。粗煤气中还含有水蒸气。

粗煤气组成复杂，影响其组成和产率的因素较多。主要影响因素为炼焦温度和二次热解作用。提高炼焦温度和增加在高温区停留时间，都会增加粗煤气中气态产物产率及氢的含量，也会增加芳烃的含量和杂环化合物的含量。已知碳与杂原子之间的键强度顺序为C—O<C—S<C—N，因此在低温（400～450℃）进行煤热解，生成含氧化合物较多。氨、吡啶和喹啉等在高于600℃时，开始于粗煤气中出现。

煤热解生成的粗煤气由煤气、焦油、粗苯和水构成。由于粗苯含量少，在粗煤气中分压低，故于20～40℃，常压下不凝出。一般条件下凝结的是焦油。

煤热解温度对化学产品的影响，可用低温干馏和高温炼焦的数据加以表明。以烟煤为原料时，化学产品组成与产率比较如表2-1所示。

表2-1 炼焦化学产品的组成与产率

产品产率	低温炼焦	高温炼焦	产品产率	低温炼焦	高温炼焦
燃气（质量分数）/%	6～8	13～15	焦油中含量（质量分数）/%		
煤气/（m³/t）	80～120	330～380	酚类	20～35	1～3
焦油（质量分数）/%	7～10	3～5	碱类	1～2	3～4
粗苯（或汽油）（质量分数）/%	0.4～0.6	0.8～1.1	萘	痕量	7～12
煤气中含量（体积分数）/%			粗苯（或汽油）中含烃（质量分数）/%		
H_2	26～30	55～60	不饱和烃	40～60	10～15
CH_4	40～55	25～28	脂肪烃或环烷烃	15～20	2～5
			芳烃	30～40	80～88

不同焦化厂焦炉生产的粗煤气组分没有什么差别。这是由于二次热解作用强烈，导致组分中主要为热稳定的化合物，故其中几乎无酮类、醇类、羟酸类和二元酚类。在低温干馏焦油中含有带长侧链的环烷酸和芳烃，高温炼焦的焦油则为多环芳烃和杂环化合物的混合物。低温焦油的酚馏分含有复杂的烷基酚混合物，而高温焦油的酚馏分中主要为酚、甲酚和二甲酚。低温干馏煤气中几乎没有氨，而炼焦煤气中氨含量为8～12g/m³。

煤的低温热解产品组分主要决定于原料煤性质。例如，泥炭和褐煤的低温焦油中羧酸含量可达2.5%，而烟煤的低温焦油中几乎不含有羧酸。褐煤的一次焦油中含氧化合物可达40%～45%，而烟煤的则比较少。

中国炼焦工业较发达，有较多的焦化厂。每年炼焦用煤量约3×10⁸t，每年应产煤气量约为800×10⁸m³，焦油量为900×10⁴t（含中温焦油、低温焦油），粗苯量为170×10⁴t，氨量为50×10⁴t。由于有些规模较小的焦化厂化学产品回收不完全，实际年产量还达不到上述数值。

焦化工业是萘和蒽的主要来源，它们用于生产塑料、染料和表面活性剂。甲酚、二甲酚用于生产合成树脂、农药、稳定剂和香料。吡啶和喹啉用于生产生物活性物质。高温焦油含有沥青，是多环芳烃，占焦油量的一半。沥青主要用于生产沥青焦、电极碳等。焦炉煤气可用作燃料，也可作化工原料，生产氢和乙烯。

粗苯是芳烃混合物，苯占 70%，是重要化工原料。低温干馏气体汽油中含有 40%～60% 的不饱和化合物，在加工之前需要进行稳定化处理。

2.1.3 回收与精制方法

自焦炉导出的粗煤气温度为 650～800℃。按一定顺序进行粗煤气处理，以便回收和精制焦油、粗苯、氨等化学产品，并得到净化的煤气。

煤气中含有少量杂质，对煤气输送和利用有害。煤气含有萘，能以固态析出，堵塞管路。煤气中含有焦油蒸气，有害于回收氨和粗苯操作。煤气中含有硫化物，能腐蚀设备，并不利于煤气加工利用。氨能腐蚀设备，燃烧时生成氧化氮，污染大气。不饱和烃类能形成聚合物，能引起管路和设备发生故障。

多数焦化厂由粗煤气回收化学产品和进行煤气净化，采用冷却冷凝的方式析出焦油和水。用鼓风机抽吸和加压以便输送煤气。回收氨和吡啶碱，既得到了有用产品，又防止了氨的危害。回收硫化氢和氰化氢变害为利。回收煤气中粗苯，获得有用产品。

在一般钢铁公司中的焦化厂，炼焦化学产品的回收与精制流程见图 2-1。

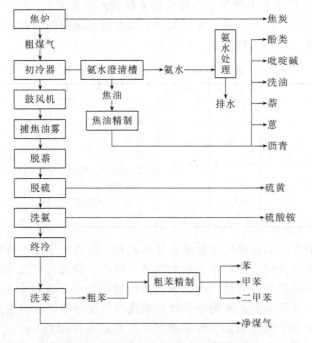

图 2-1　炼焦化学产品回收与精制流程

自煤气中回收各种物质多用吸收方法，也可以用吸附方法或冷冻方法。但是，吸附和冷冻方法设备多，能量消耗高。吸收方法的突出优点是单元设备能力大，适合于大生产要求。

煤气中所含物质在回收和净化前后的含量，见表 2-2。

表 2-2　回收前后的物质含量

物质组成	回收前/(g/m³)	回收后/(g/m³)	物质组成	回收前/(g/m³)	回收后/(g/m³)
氨	8～12	0.03～0.3	硫化氢	4～20	0.2～2
吡啶碱	0.45～0.55	0.05	氰化氢	1～2.5	0.05～0.5
粗苯	30～40	2～5			

2.2 煤的成焦过程

2.2.1 成焦过程基本概念

烟煤是复杂的高分子有机化合物的混合物。它的基本单元结构是聚合的芳核，在芳核的周边带有侧链。年轻烟煤的芳核小，侧链多，年老烟煤则与此相反。煤在炼焦过程中，随温度的升高，连在核上的侧链不断脱落分解。芳核本身则缩合并稠环化，反应最终形成煤气、化学产品和焦炭。在化学反应的同时，伴有煤软化形成胶质体，胶质体固化黏结，以及膨胀、收缩和裂纹等现象产生。

煤由常温开始受热，温度逐渐上升，煤料中水分首先析出，然后煤开始发生热分解，当煤受热温度在350~480℃时，煤热解有气态、液态和固态产物，出现胶质体。由于胶质体透气性不好，气体析出不易，产生了对炉墙的膨胀压力。当超过胶质体固化温度时，则发生黏结现象，产生半焦。在由半焦形成焦炭的阶段，有大量气体生成，半焦收缩，出现裂纹。当温度超过650℃左右时，半焦阶段结束，开始由半焦形成焦炭，一直到950~1050℃时，焦炭成熟，结焦过程结束。

成焦过程可分为煤的干燥预热阶段（<350℃）、胶质体形成阶段（350~480℃）、半焦形成阶段（480~650℃）和焦炭形成阶段（650~950℃）。

2.2.2 煤的黏结和半焦收缩

煤热解时能形成胶质体，对于煤的黏结成焦很重要。不能形成胶质体的煤，没有黏结性。能很好黏结的煤在热解时形成的胶质体的液相物质多，能形成均一的胶质体，有一定的膨胀压力，如焦煤、肥煤即是如此。如果煤热解能形成的液体部分少，或者形成的液体部分的热稳定性差，很容易挥发掉，这样的煤黏结性差，例如，弱黏结性气煤即是如此。

中等变质程度煤的镜质组形成的胶质体的热稳定性比稳定组的好，稳定组形成的胶质体容易挥发掉，所以它的结焦性不如镜质组。丝质组和惰性组分不能形成胶质体，应该使之均匀分散在配煤的胶质体中。

胶质体比较稠厚时，透气性较差，故在炼焦时能形成较大膨胀压力。此膨胀压力有助于煤的黏结作用，提高煤的膨胀压力，可以提高煤的黏结性。例如控制煤料粒度，增加煤的堆密度，均能提高煤的膨胀压力，因而可以提高弱黏结性煤的结焦性。增大加热速率，也可以提高黏结性。

黏结性差的煤，形成的胶质体液相部分少，胶质体稀薄，透气性好，膨胀压力小。所以这种煤在粉碎时，除了使惰性成分细碎，使之均匀分散外，黏结性成分的粒度不宜过细，以免堆密度降低，在形成胶质体时液相部分可以更多地黏着固体颗粒分散在液相中，形成均一胶质体，有利于黏结。但是对于能形成大量液体部分的较肥煤应该细碎，细碎相当于瘦化作用，这样可以形成更稠厚均一的胶质体，能提高焦炭机械强度。

由于胶质体中有气相产物，在胶质体黏结形成半焦时，有气孔存在。最终形成的焦炭也是孔状体。气孔大小、气孔分布和气孔壁厚薄，对焦炭强度有很大影响，它主要取决于胶质体性质。中等变质程度烟煤的镜质组，能形成气孔数量适宜，大小适中，分布均匀的焦炭，其强度很好。

半焦中不稳定部分受热后，不断地裂解，形成气态产物。残留部分不断地缔合增炭。由于半焦失重紧密化，产生了体积收缩。因为半焦受热不均，存在着收缩梯度，而且相邻层又不能自由移动，故有收缩应力产生。当收缩应力大于焦饼强度时则出现裂纹。此裂纹网将焦饼分裂成焦块，裂纹多则焦炭碎。

2.2.3 焦炉煤料中热流动态

焦炉炭化室炉墙温度，在加煤前可达1100℃左右。当加入湿煤进行炼焦时，炉墙温度迅速下降，随着时间延长，温度又升高。在推焦前炉墙温度恢复到装煤前温度，如图2-2曲线1所示。煤料水分含量越高，炉墙温度降低值越大。

炭化室煤料加热，是由两侧炉墙供给的，靠近炉墙处煤料温度先升高，离炉墙远的煤料温度后升高。由于煤料中水分蒸发，离炉墙较远部位的煤料，停留在小于100℃的时间较长，一直到水分蒸发完了才升高温度。不同部位的煤料温度随加热时间的变化见图2-2。

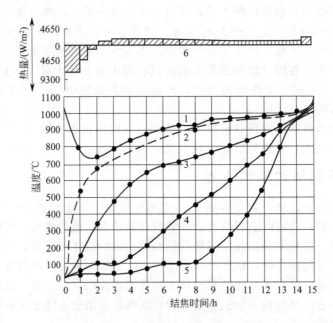

图2-2 炭化室内煤料温度的变化情况

1—炭化室炉墙表面温度；2—靠近炉墙的煤料温度；3—距炉墙50～60mm
外的煤料温度；4—距炉墙130～140mm处的煤料温度；
5—炭化室中心温度；6—炉砖热量损失和积蓄

在炭化室中心面的煤料温度变化，可由图2-2的曲线5看出，在加煤后8h方由100℃升高。在距离炉墙130～140mm的煤料，由曲线4可以看出，停留在100℃以下的时间也有4h。沿宽度方向不同部位煤料的温度，随加热时间的变化是不同的。

炭化室内不同部位的煤料在同一时间内的温度分布曲线，可以由图2-2的数据做出，如图2-3所示。由图2-3可以清楚地看出同一时间、不同部位煤料的温度分布。当装煤后加热约8h，水分蒸发完成时，中心面温度上升。当加热时间达到14～15h时，炭化室内部温度都接近1000℃，焦炭成熟。

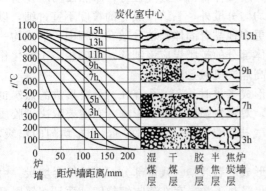

图2-3 炭化室煤料温度和成焦层分布

2.2.4 炭化室内成焦特征

由于炭化室是由两面炉墙供热,在同一时间内温度分布如图 2-3 所示。在装煤后 8h 时和图上表示的 3h 和 7h 时的情况相同,靠近炉墙部位已经形成焦炭,而中心部位还是湿煤,所以炭化室内同时进行着不同的成焦阶段。由图 2-3 可以看出,在装煤后约 8h 期间,炭化室同时存在湿煤层、干煤层、胶质层、半焦层和焦炭层。

膨胀压力过大时,可危及炉墙。由于焦炉是两面加热,炉内两胶质层逐渐移向中心。最大膨胀压力出现在两胶质层在中心汇合时。两胶质层在装煤后 11h 左右在中心汇合,相当于结焦时间的 2/3 左右。

炭化室内同时进行着成焦的各个阶段,由于五层共存,因此半焦收缩时相邻层存在着收缩梯度,即相邻层温度高低不等,收缩值的大小不同,所以有收缩应力产生,导致出现裂纹。

各部位在半焦收缩时的加热速率不等,产生的收缩应力也不同,因此产生的焦饼裂纹网多少也不一样。加热速率快,收缩应力大,裂纹网多,焦炭碎。靠近炉墙的焦炭,裂纹很多,形状像菜花,有焦花之称,其原因在于此部位加热速率快,收缩应力较大。

成熟的焦饼,在中心面上有一条缝,如图 2-4 所示,一般称焦缝。其形成原因是由于两面加热,当两胶质层在中心汇合时,两侧同时固化收缩,胶质层内又产生气体膨胀,故出现上下直通的焦缝。

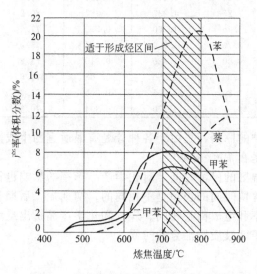

图 2-4 煤热解形成芳烃与温度的关系

2.2.5 气体析出途径

炭化室内煤料热解形成的胶质层,由两侧逐渐移向中心,见图 2-3。由于胶质层透气性较差,在两胶质层之间形成的气体不可能横穿过胶质层,只能上行进入炉顶空间。这部分气体称为里行气。里行气中含有大量水蒸气,是煤带入的水分蒸发产生的。里行气中的煤热解产物,是煤经一次热解产生的,因为它在进入炉顶空间之前,没有经过高温区,所以没有受到二次热解作用。

在胶质层外侧,由于胶质体固化和半焦热解产生大量气态产物。这些气态产物沿着焦饼裂纹以及炉墙和焦饼之间的空隙,进入炉顶空间。此部分气体称外行气体,外行气体是经过高温区进入炉顶空间的，故经历过二次热解作用。外行气体与里行气体的组成和性质是不同的。

里行气体量较少，只占 10% 左右。外行气体量大，占 90% 左右。

原料煤的性质，对炼焦化学产品产率影响较大。煤的挥发分高，焦油和粗苯产率都高。不同性质煤炼焦的煤气产率和组成也不相同。

温度对化学产品影响较大，最有影响的温度是炉墙温度和焦饼温度，炭化室炉顶空间温度只占次要地位。因为大量化学产品是在外行气体中，里行气体数量较少。根据国外在生产规模实验焦炉上的试验结果，粗苯来自外行气体的占 80%，来自里行气体的只占 12%~15%。来自里行气体中的一次焦油，又在炉顶空间热解生成粗苯，不过只占 5%~8%。

炉墙和焦饼温度是由火道温度决定的。根据生产数据进行整理的火道温度与化学产品产率之间的关系，见表 2-3。由表 2-3 可见，火道温度低时，粗苯产率高，粗苯中苯含量低而甲苯含量高。温度越高，焦油萘含量越高。焦油和氨的产率，在火道温度为 1275℃ 左右时最高。表 2-3 数据得自炉宽 450mm 的焦炉，所用煤的干燥无灰基挥发分为 33%。

炭化室炉顶空间温度，只有在炉墙和焦饼温度较低时，才有显著作用。

表 2-3　火道温度对化学产品的影响

火道温度 /℃	结焦时间 /h	焦油产率 /%	粗苯产率 /%	氨产率 /%	粗苯组成/%		焦油中萘含量/%
					苯	甲苯	
1440	13	3.24	1.210	0.254	83.8	7.0	15.0
1390	14	3.25	1.235	0.267	80.2	9.2	12.0
1350	15	3.26	1.260	0.270	77.6	11.0	11.0
1310	16	3.70	1.290	0.295	75.0	12.2	10.3
1275	17	4.00	1.320	0.310	73.2	13.1	0.8
1250	18	3.99	1.350	0.308	71.8	13.8	9.5
1225	19	3.80	1.365	0.305	71.0	14.2	9.4
1210	20	3.57	1.370	0.304	70.3	14.5	9.3

温度对化学产品影响的原因，是由于各种芳烃有最适宜的生成温度，由图 2-4 看出，形成芳烃的最适宜温度，是在 700~800℃。

炼焦气态产物在高温区的停留时间，对化学产品产率的影响也很大。在加煤后的不同时间，外行气体在高温区停留时间的长短是不相同的，初期短，后期长，因此在加煤后的不同时间产生的化学产品产率和组成都不相同。煤气和化学产品析出最大的时间，是在成熟时间达到 2/3 左右，即相当于两胶质层汇合的时候。

2.3　焦炉结构

2.3.1　焦炉整体结构

现代焦炉因火道结构、加热煤气种类、入炉方式及其实现高向加热均匀性的方法不同等分成许多型式。

根据火道结构型式的不同，焦炉可分为二分式焦炉、双联火道焦炉及少数的过顶式焦炉。根据加热煤气种类的不同，焦炉可分为单热式焦炉和复热式焦炉。根据煤气入炉的方式不同，焦炉可分为下喷式焦炉和侧入式焦炉。

现代焦炉虽然有多种炉型，但都有共同的基本要求：

① 焦炉长向和高向加热均匀、加热水平适当，以减轻化学产品的裂解损失；

② 劳动生产率和设备利用率高；

③ 加热系统阻力小，热工效率高，能耗低；

④ 炉体坚固、严密、衰老慢，炉龄长；

⑤ 劳动条件好，调节控制方便，环境污染少。

现代焦炉主要由炉顶区、炭化室、燃烧室、斜道区、蓄热室、烟道区（小烟道、分烟道、总烟道）、烟囱、基础平台和抵抗墙等部分组成，蓄热室以下为烟道与基础。炭化室与燃烧室相间布置，蓄热室位于其下方，内放格子砖以回收废热，斜道区位于蓄热室顶和燃烧室底之间，通过斜道使蓄热室与燃烧室相通，炭化室与燃烧室之上为炉顶，整座焦炉砌在坚固平整的钢筋混凝土基础上，烟道一端通过废气开闭器与蓄热室连接，另一端与烟囱连接口根据炉型不同，烟道设在基础内或基础两侧。JN 型焦炉及其基础断面见图 2-5。

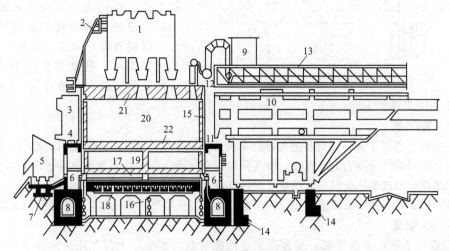

图 2-5 JN 型焦炉及其基础断面

1—装煤车；2—磨电线架；3—拦焦车；4—焦炉操作台；5—熄焦车；6—交换开闭器；
7—熄焦车轨道基础；8—分烟道；9—仪表小房；10—推焦车；11—机侧操作台；12—集气管；
13—吸气管；14—推焦车轨道基础；15—炉柱；16—基础构架；17—小烟道；18—基础顶板；
19—蓄热室；20—炭化室；21—炉顶区；22—斜道区

2.3.1.1 炭化室

炭化室是煤隔绝空气干馏的地方，是由两侧炉墙、炉顶、炉底和两侧炉门合围起来的。炭化室的有效容积是装煤炼焦的有效空间部分，它等于炭化室有效长度、平均宽度及有效高度的乘积。炭化室的容积、宽度与孔数对焦炉生产能力、单位产品的投资及机械设备的利用率等均有重大影响。炭化室顶部还设有 1 个或 2 个上升管口，通过上升管、桥管与集气管相连。

为了推焦顺利，焦侧宽度大于机侧宽度，两侧宽度之差叫做炭化室锥度。炭化室锥度随炭化室的长度不同而变化，炭化室越长，锥度越大。在长度不变的情况下，其锥度越大越有利于推焦。生产几十年的炉室，由于其墙面产生不同程度的变形，此时锥度大就比锥度小利于推焦，从而可以延长炉体寿命。

2.3.1.2 燃烧室

双联式燃烧室每相邻火道连成一对，一个是上升气流，另一个是下降气流。双联火道结构具有加热均匀、气流阻力小、砌体强度高等优点，但异向气流接触面较多，结构较复杂，砖形多，我国大型焦炉均采用这种结构。每个燃烧室有 28 个或 32 个立火道。相邻两个为一对，组成双联火道结构。每对火道隔墙上部有跨越孔，下部除炉头一对火道外都有废气循环孔。砖煤气道顶部灯头砖稍高于废气循环孔的位置，使焦炉煤气火焰拉长，以改善焦炉高向加热均匀性和减少废气氮氧化物含量，还可防止产生短路。

2.3.1.3 斜道区

燃烧室与蓄热室相连接的通道称为斜道。斜道区位于炭化室及燃烧室下面、蓄热室上

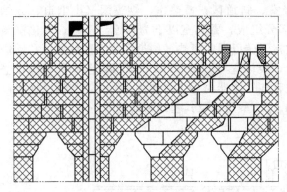

图 2-6　JN 型焦炉斜道区结构图

面，是焦炉加热系统的一个重要部位，进入燃烧室的焦炉煤气、空气及排出的废气均通过斜道，斜道区是连接蓄热室和燃烧室的通道区。由于通道多、压力差大，因此斜道区是焦炉中结构最复杂，异形砖最多，在严密性、尺寸精确性等方面要求最严格的部位。斜道出口处设有火焰调节砖及牛舌砖，更换不同厚度和高度的火焰调节砖，可以调节煤气和空气接触点的位置，以调节火焰高度。移动或更换不同厚度的牛舌砖可以调节进入火道空气。JN 型焦炉斜道区结构图见图 2-6。

2.3.1.4 蓄热室

蓄热室位于斜道下部，通过斜道与燃烧室相通，是废气与空气进行热交换的部位。蓄热室预热煤气与空气时的气流称为上升气流，废气称为下降气流。在蓄热室里装有格子砖，当由立火道下降的炽热废气经过蓄热室时，其热量大部分被格子砖吸收，每隔一定时间进行换向，上升气流为冷空气，格子砖便将热量传递给冷空气。通过上升与下降气流的换向，不断进行热交换。

2.3.1.5 小烟道

小烟道位于蓄热室的底部，是蓄热室连接废气盘的通道，上升气流时进冷空气，下降气流时汇集废气。

2.3.1.6 炉顶区

炼焦炉炭化室盖顶砖以上的部位称为炉顶区，在该区有装煤孔、上升管孔、看火孔、烘炉孔、拉条沟等。

烘炉孔是设在装煤孔、上升管座等处连接炭化室与燃烧室的通道。烘炉时，燃料在炭化室两封墙外的烘炉炉灶内燃烧后，废气经炭化室、烘炉孔进入燃烧室。烘炉结束后，用塞子砖堵死烘炉孔。JN 型焦炉炉顶见图 2-7。

2.3.1.7 分烟道、总烟道、烟囱、焦炉基础平台

蓄热室下部设有分烟道，来自各下降蓄热室的废气流经废气盘，分别汇集到机侧成焦侧分烟道，进而在炉组端部的总烟道汇合后导向烟囱根部，借烟囱抽力排入大气。烟道用钢筋混凝土浇灌制成，内砌勃土衬砖。分烟道与总烟道连接部位之前设有吸力自动调节翻板，总烟道与烟囱根部连接部位之前设有闸板，用以分别调节吸力。焦炉基础平台位于焦炉地基之上，位于炉体的底部，它支撑整个炉体，炉体设施和机械的重量，并把它传到地基上去。下喷式焦炉的基础结构形

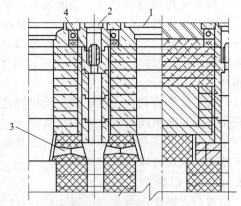

图 2-7　JN 型焦炉炉顶
1—装煤孔；2—看火孔；
3—烘炉孔；4—挡火砖

式见图 2-8。

2.3.2 炼焦炉的机械与设备

2.3.2.1 护炉铁件

焦炉砌体的外部应安装护炉设备,见图 2-9。这些护炉设备包括:炉门框和保护板,护炉柱、纵横拉条、弹簧及炉门等。炉门采用弹簧刀边,弹簧门栓、悬挂式空冷炉门,炉门对位时位置的重复性好,弹簧边对炉门框能始终保持一定压力,防止炉门冒烟冒火。

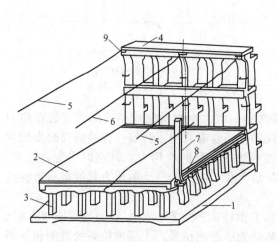

图 2-8 下喷式焦炉的基础结构形式

1—焦炉底板;2—焦炉顶板;3—支柱;4—框架式抵抗墙;
5—焦炉正面线;6—纵轴中心线;7—直立标杆;
8—横标杆;9—拉线卡钉

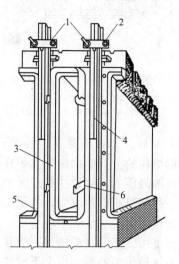

图 2-9 护炉设备装配简图

1—横拉条;2—弹簧;3—炉门框;
4—炉柱;5—保护板;6—炉门挂钩

保护板为工字形大保护板,有效保护了炉头免受破坏。

炉柱采用单 H 形钢,沿焦炉高向设置七线小弹簧。在纵横拉条的端部设有弹簧组,能均匀地对炉体施加一定压力,保证了焦炉整体结构的完整和严密。

护炉设备的作用是利用可调节的弹簧的势能,连续地砌体向砌体施加足够的、分布均匀合理的保护性压力,使砌体在自身膨胀和外力作用下仍能保持完整、严密,从而保证焦炉的正常生产。

(1)保护板 保护板与炉门框的主要作用是将保护性压力均匀合理地分布在砌体上,同时保证炉头砌体、保护板、炉门框和炉门刀边之间的密封。保护板装配图见图 2-10~图 2-12。

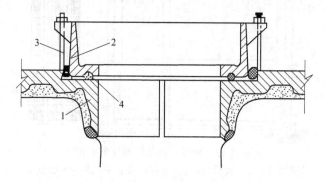

图 2-10 大保护板装配图

1—保护板;2—炉门框;3—固定炉门框螺栓;4—石棉绳

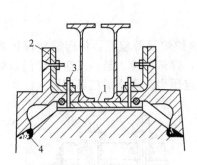

图 2-11　中保护板装配图
1—保护板；2—炉门框；
3—炉门框固定螺栓；4—石棉绳

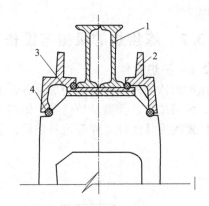

图 2-12　小保护板装配图
1—炉柱；2—炉门框；
3—保护板；4—石棉绳

（2）炉柱、拉条和弹簧　弹簧分大小弹簧两种。由大小弹簧组成弹簧组，安装在焦炉机、焦侧炉柱的上下横拉条上。炉柱的高向不同部位还装有几组小弹簧。弹簧能反映出炉柱对炉体施加的压力，使炉柱靠近保护板，又能控制炉柱所受的作用力，以免炉柱受力过大。炉柱上下弹簧组所受的压力，指示出炉体所受的总负荷。小弹簧所受的压力只能指示出各点负荷的分布情况。

炉柱是用工字钢（或槽钢）焊接而成的，也可由特制的方形的空心钢制成，安装在机、焦侧炉头保护板的外面，由上下横拉条将机、焦两侧的炉柱拉紧。上部横拉条的机侧和下部横拉条的机、焦两侧均装有大弹簧。焦侧的上部横拉条因受焦并推出时烧烤，故不设弹簧。炉柱内沿高向装有若干小弹簧。炉柱通过保护板和炉门框承受炉体的膨胀压力。即护炉铁件主要靠炉柱本身应力和弹簧的外加力给炉体以保护性压力。炉柱还起着架设机、焦侧操作台、支撑集气管的作用。大型焦炉的蓄热室单墙上还装有小炉柱，小炉柱经横梁与炉柱相连，借以压紧单墙，起保护作用。

焦炉用的拉条分为横拉条和纵拉条两种。横拉条用 50mm 的低碳钢圆钢制成，沿燃烧室长向安装在炉顶和炉底。上部拉条放在炉顶的砖槽沟内，下部拉条埋设在机、焦侧的炉基平台里（见图 2-13）。

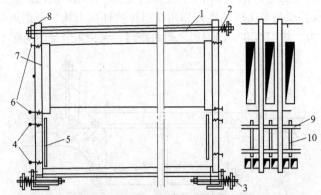

图 2-13　炉柱、拉条和弹簧装配图
1—上部横拉条；2—大弹簧；3—下部拉条；4—蓄热室墙压紧小弹簧；
5—蓄热室保护板；6—燃烧室保护板上下小弹簧；7—炉柱；
8—木头垫；9—固定小炉柱横梁；10—小炉柱

从一些焦炉上横拉条损坏的情况看，上升管孔、装煤孔等温度较高处，最为严重。这些部位的拉条直径往往变细，上升管附近除温度较高外，还有氨水的腐蚀，故拉条变细更快。拉条变细可由大弹簧的负荷经常变小来发现。为了延长拉条的使用期限，可在上述易损部位增加套管，并对装煤孔、上升管根部等处经常修补、灌浆，严防串漏、冒火烧坏拉条。此外，在出炉操作中应防止在装煤孔和炉顶表面积存余煤，这些积煤燃烧使拉条温度升高。当烧除炭化室墙的石墨时，如炉门不严或装煤口漏气，石墨燃烧产生的热量也会使通过装煤孔附近的拉条温度剧增。炭化室装煤不满、负压操作都会引起上升管结石墨堵塞荒煤气的导出，也使装煤孔处冒烟冒火烧坏拉条。

（3）**炉门与炉门框** 一般炉门靠横铁螺栓将炉门顶紧，摘挂炉门是用推焦车和拦焦车上的拧螺栓机构将横铁螺栓松、紧，操作时间较长，而且作用力难于控制。弹簧门栓利用弹簧的压力将炉门顶紧，操作时间短，炉门受力稳定，还可简化摘挂炉门机构。弹簧门栓由于不能改变刀边对炉门框的压力，所以常同敲打刀边结合，以求对炉门框的轻度变形或局部积聚焦油渣的适应性。

炉门框是固定炉门的，为此要求炉门框有一定的强度和刚度，加工面应光滑平直，以使与炉门刀边严密接触，密封炉门。炉门框安装时，应垂直对正，火直接接触炉柱，起保护炉柱的作用，故不能过矮。生产中，炉门框的刀封面应保持清洁，炉门刀边才能与其严密接触，避免冒烟冒火。四周均匀填好密封材料，并使其压紧。炉门框周边的筋可以减少炉门冒出的烟。

2.3.2.2　焦炉加热设备

焦炉加热煤气设备有煤气管系、煤气预热器、废气盘、煤气交换机。焦炉加热设备的作用是向炼焦炉输送和调节加热用煤气和空气以及排出燃烧后的废气。焦炉采用焦炉煤气加热和混合煤气加热两套系统。加热煤气主管上设有温度、压力、流量的测量和调节装置。各项操作参数的测量、显示、记录、调节和低压报警都由自动控制仪表来完成。

（1）**煤气预热器** 焦炉煤气系统设有煤气预热器，以保证入炉煤气温度的稳定。由于焦炉煤气中含有的萘和焦油在低温时容易析出，堵塞管道和管件，故设煤气预热器供气温低时预热煤气，以防冷凝物析出。气温高时，煤气从旁通道通过。

煤气预热器一般为列管立式蒸汽加热器，管内走煤气，管间通蒸汽。

（2）**焦炉的煤气管系** 侧入式焦炉的煤气管系，一般由煤气总管经预热器在交换机端分为机、焦侧两根主管，煤气再经支管、交换旋塞、水平砖煤气道进入各个火道。各种炉型的高炉煤气管系的布置基本相同，由总管来的煤气分配到机、焦两侧的两根高炉煤气主管，再经支管、交换旋塞、小烟道进入蓄热室，预热后送入燃烧室的火道。

（3）**交换设备** 下喷式焦炉，焦炉煤气交换旋塞见图2-14。旋塞是入炉煤气设备中的重要部件，要定期清洗，保持严密光滑，保证自由截面畅通。特别是下喷式焦炉的交换旋塞，因为交换煤气和进入除碳空气是在同一旋塞上进行，如旋塞不严，换向时由于除碳空气与泄漏的煤气混合易产生爆鸣，损害炉体。一些厂采用油泵集中往各交换旋塞加稀润滑油，可保证芯子和外壳内表面光滑严密，对消除爆鸣也有明显

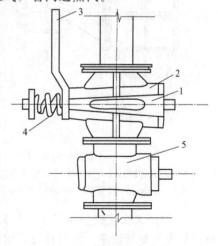

图 2-14　焦炉煤气交换旋塞
1—旋塞芯子；2—旋塞外壳；3—搬把；
4—压紧弹簧；5—调节旋塞

效果。

焦炉煤气旋塞芯子为锥形三通结构，旋塞外壳上与气流垂直的一侧开有与大气相通的除碳孔，当切断煤气时由此孔进入空气，烧除砖煤气道和烧嘴处的石墨。交换搬把后面设有压紧弹簧，并可用其后螺栓调节弹簧压力。高炉煤气的交换旋塞结构与此相似，但芯子是两通的，外壳无除碳孔，且体积较大，旋塞后部无压紧弹簧。

（4）废气盘　废气盘又叫交换开闭器，是控制调节进入焦炉的空气、煤气及排出废气的装置。目前国内外有多种形式的废气盘，大体上可分为两种类型：一种是同交换旋塞相配合的提杆式双砣盘型；另一种为杠杆式交换砣型。

① 提杆式双砣盘型废气盘　该废气盘由筒体及两叉部组成。两叉部内有两条通道，一条连高炉煤气接口管和煤气蓄热室的小烟道；另一条连接进风口和空气蓄热室的小烟道。废气连接筒经烟道弯管与分烟道接通。筒体内设两层砣盘，上砣盘的套杆套在下砣盘的杆芯外面，杆芯经小链与交换拉条连接。

用高炉煤气加热时，空气叉上部的空气盖板与交换链连接，煤气叉上部的空气盖板关死。上升气流时，筒体内两个砣盘落下（图2-15），上砣盘将煤气和空气隔开，下砣盘将筒体与烟道弯管隔开；下降气流时，煤气交换旋塞靠单独的拉条关死，空气盖板在废气交换链提起两层砣盘的同时关闭，使两叉部与烟道接通排废气。

用焦炉煤气加热时，两叉部的两个空气盖板均与交换链连接，上砣盘可用卡具支起使其一直处于开启状态，仅用下砣盘开闭废气。上升气流时，砣盘落下，空气盖板提起；下降气流时则相反。

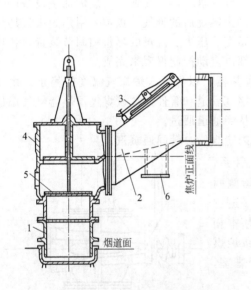

图2-15　58型焦炉的废气盘
1—废气连接筒；2—两叉部；3—空气口盖板；
4—上砣盘；5—下砣盘；6—高炉煤气接口管

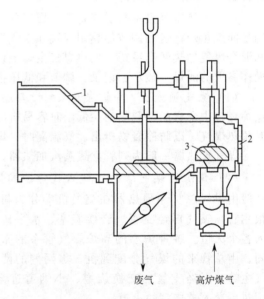

图2-16　杠杆式废气盘
1—内侧孔；2—外侧孔；3—煤气交换砣

② 杠杆式交换砣型废气盘　与提杆式双砣盘型废气盘相比（图2-16），用高炉煤气砣代替高炉煤气交换旋塞，通过杠杆、卡轴和扇形轮等转动废气砣和煤气砣，省去了高炉煤气交换拉条，每一个蓄热室单独设一个废气盘，便于调节。

2.3.2.3　荒煤气导出设备

荒煤气导出设备包括上升管、桥管、阀体、水封盖、集气管、吸气弯管、高低压氨水管道以及相应的操作台等。其作用主要是：顺利导出焦炉各炭化室内发生的荒煤气，保持适当、稳定的集气管压力，既不致因煤气压力过高而引起冒烟冒火，又要使各炭化室在结焦过程中始终保持正压；将荒煤气适度冷却，保持适当的集气管温度，既不致因温度过高而引起设备变形、操作条件恶化和增大煤气净化系统的负荷，又要使焦油和氨水保持良好的流动性，以便顺利排走。荒煤气导出结构见图 2-17。

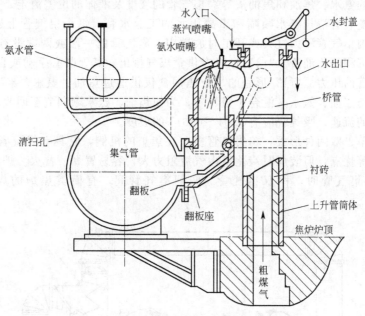

图 2-17　荒煤气导出结构

（1）高压氨水及水封上升管盖装置　高压氨水无烟装煤是在桥管部位喷射高压氨水，使上升管和炉顶空间形成较大吸力，可把装煤时产生的煤气和烟尘，及时、顺利地导入集气管内，避免逸出炉外污染环境。

（2）上升管和桥管　上升管直接与炭化室相连，由钢板焊接成或铸造而成，内部衬以耐火砖。桥管为铸铁弯管，桥管上设有氨水喷嘴和蒸汽管。水封阀靠水封翻板及其上的喷洒氨水形成水封，切断上升管与集气管的连接。翻板打开时，上升管与集气管联通，见图 2-18。

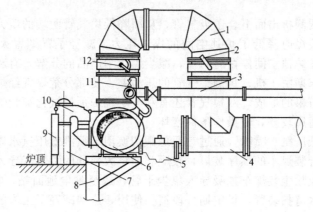

图 2-18　荒煤气导出系统

1—"∩"形管；2—自动调节翻板；3—氨水总管；4—吸气管；5—焦油盒；6—集气管；
7—上升管；8—炉柱；9—隔热板；10—弯头与桥管；11—氨水管；12—手动调节翻板

（3）集气管和吸气管　集气管是用钢板焊接而成的圆形或槽形的管子，沿整个炉组长向置于炉柱的托架上，以汇集各炭化室来的荒煤气。集气管上部每隔一个炭化室设有带盖的清扫孔，以清扫沉积于底部的焦油和焦油渣。通常上部还设有氨水喷嘴，以进一步冷却煤气。

集气管通过"∩"形管、焦油盒与吸气管相连。

集气管中的氨水、焦油和焦油渣等靠集气管的坡度及液体的位差流走。

集气管一端装有清扫氨水喷嘴和事故用水的工业水管。每个集气管上还设有两个放散管，停氨水时因集气管压力过大或开工时放散用。集气管的一端或两端设有水封式焦油盒，以备定期捞出沉积的焦油渣。"∩"形管专供荒煤气排出，其上装有手动或自动的调节翻板，用以调节集气管的压力。"∩"形管的下方焦油盒仅供通过焦油、氨水。经"∩"形管和焦油盒后，煤气与焦油、氨水又汇合于吸气管，为使焦油、氨水顺利流至回收车间的气液分离器并保持一定的流速，吸气管应有 0.01～0.015 的坡度。

集气管分单、双两种形式。单集气管多布在焦炉的机侧，它具有投资省、钢材用量少、炉顶通风较好等优点，但装煤时炭化室内气流阻力大，容易冒烟、冒火。炉顶机、焦两侧都装有上升管和集气管时，称双集气管。两侧集气管间，有横贯焦炉的煤气管连接，见图2-19。

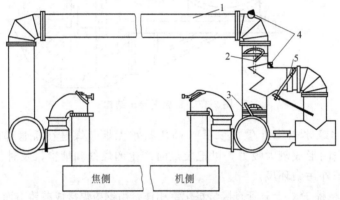

焦侧　　机侧

图 2-19　双集气管布置图

1—炉顶横贯集气管；2—焦侧手动调节翻板；3—机侧手动调节翻板；

4—氨水喷嘴；5—自动调节翻板

煤气由炭化室两侧析出而汇合于吸气管，从而降低集气管两端的压力差，使全炉炭化室压力分布较均匀；装煤时降低了炉顶空间的煤气压力，减轻了冒烟冒火，易于实现无烟装煤；生产时荒煤气在炉顶空间停留时间短，减少了化学产品的分解，有利于提高化学产品的产量和质量；结焦末期由于机、焦侧集气管的压力差，使部分荒煤气经炉顶空间环流，降低了炉顶空间温度和石墨的形成。双集气管还有利于实现炉顶机械化清扫炉盖等操作。但双集气管投资多，炉顶通风较差，使操作条件变坏。

桥管上装有高低压氨水喷嘴，通过三通球阀切换用于喷洒低压氨水以降低荒煤气温度或喷射高压氨水来配合装煤车的顺序装煤，较顺利地将大部分的荒煤气导入集气管，而装煤时产生的部分烟气则经除尘装煤车抽吸导入集尘干管，送至除尘地面站，实现无烟装煤操作。集气管设置高压氨水清扫装置，供定期分段清扫使用，这样减轻了工人的劳动强度。

2.3.2.4　焦炉机械

焦炉机械包括装煤车、拦焦车、推焦车和熄焦车、电机车，用以完成炼焦炉的装煤出焦任务。这些机械除完成上述任务外，还要完成许多辅助性工作。如装煤孔盖和炉门的开关，平煤孔盖的开闭；炭化室装煤时的平煤操作；平煤时余煤的处理回收；炉门、炉门框、上升管的清扫；炉顶及机、焦侧操作平台的清扫；装备水平高的车辆还设有消烟除尘的环保设施等。

为完成这些工作，设有各种机械和机构，它们都顺轨道沿炉组方向移动。使用这些车辆和机械，基本上使焦炉的操作实现全部机械化。

全套焦炉机械是按推焦串序进行操作，采用单元程序控制，并带有手控装置。推焦机和电机车之间设有事故联锁装置。各司机室设有载波电话，提高设备运行的安全性和可靠性。

（1）装煤车 装煤车为除尘式装煤车。采用一点定位、机械揭闭装煤孔盖以及机械清扫上升管。设计采用螺旋给料、顺序装煤，并设有炉顶清扫装置。煤塔漏嘴的开闭和煤塔震煤的操作均在司机室内控制，方便可靠。司机室密闭隔热，内设空调，改善了操作条件。

为了实现无烟装煤操作，装煤车上设与焦侧集尘干管对接的套筒、下煤导套等。

（2）拦焦车 拦焦车为右型结构，它设置在焦炉焦侧操作台的轨道上，其作用是取、装焦侧炉门和推焦时将焦炭导入熄焦车内，同时将推焦过程中产生的烟气通过集尘罩收集后经接口阀导入集尘干管中，减少焦炉烟气对大气的污染，同时具有清扫炉门、炉框和炉台的功能，减少了工人的劳动量。

本机的运转操作均在司机室内运行，各装置既可采用单元程序控制又可进行手动操作。

拦焦车由钢结构组成框架，其他各种机构合理布置，配合梯子、栏杆、平台等辅助设施共同组成了一个有机的整体。

它由钢结构、走行装置、导焦装置、取门装置、炉门清扫装置、清框装置、炉台清扫装置、头尾焦处理装置、集尘装置、润滑装置、气路、液压配管、液压装置、电气系统、空调装置等十几部分组成。

（3）推焦车 推焦车是在焦炉机侧的轨道上运行，并按一定的工艺程序对焦炉进行一系列操作，主要功能是取、装机侧炉门，将红焦从焦炉炭化室推出，进行炉门、小炉门、炉框清扫，头尾焦处理，推焦炭化室小炉门开闭，平煤、余煤处理等。推焦车的操作均在司机室内操作，走行为手动操作，其他通过按钮进行自动及手动操作。

各装置在设备上的布置位置，大体为走行平台，布置有走行装置，一层平台上设有推焦、取门、清门、清框、头尾焦处理、炉台清扫、液压系统等，二层平台上设有平煤、小炉门清扫、司机室、电气室、空调及空净系统等。

推焦车总体设计采用五炉距一次对位结构，以推焦装置为中心，平煤、清框装置设在左边，取门、清门、小炉门清扫装置设在右边，在推焦的同时对上一炉进行平煤和对下一炉小炉门进行清扫操作。取门装置与炉框清扫装置分别布置在推焦装置的两边，通过 S 轨道旋转实现一次对位操作。

（4）熄焦车 熄焦车是由车架、转向架、左右端壁、前后侧壁、车门、底板、栅栏、开门机构以及制动装置所组成。左右端壁、前后侧壁、底板、车门都装有耐热板，耐热板由铸铁制成。底板与前侧壁之间用铸钢斜撑支承，以加强车箱的强度和刚性，并减少前侧壁因受热而引起的变形。底板与水平面成 28°斜角，以便卸焦时让焦炭顺利流出。

熄焦车的开门机构采用齿轮、齿条传动。齿条与驱动气缸的活塞杆，通过销轴铰接在一起，气缸两端进气，带动齿条前后移动，装在传动主轴上的齿轮与齿条啮合，这样在齿条的移动过程中使得齿轮转动，主轴也转动，从而使装在主轴两端的摆杆带动推杆将熄焦车的车门打开（或关闭），以达到卸焦和关门的目的。

熄焦车上开门机构的摆杆可以在圆周上旋转 128°角。在 128°摆角的两极限位置上有刚性限位及限位开关，以保证左右车门开启位置在（650±20）mm 范围内。限位开关只起车门开到极限位置时的信号提示作用。

熄焦车是通过电机车牵引的，开门气缸的气源在电机车上，来自电机车的压缩空气通过软管连接器，以及气路传给气缸。电机车可以在熄焦车的两端挂钩牵引，压缩空气可以在熄焦车的两端接通，当电机车在熄焦车的左端挂钩时，关闭熄焦车上气路的右端球阀，当电机车在熄焦车的右端挂钩时，关闭熄焦车上气路的左端球阀。

制动装置为空气闸瓦式制动，来自电机车的气体通过制动气缸及拉杆使转向架上的制动装置的闸瓦压紧车轮以达到制动的目的。

（5）电机车 电机车主要由上部的车体、下部的走行装置、制动装置、气路系统、空调系统及电气系统组成。

在电机车上可通过高走台直接进入焦炉焦侧炉台，司机室置于车外偏侧，视线较好，空压机电气柜置于机器室内，冷风机用压缩机置于司机室外，在靠炉侧设有风包2台及电源滑线支架。

车体由机器室、司机室、平台、走梯及栏杆等结构件组成，各部分之间采用螺栓连接，现场安装后连接件间焊接固定。

机器室为一钢结构件，上部开有检修孔，方便检修，靠走梯处开有边门，进出方便，顶部铺有花纹钢板，对整车而言，机器室顶部为一平台。

司机室由平台支撑，置于车外侧，司机室顶篷和侧壁均使用隔热材料，内壁用彩涂板装饰。室内设有操作台、信号联络装置，为改善工作条件还设有空调机一台。

走行装置主要由传动机构、车架、车钩、碟簧、制动装置等组成。

传动机构为两套，各自驱动一对轮对，每套均由电动机通过万向轴连接卧式减速机，减速机的末级齿轮为剖分式的，装配时与车轮轴刚性连接，传动机构与车架的连接为半刚性、半弹性连接，另设有空气闸瓦制动器以适用接焦时慢速运行。车架是一个主要由低合金钢焊成的钢结构件，强度高、刚度大。轮对与车架的支承为弹性支承，采用组合碟簧，轴承箱为导框式，置于车架的导框中，车架通过碟簧置于轴承箱上。为达到更加良好的制动效果，制动采用气动闸瓦式制动器与盘式制动器共同制动，闸瓦材料选用高磷铸铁。

气路系统为电机车的制动，熄焦车车箱开启、关闭及熄焦车的制动提供气源动力。系统设置2台空气压缩机，常规为一用一备。压缩空气由贮气装置贮存，然后通过各种控制元件向执行元件供气，以完成各自的动作，车箱开启及关闭由电磁阀控制，电机车制动由电磁阀控制。

系统设置的贮气装置由2台风包组成，总贮气量为3.4m³，工作压力为0.45～0.7MPa，在一次充气后可满足多次循环操作的需要，以至在空压机故障时仍可将熄焦车车箱内焦炭卸完。

2.3.2.5 附属设备和修理装置

焦炉除主体机械设备外，还设有必要的附属设备和修理装置，以补充和保证各项作业的顺利进行，这些设备和装置主要有以下几个。

（1）炉门修理站 为满足炉门的日常巡回检修，在炉台或炉间台设置炉门修理站。机械化炉门修理站设有炉门旋转架，由电动卷扬机或液压装置和一系列滑轮传动使旋转架起落，可将炉门放平检修和竖直还原，同时还能旋转180°供检修炉门背面使用。

（2）余煤单斗机和埋刮板提升机 余煤单斗机是将推焦车卸下的余煤提升到炉顶上部煤塔旁的小斗内的机械。由支撑结构架和固定在支撑架上的导向滑轮以及运行在支撑架轨道上的翻斗组成。其传动装置为电动机通过减速机驱动卷扬机滚筒转动，由钢绳拉动翻斗运行，提升煤料。余煤单斗机的操作是自动化的，其行程由限位开关控制，自动停车，并可自动启动和返回。

大型焦炉则没有余煤单斗机，由推焦车、拦焦车等设备本身自带埋刮板提升机、平煤溜槽、链式刮板机处理余煤和头尾焦。

（3）悬臂式起重机和电动葫芦 悬臂式起重机设于焦炉炉顶部端台，电动葫芦悬挂安装于焦炉炉台两端的轨道梁上部。用以吊运设备、部件、耐火材料等。一般都由电机、减速机、卷筒、钢绳、滑轮、控制装置等组成。

（4）推焦杆更换装置 一般在炉端台上，有四排能够移动的小车设于专用的轨道上，小车上可以储放推焦杆，供推焦杆更换或检修使用。

在小炉门标高处设置检修平煤杆的架轮，以供储放或更换平煤杆之用。

在焦炉的端台或间台，还设有砂轮机。

在焦炉地下室及烟道等处设有水泵，以定期排出积水或作防洪使用。

2.4 炼焦生产工艺

2.4.1 煤的工业分类

中国煤分类（以炼焦煤为主）方案：分类指标可燃基挥发分 V 和最大胶质层厚度 Y（mm），V 表示变质程度，Y 表示黏结性，V 和 Y 共同反映结焦性。方案中将煤分成 10 大类 24 小类；其中 10 大类主要适用于地质部门的资源勘探，煤炭部门的产品分类和管理部门的计划调拨。24 小类则适用于各种煤的合理利用和科学研究。中国煤分类见表 2-4。

表 2-4 中国煤分类

10 大类	24 小类	分类指标	
		$V/\%$	Y/mm
无烟煤		0～10	
贫煤		10～20	0（粉状）
瘦煤	Ⅰ号瘦煤	14～20	0（成块）～8
	Ⅱ号瘦煤	14～20	8～12
焦煤	瘦焦煤	14～18	12～25
	主焦煤	18～26	12～25
肥煤	Ⅰ号肥煤	26～37	25～30
	Ⅰ号焦肥煤	>26	25～30
气煤	Ⅰ号肥气煤	30～37	9～14
	Ⅰ号气煤	>37	14～25
弱黏煤	Ⅰ号弱黏煤	20～26	0（成块）～8
不黏煤		20～37	0（粉状）
长焰煤		>37	0～5
褐煤		>40	

此分类存在一些问题：V 能较好地反映煤的变质程度以及半焦收缩与裂纹形成，但 Y 值主要反映胶质体数量未反映胶质体的性质，不能全面反映黏结性。

岩相组成不同，不同变质程度可能 V、Y 相似，但胶质体性质不同，黏结性不同，造成同一类的煤所炼出的焦炭质量波动很大。

2.4.2 原料煤的特性

（1）气煤 气煤的煤化程度比长焰煤高，煤的分子结构中侧链多且长，含氧量高。在热解过程中，不仅侧链从缩合芳环上断裂，而且侧链本身又在氧键处断裂，所以生成了较多的胶质体，但黏度小，流动性大，其热稳定性差，容易分解。在生成半焦时，分解出大量的挥发性气体，能够固化的部分较少。当半焦转化成焦炭时，收缩性大，产生了很多裂纹，大部分为纵裂纹，所以焦炭细长易碎。在配煤中，气煤含量多，将使焦炭块度降低，强度低。但配以适当的气煤，可以增加焦炭的收缩性，便于推焦，又保护了炉体，同时可以得到较多的化学产品。由于中国气煤储存量大，为了合理地利用炼焦煤的资源，在炼焦时应尽量多配气煤。

（2）肥煤　肥煤的煤化程度比气煤高，属于中等变质程度的煤。从分子结构看，肥煤所含的侧链较多，但含氧量少，隔绝空气加热时能产生大量的相对分子质量较大的液态产物，因此，肥煤产生的胶质体数量最多，其最大胶质体厚度可达25mm以上，并具有良好的流动性，且热稳定性也好。肥煤胶质体生成温度为320℃，固化温度为460℃，处于胶质体状态的温度间隔为140℃。如果升温速率为3℃/min，胶质体的存在时间可达50min，因此决定了肥煤黏结性最强，是中国炼焦煤的基础煤种之一。由于挥发性高，半焦的热分解和热缩聚都比较剧烈，最终收缩量很大，所以生成焦炭的裂纹较多，又深又宽，且多以横裂纹出现，故易碎成小块，耐磨性差，高挥发性的肥煤炼出的焦炭的耐磨强度更差一些。肥煤单独炼焦时，由于胶质体数量多，又有一定的黏结性，膨胀性较大，导致推焦困难。

在配煤中，加入肥煤后，可起到提高黏结性的作用，所以肥煤是炼焦配煤中的重要组分，并为多配入黏结性较差的煤提供了条件。

（3）焦煤　焦煤的变质程度比肥煤稍高，挥发性比肥煤低，分子结构中大分子侧链比肥煤少，含氧量较低。热分解时产生的液态产物比肥煤少，但热稳定性更高，胶质体数量多，黏性大，固化温度较高，半焦收缩量和收缩速度均较小，所以炼焦出的焦炭不仅耐磨强度高、焦块大、裂纹少，而且抗碎强度也好。就结焦性而言，焦煤是最好的能炼制出高质量焦炭的煤。

配煤时，焦煤的配入量可在较宽的范围内波动，且能获得强度较高的焦炭。所以配入焦煤的目的是增加焦炭的强度。

（4）瘦煤　瘦煤的煤化程度较高，是低挥发性的中等变质程度的黏结性煤，加热时生成的胶质体少，黏度大。单独炼焦时，能得到块度大、裂纹少、抗碎强度高的焦炭，但焦炭的熔融性很差，焦炭的耐磨性也差。在配煤时配入瘦煤可以提高焦炭的块度，作为炼焦配煤效果较好。

❖ 2.4.3　炼焦生产工艺

为给焦炉提供数量足够、质量合格的炼焦煤，备煤车间担负有对炼焦煤的处理任务。包括：接受、贮存、倒运、粉碎、配合、混匀等工序，若来煤灰分较高，则还设有选煤、脱水工序。为扩大弱黏煤用量可采取干燥、预热、压实、成型、添加黏结剂等处理方法。在北方还有解冻和冻块粉碎工序。上述所有加工处理过程统称备煤工艺。

由备煤车间送来的配合煤装入煤塔，装煤车按作业计划从煤塔取煤，经计量后装入炭化室内。炭化室中煤料加热的热源来自两面的加热炉墙，煤料由外层向里层逐渐升温，进行炼焦过程。由加热炉墙侧来的热流，其中部分热量使煤层受热升温，其余部分热流通过煤层传入相邻的里边煤层。在煤层中的传热，主要是以传导方式进行。煤料在炭化室内经过一个结焦周期的高温干馏制成焦炭并产生荒煤气。

焦炉火道出来的废气温度很高，现代焦炉的废气约为1300℃。将这部分热量回收一些，可以提高焦炉热工效率，节省燃料。为达到此目的，现代焦炉有蓄热室收回废气中的热量。蓄热室中有格子砖，当废气通过时，格子砖被加热，获得热量。在下一个换向期间，格子砖再将蓄存热量传给空气或贫煤气。蓄热室换向时间为20min或30min。换向时间长时，格子砖表面温度波动大。换向时间短时则相反，但因换向次数增加，换向时漏入烟道的煤气量增多。

炭化室内的焦炭成熟后，用推焦车推出，经拦焦车导入熄焦车内，并由电机车牵引熄焦车到熄焦塔内进行喷水熄焦。熄焦后的焦炭卸至凉焦台上，冷却一定时间后送往筛焦工段，经筛分按级别贮存待运。当用干法熄焦时，赤热焦炭用惰性气体冷却，并回收热能。所谓干熄焦，是相对湿熄焦而言的，是指采用惰性气体将红焦降温冷却的一种熄焦方法，在干熄焦过程中，红焦从干熄炉顶部装入，低温惰性气体由循环风机鼓入干熄炉冷却段的红焦层内，吸收红焦显热，冷却后的焦炭从干熄炉底部排出，从干熄炉环行烟道出来的高温惰性气体流经干熄焦锅进行热交换，锅炉产生蒸汽，冷却后的惰性气体由循环风机重新鼓入干熄炉，惰性气体在封闭的系统内循环使用，干熄焦在节能、环保和改善焦炭质量等方面优于湿熄焦。

煤在炭化室干馏过程中产生的荒煤气汇集到炭化室顶部空间，经过上升管、桥管进入集气管。约700℃的荒煤气在桥管内被氨水喷洒冷却至90℃左右。荒煤气中的焦油等同时被冷凝下来。煤气和冷凝下来的焦油等同氨水一起经过吸煤气管送入煤气净化车间。

焦炉加热用的焦炉煤气，由外部管道架空引入。焦炉煤气经预热后送到焦炉地下室，通过下喷管把煤气送入燃烧室立火道底部与由废气交换开闭器进入的空气汇合燃烧。燃烧后的废气经过立火道顶部跨越孔进入下降气流的立火道，再经蓄热室，用格子砖把废气的部分显热回收后，经过小烟道、废气交换开闭器、分烟道、总烟道、烟囱排入大气。图2-20为炼焦工艺流程示意图。

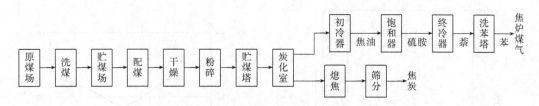

图2-20 炼焦工艺流程示意图

2.5 炼焦技术发展

随着工业不断发展，需要生产更多优质的高炉用焦炭、铸造用焦炭、电热化学用焦炭以及其他用焦炭，为此，摆在焦化工业面前的任务是提高焦炭质量，增加焦炭产量。

为了合理利用资源，提高生产经济效益，扩大炼焦煤源，利用弱黏煤和不黏煤是一条发展途径。中国弱黏煤和不黏煤储量不少，占煤储量的14%。这些煤的挥发分含量高，有些煤又低灰、低硫，有利于生产杂质少的焦炭。为了利用弱黏结性煤获得合格焦炭，需要开发炼焦新技术。

现行的焦炉生产，主要缺点在于用炭化室炼焦，煤料加热速率不匀，煤料堆密度在炭化室的上下方向有差别，故所得焦炭的块度、强度、气孔率和反应性都不均匀。为了生产出高强度的焦炭，需要在配煤中配入大量的炼焦煤。

炭化室间歇式生产是一大缺点，使得生产难以自动化、劳动生产率低和生产劳动条件差。目前的炼焦生产工艺未能很好地利用煤的化学潜力，生产出更多的化学产品。为此，国内外在进行大量完善炼焦工艺和连续炼焦技术的研究开发工作。

增大焦炉容积是炼焦的新技术，已取得长足进展。

2.5.1　改进炼焦备煤

完善现有的和开发新的炼焦备煤工艺，有如下一些方面：合理配煤，煤破碎优化，增加装炉煤堆密度，煤的干燥和预热等。

合理配煤，选择破碎煤可以扩大炼焦煤源，改善焦炭的物理和化学性质。

提高装炉煤的堆密度是改善焦炭质量的主要途径，可用不同方法增加弱黏结性煤用量。其中包括捣固装煤，部分配煤成型和团球，配煤中配有机液体及选择破碎等。这些方法不仅改善了焦炭质量，而且提高了焦炉生产能力。

煤捣固炼焦或煤成型（部分煤或全部煤）是在炼焦前把煤料压实增大堆密度，可节省好的黏结性煤，并可改善焦炭质量，提高生产技术经济水平。

粉煤捣固是在炉外捣固装置上用锤子把煤料捣实。压实煤料增大密度，也可通过把煤料全部或部分预先压成型煤。成型可以加黏结剂（也有不加黏结剂的），成型后把型煤装入焦炉炼焦。

增加弱黏结性煤配比进行配煤炼焦时，预先压实煤，增大其堆密度，可改善煤的黏结性，提高焦炭质量。用膨胀度试验研究配煤时可以看出，膨胀度指数与煤的堆密度成平方关系增加，见图 2-21。煤的堆密度增加，增大了焦块和焦炭的强度，见图 2-22。当捣固装煤时，煤料堆密度可增加到 $1.05 \sim 1.15 \mathrm{t/m^3}$。堆密度增大使得煤粒子互相接近，煤饼成焦时只需较少量的液相黏结成分即可达到较大的焦块结构强度，因此可用较少的黏结性煤。

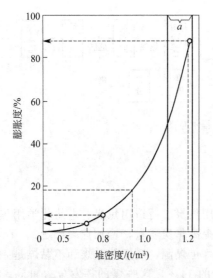

图 2-21　不同堆密度与膨胀度的关系
a—部分煤成型堆密度值区域

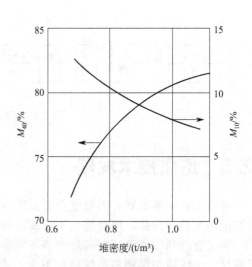

图 2-22　配煤堆密度与焦炭
转鼓试验强度的关系

当用部分型煤炼焦时，煤料堆密度增加程度小于捣固方法。煤料中含型煤 30% 时，平均堆密度为 $0.8 \mathrm{t/m^3}$。部分型煤配煤炼焦的焦炭强度比具有相同堆密度的一般方法配煤的大。其原因是由于型煤在软化阶段的膨胀比粉状配煤的强烈，故而改善了配煤的整体黏结性。所以，部分配入型煤的结焦过程就如同堆密度大的煤料在焦炉内进行的情况。

压块煤在胶质体状态析出大量气态产物，导致压迫型煤周围的煤料粒子，有助于这些粒子的黏结。因此，配入部分型煤炼焦可改善全部配煤的黏结性和焦炭质量，因而能利用弱黏结性煤炼焦。

2.5.2 捣固煤炼焦

捣固煤炼焦的工业生产已在中国和其他国家实现，可以多用弱黏性煤生产出高炉用焦炭。一般散装煤炼焦只能配入气煤35%左右，捣固法可配入气煤55%左右。

捣固煤可以提高煤粉碎细度而不降低焦炉生产能力，也不使操作条件变坏。

捣固煤炼焦工艺，是将煤由煤塔装入推焦车的捣煤槽内，见图2-23。再用捣煤锤于3min内将煤捣实成饼，然后推入炭化室，关闭炉门。

在装煤入炭化室时，借助装炉煤气净化车把产生的粗煤气和烟尘吸出，该车位于炉顶，通过炭化室上部孔吸出气体，气体在车上的燃烧室内烧掉，废气经冷却和水洗除尘后送入大气，防止"黄烟"排入大气。

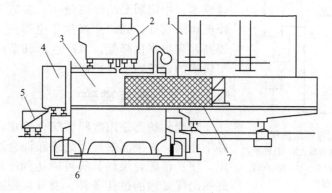

图2-23 捣固煤炼焦（装煤入炉）
1—捣固机；2—煤气净化车；3—焦炉；4—导焦槽；
5—熄焦车；6—蓄热室；7—煤饼

过去，捣固焦炉的炭化室高度比较低，高宽比为9:1。现在已提高到15:1。炭化室高度增加到6m，已正常生产多年。由于捣固装煤，过去一次装煤时间为13min。现在改进了捣固机械，多锤同时捣固，强化了捣固过程，装煤时间已缩短至3～4min。含水10%～11%的煤，堆密度可达1.13t/m³。

1984年，德国萨尔区建成大容积捣固焦炉，一座焦炉有90孔炭化室，炭化室尺寸如下：

高度/mm	6250	有效容积/m³	45.7
长度/mm	17720	一次装煤/t	48
宽度/mm	490	一座焦炉能力/(kt/a)	1200
锥度/mm	20		

捣固法还可以和预热煤联合炼焦，需要配入80%不黏结性煤。将煤预热到170～180℃，混入6%的石油沥青，然后在捣固机内捣实，与捣湿煤方法相同。将煤饼推入炭化室炼焦，结焦时间可缩短25%～30%，而生产能力增加不小于35%。捣固与预热煤联合炼焦与湿煤捣固相比，主要优点是大大改善了焦炭质量，块焦率增加5%。联合方法中配入10%～15%好的黏结性煤即可生产优质焦炭。联合方法使用的原料煤便宜，生产成本低，焦炉生产能力大。

2.5.3 成型煤

全部煤料用黏结剂或无黏结剂压成型，或者部分配煤压成型，此配煤中配有弱黏结性和不黏结性组分。

20 世纪 70 年代，日本采用配入黏结剂成型使成型煤炼焦得到发展，到 1981 年已达到日产型块 20000 多吨。中国宝山钢铁公司（以下简称宝钢）为了在配煤中多配入弱黏结性煤，炼得优质焦炭，引进了成型煤新工艺。成型煤炼焦工艺流程见图 2-24。

从通常配合煤料中，切取约 30% 的煤料，配以黏结剂压块成型，然后在装炉前与剩余的 70% 未成型粉煤配合装炉。

在压块成型前将原料煤加湿到 11%～14%，再喷洒软沥青黏结剂 6%～7%，用蒸汽加热到 100℃进行混捏均匀，然后在对辊式成型机中压制成型煤。

成型煤炼焦利用了廉价的弱黏结性煤，降低了原料煤成本；中国弱黏结性煤量多，多数含灰分低，有利于降低焦炭灰分；同时焦炭质量也得到了改善，块焦产率提高，高炉焦比降低，增产生铁和节约焦炭。由于增加了较多的设备，基建投资较高。

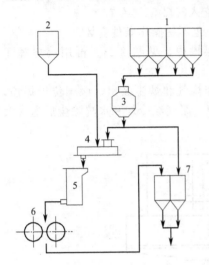

图 2-24　成型煤炼焦流程
1—配煤槽；2—黏结剂槽；3—粉碎机；
4—混煤机；5—混捏机；6—成型机；
7—贮煤塔

2.5.4　选择破碎

现代焦炉都是用数种煤配合炼焦，几种煤的结焦性各不相同。如果能很好地处理和混合结焦性不同的各种煤，使所得配合煤料具有可能达到的最好的结焦性。因此找出煤处理的最佳条件，就可以提高配合煤料的结焦性，或扩大炼焦煤源。

各种煤的变质程度不同，其挥发分含量、黏结性和岩相组分也不一样。各种煤的抗碎性也有区别，一般中等变质程度煤易碎，年轻和年老的煤难碎，在一般生产破碎情况下，难碎的气煤，多集中在大颗粒级中，能使结焦性下降。

煤的不同岩相组分的性质不同，镜煤、亮煤和暗煤的黏结性有很大差异，镜煤的黏结性好，暗煤的差，亮煤的居中。煤的挥发分 V_{daf} 为 19%～33% 的镜煤，有良好的结焦性。中等挥发分煤的镜煤和暗煤的结焦性都较好，它们之间的区别不大，而高挥发分弱黏结性煤的区别则较大。

镜煤容易破碎，暗煤和矿物质很难破碎，一般丝炭是惰性成分，容易粉碎。在一般生产破碎条件下，暗煤和矿物质多集中于大颗粒级中，黏结性好的镜煤和亮煤，多集中在小颗粒级内。

根据煤的岩相性质进行选择破碎，使得有黏结性的煤不细碎，而使黏结性差的暗煤和惰性矿物质进行细粉碎，使其均匀分散开。这样可以保证黏结性成分不瘦化，堆密度又提高，消除惰性成分的大颗粒，可以使黏结性弱的煤料提高黏结性。

图 2-25 是选择破碎流程。黏结性差的和不结焦的煤组分由于其硬度大，在粉碎时仍保留在大颗粒级中，故筛分出来再进行粉碎，并再进行筛分。大粒子再循环来粉碎。这样把不软化的和软化性能差的组分细碎，而强结焦的组分不过细粉碎，使得结焦固化时消除了惰性组分大颗粒，防止形成裂纹，从而可以获得大块焦炭。

这样粉碎，使得黏结性差的成分都小于 1.0mm，但又不使其更多生成 <0.2mm 的粒子，0.2～0.8mm 粒子占大多数，黏结性好的粒子大，避免粒子过细，粉碎煤料粒子平均直径比一般粉碎方法的大。煤料堆密度比一般粉碎的大，可以由图 2-26 看出。煤粒度都是 0～3mm，但是选择破碎煤的堆密度高。

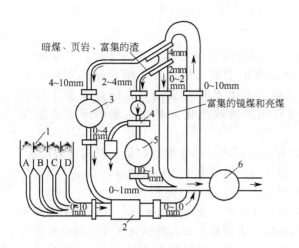

图 2-25 选择破碎（E. M. Burstlein）流程

1—煤塔；2—加油转鼓混合器；3—反击式粉碎机；

4—风选盘；5—反击式粉碎机；6—混煤机；

A~D—不同种类煤的煤塔

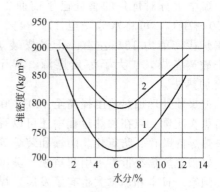

图 2-26 不同粉碎煤的堆密度

1——一般破碎；2—选择破碎

选择破碎首先在法国采用，用一般方法配煤只能配入约 20％的挥发分 V_{daf} 为 37％~38％的高挥发分煤，其余是进口鲁尔煤。当采用选择破碎后，本地高挥发分煤可以配入 65％，扩大了炼焦煤源。选择破碎和一般破碎的生产结果比较，如表 2-5 所示。

表 2-5 选择破碎试验结果

方 案		I			II				III			IV	
煤种		L	R	A	L	R_1	R_2	A	S_a	S_b	A	R_G	R_E
挥发分 V_{daf}/％		37~38	24	17	37.5	33	24	17	33	34	17	31	15
配煤比/％		60	25	15	45	25	15	15	76	14	10	85	15
配煤挥发分 V_{daf}/％			31.4			31.3				31.5			27.8	
破碎类别		一般	选择		一般	选择			一般	选择		一般	选择
平均粒度直径/mm		0.60	0.85		0.53	0.86			0.73	0.92		—	—
转鼓强度/％	M_{40}	69.0	79.3		76.0	79.5			63.9	74.1		76.9	80.5
	M_{10}	11.3	7.6		8.9	6.7			9.1	5.6		9.7	6.2

煤选择破碎方法已在不少国家采用，有的工厂每天处理煤量达 3000t。显然，此法是有些气煤炼焦的有效途径之一。但是对于岩相组成较均一的煤，或岩相组成虽不均一，但不富集于某一粒度级的煤，选择破碎效果不大。选择破碎方法的缺点是流程较长，设备较多，筛孔小，电热筛操作困难。由表 2-5 和图 2-26 可见，粉碎煤过细不好，能使煤料瘦化，降低堆密度，不利于黏结，所得焦炭强度都比选择破碎煤的低。现在，一般锤式粉碎机粉碎的煤料中，小于 0.5mm 粒级的含量占 50％以上，利用冲击破碎机，可以降低小于 0.5mm 和过大颗粒的含量，能提高弱黏结性煤的焦炭强度。某种高挥发分弱黏结性煤，利用冲击式破碎机破碎时，焦炭转鼓强度 M_{40} 提高 6％~13％。由于用冲击式粉碎机粉碎时能使煤料少生成煤尘和大颗粒，所以在不改变煤的一般流程情况下，能提高焦炭强度，并且有耗电少、结构简单等优点，在国外有了很大发展。

采用圆筒形立式筛分机，该筛生产能力大，可以筛分湿煤。为了克服湿煤堵筛网的缺点，要用压缩空气消除附在筛网上的粉煤，压缩空气喷嘴可以上下移动，筛网以 55r/min 的速度旋转，使整个筛网定期得到清扫。筛分机封闭在一个装置内，粉尘易控制，操作环境好。

▌2.5.5　煤干燥预热和调湿

煤中水分对炼焦的害处已于前面叙述过，为了脱除水分可以进行煤干燥。将煤加热到50~70℃，可将水分降至2%~4%。干燥煤装炉能提高堆密度，缩短结焦时间，提高焦炉生产能力15%左右。干燥煤装炉在工业生产上已获得成功，在国外采用干燥和冲击破碎备煤，扩大了炼焦煤源。煤干燥可以用立管式流化加热法、沸腾床加热法和转筒加热法。

把煤预处理加热温度提高至150~200℃，称为煤预热。预热煤装炉炼焦能提高装煤量，提高焦炭质量。煤在预热过程中还可以脱除一部分硫。但是由于煤料温度高，在生产上需要解决热煤的贮存、防氧化、防爆和装炉等技术问题。

煤预热炼焦在世界上引起重视，美国已进行工业生产，此外还有英国、法国、南非和德国等国家。日本和加拿大也有了发展。煤预热开始于法国和德国，利用结焦性差或高挥发分煤生产焦炭。煤干燥和预热从1950年开始开发，至1960年取得较大进展。研究在反应器中进行，操作虽较复杂，但有增加产量的优点，产品焦炭质量也保持不变。生产厂研究表明，煤预热炼焦可增产50%，而焦炭质量和化学产品质量都保持不变。当采用与湿煤炼焦相同的结焦时间时，可增加焦炭强度和提高焦炭块度。

根据炼焦煤的综合研究说明，热处理炼焦煤需要特殊条件，需要解决热煤的输送和贮存问题。现在有三种方法在应用，其差别在于预热方法和加煤技术。

德国的普雷卡邦（Precarbon）法采用不同的预热和加煤方法，它包括两段气流加热用于热处理，见图2-27。热烟气于燃烧室与惰性气体相混调节温度，并首先进入预热管，在此预热煤。由预热管出来的热气再去干燥管。此法完全利用逆流操作原理，这样热效率高，并且热处理较精细，所以加热气体温度低。旋风分离器用于气体与煤的分离。预热煤用装煤车把煤加入焦炉。此技术是用重力加入预热煤，因此煤的堆密度大于湿煤装炉。热煤流动性好，加煤比较均匀，不需要平煤。

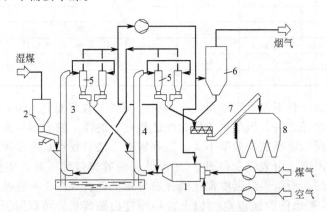

图 2-27　普雷卡邦法煤预热流程
1—燃烧室；2—加煤槽；3—干燥管；4—预热管；5—旋风器；
6—湿式除尘器；7—运煤机；8—装煤车

煤干燥实现有难度，而煤调湿简单易行。煤调湿是将炼焦煤料在装炉前除掉一部分水分，保持煤料水分稳定。利用加热方法脱水，例如用蒸汽或烟道废气为热源加热湿煤。利用烟道废气带走从煤料中析出的水分，使装炉煤料的水分稳定在6%。该技术可提高焦炉生产能力，减少焦炉耗热量，降低荒煤气中水汽含量，有利于化学产品回收系统生产。

➡ 2.5.6 干法熄焦

由焦炉推出的赤热焦炭的温度约为 1050℃，其显热占炼焦炉热量的 40% 以上。如果用洒水湿法熄焦，虽然方法简便，但是损失了这部分高温级的热量，而且耗用了大量熄焦用水，污染了环境。采用干法熄焦，即利用惰性气体将赤热焦炭冷却，得到的热惰性气体加热锅炉产生蒸汽，降了温的惰性气体，再循环使用，从而回收了赤热焦炭的热量，提高了炼焦生产的热效率。每 1t 1000～1100℃ 的焦炭的显热为 1.5～1.67MJ，干法熄焦热量回收率可达 80% 左右，可产蒸汽 400kg 以上。

1920 年前后，瑞士建立了第一套干法熄焦装置，能力为 27t/d。此后相继建立了多套装置，其中有两套操作了 40 年，一套是在法国，另一套在英国。20 世纪 60 年代初，由于气候寒冷，湿法熄焦困难，前苏联也发展了干法熄焦技术，共建立了 70 多套，每套能力为 52～56t/h。1973 年，日本从经济和环境保护方面考虑，引进了前苏联干法熄焦专利，之后有所发展。中国宝钢焦化厂便是采用此种干法熄焦装置。由于能源紧张，德国也发展了干法熄焦技术，除了采用前苏联技术 2×70t/h 装置之外，在熄焦槽内增设了水冷壁，采用直接气冷和间接水冷的联合方法，使熄焦槽本身产生蒸汽，可减少熄焦用循环气体量，从而减少电耗。槽式法干法熄焦工艺流程见图 2-28。

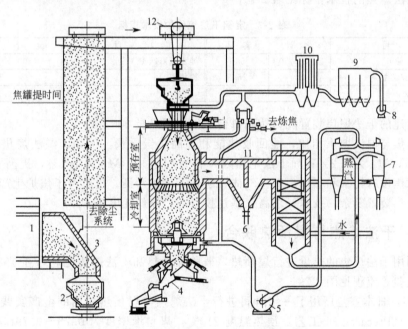

图 2-28 槽式法干法熄焦工艺流程
1—焦炉；2—焦罐；3—吸尘罩；4—出焦装置；5,8—风机；6—废热锅炉；7—旋风器；
9—滤尘器；10—管式冷却器；11—前分离器；12—吊车

前苏联干法熄焦装置主要由冷却槽、废热锅炉、惰性气体循环系统和环境保护系统构成。焦炭从炭化室推出，落在焦罐中，焦炭温度可达 1050℃。焦罐由提升机提到干熄室顶部，这时将冷却室上部的预存室打开，焦炭进入室中。在室中焦炭放出的气体进入洗涤塔，然后收集，避免有害气体排入大气。进料室为锁斗式，进料后上部关闭，下部打开，焦炭下移到冷却室。在冷却室中，赤热的焦炭被气体冷却到 200℃ 左右排出。冷却气体由鼓风机送入，在冷却焦炭的同时，气体温度升高，出口气体温度可达 800℃，进入废热锅炉，产生高压蒸汽（440℃，4.0MPa）。气体经过两级旋风除尘之后，再由鼓风机循环到冷却室中。

宝钢、日本八幡和德国等的干法熄焦装置的性能和规格见表 2-6。

表 2-6 干法熄焦装置的性能和规格

项　目	宝钢	八幡	君津	德国	德国带水冷壁
一台处理能力/(t/h)	75	150～175	200	60	60
预存室容积/m³	200	330	396	200	130
干法熄焦容积/m³	300	610	707	320	210
循环风机能力/(km³/h)	125	210	245	96	60
总压头/kPa	7.85	11.3	11.6	7.5	4.5
电机容量/kW		1450		432	174
蒸汽压力/MPa	4.5	9.2	9.5	4.0	
蒸汽温度/℃	450	500	520	440	
蒸汽发生量/(t/h)	39	90	103	35	
蒸汽用途		发电	发电	发电	
风料比/(m³/t 焦)	1670	1370	1225	1600	1000
熄焦室比容积/[m³/(t·h)]	4.0	3.99	3.54	5.3	3.5
熄焦室高径比(H/D)	1.2～1.3	0.85	0.85		
比耗电量/(kW·h/t 焦)					2.9

宝钢干法熄焦的技术指标见表 2-7。

表 2-7 宝钢干法熄焦的技术指标

项　目	设　计	实　际	项　目	设　计	实　际
汽化率/(kg/t 焦)	420～450	540	纯水/(kg/t 焦)	450	
电耗/(kW·h/t 焦)	20	26.9	粉焦率/%	2～3	2～3
氮耗/(m³/t 焦)	4	3.0			

前苏联建的干法熄焦装置能力达到每台每年处理焦炭 100×10^4 t。

干法熄焦与湿法熄焦相比，能回收热能和提高焦炭质量。例如，湿法熄焦的焦炭强度 M_{40} 为 71%，M_{10} 为 8.2%；而干法熄焦则 M_{40} 为 71.1%，M_{10} 为 7.1%，提高了经济效益。由于干法熄焦没有污水和不排出有害气体，防止了环境污染，也改善了焦炉生产操作条件。

干法熄焦装置复杂，技术要求高，基建投资大，操作耗电多。

2.5.7 干法熄焦与煤预热联合

为了利用干法熄焦的热量进行煤预热，兼收煤预热和干法熄焦之利，在 1982 年德国进行了工业试验，流程见图 2-29。

1984 年，日本室兰厂用了一年时间进行干法熄焦与煤预热并用的生产实践。煤预热采用普雷卡邦（Precarbon）工艺，预热温度 210℃，煤料堆密度为 $0.78 \sim 0.79 t/m^3$。生产焦炭用干法熄焦。所得焦炭平均块度减小，而焦炭强度提高了。从高炉使用强度来看，可认为煤预热与干熄焦二者都有明显效益，而且有相加性，两者没有抵消的作用。

2.5.8 预热压块分段炼焦

日本的 SCOPE-21（super coke oven for productivity and environment enhancement forward the 21st century）是预热压块分段炼焦法。采用流化床干燥段与气流床预热段，煤快速预热至 350～400℃；预热的细粒煤压块成型后与粗粒煤混合装炉，在 70～75mm 薄炉墙的炉内进行中温干馏至 750～850℃；该中温焦在干法熄焦装置上部加热至 1000℃，实现中温焦的高温改质。弱黏结煤配比可达 50%，生产能力是现有焦炉的 2.4 倍。该技术已完成处理煤 6t/h 中试，计划建 4000t/d 的工业试验装置。此法综合了煤预热、压块成型、分段

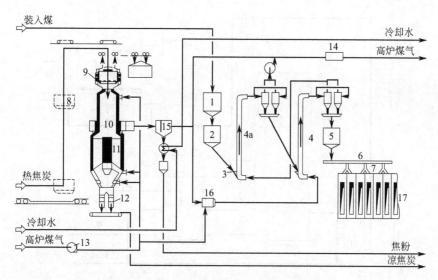

图 2-29　干法熄焦与煤预热联合流程

1—湿煤槽；2—湿煤给料槽；3—湿煤给料器；4—煤预热管；4a—气流床干燥器；5—热煤槽；6—热煤输送机；
7—热煤装料管；8—焦罐；9—焦罐接受室；10—预存室；11—干熄室；12—卸焦部分；
13—冷却气风机；14—气体净化单元；15—焦尘分离器；16—混合室；17—焦炉

炼焦和干法熄焦等技术，扩大了炼焦煤源，提高了生产能力。

2.5.9　热回收焦炉

焦炉产生的荒煤气在炭化室内全部燃烧，完成煤料加热过程。燃烧生成的高温废气在废热锅炉产蒸汽带动汽轮发电机发电，进行热能回收。热回收焦炉具有造价较低、污染较轻和焦炭质量较好等特点。但资源利用不合理。美国阳光公司于 1998 年在印第安纳港炼焦厂建了 4×67 孔炉，结焦时间 48h，年产焦炭 120×10^4 t。配有 4 套装煤推焦车，16 台废热锅炉，1 台汽轮发电机组 94MW。焦炉的下部焦炭质量较好而上部较差。推荐采用挥发分 $<25\%$ 的煤，适宜规模为 $(70 \sim 130) \times 10^4$ t/a。

2.6　粗煤气的净化

2.6.1　粗煤气初步冷却

为了回收化学产品和净化煤气，便于加工利用，需要进行粗煤气分离。

自焦炉来的粗煤气中含有水汽和焦油蒸气等，需要进行初步冷却，分出焦油和水，以便把煤气输送到回收车间后续工序和进一步利用。冷凝的焦油和水需要分离，焦油中含有的灰尘需要脱除。

粗煤气初步冷却和输送流程见图 2-30。

由焦炉来的粗煤气温度为 $650 \sim 800℃$，经上升管到桥管，然后到集气管，在此用 $70 \sim 75℃$ 循环氨水进行喷洒，冷却到 $80 \sim 85℃$，有 60% 左右的焦油蒸气冷凝下来，这是重质焦油部分。焦油和氨水混合物自集气管和气液分离器去澄清槽。

煤气由分离器去初冷器，在此进行冷却，残余焦油和大部分水汽冷凝下来，煤气被冷却到 $25 \sim 35℃$，经鼓风机增压，因绝热压缩升温 $10 \sim 15℃$。初冷器后的煤气含有焦油和水的

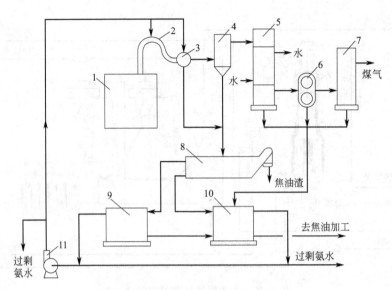

图 2-30　粗煤气初步冷却和输送流程
1—焦炉；2—桥管；3—集气管；4—气液分离器；5—初冷器；6—鼓风机；
7—电捕焦油器；8—油水澄清槽；9，10—贮槽；11—泵

雾滴，在鼓风机的离心力作用下大部分以液态析出，余下部分在电捕焦油器的电场作用下沉降下来。

在澄清糟因密度不同进行焦油和氨水分离，氨水在上，焦油在下，底部沉降物是焦油渣。焦油渣由煤尘和焦粉构成，用刮板由槽底取出，可以送回到配煤中去。氨水用泵送到桥管和集气管进行喷洒冷却，循环利用。焦油用泵送去焦油精制车间。为防止焦油槽底沉积焦油渣，可采用泵搅拌方法，消除人工清渣。

氨水有两部分：一是集气管喷洒用循环氨水；二是初冷器冷凝氨水。氨水中含有铵盐，氨含量为 $4 \sim 5g/m^3$；氨水中含有酚类。在循环氨水中有 $70\% \sim 80\%$ 为难水解的氯化铵，加热时不分解，称固定铵，初冷器的冷凝氨水中铵盐有 $80\% \sim 90\%$ 为易水解的碳酸氢铵、硫化铵以及氰化铵，加热时可分解，称挥发铵。为了防止氯化铵在循环氨水中积累，部分循环氨水外排入剩余氨水中，并补充一部分冷凝氨水入循环氨水。

1t 煤炼焦约产粗煤气 $480m^3$（在炉顶空间的操作状态下，其容积约为 $1700m^3$），其体积组成为：煤气 75%，水汽 23.5%，焦油和苯蒸气为 1.5%。此气体进行冷却，放出热量约为 $0.5GJ$，其中 $85\% \sim 90\%$ 用于蒸发喷洒氨水，其余热量则用于加热水和散热。当冷却用的喷洒氨水温度为 $70 \sim 80℃$ 时，以炼焦装煤量计的喷洒量为 $5 \sim 6m^3/t$，其中蒸发氨水量仅占 $2\% \sim 3\%$。

冷却喷洒氨水量大是由于出炉的粗煤气温度比较高所致，粗煤气与喷洒氨水之间的蒸发换热，是在形成的水滴表面上进行的。桥管和集气管喷头所处的几何空间小，水滴与粗煤气接触时间短，故换热表面积小，冷却效率低。同时喷洒氨水中含有煤和焦的尘粒、焦油以及腐蚀性盐类，限制了喷嘴采用小孔径结构，因小孔径易堵，需要勤清扫。喷嘴孔径为 $2 \sim 3mm$，喷洒可行，但是水滴较大，落下途径短，恶化了换热条件。蒸发水分量占水滴量的小部分。为此，采用热水喷洒，增大水滴蒸发蒸气压，加快蒸发速率，改善煤气冷却。因水汽化热大，水升温显热小，故冷水喷洒不可行，否则喷洒量要增大几倍。

喷洒氨水过量还有一个作用，由于水量大，使集气管中的重质焦油能与氨水一起流动，便于送到回收车间。

初冷器入口粗煤气含有水汽量约有 50%（体积分数）或 65%（质量分数）。这些水来自煤带入水分为 $60 \sim 80 kg/t$；煤热解生成水为 $20 \sim 30 kg/t$ 以及集气管蒸发水汽 $180 \sim 200 kg/t$。在初冷器中冷却冷凝水量可达 92%～95%，初冷器后煤气被水汽饱和，其水汽含量按装炉煤计为 $10 \sim 15 kg/t$。初冷器中交换热量的 90%为煤气中水汽冷凝放出的热量。

初冷器后的粗煤气质量少了 2/3，而容积少了 3/5 倍，从而减少了继续输送的电能消耗。

在初冷器中焦油也冷凝下来，特别是含于其中的萘，萘的沸点与焦油中其他组分相比是较低的，为 218℃；熔点高，为 80℃；并能升华，形成雾状和尘粒（悬浮于气体中的萘晶粒）。因此，煤气在冷却管的表面上有萘结晶析出，导致传热系数降低。此外，在导管中能形成堵塞物。

为了防止萘于管道和设备中凝结，应充分脱除焦油和萘。因此，初冷器的操作将影响煤气输送和回收车间的后续工艺制度，特别是对氨回收部分。

煤气冷却采用管壳式冷却器，有立管式和横管式。管间走煤气，管内走冷却水。冷却水出口温度为 40～45℃，然后送去水冷却塔。

初冷器参数见表 2-8。

表 2-8　初冷器参数

项　　目	立　管　式	横　管　式
冷却表面积/m²	2100	2950
煤气处理量/(m³/h)	10000	20000
传热系数/[W/(m²·K)]	185	215

由上述传热系数值看出，传热系数比较大，是由于水汽冷凝传热所致。横管式传热系数大于立管式的传热系数，不仅是由于管内水流速度大，而且是横管冷凝液膜流动条件适宜。横管式或倾斜管式冷却器，管子可被焦油洗涤，此外上部管子冷凝的焦油可以洗涤所有管子，它减少了萘的沉积，有利于传热。

管式冷却器的缺点是耗用金属量大，还必须清除管内水垢，故现今又重新采用直接冷却器，即煤气与冷却水直接接触，它的金属用量少，节省投资。此外，直接冷却水洗，除了冷却，还有洗涤煤气的作用。也可采用煤气先进行间接管式冷却，温度降至 55℃，再进入直接冷却器，使煤气温度降至 30℃以下。这样所需传热面积减少，节省了一部分基建投资。

煤气初冷用冷却水量较大，每 $1000 m^3$ 煤气用水量为 $17 \sim 22 m^3$。采用空气冷却和水冷却两段方法，可减少用水量。焦炉煤气自焦炉携出热量较大，宜设法回收利用。

2.6.2　焦油和氨水分离

由集气管来的氨水、焦油和焦油渣的分离，是在澄清槽（见图 2-30）中完成的。上述混合物必须进行分离，有如下理由。

① 氨水循环回到集气管进行喷洒冷却，它应不含有焦油和固体颗粒物，否则会堵塞喷嘴使喷洒困难。

② 焦油需要精制加工，其中如果含有少量水将增大耗热量和冷却水用量。此外，有水汽存在于设备中，会增大设备容积，阻力增大。

氨水中溶有盐，当加热至高于 250℃，将分解析出 HCl 和 SO_3，导致焦油精制车间设备腐蚀。

③ 焦油中含有固体颗粒，是焦油灰分的主要来源，而焦油高沸点馏分即沥青的质量，主要由灰分含量来评价。焦油中含有焦油渣，在导管和设备中逐渐沉积，破坏正常操作。固

体颗粒容易形成稳定的油与水的乳化液。

由于焦油本身性质，脱除水和焦油渣比较困难，焦油黏度大，难以沉淀分离。焦油能部分地溶于水中，因为焦油中含有极性化合物（酚类、碱类），使得多环芳香化合物和水及含于水中的盐类均一化作用的性能增加，故焦油与水形成了稳定的乳化液。焦油中含有固体颗粒又加剧了乳化液的形成。焦油中固体粒子不大，约小于 0.1mm，焦油密度为 1180～1220kg/m³，焦油渣密度为 1250kg/m³，其差甚小，把焦油渣由焦油中沉淀出来是比较难的。

氨水、焦油和焦油渣分离温度为 80～85℃，可以降低焦油黏度和改善沉降分离性能。

焦油去精制之前，含水分应不大于 3%～4%，灰分应不大于 0.1%，而于 80～85℃ 条件下所进行的沉降分离，是达不到此要求的。

为了达到分离质量要求，可以采取加压沉降分离、离心分离再用氨水洗的手段。沉降分离温度可以提高到 120～140℃，水分被蒸发掉，焦油黏度降低，沉降分离效率提高。离心分离，改善了焦油与焦油渣的分离。用氨水多次洗涤焦油可改善焦油与焦油渣的分离。

用低沸点油稀释焦油，例如用粗苯，然后进行溶液与水和焦油渣分离是有效的。分离后焦油含水可降至 0.05%～0.1%，不仅焦油渣沉出，而且高凝结组分也分出来了。

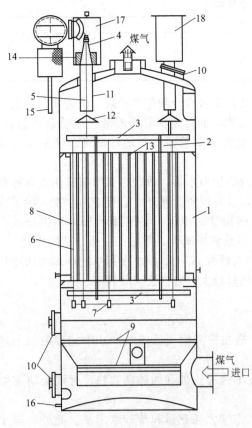

图 2-31 多管式电捕焦油器

1—壳体；2—下吊杆；3—上、下吊架；4—支承绝缘子；5—上吊杆；6—电晕线；7—重锤；8—沉降极管；9—气体分布板；10—人孔；11—保护管；12—阻气罩；13—管板；14—蒸汽加热器；15—高压电缆；16—焦油氨水出口；17—馈电箱；18—绝缘箱

2.6.3 煤气输送

煤气输送大厂用离心式鼓风机，小厂用罗茨鼓风机。借助鼓风机将煤气由焦炉吸出，经过管道和回收设备到达用户。焦化厂生产送出的煤气出口压力应达到 4～6kPa。鼓风机前最大负压为 −5～−4kPa，机后压力为 20～30kPa。现代使用的鼓风机总压头为 30～36kPa。

大的离心式鼓风机能力可达 72000m³/h，小的为 9000m³/h，每分钟转数为 3000～5000r。一般 4 座焦炉用 3 台鼓风机，2 台操作，1 台备用。可用蒸汽透平，也可用电动机传动。一般 3 台鼓风机中，2 台电动机，1 台用蒸汽透平，以备断电时操作。蒸汽透平背压操作，出口蒸汽压力为 0.49～0.88MPa，此蒸汽还可用于工艺生产和采暖。

煤气鼓风机正常操作是焦化厂生产的关键，所以必须精心操作和维护。机体下部凝结的焦油和水要及时排出。

2.6.4 煤气脱焦油雾

煤气经过初冷器冷却之后，其中还残有焦油 2～5g/m³，尽管在鼓风机的离心力作用下又除掉大部分，但鼓风机后煤气中仍含有焦油 0.3～0.5g/m³。这部分焦油在回收车间后续工序中会被析出，特别是在硫酸铵工序，污染溶液和设备，恶化产品质量，并形成酸性焦油。

清除煤气中焦油雾的方法有多种，目前广

泛采用的是电捕焦油器，小厂则多是利用离心、碰撞等原理的旋风式、钟罩式及转筒式等捕焦油器，但效率不高。

焦化工业采用多管式电捕焦油器，见图 2-31。管子中心导线常取为负极，管壁则取为正极，焦油雾滴经过管中电场时变成带负电荷的质点，沉积在管壁而被捕集，并汇流到下部导出。因含水和盐提高了焦油的带电性能，所以电捕焦油器处理除尘干燥的煤气效率低。电捕焦油器中煤气流速为 $1.0 \sim 1.8 \mathrm{m/s}$，电压为 $30 \sim 80 \mathrm{kV}$，耗电 $1 \mathrm{kW \cdot h}/1000 \mathrm{m^3}$ 煤气。电捕焦油器后煤气中焦油含量不大于 $50 \mathrm{mg/m^3}$。

电捕焦油器可置于鼓风机前或机后。置于机前煤气温度低，有利于焦油雾和萘晶粒析出，但机前为负压，绝缘子处易着火。置于机后较安全，机后煤气焦油含量少于机前，焦油雾滴也大于机前。中国焦化厂多置于机后正压段。为了安全有效地操作，采取了防止煤气进入绝缘箱、改进电晕极端结构和在沉淀极端部磨光棱角和毛刺等措施。

2.6.5　煤气除萘

煤高温热解形成萘，焦炉粗煤气中含萘 $8 \sim 12 \mathrm{g/m^3}$。大部分萘在初冷器中与焦油一起从煤气中析出，由于萘的挥发性很大，初冷后的煤气中含萘量仍很高，其量主要取决于煤气温度。当初冷器后煤气温度为 $25 \sim 35 ℃$ 时，煤气中萘含量为 $1.1 \sim 2.5 \mathrm{g/m^3}$，由于鼓风机后煤气升高温度，萘含量增大，其值为 $1.3 \sim 2.8 \mathrm{g/m^3}$。萘沉积于管道和设备，妨碍生产，需要除萘。

煤气除萘方法有多种，主要采用冷却冲洗法和油吸收法。前者将于煤气终冷部分介绍，油吸收法可将煤气萘含量降至 $0.5 \mathrm{g/m^3}$。

油吸收法可用的吸收油为洗油、焦油、蒽油和轻柴油等。在吸收塔内喷淋吸收油，煤气自塔下向上流过，萘被淋下的油吸收，是物理吸收过程。中国焦化厂主要采用焦油洗油吸收萘，也有采用轻柴油的。焦油洗油的萘溶解度高于轻柴油，故达到相同除萘效率时，轻柴油用量多。

2.6.6　脱硫（HPF 脱硫法）

煤气中的硫绝大部分以 H_2S 的形式存在，而 H_2S 本身有毒，随煤气燃烧后转化成 SO_2，空气中 SO_2 含量超标会形成局域性酸雨，危害人们的生存环境，近年来，各焦化厂的煤气净化系统普遍采用投资省、流程短的 HPF 法脱硫工艺。

以氨为碱源，HPF 为催化剂的焦炉煤气脱硫新工艺，它涉及液相催化氧化反应。与其他催化剂相比，HPF 不仅对脱硫过程起催化作用，而且对再生过程也有催化作用。而且因 HPF 催化剂具有活性高、流动性好等优点，可有效减缓设备和管道堵塞。在 HPF 催化剂中，H 是指对苯二酚，P 是指 PDS，F 是指硫酸亚铁。硫酸亚铁的主要作用是消除脱硫液中的气泡和增加脱硫液的硫容量。在吸收 H_2S 的过程中，可以不外加纯碱，仅靠煤气中自身的氨作为碱源，适当补充部分氨，就可以对煤气中的 H_2S、HCN 等进行较完全的吸收。在再生过程中，吸收液中的 NH_4CN 在 HPF 催化剂的催化作用下，被氧化成单体硫，从而使吸收液得到再生循环使用。整个脱硫反应可分为吸收反应、催化化学反应、催化再生反应和副反应。

从鼓风冷凝工段来的温度约 $55℃$ 的煤气，首先进入直接式预冷塔与塔顶喷洒的循环冷却水逆向接触，被冷至 $30 \sim 35℃$ 然后进入脱硫塔。

预冷塔自成循环系统，循环冷却水从塔下部用预冷循环泵抽出送至循环水冷却器，用低温水冷却至 $20 \sim 25℃$ 后进入塔顶循环喷洒。采取部分剩余氨水更新循环冷却水，多余的循环水返回鼓风冷凝工段，或送往酚氰污水处理站。煤气在脱硫塔内与塔顶喷淋下来的脱硫液逆流接触以吸收煤气中的硫化氢、氰化氢（同时吸收煤气中的氨，以补充脱硫液中的碱源）。脱硫后煤气含硫化氢降至 50mg/m^3 左右，送入硫酸铵工段。其主要反应为：

$$NH_3 + H_2O \longrightarrow NH_4OH$$

$$H_2S + NH_4OH \longrightarrow NH_4HS + H_2O$$

$$2NH_4OH + H_2S \longrightarrow (NH_4)_2S + 2H_2O$$

$$NH_4OH + HCN \longrightarrow NH_4CN + H_2O$$

$$NH_4OH + CO_2 \longrightarrow NH_4HCO_3$$

$$NH_4OH + NH_4HCO_3 \longrightarrow (NH_4)_2CO_3 + H_2O$$

$$NH_4OH + NH_4HS + (x-1)S \longrightarrow (NH_4)_2S_x + H_2O$$

吸收了 H_2S、HCN 的脱硫液从脱硫塔底排出，经液封槽满流入反应槽。然后用脱硫循环液泵抽出后送入再生塔底部，再生塔的塔底部通入压缩空气，使溶液在塔内得以氧化再生。再生空气从再生塔顶放散管至洗净塔洗涤后放散，再生后的溶液从塔顶经液位调节器自流回脱硫塔循环再生。其主要反应为：

再生反应

$$NH_4HS + \frac{1}{2}O_2 \longrightarrow NH_4OH + S$$

$$(NH_4)_2S + \frac{1}{2}O_2 + H_2O \longrightarrow 2NH_4OH + S$$

除上述反应外，还进行以下副反应

$$2NH_4HS + 2O_2 \longrightarrow (NH_4)_2S_2O_3 + H_2O$$

$$2(NH_4)_2S_2O_3 + O_2 \longrightarrow 2(NH_4)_2SO_4 + 2S$$

浮于再生塔顶部扩大部分的硫黄泡沫，利用位差自流入泡沫槽，经澄清分层后，清液返回反应槽，硫黄泡沫用泡沫泵送入熔硫釜，经数次加热、脱水，再进一步加热熔融，最后排出熔融硫黄，经冷却后装袋外销。系统中不凝性气体经尾气洗净塔洗涤后放散。

为避免脱硫液中副反应盐类积累影响脱硫效果，排出少量废液送往配煤。自鼓风冷凝送来的剩余氨水，经氨水过滤器除去夹带的煤焦油等杂质，进入换热器与蒸氨塔底排出的蒸氨废水换热后进入蒸氨塔，用直接蒸汽将氨蒸出。同时向蒸氨塔上部加一些稀碱液以分解剩余氨水中的固定铵盐。蒸氨塔顶部的氨气经分凝器和冷凝冷却器冷凝成含氨大于 10% 的氨水送入反应槽，以增加脱硫液中的碱源。

HPF 脱硫工艺流程图见图 2-32。

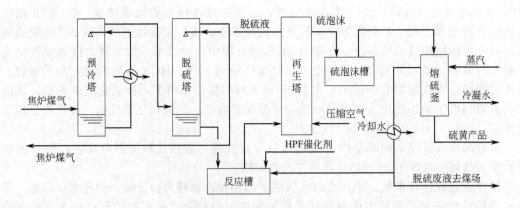

图 2-32　HPF 脱硫工艺流程

✤ 2.6.7 氨和吡啶的回收

煤热解温度高于 500℃ 时形成氨, 高温炼焦煤中的氮有 20%～25% 转化为氨, 粗煤气中氨含量为 $8\sim11g/m^3$ (体积分数 1.0%～1.5%)。煤气中氨含量的 8%～16%, 在煤气冷却时溶于凝缩液中。焦炉气中含有吡啶碱量为 $0.35\sim0.6g/m^3$。

虽然氨可以单独作为肥料或作为其他肥料的原料, 但是它对固定氮平衡影响不大, 因为合成氨的密度甚大。氨必须回收的原因如下。

现代生产工艺残留于煤气中的氨大部分被终冷水吸收, 在凉水塔喷洒冷却时又都解吸进入到大气, 造成污染; 由于煤气中氨与氰化氢化合, 生成溶解度高的复合物, 从而加剧了腐蚀作用。

$$4NH_3+4HCN+Fe(CN)_2 \longrightarrow (NH_4)_4[Fe(CN)_6]$$

此外, 煤气中的氨在燃烧时会生成有毒的、有腐蚀性的氧化氮; 氨在粗苯回收中能使油和水形成稳定的乳化液, 妨碍油水分离。上述这些都使现代焦化生产遇到困难, 为此, 煤气中氨含量不允许超过 $0.03g/m^3$。

吡啶碱的重要用途是作为医药原料, 如生产磺胺药类、维生素、异烟肼、口服避孕药等。此外, 吡啶碱类产品还可作合成纤维的高级溶剂。

粗吡啶具有特殊气味, 常温下为油状液体, 沸点范围 115～156℃, 易溶于水。氨和吡啶溶于水, 可以用水洗回收。氨和吡啶是碱性的, 于 20℃ 解离常数分别为 1.8×10^{-5} 和 1.8×10^{-9}, 能溶于酸中。

氨和吡啶碱在煤气中的分压较小, 为增大吸收的推动力, 应该降低吸收温度, 并减少吸收剂中氨和吡啶碱的浓度。为了用水完全回收氨和吡啶碱, 应采用多级逆流吸收塔, 在较低的温度条件下用净水喷洒。在化学吸收溶液上氨的平衡蒸气压接近于零, 这是完全回收的条件。

氨和吡啶碱的吸收速率由煤气中的扩散速率限定。吸收按下式进行:

$$NH_3+H_2O \Longrightarrow NH_3 \cdot H_2O \Longrightarrow NH_4^+ +OH^-$$

当用酸性溶液吸收时, 平衡向右侧移动。用硫酸特别是用磷酸溶液进行化学吸收时, 应考虑生成盐的水解。氨和吡啶碱碱性弱。磷酸解离常数不高, 第一步解离常数为 6×10^{-3}、第二步为 6.2×10^{-8}, 硫酸第二步解离常数为 1.2×10^{-2}。

由于上述原因, 温度由 20℃ 提高到 100℃, 水的离子积由 0.86×10^{-14} 增大到 74×10^{-14}; 而碱和酸的解离常数却减少, 水解常数增大 200 倍, 水解程度增大 12～15 倍。

为了减少盐类水解, 不应在高温条件下回收氨和吡啶碱, 温度要低于 60℃, 并使用硫酸过剩的溶液。在这种条件下于一段设备中可得到酸性盐。

初期焦化工业用水吸收氨, 进一步生产硫酸铵或生产氨水。目前中国大部分大型焦化厂采用硫酸自煤气吸收氨, 生产硫酸铵, 作为化学肥料加以利用。

在合成氨生产高效肥料出现之后, 由于焦化生产的硫酸铵肥效低, 质量差, 数量也不多, 作为农业肥料显得已不重要。但是, 焦炉煤气必须脱氨, 利用生产硫酸铵工艺为农业生产提供硫酸铵肥料, 是一举两得的。

硫酸铵的重要质量指标之一是粒度大小。小粒子易吸收空气中水分而结块, 给运输、贮存和使用都带来困难, 且潮湿的硫酸铵有腐蚀性。1～4mm 粒子含量多的质量好, 2～3mm 的粒子含量不小于 50%。中国一级农用硫酸铵质量指标要求: 白色, 氮含量大于 21%, 水分小于 0.5%, 游离酸 (H_2SO_4) 不大于 0.5%, 粒子的 60 目筛余量不小于 75%。

目前新上焦化厂多采用喷淋式饱和器法生产硫酸铵。其工艺流程见图 2-33。

煤气经鼓风机和电捕焦油器之后进入煤气预热器, 预热到 60～70℃, 目的是蒸出饱和

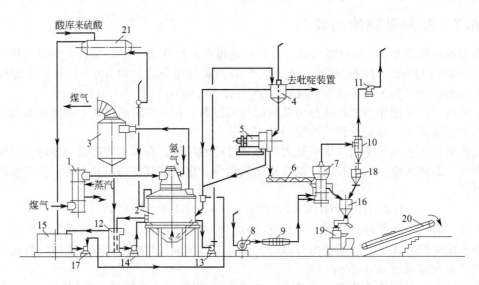

图 2-33　喷淋式饱和器法生产硫酸铵的工艺流程

1—煤气预热器；2—饱和器；3—除酸器；4—结晶槽；5—离心机；6—螺旋输送机；7—沸腾干燥器；8—送风机；
9—热风机；10—旋风器；11—排风机；12—满流槽；13—结晶泵；14—循环泵；15—母液槽；16—硫酸铵槽；
17—母液泵；18—细粒硫酸铵槽；19—硫酸铵包装机；20—胶带运输机；21—硫酸高位槽

器中水分，防止母液稀释。煤气由饱和器的中央气管经泡沸伞穿过母液层鼓泡而出，其中的氨被硫酸吸收，形成硫酸氢铵和硫酸铵，在母液中含量分别为 40%～45% 和 6%～8%。在吸收氨的同时吡啶碱也被吸收下来。

煤气穿过饱和器，在除酸器分离出携带的液滴后，去脱硫或粗苯回收工段。饱和器后煤气含氨量一般要求小于 $0.03g/m^3$。

饱和器中母液经水封管入满流槽，由此用泵打回到饱和器的底部，这样构成母液循环系统，并在器内形成上升的母液流，进行搅拌。

硫酸铵结晶沉于饱和器的锥底部，用泵把浆液送到结晶槽，在此从浆液中沉淀出硫酸铵结晶，结晶槽满流母液又回到饱和器，部分母液送去回收吡啶装置。

含量为 72%～78% 的硫酸自高位槽加入饱和器。除酸器液滴经满流槽泵送至饱和器。

硫酸铵结晶浆液在离心机分出结晶，结晶含水分 1%～2%，于干燥器中脱水后送去仓库。

饱和器的壁上会沉结细的晶盐，增加煤气流动阻力。为此，饱和器需定期地用热水和借助于大加酸进行洗涤。

2.7　焦油回收及加工

炼焦生产的高温煤焦油密度较高，其值为 1.160～1.220g/cm³，主要由多环芳香族化合物所组成，烷基芳烃含量较少，高沸点组分较多，热稳定性好。

低温干馏焦油和快速热解焦油所用的原料煤，干馏条件以及所得的焦油产率和性质都与高温焦油有差别。

各种焦油馏分组成见表 2-9。沸点高于 360℃ 的馏分在高温焦油中含量高。沸点低于 170℃ 的馏分在低温焦油中含量高，而高温焦油中含量甚低。低温焦油中酚含量高，而高温焦油中酚含量低。

高温焦油与低温焦油性质差别较大，本章主要讨论高温焦油，以下简称为焦油。

表 2-9　各种焦油馏分组成

焦　油		低温焦油				坎阿褐煤快速热解焦油	高温焦油
		乌克兰褐煤	莫斯科褐煤	长焰煤	气煤		
密度/(g/cm³)		0.900	0.970	1.066	1.065	1.080	1.190
馏分产率/%	<170℃	5.5	12.3	9.4	9.2	11.0	0.5
	170～230℃	13.2	15.7	7.6	7.2	17.0	13.5
	230～300℃	17.5	19.8	31.7	29.9	27.0	10.0
	300～360℃	41.8	25.3	21.2	21.8	10.0	18.0
	>360℃	22.0	26.9	30.9	31.7	23.0	58.0
酚含量/%		12.3	12.6	39.4	28.3	26.0	2.0

◆ 2.7.1　焦油组成及主要产品用途

焦油中主要中性组分见表 2-10，除萘之外，每个组分相对含量都较小，但是由于焦油数量较大，各组分的绝对数量是不小的。

表 2-10　焦油中的主要中性组分

组　分	沸点(101kPa)/℃	熔点/℃	焦油中含量/%		
			中国	前苏联阿夫捷夫厂	德国
萘	218	80.3	8～12	11.50	10.0
1-甲基萘	244.7	−30.5	0.8～1.2	0.62	0.5
2-甲基萘	241.1	34.7	1.0～1.8	1.24	1.5
苊	277.5	95.0	1.2～1.8	1.62	2.0
芴	297.9	114.2	1.0～2.0	1.65	2.0
氧芴	286.0	81.6	0.6～0.8	1.25	1.0
蒽	342.3	216.0	1.2～1.8	1.24	1.8
菲	340.1	99.1	4.5～5.0	4.25	5.0
咔唑	353.0	246.0	1.2～1.9	1.40	1.5
萤蒽	383.5	109.0	1.8～2.5	2.30	3.3

组　　分	沸点 (101kPa)/℃	熔点/℃	焦油中含量/%		
			中国	前苏联阿夫捷夫厂	德国
芘	393.5	150.0	1.2~1.8	1.85	2.1
䓛	448.0	254.0	0.65	0.42	2.0

焦油各组分的性质有差别，但性质相近组分较多，需要先采用蒸馏方法切取各种馏分，使酚、萘、蒽等欲提取的单组分产品浓缩集中到相应的馏分中去，再进一步利用物理的和化学的方法进行分离。

2.7.1.1 焦油馏分

焦油连续蒸馏切取的馏分一般有下述几种。

(1) 轻油馏分　170℃前的馏分，产率为 0.4%~0.8%，密度为 0.88~0.90g/cm³。主要含有苯族烃，酚含量小于 5%。

(2) 酚油馏分　170~210℃的馏分，产率为 2.0%~2.5%，密度为 0.98~1.01g/cm³。含有酚和甲酚 20%~30%，萘 5%~20%，吡啶碱 4%~6%，其余为酚油。

(3) 萘油馏分　210~230℃的馏分，产率为 10%~13%，密度为 1.01~1.04g/cm³。主要含有萘 70%~80%，酚、甲酚和二甲酚 4%~6%，重吡啶碱 3%~4%，其余为萘油。

(4) 洗油馏分　230~300℃的馏分，产率为 4.5%~7.0%，密度为 1.04~1.06g/cm³。含有甲酚、二甲酚及高沸点酚类 3%~5%，重吡啶碱类 4%~5%，萘含量低于 15%，还含有甲基萘及少量苊、芴、氧芴等，其余为洗油。

(5) 一蒽油馏分　280~360℃的馏分，产率为 16%~22%，密度为 1.05~1.13g/cm³。含有蒽 16%~20%，萘 2%~4%，高沸点酚类 1%~3%，重吡啶碱 2%~4%。其余为一蒽油。

(6) 二蒽油馏分　初馏点为 310℃，馏出 50% 时为 400℃，产率为 4%~8%，密度为 1.08~1.18g/cm³。含萘不大于 3%。

(7) 沥青　沥青为焦油蒸馏残液，产率为 50%~56%。

2.7.1.2 主要产品及用途

上述焦油各馏分进一步加工，可分离制取多种产品，目前提取的主要产品有下述一些。

(1) 萘　萘为无色晶体，易升华，不溶于水，易溶于醇、醚、三氯甲烷和二硫化碳，是焦油加工的重要产品。国内生产的工业萘多用来制取邻苯二甲酸酐，供生产树脂、工程塑料、染料、涂料及医药等用。萘也可以用于生产农药、炸药、植物生长激素、橡胶及塑料的防老剂等。

(2) 酚及其同系物　酚为无色结晶，可溶于水，能溶于乙醇。酚可用于生产合成纤维、工程塑料、农药、医药、染料中间体及炸药等。甲酚可用于生产合成树脂、增塑剂、防腐剂、炸药、医药及香料等。

(3) 蒽　蒽为无色片状结晶，有蓝色荧光，不溶于水，能溶于醇、醚、四氯化碳和二硫化碳。目前，蒽主要用于制蒽醌染料，还可以用于制合成鞣剂及涂料。

(4) 菲　菲是蒽的同分异构物，在焦油中含量仅次于萘的含量。它有不少用途，由于其产量较大，还有待进一步开发利用。

（5）咔唑 又名9-氮（杂）芴，为无色小鳞片状晶体，不溶于水，微溶于乙醇、乙醚、热苯及二硫化碳等。咔唑是染料、塑料、农药的重要原料。

以上是焦油中提取的单组分产品，加工焦油时还可得到下述产品。

（6）沥青 沥青是焦油蒸馏残液，为多种多环高分子化合物的混合物。根据生产条件不同，沥青软化点可介于70～150℃。目前，中国生产的电极沥青和中温沥青的软化点为75～90℃。沥青有多种用途，可用于制造屋顶涂料、防潮层和筑路、生产沥青焦和电炉电极等。

（7）各种油类 各馏分在提取出有关的单组分产品之后，即得到各种油类产品。其中，洗油馏分经脱二甲酚及喹啉碱类之后得到洗油，主要用作回收粗苯的吸收溶剂。脱除粗蒽后结晶的一蒽油是配制防腐剂的主要成分。部分油类还可作柴油机的燃料。

上面所述，仅为焦油产品部分用途，可见综合利用焦油具有重要意义。目前，世界焦油年产量约有 $2000 \times 10^4 t$，其中70%以上进行加工精制，其余大部分作为高热值低硫的喷吹燃料。世界焦油精制先进的厂家，已从焦油中提取230多种产品，并向集中加工大型化方向发展。

近年来，由于电炉冶炼、制铝、碳素工业以及碳纤维材料的发展，促进了沥青重整改质技术的发展。

2.7.2 焦油精制前的准备

焦油精制前的准备含匀合、脱水及脱盐等过程。

焦油在精制前含有乳化的水，其中含有盐，例如氯化铵。焦油与盐和酸及固体颗粒形成复合物，以极小的粒子分散在焦油中，是较稳定的乳浊液。这种焦油受热时，含有的小水滴不能立即蒸发，处于过热状态，会造成突沸冲油现象。故焦油在加热蒸馏之前需要脱水。充分脱盐，有利于降低沥青中灰分含量，提高沥青制品质量，同时也减少设备腐蚀。有的脱盐采用煤气冷凝水洗涤焦油的办法，进入焦油精制车间的焦油含水应不大于4%，含灰分应低于0.1%。

焦油中含水和盐，其中固定铵盐（例如氯化铵）在蒸发脱水后仍留在焦油中，当加热到220～250℃，固定铵盐分解成游离酸和氨：

$$NH_4Cl \xrightleftharpoons{220\sim250℃} HCl + NH_3$$

产生的游离酸会严重地腐蚀设备和管道。生产上采取的脱盐措施是加入8%～12%碳酸钠溶液，使焦油中固定铵含量小于0.01g/kg。

2.7.3 焦油蒸馏工艺流程

用蒸馏方法分离焦油，可采用分段蒸发流程和一次蒸发流程，见图2-34。

分段蒸发流程是将产生的蒸气分段分离出来；一次蒸发流程是将物料加热到指定的温度，并达到气液相平衡，一次将蒸气引出。

2.7.3.1 一次蒸发流程

由图2-34(b)可以看出，焦油在管式加热炉加热至气液相平衡温度，液相为沥青，其余馏分进入气相，在蒸发器底沥青分出，其余沸点较低馏分依次在各塔顶分出。沥青中残留低沸点物不多。蒸发器温度由管式炉辐射段出口温度决定，此温度决定馏分油和沥青产率及质量，目前生产控制在390℃左右。

焦油馏分产率与一次蒸发温度呈线性增加的关系，一次蒸发温度越高，焦油馏分产率越

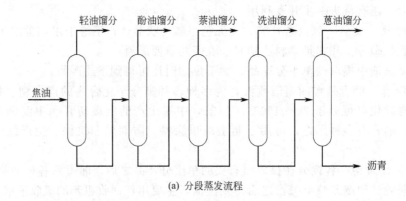

(a) 分段蒸发流程

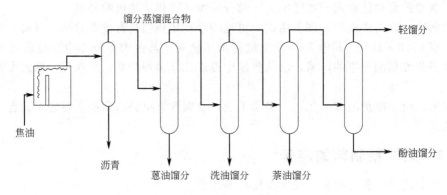

(b) 一次蒸发流程

图 2-34 焦油蒸馏分离方案

高,沥青的软化点也越高。

(1) 一塔式流程 图 2-35 是一塔式焦油脱水和蒸馏工艺流程。

焦油在管式炉对流段加热到 125～140℃去一段蒸发器,在此,焦油中大部分水和轻油蒸发出来,混合蒸气由器顶排出来,温度为 105～110℃,经冷凝冷却后进行油水分离,得到轻油。无水焦油由器底去无水焦油槽。在焦油送去加热脱水的抽出泵前加入碱液,在脱水的同时进行脱盐。

无水焦油用泵送到管式炉辐射段,加热到 390～405℃,再进入二段蒸发器进行一次蒸发,分出各馏分的混合蒸气和沥青,沥青由器底去沥青槽。

各馏分混合蒸气温度为 370～375℃,去馏分塔自下数第 3～5 层塔板进料。塔底出二蒽油馏分;9 层、11 层塔板侧线为一蒽油馏分;15 层、17 层塔板侧线为洗油馏分;19 层、21 层、23 层塔板侧线为萘油馏分;27 层、29 层、31 层、33 层塔板侧线为酚油馏分。这些馏分经各自的冷却器冷却,然后入各自的中间槽。侧线引出塔板数可根据馏分组成改变之。

塔顶出来的馏分轻油和水混合物经冷凝冷却,油水分离,轻油入中间槽,部分回流,剩余部分作为中间产品送去粗苯精制车间加工。

蒸馏用的直接蒸汽,经管式炉加热至 450℃,分别送入各塔塔底。

宝钢是一塔流程,采用减压蒸馏,脱水焦油与馏分经塔底软沥青换热,再经管式炉辐射段加热到 340℃,入馏分塔。塔顶出酚油馏分,大部分回流到塔顶。塔的侧线切取萘油馏分,温度约为 160℃,洗油馏分温度约为 210℃,蒽油馏分温度约为 270℃。由于减压操作,馏分塔内温度低于通直接蒸汽操作的馏分塔。

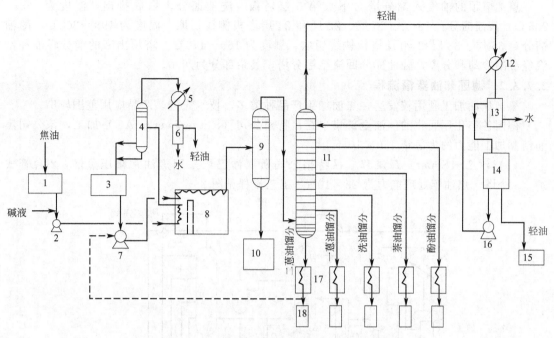

图 2-35 一塔式焦油脱水和蒸馏工艺流程

1—焦油槽；2，7，16—泵；3—无水焦油槽；4——段蒸发器；5，12—冷凝器；6，13—油水分离器；
8—管式加热炉；9—二段蒸发器；10—沥青槽；11—馏分塔；14—中间槽；15，18—产品中间槽；17—冷却器

（2）两塔流程　两塔流程与一塔流程不同之处是增加了蒽油塔。两塔式流程见图 2-36。

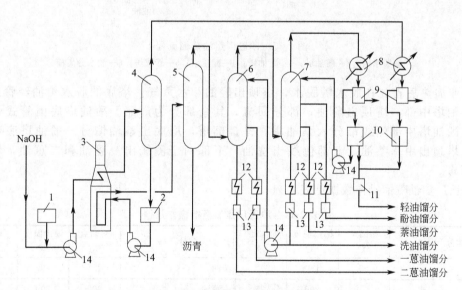

图 2-36 两塔式焦油蒸馏流程

1—焦油槽；2—无水焦油；3—管式加热炉；4——段蒸发器；5—二段蒸发器；6—蒽油塔；7—馏分塔；
8—冷凝器；9—油水分离器；10—中间槽；11，13—产品中间槽；12—冷却器；14—泵

二段蒸发器顶的各馏分混合蒸气入蒽油塔自下数第 3 层塔板，塔顶用洗油馏分回流。塔底排出温度为 330～355℃的二蒽油。自 11 层、13 层和 15 层塔板侧线切取温度为 280～295℃的一蒽油。

蒽油塔顶的油气入馏分塔自下数第5层塔板，洗油馏分由塔底排出，温度为225～235℃。萘油馏分自18层、20层、22层和24层塔板侧线切取，温度为198～200℃。酚油馏分自36层、38层和40层塔板侧线切取，温度为160～170℃。塔顶出来的馏分轻油和水汽经冷凝冷却和分离，轻油部分回流至馏分塔，其余部分为产品。

2.7.3.2 德国焦油蒸馏流程

德国焦油加工利用较发达，焦油加工产品种类多，技术先进，产品应用范围较广。

德国各焦化厂回收的焦油全部集中在吕特格公司（Rütgerswerke AG）加工，该公司焦油精制加工能力约为每年 $150×10^4$t。

（1）沙巴（Sopar）厂流程　吕特格公司所属沙巴厂采用焦油常减压蒸馏，2台管式炉，3个塔，焦油年处理能力为 $25×10^4$t，工艺流程见图2-37。

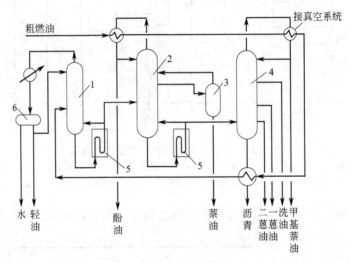

图 2-37　沙巴厂焦油蒸馏流程

1—脱水塔；2—酚油塔；3—萘油塔；4—减压槽；5—管式炉；6—油水分离槽

焦油加热后首先在脱水塔脱水，塔顶出轻油和水蒸气。塔底的脱水焦油经管式炉加热入酚油塔中部，塔顶出酚油，部分回流，其余部分为产品。酚油塔底由管式炉循环供热。酚油塔中部侧线馏分入萘油塔，是提馏塔，塔底出萘油馏分。酚油塔底液去减压塔，塔顶出甲基萘油，上部侧线出洗油，下部两个侧线出一蒽油和二蒽油，塔底产物为沥青。

沙巴厂焦油蒸馏操作数据见表2-11。

表 2-11　沙巴厂焦油蒸馏操作数据

馏分产品	初馏点/℃	馏出温度/℃	馏出量/%	馏分产品	初馏点/℃	馏出温度/℃	馏出量/%
清油	90	180	90	洗油	255	290	95
酚油	140	206	95	一蒽油	300	390	95
萘油	214	218	95	二蒽油	350	—	—
甲基萘油	288	250	95	沥青（软化点水银法）	65～75	—	—

（2）卡斯特鲁普（Castrop）厂流程　该厂焦油蒸馏工艺流程见图2-38。

含水2.5%的原料焦油先通过换热器，利用脱水塔蒸出水蒸气进行预热，然后再用低压蒸汽加热至105℃，进入脱水塔顶部，经蒸馏、冷凝、分离出轻油和水。塔底脱水焦油部分返到管式炉加热至105℃实现再沸脱水，部分至脱水焦油槽。脱水焦油经换热、预热，再经蒽油塔底沥青换热至250℃后，进入常压的酚油塔中段。酚油塔下段为浮阀或筛板式，上段为泡罩式。酚油塔的管式炉出口温度为380℃，回流比为16:1。

酚油塔有一侧线入萘油辅塔，自辅塔底出萘油。酚油塔底馏分经换热去甲基萘塔，塔顶出甲基萘油，回流比为17:1。甲基萘塔顶蒸气冷凝热用于产生低压蒸汽。

自甲基萘塔引一侧线入洗油辅塔，经提馏后自辅塔底得洗油。

自甲基萘塔下部的侧线切取芴油。塔底馏分送往蒽油塔，塔顶出蒽油，底部出沥青。蒽油塔回流比为1.5:1。蒽油冷凝热也用来产生蒸汽。

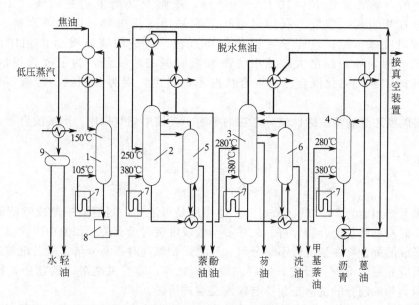

图 2-38 卡斯特鲁普厂焦油蒸馏流程
1—脱水塔；2—酚油塔；3—甲基萘塔；4—蒽油塔；5—萘油辅塔；
6—洗油辅塔；7—管式炉；8—脱水焦油槽；9—油水分离器

焦油蒸馏所得酚油馏分、萘油馏分以及洗油馏分中，均含有酚类和吡啶类，见表 2-12。由表 2-12 中数据可见，酚油、洗油和萘油馏分中都含有酚类和吡啶碱，为了回收酚类和吡啶碱需要进行酸、碱洗涤。已洗涤的萘油馏分用于生产工业萘或压榨萘，蒽油馏分用于提取蒽。

表 2-12 焦油馏分部分组成

馏分	沸点范围/℃	馏分产率（对无水焦油)/%	在馏分中含量/%		
			萘	酚类	吡啶碱
轻油	<170	0.42		2.5	
酚油	170～210	1.84		23.7	6.0
萘油	210～230	16.23	73.3	2.95	2.6
洗油	230～300	6.7	6.5	2.4	7.6
一蒽油	300～360	22.7	1.8	0.64	
二蒽油	360～440	3.28	1.5	0.40	

▌2.7.4 馏分脱酚和吡啶碱

焦油馏分中含酚类和吡啶碱，它们呈酸性或碱性，与酸或碱反应可生成溶于水中的盐类。一般用 NaOH 和 H_2SO_4 提取，其反应如下：

酚是弱酸（解离常数 $K = 10^{-10} \sim 10^{-9}$），喹啉及其衍生物是弱碱（$K = 10^{-10}$），因此，水解能影响其提取度。利用过量试剂和采用逆流提取可以抑制水解。由于平衡关系，酚或吡啶碱不能提取完全，强化传质过程、促进酚或吡啶碱由油中向外扩散，有助于提取。因为油的黏度大，油中含酚和吡啶碱的浓度低，为了改善提取度，必须增加萃取时间，或者强化混合。但混合情况不能过度，因为油和碱的溶液界面张力小，易乳化。

酚的提取度还受到油中碱性成分存在的影响，在油中相互作用，形成配合物：

上式相互作用能为 $25 \sim 33 kJ/mol$。上述作用是可逆的，当溶液中酚或吡啶碱的含量降低时，反应向左移动，配合物分解。此平衡与酚或吡啶含量有关，如油中酚含量大于吡啶碱量时，所形成的配合物在酸洗时不易分解；反之，则碱洗时不易分解。故若吡啶碱含量比酚含量大，则应先脱吡啶碱；反之，则应先脱酚。此外，吡啶碱能溶于酚盐中，影响酚类纯度，故实际上焦油馏分的洗涤是酸洗与碱洗交替进行的。

洗涤时碱液和酸液浓度对提取度有重要影响。提高浓度则提取度高，但所得产品中有较多的中性油，影响产品质量。碱浓度大、油的黏度大和馏分在萃取前贮存时间长，中性油形成乳化液的程度就加大。此外，油贮存时生成树脂状物质，它使乳化液稳定。

为了减少中性油在产品中的夹带，在新鲜馏分油中提取酚或吡啶碱时，萃取用碱液含量不高于 $8\% \sim 10\%$；萃取用酸液含量不高于 $20\% \sim 30\%$。为了降低黏度，酚油馏分萃取温度为 60℃；萘油馏分萃取温度为 $80 \sim 90℃$。

酚油馏分脱酚分成几遍进行，先用碱性酚钠洗涤，主要生成中性酚钠。待酚含量降至约 3% 时，再用新碱液洗涤，生成碱性酚钠。

提取酚时用过量碱，是化学反应需要量的 140%，即每 1t 酚用 100% NaOH 量为 0.5t。欲得碱性酚盐时，碱用量为上述值的 $2.5 \sim 3$ 倍。

酸洗脱吡啶可与碱洗脱酚在同一设备中进行。馏分脱吡啶需进行两遍：第一遍使用酸性硫酸吡啶进行洗涤，得中性硫酸吡啶；第二遍用新的稀硫酸洗涤，得酸性硫酸吡啶，作为第一遍脱吡啶之用。

脱 1kg 吡啶碱常用 100% 硫酸 0.62kg，实际用量为 $0.65 \sim 0.7kg$；欲得酸性硫酸吡啶时，加酸量为上述值的 2 倍。

连续洗涤酚时分成两段进行，第一段用碱性酚盐洗涤，得产物中性酚盐；第二段用新碱液洗涤，得产物碱性酚盐，作为第一段的洗涤溶液之用。连续洗涤吡啶碱时，与脱酚过程类似。

2.7.5 粗酚的制取

馏分经碱洗所得酚钠组成为：酚类 20%～25%，油和吡啶碱等 3%～10%，碱与水 70%～80%。其中油和吡啶碱等杂质会混入粗酚，需要脱除。粗酚钠先经净化，再进行酚钠盐分解得粗酚产品。

粗酚钠净化由脱油、用 CO_2 分解酚钠或用硫酸分解酚钠和苛化等部分组成。

2.7.5.1 酚钠水溶液脱油

粗酚钠脱油是在脱油塔中用蒸汽蒸吹，塔底有再沸器加热，同时箱底通入直接蒸汽，控制塔底温度为 108～112℃。塔底得到净酚钠。塔顶温度为 100℃。塔顶馏出物经换热冷凝后进行油水分离，回收脱出油。

2.7.5.2 酚钠分解

酚钠盐遇到比酚强的酸即可分解，酚游离析出。酚钠分解过去多用硫酸法，现在倾向于用二氧化碳法。

二氧化碳分解酚钠的反应式如下：

$$2\ \underset{}{\text{ONa}}\text{苯环} + CO_2 + H_2O \longrightarrow 2\ \underset{}{\text{OH}}\text{苯环} + Na_2CO_3$$

二氧化碳过量时，反应生成 $NaHCO_3$，表明酚钠已完全分解。

为使氢氧化钠能循环使用，可用石灰将产生的碳酸钠溶液苛化，反应式如下：

$$Na_2CO_3 + CaO + H_2O \longrightarrow 2NaOH + CaCO_3\downarrow$$

氢氧化钠回收率约为 75%。

分解所需的二氧化碳，可以来自石灰窑烟气、炉子烟道气以及高炉煤气。脱掉油的酚钠水溶液入分解塔底，高炉煤气也进入分解塔底，鼓泡上行，与溶液并流接触，发生分解反应。一次分解控制在 85%～90%，过量分解则生成 $NaHCO_3$。一次分解物分出 $NaHCO_3$ 后，再于二次分解塔进行二氧化碳的二次分解。分解反应温度控制在 58～62℃。

酚钠经二氧化碳分解，分解率达到 97%～99%，还残留酚钠，需用 60% 稀硫酸进一步分解，即得到粗酚。

2.7.6 精酚生产

生产精酚原料为粗酚，其来源有两种：一种是焦油蒸馏脱酚而得；另一种是含酚废水萃取所得。粗酚中各组分含量和沸点见表 2-13，此外，还含有高级酚。

表 2-13 粗酚组成及性质

化合物	结构式	含量(鞍钢)/%	沸点/℃	熔点/℃
苯酚	OH	37.2～43.2	182.2	40.8
邻甲酚	OH CH₃	7.62	191.0	32

续表

化合物	结构式	含量(鞍钢)/%	沸点/℃	熔点/℃
间甲酚	OH（—CH₃）		202.7	10.8
对甲酚	OH（—CH₃）	31.9~37.8	202.5	36.5
3,5-二甲酚	OH（H₃C—、—CH₃）	7.27~8.92①	221.8	64.0
2,4-二甲酚	OH（—CH₃、—CH₃）		211	26
2,5-二甲酚	OH（—CH₃、H₃C—）	4.88~6.2	211.2	75
3,4-二甲酚	OH（—CH₃、—CH₃）	0.75~2.45	227.0	65
2,6-二甲酚	OH（H₃C—、—CH₃）	0.76~2.54	201	45

① 还含 2,3-二甲酚的量。

　　粗酚经过脱水和进行精馏分离得到精制产品，工艺流程见图 2-39。除了脱水塔之外，有 4 个连续精馏塔。为了降低操作温度，采用减压操作。

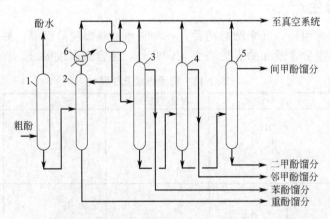

图 2-39　粗酚连续精馏流程

1—脱水塔；2—两种酚塔；3—苯酚塔；4—邻甲酚塔；5—间、对甲酚塔；6—冷凝器在两种酚塔顶得苯酚和甲酚的轻组分，塔底得二甲酚以上的重组分，去间歇蒸馏进一步分离。

苯酚塔的进料来自两种酚塔顶的轻组分，塔顶产物为苯酚馏分，再去进行间歇精馏，即得纯产品苯酚。苯酚塔底再沸器用 2940kPa 蒸汽加热，塔底残油为甲酚馏分，去邻甲酚塔。

甲酚馏分在邻甲酚塔顶分出邻位甲酚。塔底残液入间、对甲酚塔，塔顶馏出物为间位甲酚，塔底残液作为生产二甲酚的原料，去间歇精馏分离。

粗酚连续精馏塔操作条件见表 2-14。

表 2-14 粗酚连续精馏塔操作条件

塔名	压力/kPa		温度/℃		塔名	压力/kPa		温度/℃	
	塔顶	塔底	塔顶	塔底		塔顶	塔底	塔顶	塔底
两种酚塔	10.6	23.3	124	178	邻甲酚塔	10.6	33.3	122	167
苯酚塔	10.6	43.9	115	170	间、对甲酚塔	10.6	30.6	135	169

2.7.7 吡啶精制

焦化厂粗吡啶来源有两个：一是从硫酸铵母液中得到的粗轻吡啶；二是由焦油馏分进行酸洗得到的粗重吡啶。轻、重吡啶加工得到精制产品，是制取医药、染料中间体及树脂中间体的重要原料，也是重要溶剂、浮选剂和腐蚀抑制剂的重要原料。

由硫酸铵母液中得到的粗轻吡啶规格为：水分不大于 15%，吡啶碱 60%～63%；中性油 20%～23%，于 20℃ 密度为 $1.012g/cm^3$。其精制过程包括脱水、粗蒸馏和精馏。吡啶及其同系物性质见表 2-15。

表 2-15 吡啶及其同系物性质

名称	结构式	相对密度 d_4^{20}	结晶点/℃	沸点/℃	折射率 n_D^{20}
吡啶		0.98310	−41.55	115.26	1.51020
2-甲基吡啶		0.94432	−66.55	129.44	1.50101
3-甲基吡啶		0.95658	−17.7	144.00	1.50582
4-甲基吡啶		0.95478	−4.3	145.30	1.50584
2,6-二甲基吡啶		0.92257	−5.9	144.00	1.49767
2,5-二甲基吡啶		0.9428	−15.9	157.2	1.4982
2,4-二甲基吡啶		0.9493	−70.0	158.5	1.5033
3,5-二甲基吡啶		0.9385	−5.9	171.6	1.5032

续表

名称	结构式	相对密度 d_4^{20}	结晶点/℃	沸点/℃	折射率 n_D^{20}
3,4-二甲基吡啶		0.9537	—	178.9	1.5099
2,4,6-三甲基吡啶		0.9191	−46.0	170.5	1.4981

粗吡啶中含有水分约 15%，溶于吡啶中，能形成沸点为 94℃的共沸溶液。为脱除吡啶中水分，可利用苯与水不互溶而在常压下却能于 69℃共沸馏出的特点，采用加苯恒沸蒸馏法。于此温度下，轻吡啶不蒸出，达到脱水目的。

脱水后的粗轻吡啶，利用间歇蒸馏得精制产品：纯吡啶、α-甲基吡啶馏分、β-甲基吡啶馏分和溶剂油。

焦油馏分酸洗得到的重硫酸吡啶，可采用氨水法及碳酸钠法进行分解，得到重吡啶。经过减压脱水、初馏和精馏，得到浮选剂、2,4,6-三甲基吡啶、混二甲基吡啶和工业喹啉等。

▶ 2.7.8　工业萘生产

萘是化学工业中一种很重要的原料，广泛用于生产增塑剂、醇酸树脂、合成纤维、染料、药物和各种化学助剂等。目前全世界萘的年产量约 100×10^4 t，其中 85%来自煤焦油，15%来自石油加工馏分的烷基萘加氢脱烷基。

已脱掉酚和吡啶碱的含萘馏分可用于制取工业萘。含萘馏分中的组分复杂，含酚类、吡啶碱类以及中性油分。例如已酸碱洗的萘油和洗油混合馏分中含：酚类 0.7%～1.0%；吡啶碱类 3%左右；中性组分 95.5%～96.5%。在中性组分中，萘含量 60.5%；甲基萘 15.9%，二甲基萘 2.1%，茚 5.7%；氧芴 2.1%。此含萘馏分进行蒸馏得到含萘为 95%的工业萘。

生产工业萘蒸馏工艺流程见图 2-40。

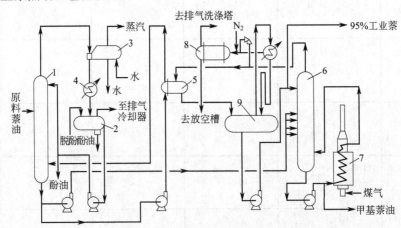

图 2-40　生产工业萘蒸馏工艺流程

1—初馏塔；2—初馏塔回流槽；3—初馏塔第一冷凝器；4—初馏塔第二冷凝器；5—再沸器；
6—萘塔；7—管式炉；8—安全阀喷出气冷凝器；9—萘塔回流槽

萘油经换热温度上升至 190℃进入初馏塔。塔顶蒸出的酚油经换热冷却到 130℃进入回流槽，大部分回流到初馏塔顶。塔顶温度为198℃。塔底液分两路：一路用泵送入萘塔；另一路用循环泵送入再沸器，与萘塔产生的蒸气换热，升至255℃再循环回到初馏塔。

初馏塔是常压操作，而萘蒸馏塔为了利用塔顶蒸气有一定温度，达到初馏塔再沸器热源的要求，故塔压为196～294kPa，此压力靠送入系统的氮气量和向系统外排出气量加以控制。

萘塔顶出来的蒸气入初馏塔再沸器，凝缩后入萘塔回流槽，一部分作为回流到萘塔顶；另一部分作为含萘95%的产品抽出。萘塔顶正常压力为225kPa时，温度为276℃。萘塔底液用泵压送，大部分通过管式炉加热循环回到萘塔内，供给萘塔精馏所必需的热量。

萘蒸馏加热用的管式炉是圆筒式的，油料操作出口压力为274kPa；出口温度为311℃。炉子热效率为76%。

初馏塔和萘塔均为浮阀式塔板，分别为63层和73层。

95%以上含萘量的工业萘产率为62%～67%，萘的回收率可达95%～97%。

2.7.9 精萘生产

工业萘中含萘95%左右，其中还含杂环及不饱和化合物，需进一步精制。工业萘结晶点只有77.5～78.0℃，而精萘结晶点应达到79.3～79.6℃。纯萘的结晶点为80.28℃。萘的分离与精制原理除精馏之外，还有冷却结晶、催化加氢、萃取分离和升华精制等。

2.7.9.1 压榨萘

在萘油馏分中萘的结晶温度最高，可利用冷却结晶，在结晶中富集萘组分，达到精制目的。

萘油馏分经过冷却结晶、过滤和压榨而得压榨萘产品，其中含纯萘96%～98%，其余的2%～4%为油、酚类、吡啶碱类及含硫化合物等。压榨萘除了用于生产苯酐外，主要用于生产精萘。目前仅有早期建设的焦化厂还在生产压榨萘饼。

2.7.9.2 硫酸洗涤法

结晶萘是由萘饼熔融、硫酸洗涤、精馏和结晶过程生产出来的。

萘饼用蒸汽于100～110℃熔融。熔融了的萘用93%硫酸洗涤，洗涤温度为90～95℃；经过酸洗，萘中的不饱和化合物、硫化物、酚类和吡啶碱类基本脱除。洗涤净化后的萘尚含有高沸点的油，通过减压间歇精馏清除。液态萘在结晶机中冷却结晶，即得片状结晶萘产品。

2.7.9.3 区域熔融法

（1）原理　熔融液体混合物冷却时，结晶出来的固体不同于原液体，一般固体会变纯。使晶体反复熔化和析出，晶体纯度不断提高，相当于精馏过程。此即区域熔融原理。

A、B两组分能生成任意组成的固体溶液，其相图见图2-41。当组成为 I 的液体混合物冷却时，结晶离析出来的固相组成变为 J，即固体中含有的 A 组分比原来液体中含的多，但仍含有 B 组分；当将 J 组成的固体升温液化并再冷却，此时结晶离析出来的固体组成变为 K，即固体中含有的 A 组分比原来液体中所含的更多了，亦即更纯了。

再如图2-41右端所示，设原来液体组成为 I_1，低熔点组分 B 为混合物的主要组分，冷却结晶时，析出的固体组成为 J_1，其中杂质 A 组分的含量显然增大。

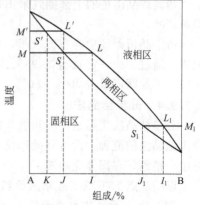

图2-41　固体溶液相图

由上述过程可见，对于具有图 2-41 这样相图的混合物，不管最初的液体组成如何，析出固体中所含的 A 组分总比原来液体的多。对于这类混合物，利用区域熔融精制法可以提纯，经过多次精制处理后，纯组分 A 可从精制装置的一端得到，而绝大部分杂质则从装置的另一端排出。

（2）工艺流程　区域熔融制取萘工艺流程见图 2-42。

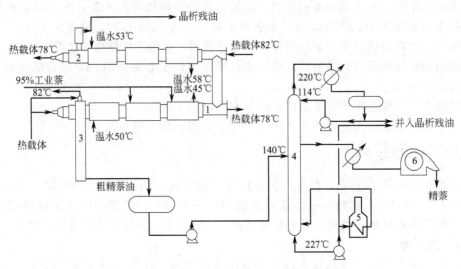

图 2-42　区域熔融法生产精萘工艺流程图

1—精制机管 1；2—精制机管 2；3—精制机管 3；4—精馏塔；5—管式炉；6—结晶制片机

95％的工业萘，温度为 82～85℃，用泵通过 60～70℃夹套保温管送入萘精制机。于此被温水冷却而析出结晶。析出的萘由装于机内的刮板机送向热端（图 2-42 中左端），然后进入立管，在管底部萘结晶被加热熔化，一部分自下向上回流；另一部分为产品，含萘 99％、出口温度为 85～90℃，送至中间槽。结晶后的残液则向冷端（图 2-42 中右端）流动，最后由上段管流出，温度为 73～74℃，引至晶析残油槽。

晶析提纯的精萘半成品，由中间槽用泵送入 20 层浮阀精馏塔，入塔温度为 20～140℃。经过塔内精馏，塔顶为低沸点油气，经冷凝冷却至 114～130℃，部分回流，回流比为 1.5～2，其余部分去晶析残油槽。塔底高沸点油的温度为 227℃，用泵送入管式加热炉加热，入塔底作为热源；塔底液另一部分去晶析残油槽。晶析残油作为萘蒸馏原料。

精萘产品由塔的上部侧线采出，温度为 220℃，经冷却后入精萘槽。进一步冷却结晶得精萘产品。

由于晶析萘油中含有硫杂茚，为了保证精萘质量，硫杂茚含量不能太高，为防止其循环积累，通过生产一定数量的 95％工业萘产品把硫杂茚带出系统。一般精萘产量占 20％～30％，工业萘产量占 70％～80％。

2.7.9.4　分步结晶法

分步结晶法实际是一种间歇式区域熔融法，由于结晶器是箱形的，故亦称箱式结晶法。分步结晶法的流程、设备及操作比较简单，操作费用和能耗都比较低，既可生产工业萘，又可生产精萘，在国外应用较多。

以结晶点 78℃的工业萘为原料，分步结晶如下。

（1）第一步　进料温度约为 95℃，进入第一步结晶箱。结晶箱能以 2.5℃/h 的速率根据需要进行冷却或加热。当萘油温度降低时，使结晶析出，然后放出余油，作为第二步结晶的原料。余油放完后，立即升温至结晶全部熔化，即得精萘，结晶点为79.6℃，含硫杂茚为0.8%，对工业萘的产率为65%。

（2）第二步　由第一步结晶箱来的萘油，其量为35%，在第二步结晶箱冷却结晶。分出结晶量为15.75%，其结晶点为78℃，返回第一步结晶箱作原料。余下的19.25%萘油，送去第三步结晶箱作原料。

（3）第三步　由第二步结晶箱来的萘油进行结晶，分出7.7%的工业萘返回到第二步利用。排出的残油量为11.55%，其中含硫杂茚大于10%，可回收硫杂茚用作燃料油使用。

结晶箱的升温和降温是通过一台泵、一个加热器和一个冷却器与结晶箱串联起来而实现的。每步结晶箱之间又连起来，以便达到结晶分步进行。冷却时加热器停止供蒸汽，用泵使结晶箱管片内的水或残油经冷却器冷却，再送回结晶箱管片内，使管片间的萘油逐渐降温结晶。加热时冷却器停止供冷水，加热器供蒸汽，通过泵循环使水或残油升温，管片间的萘结晶便吸热熔化，萘的浓度随之提高。

装置年生产能力为（4～6）×10^4 t工业萘时，共有8个结晶箱。结晶箱外形尺寸长17m，宽3m，高1.6m，内有60组结晶片，每组5片，共计300片。每台结晶箱的冷却面积为2784m²。每片管片结构轮廓尺寸为长2900mm，宽32mm，高1600mm。

2.7.9.5　催化加氢

催化加氢精制如同苯精制一样。由于粗萘中有些不饱和化合物沸点与萘很接近，用精馏方法难以分离，而在催化加氢条件下这类不饱和化合物很容易除去。美国联合精制法采用常用的钴钼催化剂，反应压力为3.3MPa，温度为285～425℃。液体空速1.5～4.0L/h。加氢产物中萘和四氢萘占98%，其中四氢萘占1.0%～6.0%，硫含量为100～300mg/kg。

▌2.7.10　粗蒽和精蒽

焦油蒸馏所得的一蒽油馏分进行冷却结晶，即得到粗蒽。一蒽油馏分主要组分含量见表2-16。

表2-16　一蒽油馏分主要组分含量

组　分	质量分数/%	组　分	质量分数/%
蒽	4～7	萘	1.5～3
菲	10～15	甲基萘	2～3
咔唑	5～8	硫化物	4～6
芘	3～6	酚类	1～3
芴	2～3	吡啶碱类	2～4
二氧化芴	1～3		

一蒽油馏分结晶所得的粗蒽是混合物，呈黄绿色糊状，其中含纯蒽28%～32%，纯菲22%～30%，纯咔唑15%～20%。粗蒽是半成晶，可用于制造炭黑及鞣革剂，是生产蒽、咔唑和菲的原料。精蒽和精咔唑是生产染料和塑料的重要原料。菲在目前还没有找到特别重要的用途，而它在焦油中含量仅次于萘，故其开发利用工作是紧迫的。

蒽、菲和咔唑的性质，见表2-17。

表2-17　蒽、菲和咔唑的性质

名称	结构式	沸点/℃	熔点/℃	升华温度/℃	熔化热/(kJ/mol)	蒸发热/(kJ/mol)	密度(20℃)/(g/cm³)
蒽		340.7	216.04	150～180	28.8	54.8	1.250

续表

名称	结构式	沸点/℃	熔点/℃	升华温度/℃	熔化热/(kJ/mol)	蒸发热/(kJ/mol)	密度(20℃)/(g/cm³)
菲		340.2	99.15	90～120	18.6	53.0	1.172
咔唑		354.76	244.8	200～240		370.6	1.1035

2.7.10.1 粗蒽生产

一蒽油温度为 80～90℃，进行搅拌冷却，至 40～50℃开始结晶，需 16～18h，再慢慢冷却至终点温度为 38～40℃，总共约需 25h 形成结晶浆液。结晶浆液在离心机中分出粗蒽结晶。

2.7.10.2 精蒽生产

把粗蒽分离成蒽、菲和咔唑，主要是根据它们在不同溶剂中溶解度的不同和蒸馏时相对挥发度的差异。从粗蒽或一蒽油中分离出蒽的方法有多种，目前工业上生产方法可分为两类：一是溶剂法；二是蒸馏溶剂法。当前中国主要用前一方法来进行生产，工业发达国家则多采用后一方法。

（1）溶剂洗涤结晶法　中国用重苯和糠醛为溶剂，进行热溶解洗涤，冷却结晶完成后，进行真空抽滤。这样的洗涤结晶进行 3 次，得精蒽产品，精蒽纯度可达 90%。

（2）粗蒽减压蒸馏苯乙酮洗涤结晶法　吕特格公司焦油加工厂采用粗蒽减压蒸馏苯乙酮洗涤结晶流程生产精蒽，年产量 6000t，工艺流程见图 2-43。

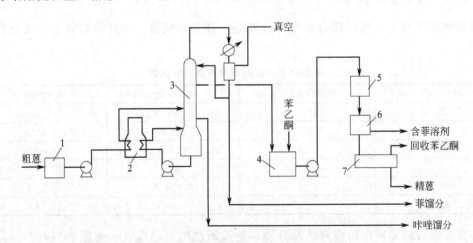

图 2-43　粗蒽减压蒸馏苯乙酮洗涤结晶工艺流程
1—熔化器；2—管式加热炉；3—蒸馏塔；4—洗涤器；5—结晶器；6—离心机；7—干燥器

① 蒸馏　粗蒽熔化，加热至 150℃，入蒸馏塔自下数 36 块塔板，塔顶产物为粗菲，其中含蒽 1%～2%，冷凝后一部分回流，其余为产品。半精蒽由 52 块塔板切取，含蒽 55%～60%。粗咔唑由第 3 块塔板切取，含咔唑 55%～60%。塔底液由加热炉加热至 350℃，进行再沸循环。蒸馏塔为泡罩式，直径 2.4m，塔板数为 78，进料量为 4t/h。

② 溶剂洗涤结晶　半精蒽与加热至 120℃的苯乙酮以 1:(1.5～2)加入洗涤器，并维持在 120℃一段时间，然后送到卧式结晶机，10h 内冷至 60℃。结晶机容积 12m³，3 台轮换使用，搅拌转速为 4r/min，外有水夹套。结晶机内物料冷至规定时间后，放入卧式离心机

分离，离心机 2 台，每台每次得蒽 500kg。湿蒽运至盘式干燥器，直径 3.5m，高 1.5m，在 120～130℃下干燥，除去残留溶剂。

③ 原料与产品 原料为粗蒽，其中含蒽 25%～30%、菲 30%～40%、咔唑 13%。溶剂为苯乙酮，是生产苯乙烯的副产品，沸点 202℃、熔点 19.5～20℃，20℃密度 1.0281g/cm³。产品精蒽纯度为 96%。

此法采用连续减压蒸馏，处理量大，同时可得菲、蒽和咔唑的富集馏分。苯乙酮是比较好的溶剂，对咔唑和菲的选择性、溶解性好，所以只需洗涤结晶一次，就可得到纯度大于 95% 的精蒽。

2.8 粗苯回收及精制

脱氨后的焦炉煤气中含有苯系化合物，其中以苯含量为主，称之为粗苯。虽然石油化工可生产合成苯，但目前中国焦化工业生产的粗苯，仍是苯类产品的重要来源。一般粗苯产率是炼焦煤的 0.9%～1.1%，在焦炉煤气中含粗苯 30～40g/m³。

粗苯的沸点低于 200℃，其组成见表 2-18。粗苯中酚类含量为 0.1%～1.0%，吡啶碱含量为 0.01%～0.5%。

表 2-18 粗苯的组成

组 成	含量/%	组 成	含量/%
苯	55～75	苯并呋喃类	1.0～2.0
甲苯	11～22	茚类	1.5～2.5
二甲苯(含乙基苯)	2.5～6	硫化物(按硫计)	0.3～1.8
三甲苯和乙基甲苯	1～2	其中:二硫化碳	0.3～1.4
不饱和烃	7～12	其中:二硫化碳	
其中:环戊二烯	0.6～1.0	噻吩	0.2～1.6
苯乙烯	0.5～1.0	饱和化合物	0.6～1.5

粗苯的主要成分在 180℃前馏出，高于 180℃馏出物称溶剂油。180℃前馏出量多，粗苯质量好，其量一般为 93%～95%。

粗苯为淡黄色透明液体，比水轻，不溶于水。贮存时，由于不饱和化合物氧化和聚合形成树脂物质溶于粗苯中，色泽变。

在 0℃时，粗苯比热容为 1.60J/(g·K)，蒸发热为 447.7J/g，粗苯蒸气比热容为 431J/(g·K)。

自煤气回收粗苯或由低温干馏煤气回收汽油，最通用的方法是洗油吸收法。为达到 90%～96% 的回收率，采用多段逆流吸收法。吸收塔理论塔板数为 7～10 块。为了回收粗苯，吸收温度不高于 20～25℃。

回收氨后的煤气温度为 55～60℃，在回收粗苯之前需要冷却。故粗苯回收工段由煤气最终冷却、粗苯吸收和吸收油脱出粗苯过程构成。

2.8.1 煤气最终冷却和除萘

饱和器后的煤气温度为 55～60℃，其中水汽是饱和的，此种煤气冷却到 20～25℃，放出热量很大。煤气中含有氰化氢、硫化氢和萘。煤气中含萘 1.0～1.5g/m³，在终冷时萘自煤气析出，故不能用一般的管壳式冷却器进行终冷，析出萘容易堵塞。一般采用直接式冷却器，水中悬浮萘，必须消除。脱萘后煤气含萘要求小于 0.5g/m³。

目前焦化厂采用的煤气终冷和除萘工艺流程主要有三种：煤气终冷和机械除萘，终冷和焦油洗萘以及终冷和油洗萘。

煤气终冷和机械除萘方法，在机械化沉萘槽中把水中悬浮萘除去，但此法除萘不净，并且沉萘槽庞大笨重。有些焦化厂采用热焦油洗涤终冷水除萘方法，其工艺流程见图2-44。

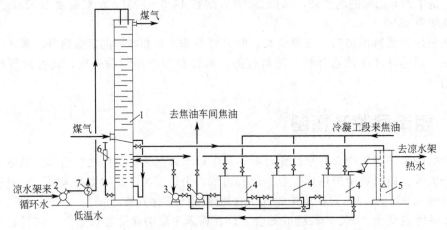

图 2-44 热焦油洗涤终冷水除萘流程

1—煤气终冷塔（下部焦油洗萘）；2—循环水泵；3—焦油循环泵；4—焦油槽；
5—水澄清槽；6—液位调节器；7—循环水冷却器；8—焦油泵

煤气在终冷塔内自下而上流动，与经隔板喷淋下来的冷却水流接触被冷却。煤气冷至 25~30℃，部分水汽被冷凝下来，相当数量的萘从煤气析出并悬浮于水中，煤气中萘含量由 2~3g/m³ 降至 0.7~0.8g/m³。冷却后的煤气入苯吸收塔。

含萘冷却水由塔底流出，经液封管导入焦油洗萘器底部，并向上流动。热焦油在筛板上均匀分布，通过筛孔向下流动，在油水逆流接触中萃取萘。含萘焦油由洗萘器下部排出，经液位调节器流入焦油贮槽。每个焦油贮槽循环使用 24h 后，加热静置脱水再送去焦油车间。

洗萘器上部的水流入澄清槽，与焦油分离后去凉水架。焦油萘混合物去焦油贮槽。

送入洗萘器焦油温度约为 90℃，洗萘器下部宜保持在 80℃左右。温度过低，洗萘效果下降；温度过高，液面不稳，焦油易从液面调节器溢出。

洗萘焦油量为终冷水量的 5%。新焦油量不足，必须循环使用。焦油在洗萘的同时，也萃取了水中酚，故终冷水中酚含量降低，有利于水处理。

带焦油洗萘器的终冷塔构造见图 2-45。

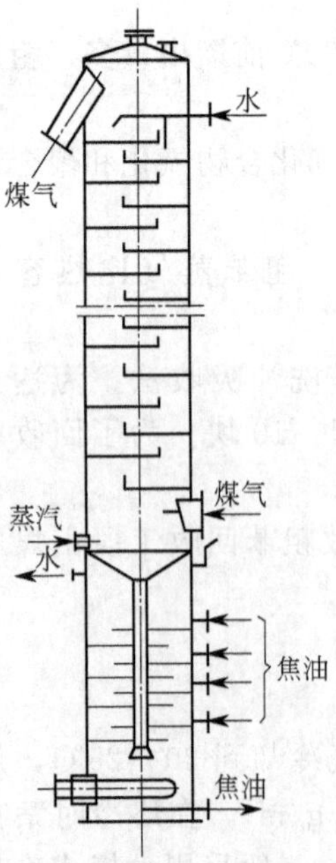

塔的上部为多层带孔的弓形筛板，筛孔直径 10~12mm，孔间距 50~75mm。隔板的弦端焊有角钢，用以维持液位，水经孔喷淋而下，形成小水柱与上升的煤气接触，冲洗冷却。塔的隔板数一般为 19 层。自由截面积（圆缺的部分）占塔截面积的 25%。

塔下部洗萘器一般设 8 层筛板，筛孔直径为 10~14mm，孔中心距为 60~70mm，筛板间距为 600~750mm。水和焦油接触时间为 8~10min。洗萘器水中悬浮萘与焦油相遇，由于焦油温度较高，萘溶于焦油被萃取。

图 2-45 带焦油洗萘器
的煤气终冷塔

油洗萘和终冷流程，油洗塔和终冷塔分立，除萘在油洗塔完成，除萘后的煤气再入终冷塔冷却，然后去苯吸收塔。除萘油洗塔所用油为洗苯富油，其量为洗苯富油的 30%～35%，入塔含萘量小于 8%。除萘油洗塔可为木格填料塔，填料面积为 0.2～0.3m²/m³ 煤气。煤气空塔速度为 0.8～1m/s。油洗萘效果好，终冷水用量为水洗萘的一半，有利于环境保护。

如终冷水中含有污染物，则在凉水架中污染物进入大气。为了保护环境可将直接洒水式终冷改为间接横管式终冷，还可取消直接终冷水处理工艺。

2.8.2　粗苯吸收

吸收煤气中的粗苯可用焦油洗油，也可以用石油的轻柴油馏分。洗油应有良好的吸收能力、大的吸收容量、小的相对分子质量，以便在相等的吸收浓度条件下具有较小的分子浓度，在溶液上降低苯的蒸气压，增大吸收推动力。

焦油洗油沸点范围为 230～300℃，其主要成分为甲基萘、二甲基萘和苊。相对分子质量为 170～180，有良好的吸收粗苯能力，饱和吸收量可达 2.0%～2.5%。故每 1t 炼焦煤所产煤气需要喷洒洗油量为 0.5～0.65m³。使用焦油洗油较轻时，解吸粗苯过程中每吨粗苯损失洗油 100～140kg。

在吸收和解吸粗苯过程中，洗油经过多次加热和冷却，来自煤气的不饱和化合物进入洗油中，发生聚合反应，洗油的轻馏分损失，高沸点物富集。此外，洗油中还溶有无机物，如硫氰化物和氰化物形成复合物。为了保持洗油性能，必须对洗油进行再生处理，脱出重质物。

终冷后的煤气含粗苯 25～40g/m³，进入粗苯吸收塔，塔上喷淋洗油，煤气自下而上流动，煤气与洗油逆流接触。洗油吸收粗苯成为富苯洗油，简称富油。富油脱掉吸收的粗苯，称为贫油。贫油在洗苯塔（吸收苯塔）吸收粗苯又成为富油。富油含苯 2%～2.5%，贫油含苯 0.2%～0.4%。塔后煤气中粗苯含量要求低于 2g/m³。煤气温度 25～30℃，贫油温度应略高于煤气温度 2～4℃，以防煤气中水汽凝出。

2.8.3　富油脱苯

洗油饱和粗苯含量不大于 2.5%～3.0%，解吸后贫油中含粗苯为 0.3%～0.4%，为了达到足够的脱苯程度，富油脱苯塔底温度必须等于洗油的沸点温度（250～300℃）。但是，在如此高温条件下操作，洗油发生变化，质量迅速恶化。

富油脱苯的合适方法是采用水蒸气蒸馏，富油预热到 135～140℃ 再入脱苯塔，塔底通入直接水蒸气，常用的水蒸气压力为 0.5～0.6MPa。此法缺点为耗用水蒸气量大，设备大，多耗冷却水，形成了大量含苯、氰化物和硫氰化铵的废水。

采用管式炉加热富油到 180℃ 再入脱苯塔方法，由于温度不高，对脱苯操作稳定性无大改变，但生产粗苯所有技术经济指标均得到了改善，直接水蒸气耗量可减少 20%～25%。

为了消除脱苯生成的废水，可采用减压蒸馏。但减压方法用得少，因粗苯蒸气冷凝温度低于 10～15℃，需要冷冻剂。

富油脱苯采用水蒸气蒸馏生产两种苯的工艺流程，见图 2-46。富油中含粗苯浓度甚低，洗油量是粗苯量的 40～45 倍，因此大量循环油携带的热量，需要回收利用。图 2-46 工艺解决了热量回收利用问题。

冷的富油在分凝器被脱苯塔来的蒸气加热，然后在换热器与脱苯塔底来的热贫油进行换热，最后用蒸汽加热或用管式炉加热后入脱苯塔上部。脱苯塔底部给入直接蒸汽以及自再生器带来的水和油的蒸气。脱苯塔顶导出水、油和粗苯蒸气在分凝器中使洗油和大部分水蒸气冷凝下来。从分凝器上部出来的是粗苯蒸气和余下的水蒸气。为得到合格粗苯产品，分凝器上部蒸气出口温度用冷却水控制在 86～92℃。如果是生产一种粗苯，分凝器出来的蒸气经冷凝分离，即得粗苯产品。

图 2-46 是富油脱苯生产两种粗苯工艺流程，由分凝器上部出来的蒸气进入两苯塔中部，在塔顶分出轻苯，塔底为重苯。

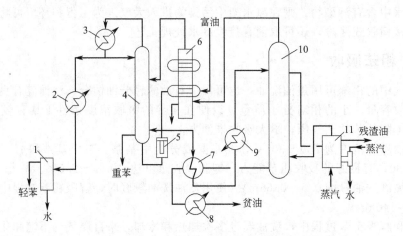

图 2-46　富油脱苯工艺流程
1—分离器；2—冷却器；3，6—分凝器；4—两苯塔；5，9—加热器；
7—换热器；8—冷却器；10—脱苯塔；11—再生器

生产一种粗苯时，粗苯中含有 5%～10% 萘溶剂油，在粗苯精制时需先将其分离出去。在生产两种苯时，萘溶剂油集中于 150～200℃ 的重苯中，而沸点低于 150℃ 的轻苯中主要为苯类。因此，对于粗苯精制两种苯流程优于一种苯流程。一种苯工艺流程见图 2-47。

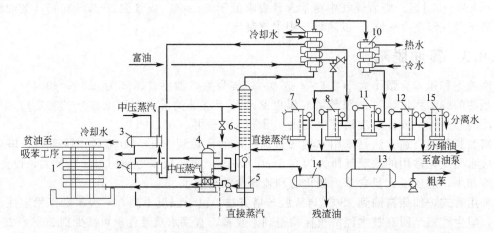

图 2-47　蒸汽法生产一种苯工艺流程
1—喷淋式贫油冷却器；2—贫富油换热器；3—预热器；4—再生器；5—热贫油槽；6—脱苯塔；
7—重分凝油分离器；8—轻分离油分离器；9—分凝器；10—冷凝冷却器；11—粗苯分离器；
12—控制分离器；13—粗苯贮槽；14—残渣槽；15—控制分离器

▪ 2.8.4　洗油再生

为了保持循环洗油质量，取循环洗油量的 1%～1.5% 由富油入塔前管路或由脱苯塔进料板下的第一块塔板引入再生器，进行洗油再生，见图 2-48。

再生器用 0.8～1.0MPa 间接蒸汽加热洗油至 160～180℃，并用直接蒸汽蒸吹。器顶蒸出的油和水蒸气温度为 155～175℃，一同进入脱苯塔底部。残留于再生器底部的高沸点聚合物及油渣称为残渣油，排至残渣油槽。残渣油 300℃前的馏出量要求低于 40%，以免洗油耗量大。

为了降低蒸汽耗量和减轻设备腐蚀，可采用管式炉加热再生法，见图 2-48。脱苯部分设备腐蚀，其原因是由于煤气和洗油中含有氨、氰盐、硫氰盐、氯化铵和水，腐蚀严重处为脱苯塔下部，该处温度高于 150℃。由再生器来的蒸汽，其中含氯化铵、硫化氢和氨，焦油洗油中溶有这些盐类。在管式炉加热时，洗油在管式炉中加热到 300～310℃，在蒸发器内水汽与油气同重的残渣油分开。蒸汽在冷凝器内凝结，并于分离器进行油水分离。在此情况下，与蒸汽法再生不同，洗油不仅分出重的残

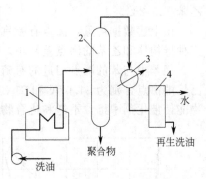

图 2-48 管式炉加热洗油再生流程
1—管式炉；2—蒸发器；
3—冷凝器；4—分离器

渣，而且也分出促使腐蚀作用的盐类。故管式炉加热再生洗油法与蒸汽加热再生法相比，脱除聚合残渣干净，腐蚀情况较轻。

消除腐蚀设备的根本方法是，消除上述盐类进入回收苯系统，并且合理选用脱苯塔材质。

2.8.5 粗苯组成、产率和用途

粗苯产率以干煤计为 0.9%～1.1%。其中含苯及其同系物为 80%～95%；不饱和化合物为 5%～15%，主要集中于 79℃以前低沸点馏分和 140℃以上的高沸点馏分中，它们主要为环戊二烯、茚、古马隆及苯乙烯等；硫化物含量为 0.2%～2.0%；饱和烃为 0.3%～2.0%。此外，粗苯中还含有来自洗油的轻馏分、苯、酚和吡啶等成分。

中国大型焦化厂的粗苯和轻苯产品产率，见表 2-19。

表 2-19 粗苯和轻苯组成及产品产率

原 料	粗 苯	轻 苯	原 料	粗 苯	轻 苯
初馏分/%	0.9	1.0	精制残渣/%	0.8	0.9
纯苯/%	69.0	74.5	重质苯/%	3.0	—
甲苯/%	12.8	13.9	苯溶剂油/%	4.0	—
二甲苯/%	3.0	3.3	洗涤损失/%	1.9	2.0
轻溶剂油/%	0.8	0.9	精制损失/%	1.6	1.1
吹苯残渣/%	2.2	2.4	合计/%	100	100

粗苯中主要成分是苯，是纯苯的主要来源。苯的用途很多，是有机合成的基础原料，可制成苯乙烯、苯酚、丙酮、环己烷、硝基苯、顺丁烯二酸酐等，进一步可制合成纤维、合成橡胶、合成树脂以及染料、洗涤剂、农药、医药等多种产品。甲苯和二甲苯也是有机合成的重要原料。

2.8.6 粗苯精制

粗苯精制目的是得到苯、甲苯、二甲苯等产品，它们都是宝贵的基本有机化工原料。粗苯精制包括酸洗或加氢、精馏分离、初馏分中的环戊二烯加工以及高沸点馏分中的茚与古马隆的加工利用。

粗苯中主要成分为苯、甲苯、二甲苯，它们在 101kPa 压力下的沸点如下：
苯 80.1℃；间二甲苯 139.1℃；甲苯 110.6℃；对二甲苯 138.4℃；邻二甲苯 144.9℃；

乙苯 136.2℃。

由上述数据可见，沸点有差别，即挥发度不同，可以很容易分离出苯和甲苯。二甲苯的三种异构体和乙苯的沸点差甚小，难以利用精馏方法进行分离。

粗苯中与苯的沸点相近的有硫化物和不饱和化合物，故欲得纯苯较难。例如，噻吩和环己烷的沸点分别为 84.07℃ 和 81℃，精馏时分不开。由于以苯为原料进行催化加工时，硫化物能使催化剂中毒，不饱和化合物在贮存时能聚合或产生暗色物，在催化加工时，易使催化剂结焦。所以要求从苯中必须除掉这些杂质。

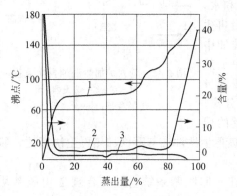

图 2-49　粗苯蒸馏曲线中硫化物及
不饱和化合物的分布

1—粗苯蒸馏曲线；2—不饱和化合物；3—硫化物

由于精馏方法不能脱除苯中噻吩和不饱和化合物，所以在精馏之前采用化学净化方法。为此，可采用加入化学试剂或催化加氢，使之生成易于分离的产物，达到净化目的。

采用化学净化办法，需要消耗化学试剂和损失原料，所以仅对精馏分离不掉的硫化物和不饱和化合物，采用化学净化方法。粗苯中含有这些化合物的分布情况见图 2-49。由图 2-49 可见，不同沸点馏分中不饱和化合物和硫化物含量不同，在低于苯沸点的初馏分中含量高。

在二甲苯高沸点馏分中不饱和化合物含量很高，很明显分出高沸点馏分不用化学净化方法，而只对沸点较低的馏分进行化学净化，这不仅减少了化学净化消耗，而且可以分别利用各馏分。例如，初馏分（低于苯沸点馏分）含有环戊二烯，是合成橡胶、药品和合成树脂的原料，此外还有二硫化碳。离沸点馏分富集有茚、古马隆、苯乙烯，可作为古马隆-茚树脂原料，该树脂可制造油漆、颜料和绝缘材料等。

粗苯精制流程包括下述过程：

① 初步精馏　使低沸点化合物、高沸点含硫化合物和不饱和化合物分开。

② 化学精制　把粗苯主要组分沸点范围内所含的硫化物和不饱和化合物脱除。

③ 最终精馏　得到合乎标准的纯产品。

2.8.7　初步精馏

粗苯初步精馏可由两个精馏塔完成，见图 2-50。粗苯在初馏塔顶分出初馏分；在苯、甲苯、二甲苯混合馏分（BTX）塔顶分出 BTX 馏分，塔底分出重苯。假如粗苯回收工段把粗苯已分成轻苯和重苯，则不再需要混合馏分塔。

初馏塔很重要，初馏分要分离得很干净，否则二硫化碳进入 BTX 馏分中，进一步留在苯中。此外，使 BTX 馏分的化学净化难度增大。

环戊二烯反应能力大，黏度高，能形成高分子聚合物，初馏分塔采用效率足够高的精馏塔，塔板数为 30~50。回流比为（40~60）:1，空塔气速为 0.6~0.9m/s。

轻苯的初馏分产率为 1.0%~1.2%，其组成为：环戊二烯 50%~60%；二硫化碳 25%~35%；苯 5%~15%。纯苯中含二硫化碳不应超过 1~50mg/kg。

初馏塔的再沸器易堵塞，这是因为低沸点不饱和化合物发生聚合，堵塞物主要是胶状游离碳。应防止进料和回流带水，否则不仅塔操作不稳，而且增加堵塞再沸器的可能性。

2.8.8　硫酸法精制

混合馏分（BTX）用含量为 90%~95% 的硫酸洗涤时，不饱和化合物及硫化物发生了

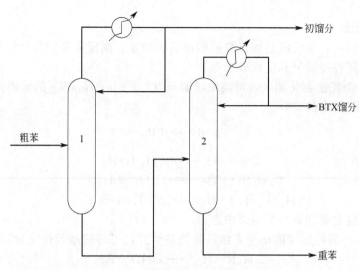

图 2-50　粗苯初步精馏工艺流程
1—初馏塔；2—苯、甲苯、二甲苯混合馏分（BTX）塔

化学反应，生成复杂的产物。

由于环境污染严重，此方法已被淘汰。

2.8.9　吹苯和最终精馏

酸洗后，苯、甲苯、二甲苯混合馏分精制与其组成有关，其组成如下：

苯 74%～76%；三甲苯（溶剂油）2%～2.5%；二甲苯 2%～2.5%；高沸点聚合物 4%～6%；甲苯 11%～13%；低沸点聚合物 3%～4%。

苯和甲苯含量占 85%～89%，在中、小型精苯车间提取纯苯、甲苯可在连续式设备上进行，而其余组分甚少，只能在间歇式设备上生产。

2.8.10　粗苯催化加氢精制

将 BTX 混合馏分进行催化加氢，然后对加氢油进行精制，得到纯苯产品。

酸洗精制粗苯，产品纯度不高，满足不了用户要求，而且精制回收率低，并存在着环境污染。为此，早在 20 世纪 50 年代初，轻苯加氢精制工艺就已得到采用，目前已广泛应用。

轻苯加氢工艺有多种，按反应温度区分有高温加氢（600～630℃）、中温加氢（480～550℃）以及低温加氢（350～380℃）。日本、美国采用高温加氢，即莱托（Litol）法；德国等采用低温加氢的鲁奇工艺。中国的中温加氢流程和宝钢引进的莱托法基本相同。

轻苯加氢精制三种主要方法如下。

（1）鲁奇法　采用钴钼催化剂，反应温度为 360～380℃，压力 4～5MPa，以焦炉煤气或纯氢为氢源，进行气相加氢。加氢油通过精馏系统进行分离，得到苯、甲苯、二甲苯和溶剂油。产品收率可达 97%～99%。

（2）克虏伯-考伯斯（Krupp-Koppers）法　采用钴钼催化剂，反应温度为 200～400℃，压力为 5.0MPa，可用焦炉煤气为氢源。苯的精制收率为 97%～98%。通过萃取蒸馏制取纯苯。

（3）莱托法　采用三氧化二铬为催化剂，反应温度为 600～650℃，压力为 6.0MPa。由于苯的同系物加氢脱烷基转化为苯，苯的收率可达 114%以上，可得到合成用苯，结晶点

5.5℃，纯度99.9%。

2.8.10.1 莱托法

轻苯在反应器中，主反应是加氢脱硫和加氢脱烷基；副反应是饱和烃加氢裂解、不饱和烃加氢和脱氢、环烷烃脱氢和生成联苯等。

（1）**脱硫** 莱托法催化加氢，可使噻吩脱至（0.3±0.2）mg/kg的苯类产品，所以此法不需要预先脱除原料中的硫分。

$$\text{（噻吩）} + 4H_2 \longrightarrow C_4H_{10} + H_2S$$

$$CS_2 + 4H_2 \longrightarrow CH_4 + 2H_2S$$

$$C_4H_9SH + H_2 \longrightarrow C_4H_{10} + H_2S$$

$$C_2H_5SC_2H_5 + 2H_2 \longrightarrow 2C_2H_6 + H_2S$$

加氢脱硫反应主要在第一反应器中进行。

（2）**脱烷基** 莱托加氢催化剂有加氢脱烷基性能，可将烷基苯转化为苯。

$$C_6H_5R + H_2 \longrightarrow C_6H_6 + RH$$

具体反应例

$$C_6H_5CH_3 + H_2 \longrightarrow C_6H_6 + CH_4$$

（3）**饱和烃加氢裂解** 加氢裂解反应，是第一反应器的主要反应。未反应的非芳烃类在第二反应器中完成。轻苯中非芳烃化合物几乎全部被裂解分离出去。

$$C_7H_{16} + H_2 \longrightarrow C_3H_8 + C_4H_{10}$$

$$\text{（环己烷）} + 3H_2 \longrightarrow 3C_2H_6$$

$$\text{（环己烷）} + 2H_2 \longrightarrow 2C_3H_8$$

（4）**不饱和烃脱氢和加氢**

$$\text{（环己烯）} \longrightarrow \text{（苯）} + H_2$$

$$\text{（环己二烯）} \longrightarrow \text{（苯）} + 2H_2$$

$$\text{（茚）} + H_2 \longrightarrow \text{（茚满）}$$

（5）**环烷烃脱氢**

$$\text{（环己烷）} \longrightarrow \text{（苯）} + 3H_2$$

$$\text{（四氢萘）} \longrightarrow \text{（萘）} + 2H_2$$

（6）**苯加氢及联苯生成**

$$\text{（苯）} + 3H_2 \rightleftharpoons \text{（环己烷）} + 2H_2 \rightleftharpoons 2C_3H_8$$

$$2C_6H_6 \rightleftharpoons \text{（联苯）} + H_2$$

（7）**脱氧和脱氮**

$$\text{（吡啶）} + 5H_2 \longrightarrow C_5H_{12} + NH_3$$

$$\text{（苯酚）} + H_2 \longrightarrow \text{（苯）} + H_2O$$

宝钢轻苯加氢精制工艺流程包含预蒸馏得轻苯、轻苯莱托法加氢、苯精制和制氢系统。加氢精制工艺流程见图2-51。

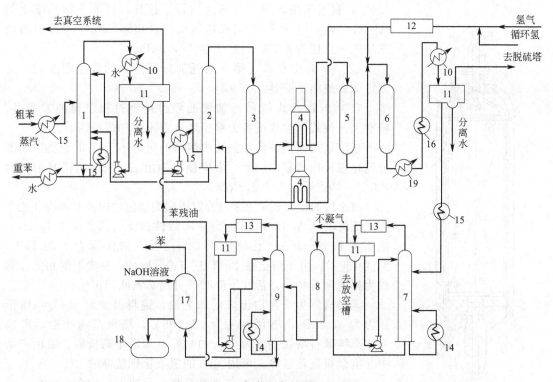

图 2-51　轻苯加氢精制工艺流程

1—预蒸馏塔；2—蒸发器；3—预反应器；4—管式加热炉；5—第一加氢反应器；6—第二加氢反应器；
7—稳定塔；8—白土塔；9—苯塔；10—冷凝冷却器；11—分离器；12—冷却器；13—凝缩器；14—重沸器；
15—预热器；16—热交换器；17—碱洗器；18—中和槽；19—蒸汽发生器

（1）**轻苯加氢**　加氢原料为轻苯、粗苯和焦油轻油混合，在两苯塔进行预蒸馏，将有利于制苯的物质集中于轻苯中。古马隆、茚等高分子化合物控制在重苯中，在预蒸馏过程中控制不饱和化合物的热聚合程度小些，以防堵塞。故预蒸馏采用负压操作，在轻苯蒸发预热器进口处加入阻聚剂 20～50mg/kg，阻止聚合物生成。预蒸馏的两苯塔为 20 层大孔筛板塔，由不锈钢板冲压制成。再沸器为竖型列管降膜式，有一台备用，强制循环加热。

加氢过程分成两步完成，先进行预加氢，再完成莱托法加氢。

轻苯经蒸汽预热至 120～150℃后，用高压泵送入蒸发器。蒸发器为钢制中空圆筒形设备，内部装有 1/3 液体，底部装有氢气喷射器，向上开口，使循环氢气喷入液体中。循环含氢气体自加热炉加热至 470℃左右，进入蒸发器内喷出，与轻苯混合并使其汽化。这样，轻苯在氢气保护下被直接加热，可以抑制轻苯中易聚合物的热聚合，是本法的关键。

循环气体进入蒸发器，供给轻苯潜热和显热，使轻苯蒸发，同时，也起到降低烃类分压、降低蒸发温度的作用。循环气体中氢含量为 65%～68%，经压缩至 6.0MPa，预热至 150℃，分两路：一路作为冷循环气体入蒸发器出口油气管道；另一路入循环气体加热炉，然后部分入蒸发器底部，其余部分也加入蒸发器后的管道。

预加氢反应器温度为 230～250℃，压力为 5723～5743kPa，经 Co-Mo 系催化剂完成预加氢反应，使含有 2%左右的苯乙烯加氢成为乙苯。这样转化了热稳定性差的苯乙烯，消除了因热聚合形成的聚合物，防止堵塞和结焦。

预加氢油气经加热炉加热至 610℃，压力为 5566.4kPa，从第一加氢反应器顶部进入，由底部排出。由于加氢放热反应，油气温度升高 17℃左右，用冷氢进行急冷，温度降至

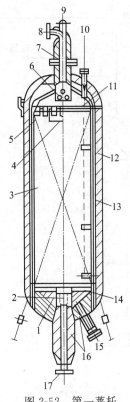

图 2-52　第一莱托加氢反应器

1，11，14—氧化铝球；
2—油气排出拦筐；
3—催化剂；4—沉箱；
5—油气分布筛；6—缓冲器；
7，12，16—隔热层；
8—油气入口；9—人孔；
10—热电偶插孔；13—内衬板；
15—催化剂排出口；
17—油气出口

620℃，接着又进入第二加氢反应器。这样，轻苯在铬系催化剂（Cr_2O_3-Al_2O_3）作用下完成加氢反应。由第二反应器排出的加氢油气，温度为630℃、压力为5507.6kPa。

（2）加氢反应器　第一莱托加氢反应器结构见图2-52，是固定床式绝热反应器。

（3）加氢产物精制　加氢油经过精制过程制得纯苯产品。精制工艺流程中主要设备为稳定塔、白土塔和苯精馏塔。

稳定塔的作用是将加氢油中溶解的氢、小于C_4的烃类以及部分硫化氢等比苯轻的组分，由塔顶分馏出去。稳定塔进料油温为120℃，塔顶压力为793.8kPa。

白土塔的作用是脱除来自稳定塔底的加氢油中微量不饱和化合物。塔内填以Al_2O_3和SiO_2为主的活性白土，真密度2.4g/cm^3，比表面积200m^2/g，孔隙体积280cm^3/g。操作压力1460.2kPa，温度180℃。由于白土在180℃左右进行吸附，一些不饱和化合物成为黑色聚合物。当活性下降时，可用蒸汽吹扫再生。

苯塔进料为来自白土塔的加氢油，进料温度为104℃，塔顶压力为41.2kPa，塔顶温度为92～95℃，塔顶产物冷凝后可得99.9%纯苯；塔底温度为144～147℃。苯塔是筛板塔。塔顶产品中含有微量硫化氢等，可用30%的氢氧化钠洗涤除去。

（4）制氢　制氢原料气为来自加氢反应器后的含氢气体，除H_2外还含有CH_4和H_2S等。CH_4是过程产物，它是本加氢方法氢的来源。采用蒸汽催化重整工艺，使CH_4转化为H_2和CO；生成的CO与蒸汽变换反应得H_2，化学反应如下。

脱硫反应
$$H_2S + ZnO \longrightarrow ZnS + H_2O$$

甲烷重整反应
$$CH_4 + H_2O \Longleftrightarrow CO + 3H_2$$
$$CH_4 + 2H_2O \Longleftrightarrow CO_2 + 4H_2$$

CO变换反应
$$CO + H_2O \Longleftrightarrow CO_2 + H_2$$

制氢系统含脱除H_2S、脱苯类、CH_4重整和CO变换以及变压吸附制纯氢等过程。

① 脱除H_2S　莱托加氢脱硫反应是使轻苯中硫化物转化为H_2S，进入气体中。为防止其在循环气体中积聚和起腐蚀作用，需要脱除。一般采用化学吸收法，吸收剂为13%～15%单乙醇胺水溶液。吸收塔底压力为5076.4kPa，温度为55℃左右，塔顶气体中含H_2S约4mg/kg。脱硫后的气体约90%，在补充部分纯度为99.9%氢气后，返回加氢系统循环利用。脱硫的另一部分约10%的气体用作制氢原料，首先送去甲苯洗净塔。

② 脱苯类　脱硫后的制氢原料中含有约10%的苯类，用甲苯洗涤吸收脱除之，否则在高温的重整炉中的炉管内结焦。洗后气体中含芳烃浓度小于1000mg/kg。

③ CH_4重整　脱苯后的原料气中含有CH_4，在重整炉内与蒸汽进行反应。工艺流程见图2-53。

原料气先在重整炉对流段加热到380℃，压力为2136.4kPa，在脱硫反应器内用ZnO脱去残余的H_2S，以防重整催化剂中毒。

脱硫后的气体与2352kPa的过热蒸汽混合，混合后气体温度400℃，压力2126.6kPa。

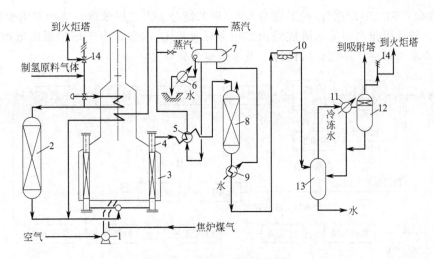

图 2-53　重整、变换工艺流程

1—重整空气鼓风机；2—脱硫反应器；3—重整炉；4—装有催化剂的反应管；5—蒸汽发生器；
6—排水冷却器；7—汽包；8—CO 变换反应器；9—反应气体凝缩器；10—反应气体空冷器；
11—辅助冷却器；12—气体分液槽；13—凝结水槽；14—安全阀

该混合气进入重整炉辐射段炉管，炉管中装镍系催化剂。由下向上流动，完成重整反应。出炉管后的重整气体温度 $790 \sim 800°C$，压力 2107kPa。通过热量回收，产生 2646kPa 的蒸汽，减压入重整炉过热，作为重整介质。

④ CO 变换　重整气回收热量后，温度降到 $360°C$，进入 CO 变换反应器，见图 2-53。在 Fe-Cr 系催化剂作用下，发生变换反应，生成 H_2 和 CO_2。变换后气体温度为 $380 \sim 390°C$，经换热降至 $190°C$ 左右，再冷至 $60°C$，分出水后去变压吸附装置。

⑤ 变压吸附制纯氢　变换后气体中尚含有 CO_2、CO、CH_4 及 H_2O 等气体，为了得到纯氢，在变压吸附装置中，用 Al_2O_3 吸附水；用活性炭吸附 CO_2；用 Al_2O_3 分子筛吸附 CO 和 CH_4 等，通过后的气体为纯度 99.9% 的氢气。

2.8.10.2　萃取蒸馏低温加氢法（K.K 法）

萃取蒸馏低温加氢法是石家庄焦化厂于 20 世纪 90 年代由国外引进的第一套粗苯低温加氢工艺，并在国内得到推广应用。工艺流程见图 2-54。

粗苯与循环氢气混合，然后在预蒸发器中被预热，粗苯被部分蒸发，加热介质为主反应器出来的加氢油，气液混合物进入多级蒸发器，在此绝大部分粗苯被蒸发，只有少量的高沸点组分从多级蒸发器底部排出。高沸点组分进入闪蒸器，分离出的轻组分重新回到粗苯原料中，重组分作为重苯残油外卖，多级蒸发器由高压蒸汽加热，被汽化的粗苯和循环氢气混合物经过热器过热后，进入预反应器，预反应器的作用与莱托法的预反应器相同，主要是为了除去二烯烃和苯乙烯，催化剂为 Ni-Mo。预反应器产物经管式炉加热后，进入主反应器，在此发生脱硫、脱氮、脱氧、烯烃饱和等反应，催化剂为 Co-Mo，预反应器和主反应器内物料状态均为气相。从主反应器出来的产物经一系列换热器、冷却器被冷却，在进入分离器之前，被注入软水，软水的作用是溶解产物中沉积的盐类。分离器把主反应器产物最终分离成循环氢气、液态的加氢油和水，循环氢气经预热器，补充部分氢气后，由压缩机送到预蒸发器前与原料粗苯混合。

加氢油经预热器预热后进入稳定塔，稳定塔由中压蒸汽进行加热，稳定塔实质就是精馏塔，把溶解于加氢油中的氨、硫化氢以尾气形式除去，含 H_2S 的尾气可送入焦炉煤气脱硫脱氰系统，稳定塔出来的苯、甲苯、二甲苯混合馏分进入预蒸馏塔，在此分离成苯、甲苯馏分（BT 馏分）和二甲苯馏分（XS 馏分），二甲苯馏分进入二甲苯塔，塔顶采出少量 C_8 非芳烃和乙苯，侧线采出二甲苯，塔底采出二甲苯残油即 C_9 馏分，由于塔顶采出量很小，所以通常塔顶产品与塔底产品混合后作为二甲苯残油产品外卖。

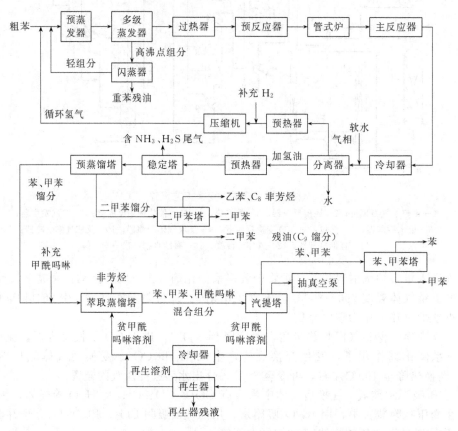

图 2-54　萃取蒸馏低温加氢法（K.K 法）工艺流程

苯、甲苯馏分与部分补充的甲酰吗啉溶剂混合后进入萃取蒸馏塔，萃取蒸馏塔的作用是利用萃取蒸馏方式，除去烷烃、环烷烃等非芳烃，塔顶采出非芳烃作为产品外卖。塔底采出苯、甲苯、甲酰吗啉的混合馏分，此混合馏分进入汽提塔。汽提塔在真空下操作。把苯、甲苯馏分与溶剂甲酰吗啉分离开，汽提塔顶部采出苯、甲苯馏分，苯、甲苯馏分进入苯、甲苯塔精馏分离成苯、甲苯产品。汽提塔底采出的贫甲酰吗啉溶剂经冷却后循环回到萃取精馏塔上部，一部分贫溶剂被间歇送到溶剂再生器，在真空状态下排出高沸点的聚合产物，再生后的溶剂又回到萃取蒸馏塔。

制氢系统与莱托法不同，是以焦炉煤气为原料，采用变压吸附原理把焦炉煤气中的氢分离出来，制取纯度达 99.9% 的氢气。

萃取蒸馏低温加氢法可生产苯、甲苯、二甲苯，3 种苯对原料中纯组分的收率及总精制率设计值见表 2-20。

表 2-20　萃取蒸馏低温加氢生产苯、甲苯、二甲苯收率及总精制率

苯/%	甲苯/%	二甲苯/%	总精制率/%
98.5	98.0	117	99.8

二甲苯收率超过 100% 是由于在预反应器中，苯乙烯被加氢转化成乙苯，而二甲苯中含

有乙苯，总精制率达 99.8%，比莱托法的要高。

二甲苯质量受原料粗苯中苯乙烯含量的影响较大，只有粗苯中苯乙烯含量小于 1%，才能生产馏程最大为 5℃的二甲苯，否则只能生产馏程最大为 10℃的二甲苯。

2.8.10.3 溶剂萃取低温加氢法

溶剂萃取低温加氢法在国内外得到广泛应用，大量被应用于以石油高温裂解汽油为原料的加氢过程。目前在焦化粗苯加氢过程中也得到应用。

在苯加氢反应工艺上，与萃取蒸馏低温加氢法相近，而在加氢油的处理上则不同，是以环丁砜为萃取剂采用液液萃取工艺，把芳烃与非芳烃分离开来。工艺流程见图 2-55。

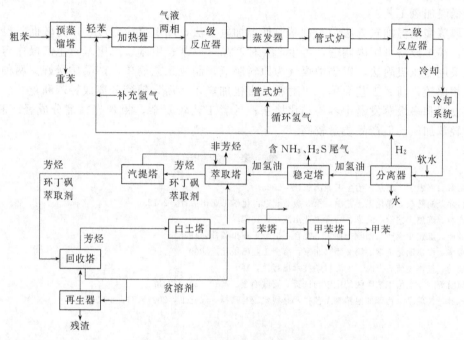

图 2-55　溶剂萃取低温加氢工艺流程图

粗苯经预蒸馏塔分离成轻苯和重苯。然后对轻苯进行加氢，除去重苯的目的是防止 C_9 以上重组分使催化剂老化。

轻苯与补充氢气和循环氢气混合，经加热器加热后，以气液两相混合状态进入一级反应器。一级反应器的作用与莱托法和 K.K 法的预反应器相同，使苯乙烯和二烯烃加氢饱和，一级反应器中保持部分液相的目的是防止反应器内因聚合而发生堵塞。一级反应器出来的气液混合物在蒸发器中与管式炉加热后的循环氢气混合被全部汽化，混合气体经管式炉进一步加热后进入二级反应器，在二级反应器中发生脱硫、脱氮、烯烃饱和反应。一级反应器催化剂为 Ni-Mo 型，二级反应器催化剂为 Co-Mo 型，二级反应器结构是双催化剂床层，使用内床层循环氢气冷却来控制反应器温度。二级反应器产物经冷却后被注入软水，然后进入分离器，注水的目的与 K.K 法相同。溶解生成的 NH_4HS、NH_4Cl 等盐类，防止其沉积。分离器把物料分离成循环氢气、水和加氢油，加氢油经稳定塔排出 NH_3、H_2S 后进入萃取塔。萃取塔的作用是以环丁砜为萃取剂把非芳烃脱除掉。汽提塔进一步脱除非芳烃，回收塔把芳烃与萃取剂分离开，回收塔出来的芳烃经白土塔，除去微量的不饱和物后，依次进入苯塔、甲苯塔，最终得到苯、甲苯、二甲苯。

制氢系统与 K.K 法一致，可生产 3 种苯产品，3 种苯对原料中纯组分的收率及总精制率设计值见表 2-21。

表 2-21　溶剂萃取低温加氢生产苯、甲苯、二甲苯收率及总精制率

苯/%	甲苯/%	二甲苯/%	总精制率/%
98	98	115	99.1

2.8.10.4　粗苯加氢工艺比较

莱托法粗苯加氢工艺的加氢反应温度、压力较高，又存在氢腐蚀，对设备的制造材质、工艺、结构要求较高。设备制造难度较大，只能生产 1 种苯，制氢工艺较复杂，采用转化法，以循环气为原料制氢，总精制率较低，但莱托法占地面积小。由于莱托法与低温加氢工艺相比较，有很多不足，在国内除宝钢投产 1 套莱托法高温加氢装置外，其他企业粗苯加氢都采用低温加氢工艺。

萃取蒸馏低温加氢方法和溶剂萃取低温加氢方法，加氢反应温度、压力较低，设备制造难度小，很多设备可国内制造，可生产 3 种产品——苯、甲苯、二甲苯，生产操作容易。制氢工艺采用变压吸附法，以焦炉煤气为原料制氢，制氢工艺简单，产品质量好。两种低温加氢方法相比较，前者工艺简单，可对粗苯直接加氢，不需先精馏分离成轻苯和重苯。但粗苯在预蒸发器和多级蒸发器中容易结焦堵塞；后者工艺较复杂，粗苯先精馏分成轻苯和重苯，然后对轻苯加氢，但产品质量较高。

参 考 文 献

[1]　姚昭章. 炼焦学. 北京：冶金工业出版社，2003.
[2]　郭树才，胡浩权. 煤化工工艺学. 第 3 版. 北京：化学工业出版社，2012.
[3]　苏宜春. 炼焦工艺学. 北京：冶金工业出版社，1994.
[4]　库咸熙. 炼焦化学产品回收与加工. 北京：冶金工业出版社，1985.
[5]　肖瑞华. 煤焦油化工学. 第 2 版. 北京：冶金工业出版社，2009.
[6]　施亚钧. 气体脱硫. 上海：上海科学技术出版社，1999.
[7]　徐风雷等. 苯加氢工艺路线的比较与选择. 安徽冶金，2010（2）：33-36.
[8]　景志林，杨瑞平. 粗苯加氢精制工艺技术路线比较与选择. 煤化工，2007（6）：8-11，45.

3 煤的低温干馏

3.1 煤低温干馏介绍

■ 3.1.1 煤低温干馏概述

煤干馏是指煤在隔绝空气的条件下受热分解，生成焦炭或半焦、煤焦油、粗苯、煤气等产物的反应过程。按加热终温的不同，煤干馏可分为三种。

① 低温干馏，干馏温度范围：400～700℃。

② 中温干馏，干馏温度范围：700～900℃。

③ 高温干馏（或炼焦），干馏温度范围：900～1100℃。

煤的低温干馏是煤干馏方法之一，在500～700℃，使煤在隔绝空气条件下，受热分解生成半焦、低温煤焦油、煤气和热解水过程。低温干馏的设备称为低温干馏炉。与高温干馏相比，低温干馏的焦油产率较高而煤气产率较低。一般半焦为50%～70%，低温煤焦油6%～25%，煤气80～200m³/t（原料煤）。煤的低温干馏是常压热加工过程，不用加氢和氧就可实现煤部分气化（煤气）和液化（焦油），把煤的大部分热值相对富集在固体燃料半焦中。工艺过程简单，加工条件温和；投资少，生产成本低。煤低温干馏的原料煤通常是单种煤。按中国煤炭的分类：褐煤、烟煤和无烟煤。烟煤随变质程度的加深分别叫长焰煤、不黏煤、弱黏煤、气煤、肥煤、焦煤、瘦煤、贫煤等。用于低温干馏的煤主要是变质程度较低的褐煤、长焰煤和高挥发分的不黏煤等。低阶煤储量丰富，尤其在我国储量非常大，这些煤以前多数用于直接燃烧，低阶煤含较多挥发分，直接燃烧污染较大，污染防护负荷大。经过低温干馏不但把原料煤的大部分热值集中在固体产物半焦中，还可以得到相当数量的焦油和煤气，使煤中的富氢部分产物以优质的液态的和气态的能源或化工原料产出，在一定程度上有效地利用了煤资源。利用半焦作燃料，代替直接燃烧煤加热，不但可以满足供热，而且还减少了污染，得到了经济价值更高的低温煤焦油和煤气。社会效益和经济效益都是有益的。

用褐煤为原料生产的半焦反应活性好，硫含量比原料煤低，适用于作还原反应的炭料，有利于产品的质量和环境保护。

低阶煤无黏结性，有助于物料的流动及传热等，有利于在移动床或流化床干馏炉中的操作和控制。低阶煤的热解温度低，最佳热解温度随煤阶降低而降低。

历史上曾出现过很多低温干馏方法，但工业上成功的只有几种。这些方法按炉的加热方式可分为外热式、内热式及内热外热混合式。外热式炉的加热介质与原料不直接接触，热量由炉壁传入；内热式炉的加热介质与原料直接接触，因加热介质的不同而有固体热载体法和气体热载体法两种。

■3.1.2 低温干馏的历史及展望

17 世纪后期，固体燃料的低温干馏开始出现，但现代煤的低温干馏的研究得到重视并较快发展，所得半焦可作民用无烟燃料，低温干馏焦油则进一步加工液体燃料，用于制取灯油（或称煤油）和蜡。后来才从煤焦油中提取发动机燃料和化工原料。在掌握加氢技术后，煤的低温干馏工业才有了大发展。

1805 年英国用煤的低温干馏方法，以烟煤制半焦。1830 年以后用烛煤、褐煤制造灯油（或称煤油）和石蜡。1860 年德国开始建立较大型的褐煤低温干馏工厂，制取灯油和石蜡。煤的低温干馏方法因电灯的发明而失去价值。第二次世界大战前夕及大战期间，纳粹德国基于战争的目的，建立了大型低温干馏工厂，生产低温干馏煤焦油，再经高压加氢制取汽油、柴油。战后，大量廉价石油的开采，使煤低温干馏工业再次陷于停滞状态，各种新型低温干馏的方法多处于试验阶段。20 世纪开始，随着汽化器式内燃机的出现和广泛应用，汽油需要量激增。天然石油供不应求，特别是缺乏天然石油资源的国家，千方百计从固体燃料中制取液体燃料，另外，石油储量及开采年限提示人们应重视寻求新能源，因而低温干馏工业再度迅速发展。

我国在新中国成立前由于长期在帝国主义和封建势力的统治下，工业极不发达，煤的低温干馏工业微乎其微，仅在四川省、云南省和贵州省建立外热式铁甑煤低温干馏小型工厂。

中华人民共和国成立后，1953 年开始着手恢复建设煤低温干馏炉，1955 年 11 月有两部低温炉投入生产，1957 年 6 月又有两部炉建成投产。

随着我国国民经济的发展，石油缺口逐年加大，开发煤低温干馏工业是必然趋势。近些年，在西北建成了大型低温干馏生产线。

■3.1.3 低温干馏的产品

煤低温干馏的主要产品为半焦、低温煤焦油和煤气。产品的产率、组成取决于原料煤的性质、干馏炉结构、加热条件等。一般焦油产率 6%～25%，半焦为 50%～70%，煤气 80～200m³/t（原料干煤）。

（1）半焦　由煤低温干馏所得的可燃固体产物称为半焦。半焦色黑多孔，主要成分是炭、灰分和挥发分。其灰分含量取决于原料煤质，挥发分含量为 5%～20%（质量分数）。半焦与焦炭相比，挥发分含量高，孔隙率大而机械强度低。与一氧化碳、蒸汽或氧具有较强的反应活性，比电阻高。原料煤煤化程度越低，半焦的反应能力和比电阻越高。

半焦是很好的高热值无烟燃料，主要用作工业或民用燃料，也用于合成气、电石生产等，是生产铁合金的优良炭料，少量用作冶炼铜矿或磷矿等时的还原剂，此外也用作炼焦配煤。

半焦和焦炭的性质见表 3-1。

表 3-1　半焦和焦炭的性质

炭料名称	孔隙率/%	反应性/[mL/(g·s)]	比电阻/Ω·cm	强度/%
褐煤中温焦	36～45	13.0	—	70
前苏联列库厂半焦	38	8.0	0.921	61.8
长焰煤半焦	50～55	7.4	6.014	66～80
英国气煤半焦	48.3	2.7	—	54.5
60%气煤配煤焦炭	49.8	2.2	—	80
冶金焦(10～25mm)	44～53	0.5～1.1	0.012～0.015	77～85

由表 3-1 可知，半焦的反应性与比电阻比高温焦高得多，而且煤的变质程度越低，其反

应性和比电阻越高。半焦的高比电阻特性，使它成为生产铁合金的优良原料。半焦硫含量比原煤低，反应性高，燃点低（250℃左右），是优质的燃料，也适用于制造活性炭、炭分子筛和还原剂等。

（2）煤焦油　煤焦油为煤干馏过程中所得到的一种液体产物。高温干馏（即焦化）得到的焦油称为高温干馏煤焦油（简称高温煤焦油），低温干馏得到的焦油称为低温干馏煤焦油（简称低温煤焦油）。两者的组成和性质不同，其加工利用方法各异。

高温煤焦油为黑色黏稠液体，相对密度大于 1.0，含大量沥青，其他成分是芳烃及杂环有机化合物。

低温煤焦油也是黑色黏稠液体，其不同于高温煤焦油的是相对密度通常小于 1.0，芳烃含量少，烷烃含量大，其组成与原料煤质有关。酚类可达 35%，有机碱 1%～2%，烷烃 2%～10%，烯烃 3%～5%，芳烃 15%～25% 等。低温干馏焦油是人造石油的重要来源之一，经高压加氢制得汽油、柴油等产品。

低温煤焦油的用途：

① 发动机燃料，生产酚类和烃类；

② 提取的酚可用于生产塑料、合成纤维、医药等产品；

③ 褐煤焦油中含有大量蜡类，是生产表面活性剂和洗涤剂的原料。

（3）煤气　煤低温干馏产生煤气，其密度为 0.9～1.2kg/m³；主要成分：甲烷、氢气、一氧化碳等。

主要用途为工业及民用加热燃料，也可作化学合成原料气。

低温干馏和中温干馏、高温干馏产品的产率和性质见表 3-2。

表 3-2　不同最终温度下干馏产品的产率与性质

干馏类型 产品产率与性质		低温干馏	中温干馏	高温干馏
固体产物		半焦	中温焦	高温焦
焦炭/%		80～82	75～77	70～72
焦油/%		9～10	6～7	3～5
煤气/(m³/t)		120	200	320
焦炭着火点/℃		450	490	700
相对密度		<1	1	>1
中性油/%		60	50.5	35～40
焦油	酚类/%	25	15～20	1.5
	焦油盐基/%	1～2	1～2	1～2
	沥青/%	12	30	57
	游离碳/%	1～3		4～10
	中性油成分	脂肪烃、芳烃	脂肪烃、芳烃	芳烃
	H₂/%	31	45	55
	CH₄/%	55	38	25
煤气	发热量/(kJ×10³/m³)	31	25	19
	产率/%	1.0	1.0	1.0～1.5
	组成	脂肪烃为主	芳烃50%	芳烃90%

3.2　低温干馏生产工艺

干馏炉是低温干馏生产工艺中的主要设备，它应保证过程效率高、操作方便可靠。其中主要干馏物料加热均匀，干馏过程易控制，原料煤适应性广，原料煤粒尺寸范围大，导出的挥发物二次热解作用小等。

干馏炉按加热方式分为外热式和内热式（图3-1）。

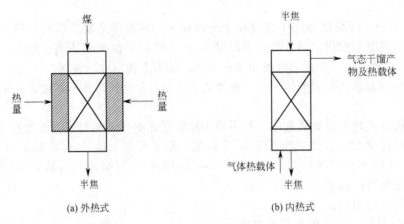

图 3-1　低温干馏炉加热方式

外热式炉供给煤料的热量是由炉墙外部传入。焦炉就是典型的外热式干馏炉。

外热式热效率低，煤料加热不均，挥发产物发生二次分解严重；内热式工艺克服了外热式的缺点，借助热载体（根据供热介质不同又分为气体热载体和固体热载体）把热量直接传递给煤料，受热后的煤发生热解反应。

按供热介质不同可分为气体热载体和固体热载体两种。气体热载体热解工艺通常是将燃料燃烧的烟气引入热解室，代表性的有美国的 COED 工艺、ENCOAL 工艺和波兰的双沸腾床工艺等；固体热载体热解工艺则利用高温半焦或其他的高温固体物料与煤在热解室内混合，利用热载体的显热将煤进行热解。与气体热载体热解工艺相比，固体热载体热解避免了煤热解析出的挥发产物被烟气稀释，同时降低了冷却系统的负荷。比较而言，在能获得高温固体热源的情况下，固体热载体热解工艺优势明显。

▋▋3.2.1　气体热载体直立炉工艺

德国的鲁奇三段炉属于典型的气体热载体内热立式干馏炉，主要用于低变质煤低温热解，热载体以气体为主，不适用于中等黏结性或高黏结性的烟煤。三段炉结构如图 3-2所示。

煤或由褐煤压制成的型块（25～60mm）由上而下移动，与燃烧气逆流直接接触受热。炉顶原料的含水量约 15% 时，在干燥段脱除水分至 1.0% 以下，逆流而上的约 250℃热气体冷至 80～100℃。干燥后原料在干馏段被 600～700℃不含氧的燃烧气加热至约500℃，发生热分解；热气体冷至约 250℃，生成的半焦进入冷却段被冷气体冷却。半焦排出后进一步用水和空气冷却。从干馏段逸出的挥发物经过冷凝、冷却等步骤，得到焦油和热解水。德国、美国、苏联、捷克斯洛伐克、新西兰和日本都曾建有此类炉型。中国东北也曾建此种炉。

气流内热式炉干馏流程见图 3-3。

我国对鲁奇三段炉进行了卓有成效的改造，比较有代表性的是陕西神木县三江煤化工有限责任公司设计的 SJ 低温干馏方炉，在下节中有详细介绍。

▋▋3.2.2　内热式固体热载体工艺

鲁奇-鲁尔盖斯低温干馏法（简称 L-R 法）和美国的 TOSCOAL 法工艺是固体热载体内

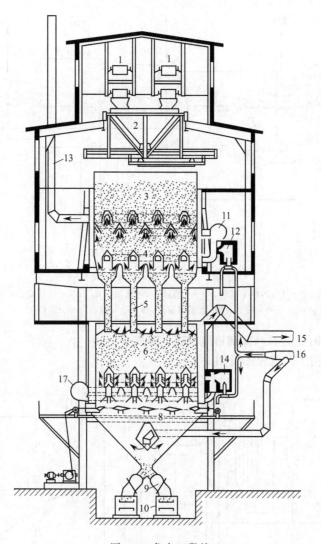

图 3-2 鲁奇三段炉

1—来煤；2—加煤车；3—煤槽；4—干燥段；5—通道；6—低温干馏段；7—冷却段；

8—出焦机构；9—焦炭闸门；10—胶带运输机；11—干燥段吹风机；12—干燥段燃烧炉；

13—干燥段排气烟囱；14—干燥段燃烧炉；15—干燥段出口煤气管；

16—回炉煤气管；17—冷却煤气吹风机

热式的典型方法。

(1) L-R 法 原料为褐煤、非黏结性煤、弱黏结性煤以及油页岩。20 世纪 50 年代，在联邦德国多尔斯滕建有一套处理能力为 10t/h 煤的中间试验装置，使用的热载体是固体颗粒（小瓷球、砂子或半焦）。由于过程产品气体不含废气，因此后处理系统的设备尺寸较小，煤气热值较高，可达 20.5～40.6MJ/m³。此法由于温差大，颗粒小，传热极快，因此具有很大的处理能力。所得液体产品较多、加工高挥发分煤时，产率可达 30%。

L-R 法工艺流程是首先将初步预热的小块原料煤，同来自分离器的热半焦在混合器内混合，发生热分解作用。然后落入缓冲器内，停留一定时间，完成热分解。从缓冲器出来的半焦进入提升管底部，由热空气提送，同时在提升管中烧去其中的残炭，使温度升高，然后进入分离器内进行气固分离。半焦再返回混合器，如此循环。从混合器逸出的挥发物，经除

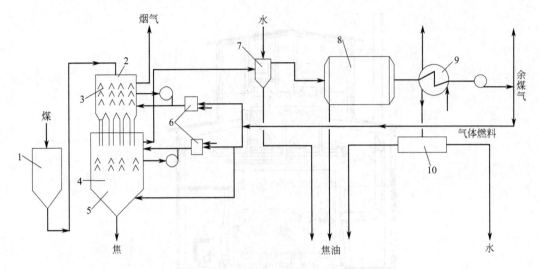

图 3-3　气流内热式炉干馏流程

1—煤槽；2—气流内热干馏炉；3—干馏段；4—低温干馏段；5—冷却段；6—燃烧室；
7—初冷器；8—电捕焦油器；9—冷却器；10—分离器

尘、冷凝和冷却、回收油类，得到热值较高的煤气。

L-R 法褐煤干馏工艺流程图见图 3-4。

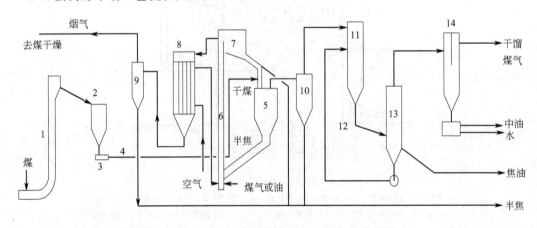

图 3-4　L-R 法褐煤干馏工艺流程

1—煤干燥提升管；2—干煤槽；3—给煤机；4—煤输送管；5—干馏槽；6—半焦加热提升管；7—热半焦集合槽；
8—空气预热器；9,10—旋风器；11—初冷器；12—喷洒冷却器；13—电除尘器；14—冷却器

（2）TOSCOAL 法　由美国油页岩公司开发的用陶瓷球作为热载体的煤炭低温热解方法，其工艺流程如图 3-5 所示。将 6mm 以下的粉煤加入提升管中，利用热烟气将其预热进入旋转滚筒与被加热的高温瓷球混合，热解温度保持在 300℃。煤气与焦油蒸气由分离器的顶部排出，进入气液分离器进一步分离；热球与半焦通过分离器内的转鼓分离，细的焦渣落入筛下，瓷球通过斗式提升机送入球加热器循环使用。由于瓷球被反复加热循环使用，在磨损性上存在问题；此外，黏结性煤在热解过程中会黏附在瓷球上，因此仅有非黏结性煤和弱黏结性煤可用于该工艺。

国内大连理工大学等单位开发的煤新法固体热载体干馏技术在原理上与国外技术相似。

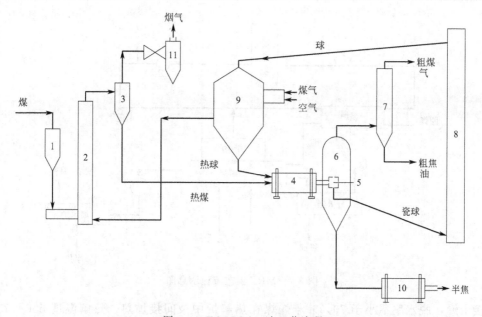

图 3-5 TOSCOAL 法工艺流程

1—煤槽；2—预热提升管；3—旋风器；4—干馏转炉；5—回旋筛；6—气固分离器；
7—分离塔；8—瓷球提升器；9—瓷球加热器；10—半焦冷却器；11—洗尘器

3.2.3 外热式立式炉

外热式立式炉由炭化室、燃烧室及位于一侧的上下蓄热室组成。煤料由上部加入干馏室，干馏所需的热量主要由炉墙传入。加热用燃料为发生炉煤气或回炉干馏气，煤气在立火道燃烧后的废气交替进入上下蓄热室。在干馏室下部吹入回炉煤气，既回收热半焦的热量又促使煤料受热均匀，此炉的煤干馏热耗量较低。

外热式立式炉典型代表是考伯斯炉。见图 3-6。

3.2.4 多段回转炉热解工艺（MRF 工艺）

多段回转炉热解（MRF）工艺是针对我国年轻煤的综合利用而开发的一项技术，通过多段串联回转炉，对年轻煤进行干燥、热解、增炭等不同阶段的热加工，最终获得较高产率的焦油、中热值煤气及优质半焦，其工艺流程如图 3-7 所示。

中国煤炭科学研究总院北京煤化所多段回转炉热解工艺的主体是 3 台串联的卧式回转炉。制备好的原煤（6～30mm）在干燥炉

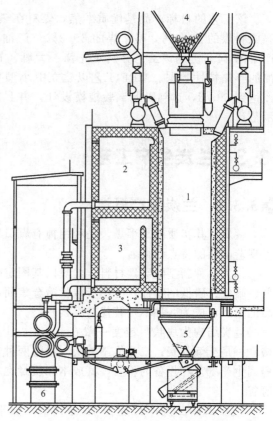

图 3-6 外热式立式炉

1—干馏室；2—上部蓄热室；3—下部蓄热室；
4—煤槽；5—焦炭槽；6—加热煤气管

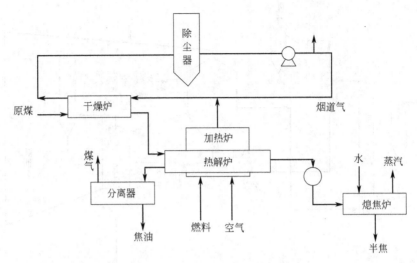

图 3-7 MRF 工艺流程示意图

内直接干燥，脱水率不小于 70%。干燥煤在热解炉中被间接加热。热解温度 550～750℃，热解挥发产物从专设的管道导出，经冷凝回收焦油。热半焦在三段熄焦炉中用水冷却排出。除主体工艺外，还包括原料煤储备、焦油分离及贮存、煤气净化、半焦筛分及贮存等生产单元。

该工艺的目标产品是优质半焦，煤料在热解炉里最终热解温度为 750℃，半焦产率为湿原料煤的 42.3%，是干煤的 69.3%，产油率为干热解煤的 2.5%，约为该煤葛金焦油产率的 44%。用该工艺分别对先锋、大雁、神木、天祝各煤种进行了测试，并研究了干馏的半焦特性数据。MRF 工艺以建立中小型生产规模为主，采用并联工艺。工艺规模已经达到 60t/d，达到工业试验规模设计，并且在内蒙古海拉尔市建有 5.5×10^4 t/a 的工业示范厂。

3.3 兰炭生产工艺

3.3.1 兰炭生产概述

兰炭，其实质就是半焦，是利用神府煤田盛产的优质侏罗精煤块烧制而成的，因其颜色呈现蓝幽幽的特点而得名。

作为一种新型的碳素材料，兰炭以其固定碳高、电阻率高、化学活性高、含灰分低、铝低、硫低、磷低的特性，已逐步取代冶金焦而广泛运用于电石、铁合金、硅铁、碳化硅等产品的生产，成为一种不可替代的碳素材料。

兰炭结构为块状，粒度一般在 3mm 以上，颜色呈浅黑色，目前，兰炭主要有两种规格：一是土炼兰炭；二是机制兰炭。尽管两种规格的兰炭用的是同一种优质精煤炼制而成，但因生产工艺和设备的不同，其成本和质量也大不一样。其中优质的兰炭产于陕西的神木和府谷。

(1) 土炼兰炭 20 世纪 70 年代末，由于当时的交通、运输、投资资金等制约因素，煤矿将难以销售的块煤在平地堆积，用明火点燃，等烧透后用水熄灭而制成兰炭，尽管生产工艺简单、落后，但因为煤质优良，其产品还是为广大用户所认可，并且在电石、铁合金生产中已经成为一种不可替代的优质碳素材料，这种土法冶炼的兰炭我们称为土炼兰炭。

土炼兰炭因其生产工艺简单、落后，而且人工操作只能依靠经验观察火候灭火，因此质量不能稳定，一般情况下固定炭只能保证在 82% 左右，但因其生产工艺简单，所以投资较少，生产成本低，销售价格也相对低廉，但因为其浪费资源，污染环境，已于 21 世纪初开始逐渐停止生产。

(2) 机制兰炭　到了 20 世纪 90 年代，治理环境、减少污染、节能降耗已经成为人们的共识，国家在这方面专门出台了一系列法律、法规，因此采用机械化炉窑生产工艺生产兰炭已被当地政府提到议事日程上来，并且已经为大多数生产者所接受，并已逐渐形成规模。

由于采用了先进的干馏配烧工艺，机制兰炭中的固定炭比土炼兰炭提高了 5%～10%，灰分和挥发分降低了 3%～5%，由于炉内装有可控的测温设备，所以质量比较稳定，用回收的煤气二次发火燃烧烘干所生产的兰炭，使水分降低，而且机械强度也较土炼兰炭有了明显的提高。由于用机械操作替代了人工操作，这样的兰炭我们称之为机制兰炭。

兰炭的质量标准：固定碳 >82%，挥发分 <4%，灰分 <6%，硫 <0.3%，水分 <10%，电阻率 >3500$\mu\Omega\cdot$m，粒度 15～25mm、最大不超过 30mm。

3.3.2　兰炭与焦炭区别

(1) 原料不同　一般焦炭产品原料主要以具有较强黏结性的焦煤、肥煤等炼焦煤种为主，一般以单一煤种生产，在生产过程中不需要配煤。

(2) 品质不同　相比一般意义的焦炭产品，兰炭具有固定炭高、电阻率高、化学活性高、灰分低、硫低、磷低、水分低等"三高四低"的优点，但同时兰炭的强度和抗碎性相比较差。不过近年来也由于一些优质煤矿资源的发现和开采，用此作原材料生产的兰炭自身带有一定的黏结性。这些因素使得原本低强度和抗碎性差的兰炭一定意义上有了焦炭的机械特性，使得一些使用此作原材料的焦化企业生产的兰炭也具有"三高四低"的优点，这样的厂家是以中国新疆国欣煤化工有限公司为代表的极少数生产厂家，其主要原因还是受到了原材料的限制。

(3) 用途不同　一般意义的焦炭产品多用于高炉炼铁和铸造等冶金行业，而由于强度和抗碎性相对较差，兰炭不能用于高炉生产。但在铁合金、电石、化肥等行业，兰炭完全可以代替一般焦炭，并且质量优于国家冶金焦、铸造焦和铁合金专用焦的多项标准，因而兰炭在提高下游产品质量档次、节约能源、降低生产成本、增加产量等方面，具有更高的应用价值；同时兰炭在高炉喷吹、生产炭化料、活性炭领域也存在发展潜力。

兰炭具体应用如下。

① 冶金领域

a. 铁合金还原剂　与冶金焦相比，用榆林兰炭生产铁合金可降低电耗 10%，每吨节电 300～500kW·h，节焦 70～90kg，单炉产量可提高 10% 以上。从 20 世纪 90 年代开始，铁合金生产基本采用兰炭和冶金焦混配作为还原剂。

b. 高炉喷吹用料　在陕钢、包钢、首钢、宝钢、酒钢等多家钢铁企业进行了兰炭替代无烟煤作高炉喷吹用料的试验。试验表明，神木兰炭优于现用高炉煤粉，制备兰炭粉在技术上可行，同时兰炭粉以 15%～30% 比例喷吹也可行。2011 年神木县煤化工产业办和鞍山热能院在鞍钢炼铁总厂进行的"3200 立方米高炉喷吹神木半焦粉"现场试验（半焦粉占总用煤量 15%）表明，中温兰炭粉的喷入对高炉运行无不利影响，且有利于脱硫，只要半焦粉配比达到 10%，就可比使用无烟煤节约 30% 以上的成本。

② 化工领域

a. 电石还原剂　得益于低灰分、低铝、低磷、高电阻率，兰炭被应用于电石行业，可显著降低能耗，降低成本，提高产品质量。

b. 化肥造气原料　低灰、低硫的兰炭用于化肥造气，可提高产气率，减少灰渣排放量，减少煤气的脱硫量，从而降低能耗、提高煤气品质。

c. 气化制合成气　与低阶烟煤直接气化相比，榆林兰炭气化降低了合成气中焦油含量，提高了有效气含量，减轻了气体净化单元的负担，物料不易黏结成块，兰炭作为气化原料潜在市场巨大。

③ 清洁燃料领域

a. 民用燃料　兰炭污染物含量只有原煤的 1/5，特别是硫仅为原煤的 1/10，是适宜的民用清洁燃料，可替代中小城市及农村的民用无烟煤，特别是在远离无烟煤的西南地区和兰炭生产企业周边地区，兰炭具备较强的市场竞争力。河北省居民生活煤炭消费量 2012 年约 1200 万吨，根据《河北省能源"十二五"发展规划》，2015 年民用煤炭消费量约 990 万吨。民用煤由于用煤设备基本无污染控制措施，产生的污染物几乎全部直接排放到大气中，量大面广、难以监管。兰炭制成无烟型煤是民用的合理方式，燃烧热效率可达 75% 以上，固硫率 30%～40%，除尘率 90%。如果配套采用低温聚焰燃烧技术的专用型煤锅炉，不需要配套除尘装置和脱硫系统，锅炉热效率 ≥80%，炉渣含碳量 ≤4%，烟尘（标准状态）排放浓度 ≤10mg/m³，SO_2（标准状态）排放浓度 <30mg/m³，NO_x 排放浓度 <100mg/m³，热效率比传统链条锅炉高约 20%，污染物排放只有其 30% 左右。张家口市正在下花园区建设 500 万吨/a 洁净型煤及装备研发创新产业基地，为周边市场提供无烟型煤和用煤装备。

b. 电厂掺烧燃料　兰炭挥发分低，一般为 5%～7%，最高为 10%，还具有低硫、低磷、发热量高等特性。从有利于燃烧和环保出发，根据已有试验数据，采用循环流化床锅炉掺烧兰炭完全可行。河北年发电用煤近 1 亿吨，占煤炭消费量的近 1/3。研究表明，发电用煤灰分每下降 1 个百分点，锅炉热效率提高 0.08% 左右，灰分下降 10%，供电标准煤耗下降 3～7g 标煤/(kW·h)；热值每降低 1000kcal/kg，锅炉热效率降低 1%～1.5%。采用榆林优质煤替代现有燃煤发电，供电煤耗可下降 5～15g 标煤/(kW·h)，甚至更多。灰分、硫分越低，除尘、脱硫负荷越低，排放 $PM_{2.5}$、SO_2 也越少，采用榆林优质煤的 $PM_{2.5}$、SO_2 排放可较采用全国平均发电煤质减少 30% 以上。如果进一步对发电污染物处理技术进行改造，有潜力实现近天然气排放。

④ 型焦领域　早在 1950～1960 年间，美国钢铁协会就开始研究利用褐煤热解半焦生产型焦的工艺。近 10 多年来，随着我国低阶煤中、低温热解产业的发展，国内开展了一系列的半焦生产型焦的研究试验。试验表明，半焦粉在加入一定的黏结剂或增黏剂等活性物后，完全可作为型焦的主要原料，并能炼成质量上好的焦炭。

⑤ 吸附剂领域　随着半焦的快速发展，近年来半焦基吸附剂已在国内外引起广泛关注并开展了一系列的研究，已有部分应用，为兰炭的高值化利用开发了一个新的方向。

（4）技术工艺不同　一般焦炭产品生产多以高温干馏为主，干馏温度通常需要达到 1000℃ 左右。经过多年发展，目前大型化焦炭炉设备及技术工艺相对成熟，已经具备提高设备单产从而达到大规模生产的条件，近年新建的焦炭炉，每座产量可达 50 万吨/a 左右，最高甚至可超过 100 万吨/a，如近期投产的兖矿国际焦化有限公司两座炭化室 7.63m 高的焦炉，每座产量可达 110 万吨/a。

而兰炭生产则多以低温干馏为主，干馏温度一般在 600℃ 左右，由于起步较晚，目前兰炭低温干馏炉设备的单炉年产量多数在 3 万吨/a 左右，5 万吨/a 以上规模的兰炭低温干馏炉设备尚处于探索和试验阶段,大型化设备的技术工艺仍不成熟,仅能运用一炉多门等组合技术实现集中化大规模生产。

(5) **市场价格不同** 由于原料及工艺等方面的差异,兰炭的市场价格远低于一般焦炭的价格。以 2006 年为例,兰炭的市场价格在 300 元/t 左右,而最低档次焦炭(10～25mm)的平均价格也在 760 元/t 左右。相对较低的市场价格使兰炭产品具备了较高的市场竞争力。

3.3.3 兰炭生产的炉型

陕北地区兰炭生产设备采用 SJ 低温干馏方炉,属内热式炉。该炉是由陕西神木三江煤化工有限责任公司(三江煤化工研究所)在鲁奇三段炉的基础上,参考国内有关炉型,结合原立式炭化炉工艺,根据神木及周边地区煤的特性、环保要求、市场需求和多年管理干馏炉的实践经验,综合研制开发的新一代低温干馏炉,因其截面呈长方形,故命名为 SJ 低温干馏方炉。该炉的研制成功是一个综合科技成果,是把石油化工行业技术引入煤加工领域的跨行业技术合作的成功实例。目前已在陕北榆林地区和内蒙古的东胜地区设计并建造超过 500 台 SJ 型低温干馏炉,炉型也由开始的 SJ-Ⅰ型发展到现在的 SJ-Ⅶ型。

SJ-Ⅶ型低温干馏炉是目前兰炭生产的优良炉型,不但投资少、产量大而且好操作,另外,在提高了焦油收率的同时,也解决了喷孔结疤和炉内挂渣的问题。

SJ-Ⅶ型低温干馏炉基本构造见图 3-8。

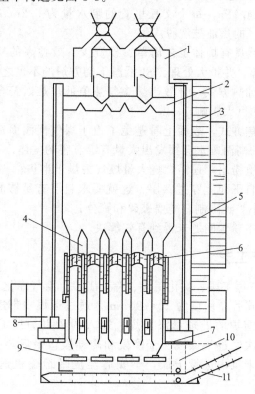

图 3-8 SJ-Ⅶ型低温干馏炉基本构造

1—辅助煤箱;2—集气罩;3—爬梯;4—花墙;5—炉体;6—小拱墙;
7—排焦箱;8—炉底平台;9—推焦盘;10—刮板机;11—水封箱

炉子截面为 3000mm×5900mm,干馏段高(即花墙喷孔至阵伞边的距离)为 7020mm,炉子有效容积为 91.1m³。距炉顶 1.1m 处设置集气罩,采用 5 条布气墙(4 条完整花墙、

2条半花墙），花墙总高3210mm。考虑花墙太高稳定性不好，除了用异型砖砌筑外，厚度也从350mm加大至590mm。花墙间距为590 mm，中心距为1180mm。花墙顶部之间设置有小拱桥。干馏炉炉体采用黏土质异型砖和标准砖砌筑，硅酸铝纤维毡保温。采用工字钢护炉柱和护炉钢板结构，加强炉体强度并使炉体密封。

SJ-Ⅶ型低温干馏炉的特点如下。

① 炉内花墙顶部之间设置小拱桥，通过小拱桥的支撑作用，可以增加花墙的强度，防止花墙坍塌。

② 拉焦盘浸入水封内。SJ-Ⅶ型低温干馏炉的花墙下面是水冷排焦箱和出焦漏斗，出焦漏斗下面又设置有拉焦盘，最下面是出焦刮板机。拉焦盘和刮板机均泡在水封内，这样的好处是不但拉焦盘不会变形，保证了炉子的均匀出焦，而且在没有冷却煤气的情况下也可以正常运转，同时还可以避免半焦堵馏子。

③ 取消了冷却煤气冷却段，改为炉底水冷夹套式冷却排焦箱。老式方炉中给冷却煤气的主要作用是为了保护拉焦盘，并回收半焦的显热，但通冷却煤气会增加循环煤气量，因而增加电耗，加大成本。把拉焦盘浸入水封后，可不需要用冷却煤气来保护。另外，能够从半焦中回收的热量也较少，经济意义不是很大，因此取消冷却煤气是比较合理的。

④ 文丘里塔选用11根文丘里管，文丘里管的作用是增加气液之间的接触，达到提高焦油回收率的目的。选用11根文丘里管不但可以简化文丘里塔的结构，而且只需用一台水泵进行热水循环。一般，文丘里文氏管的喉管气速取15～20m/s为宜。喷头安装位置距喉管200mm，喷头的水压＞14.7Pa，每个文丘里管的喷水量为5.2m³/h。通过生产实践证明，在文丘里塔内大约有80%的焦油被洗脱。

SJ低温干馏方炉虽然具有炉体工艺简单、投资少、效益高的特点，但现有技术仍存在缺陷，有待于进一步完善，并扩大处理。SJ低温干馏方炉的不足之处在于：

① 由于采用内热式加热方式，导致出炉煤气热值低，难以符合工业和民用要求，对后续煤气加工利用程序造成巨大影响；

② 采用水封冷却出焦方式，表面上看避免了由于煤气泄漏而造成的环境污染，在实际生产过程中，熄焦产生的高温废水会挥发出大量有毒有害的气体；

③ 由于半焦是从水里捞出，还需燃烧大量煤气去烘干半焦；

④ 气体热载体必须自下而上穿过料层，这就要求料层有足够的透气性，并使气流分布均匀，所以原煤粒度大小受到限制，需要破碎和筛分；

⑤ 干馏炉加料过程中粉尘问题未得到有效解决。

■ 3.3.4　兰炭生产工艺

兰炭生产工艺包括备煤工段、炭化工段、筛焦工段、煤气净化工段和污水处理工段。

原料煤通过二级破碎后，块度为20～80mm，通过运煤皮带送入位于干馏炉上方的贮煤仓，由加煤工按照干馏炉的处理量添加煤，加入的量以炉顶不亏料为原则。原料煤在干馏炉内逐渐下降，依次经过干燥段、干馏段和冷却段，最后经推焦机推落至熄焦池内，经刮板机将兰炭送至烘干机内进行干燥，干燥后经皮带运输机送至筛分机，筛分得兰炭成品。

焦炉煤气从干馏炉顶部上升管和桥管进入煤气集气箱，在桥管设有热环喷淋水，将煤气进行初冷，初冷后煤气从塔顶进入文丘里塔，来自热水循环系统的热循环水从塔顶喷淋而下，煤气与下降的热循环水在文丘里塔充分接触，大约80%的焦油被冷却水带入塔底，冷却并除去大部分焦油的煤气从文丘里塔底导出，进入旋流板塔。在旋流板塔内，来自冷水循环系统的冷循环水与煤气逆流接触，煤气被继续冷却并除去其中所含焦油。经过两级冷却和除焦油处理的煤气继续下行，进入电捕焦油器，进一步除去煤气中的焦油后进入煤气风机。通过煤气风机，一部分煤气被送至干馏炉，一部分被送至兰炭烘干机，剩余部分至事故火炬放空或送至发电厂发电。配送到煤气烘干机和干馏炉的煤气总量与送至事故火炬煤气量之比大约为4：6。

陕北兰炭生产工艺流程图见图 3-9。

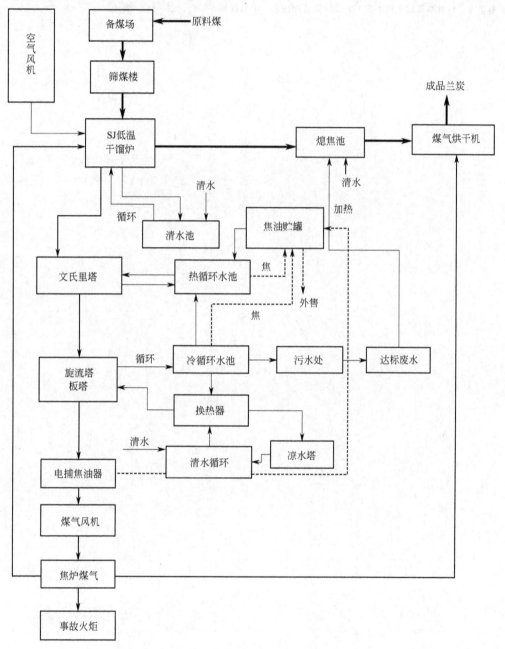

图 3-9　陕北兰炭生产工艺流程图

| ──▶ 生产主流； | ──▶ 焦炉煤气流； |
| ── 循环水流； | ┈┈▶ 焦油回收流 |

该工艺中各部分去除的焦油在各循环池内静置分层后，通过焦油泵送入焦油贮罐。

参 考 文 献

[1] 陈家仁．中国煤炭及煤炭清洁利用技术．洁净煤技术，1996，2（4）：16-19.
[2] 郭树才，胡浩权．煤化工工艺学．第3版．北京：化学工业出版社，2012.
[3] 虎锐，李波，张秀成．榆林地区兰炭产业发展现状及其前景．中国煤炭，2008，34（5）：69-72.
[4] 孙会青，曲思建，王利斌．半焦的生产加工利用现状．洁净煤技术，2008，14（6）：62-65.
[5] 赵世永．榆林煤低温干馏生产工艺及污染治理技术．中国煤炭，2007，33（4）：58-60.

4 煤的气化

4.1 概述

　　煤气化是以煤或煤焦为原料，以氧气（空气、富氧或纯氧）、水蒸气或氢气等作气化剂，在高温条件下通过化学反应将煤或煤焦中的可燃部分转化为气体燃料的过程。气体燃料即为粗煤气，主要由 CO、H_2 和 CH_4 组成，伴生气体是 CO_2、H_2O 等，此外还有硫化物、烃类产物和其他微量成分。

　　煤气化是煤炭能源转化的基础技术，也是煤化工发展中最重要和关键的工艺过程之一，是煤炭清洁利用的重要途径。大力开发和利用高效、清洁的煤气化技术，对于提高我国的能源利用效率、减轻能源短缺的压力、改善生态环境有着重要的意义。

　　煤的气化和化工原料及燃料的合成已成为加快煤炭工业发展步伐的研究重点。随着煤气化新技术的开发，化工原料合成工艺的不断成熟，现已逐步形成了以煤制合成气为主要原料生产多种化工产品和合成燃料的新一代煤化工工业。如煤制合成气，再由合成气合成醇醚类（甲醇、DME）、碳氧化合物（醋酸）、烃类（烯烃、汽油、柴油、煤油）等，还可进一步制取多种下游产品。

　　煤炭气化技术已有悠久的历史，德国最早研发了煤气化工艺技术，到今天为止已经有百年的历史。德国于 1882 年设计了世界上第一台常压固定床空气间歇气化炉。随着工业化的发展，美国气体改进公司在 1913 年把常压固定床空气间歇气化炉改革成目前的 UGI 炉。UGI 炉是以焦炭为原料，用蓄热和气化交替进行来制取合成气的。UGI 炉在 1960 年以后就被工业国家淘汰了。

　　20 世纪 30～50 年代，德国已经完成了第一代煤气化工艺技术的研究与开发。70 年代，德国和美国已经开始研发第二代煤气化工艺技术，如 BGL、HTW、Texaco、Shell、KRW 等工艺技术，第二代煤气化工艺技术的特点在于加压的操作。随着第二代煤气化工艺技术的出现，KT 和 Winkler 两种第一代煤气化工艺技术停止了发展。

　　中国于 20 世纪 30～40 年代引进德国的 UGI 炉，50 年代后就改烧无烟煤，它主要用于制氨和甲醇，最多的时候有上千余家会采用约数千台炉子，主要原料是无烟煤和土焦。当时，UGI 炉所生产出来的甲醇大约占全国煤基氨厂总产量的 9/10 以上。60 年代至今，中国研发过多种气化工艺，实现工业化的煤气化工艺技术的有水煤泵气化（Texaco）、碎煤加压气化（Lurgi）、灰融聚流化床气化和有干粉加压气化（Shell）。

　　20 世纪 70 年代出现石油危机以来，煤气化技术更引起了广泛的关注。为了提高燃煤电厂热效率，减少环境污染，国内外对煤气化联合循环发电技术进行了大量的研究工作，从而进一步促进了煤气化技术的开发。

　　煤气化技术的发展所追求的目标是：希望能使用包括劣质煤在内的固体燃料，大规模连续高效洁净地生产煤气。

4.2 煤气化的基本原理

▶ 4.2.1 煤气化过程

气化过程是煤炭的一个热化学加工过程。它是以煤或煤焦为原料，以氧气（空气、富氧或工业纯氧）、水蒸气作为气化剂，在高温、高压下通过化学反应将煤或煤焦中的可燃部分转化为可燃性气体的工艺过程。气化时所得的可燃气体成为煤气，对于作化工原料用的煤气一般称为合成气（合成气除了以煤炭为原料外，还可以采用天然气、重质石油组分等为原料），进行气化的设备称为煤气发生炉或气化炉。

煤炭气化包含一系列物理、化学变化。一般包括干燥、热解、气化和燃烧四个阶段。干燥属于物理变化，随着温度的升高，煤中的水分受热蒸发。其他属于化学变化，燃烧也可以认为是气化的一部分。煤在气化炉中干燥以后，随着温度的进一步升高，煤分子发生热分解反应，生成大量挥发性物质（包括干馏煤气、焦油和热解水等），同时煤黏结成半焦。煤热解后形成的半焦在更高的温度下与通入气化炉的气化剂发生化学反应，生成以一氧化碳、氢气、甲烷及二氧化碳、氮气、硫化氢、水等为主要成分的气态产物，即粗煤气。气化反应包括很多的化学反应，主要是碳、水、氧、氢、一氧化碳、二氧化碳相互间的反应，其中碳与氧的反应又称燃烧反应，提供气化过程的热量。

煤经过气化，使煤的潜热尽可能多地变为煤气的潜热。

最简单的气化方法是采用以空气为气化介质的固定床煤气化炉，如图 4-1 所示，气化原料（煤或煤焦）由上部加料装置装入炉膛，原料层由下部炉栅支撑，空气中通入一定量的水蒸气所形成的气化剂由下部送风口送入，与原料层接触发生气化反应。反应生成的气化煤气由原料层上方引出，气化反应后残存的残渣由下部的灰盘排出。

在气化炉中，原料与气化剂逆向流动，气化剂由炉栅缝隙进入灰渣层，接触热灰渣后被预热，然后进入灰渣层上面的氧化层。在这里，气化剂中的氧与原料中的碳作用，燃烧生成二氧化碳，生成的气体与未反应的气化剂一起上升，与上面炽热的原料接触，被碳还原，二氧化碳与水蒸气被还原为一氧化碳和氢气，该层称为还原层。还原层生产的气体和剩余未分解的水蒸气一起继续上升，加热上面的原料层，使原料进行热解，该层称为干馏层。该层下部的原料即为干馏产物半焦或焦炭。干馏气与上升的气体混合即为发生炉

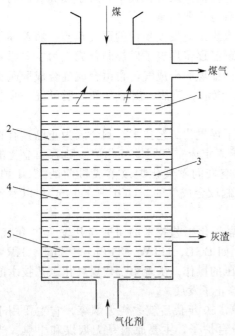

图 4-1　固定床煤气化过程示意图
1—干燥层；2—干馏层；3—还原层；
4—氧化层；5—灰渣层

煤气。煤气经过最上面的原料层将原料预热并干燥后，进入炉上部空间由煤气出口引出。

综上所述，在发生炉中的原料层可以分为灰渣层、氧化层、还原层、干馏层和干燥层。

（1）灰渣层　处于炉算上方，经燃烧反应所形成的灰渣层，通过与鼓进的气化剂进行热交换之后，温度有所下降，既能保护炉算使其不被烧坏，又对气化剂起到一定的预热

作用。

(2) 氧化层　氧化层是炉内气化反应过程的主要区段之一。经灰渣层预热过的气化剂，自下而上穿行，与灼热的焦炭接触反应，并放出大量的热：

$$C + O_2 \longrightarrow CO_2 \qquad \Delta H = -394.1 kJ/mol$$

炉内氧化层的温度最高，通常可达到 $1100 \sim 1200 ℃$。在氧化层内，气化剂中的氧迅速被消耗殆尽并生成 CO_2，在氧化层上端截面上，CO_2 的生成量达到最大值。

(3) 还原层　还原层是两段炉内炭被气化的重要场所。在该层下部，由新生成的 CO_2 与水蒸气和 N_2 混合而成的气流，以 $3 \sim 6 m/s$ 的速度向上流动，与以 $10 \sim 40 cm/s$ 的速度向下移动的灼热的炭料接触反应。此时 CO_2 被还原成 CO，同时也有 CO 的析炭反应：

$$CO_2 + C \longrightarrow 2CO \qquad \Delta H = 173.3 kJ/mol$$
$$2CO \longrightarrow CO_2 + C \qquad \Delta H = -172.2 kJ/mol$$

上述的两个反应中，CO 与 CO_2 之间的相互转变都是不完全的。两者的比例，由反应过程的温度、压力以及体系内的气相组分浓度和其他宏观条件决定。上述反应，通常被称为空气煤气反应过程。气化剂中的水蒸气，与碳质原料发生水蒸气分解反应，并有调节炉温、保护炉箅的功能：

$$C + H_2O \longrightarrow CO + H_2 \qquad \Delta H = 131.0 kJ/mol$$
$$C + 2H_2O \longrightarrow CO_2 + 2H_2 \qquad \Delta H = 88.9 kJ/mol$$

上述反应过程是吸热的。反应过程所需要的热量，是来自氧化层焦炭燃烧时所释放的热。因此，高温状态下的氧化层，为还原层提供了热源。在还原层中由于一部分热量被消耗，使料层温度下降，即低于氧化层。还原层上部，继续进行 CO_2 的还原反应，同时还有甲烷化反应存在，也进行 CO 的变换反应。这样，通过还原层的气体有 CO、CO_2、H_2、CH_4 以及未被分解完的水蒸气和氮。氧化层和还原层，统称为气化层。

通过氧化层和还原层所生成的煤气，称为气化煤气，因甲烷量少、热值低也称为贫煤气，其中含有极少量的焦油和煤粒及灰尘。这部分高显热的气化煤气，上升到干馏层，为煤的低温干馏提供热源。

(4) 干馏层　通过气化层上升的煤气流进入干馏层。干馏层是带干馏段煤气炉极具特色的反应区段。进入干馏层内的载热气体，温度约在 $700 ℃$ 以下。在此区段基本上不再产生上述的小分子间的气化反应，而是进行煤的低温干馏，生成热值较高的干馏煤气（气体组成有 H_2、CH_4、C_2H_6、C_3、C_4 组分和气态焦油成分）、低温干馏焦油和半焦（半焦中的挥发分为 $7\% \sim 10\%$），干馏煤气和雾状焦油同气化段产生的贫煤气一起从煤气炉的顶部出口引出。生成的半焦下移到气化段后进行还原与氧化反应。

(5) 干燥层　通过干馏层的粗煤气温度在 $200 \sim 400 ℃$，在干燥层中加热进入发生炉的湿煤，湿煤被干燥预热进入干馏层，水蒸气随着降温了的粗煤气由煤气出口导出。

空气加水蒸气作为气化剂的煤气，主要含 CO 和 CO_2，以及由煤中挥发物质生成的氢、甲烷，还有 50% 以上的氮气。这类煤气为各种加热炉、内燃机发电提供低级燃料。由于空气煤气热值低，这一方法的发展受到了限制。

随着从空气中分离氧技术的成功，又相继出现了以氧加水蒸气为气化介质的气化方法，如温克勒气化、德士古气化和鲁奇气化法等。这类气化技术可以实现连续生产，产气能力大，使那种间歇式的水煤气生产方法有了质的提高。接着，又发展了高压气化法，在较高的压力下操作可以强化生产过程，有利于甲烷的生成和实现用水洗涤方法除去 CO_2。为进一步谋求增加煤气中甲烷的含量的方法，在生产代用天然气时又出现了煤炭加氢（加压）气化技术。加压气化技术的出现是煤气化技术的重大进步。

▶4.2.2 基本化学反应

煤气化的总过程有两种类型的反应，即均相反应和非均相反应。前者是气态反应产物之间的相互作用或与气化剂的反应，后者是气化剂或气态反应产物与固体煤或煤焦的反应。生成气的组成取决于所有这些反应的综合。虽然煤的"分子"结构很复杂，其中含有碳、氢、氧和其他多种元素，但在讨论基本化学反应时，作了如下两个假定：

① 仅考虑煤中的主要元素碳；

② 考虑在气化反应前发生煤的干馏或热解。

考虑煤的气化过程仅有固定碳、水蒸气和氧参加，则进行下列反应：

$$r_1 \qquad C+0.5O_2 \longrightarrow CO \qquad\qquad \Delta H=110.4kJ/mol \qquad (4\text{-}1)$$

$$r_2 \qquad C+O_2 \longrightarrow CO_2 \qquad\qquad \Delta H=394.1kJ/mol \qquad (4\text{-}2)$$

$$r_3 \qquad C+H_2O \Longrightarrow H_2+CO \qquad\qquad \Delta H=-135.0kJ/mol \qquad (4\text{-}3)$$

$$r_4 \qquad C+CO_2 \Longrightarrow 2CO \qquad\qquad \Delta H=-173.3kJ/mol \qquad (4\text{-}4)$$

$$r_5 \qquad C+2H_2 \Longrightarrow CH_4 \qquad\qquad \Delta H=84.3kJ/mol \qquad (4\text{-}5)$$

$$r_6 \qquad H_2+0.5O_2 \Longrightarrow H_2O \qquad\qquad \Delta H=245.3kJ/mol \qquad (4\text{-}6)$$

$$r_7 \qquad CO+0.5O_2 \Longrightarrow CO_2 \qquad\qquad \Delta H=283.7kJ/mol \qquad (4\text{-}7)$$

$$r_8 \qquad C+O_2 \Longrightarrow CO_2 \qquad\qquad \Delta H=38.4kJ/mol \qquad (4\text{-}8)$$

$$r_9 \qquad CO+3H_2 \Longrightarrow CH_4+H_2O \qquad\qquad \Delta H=219.3kJ/mol \qquad (4\text{-}9)$$

以上是与煤中的主要组分碳的有关转化反应，当参加反应的物质为碳、氧气和水时，式(4-1)～式(4-3)为一次反应，它们产生的气态反应物一氧化碳、二氧化碳和氢气是二次反应剂，式(4-4)～式(4-8)为一次和二次反应剂之间的反应，式(4-9)为二次反应剂之间的反应，该反应生成三次产物。考虑到煤加热干馏或热解反应温度时，还可能存在下列热解反应：

$$CH_xO_y \Longrightarrow (1-y)C+yCO+\frac{x}{2}H_2+17.4kJ/mol$$

$$CH_xO_y \Longrightarrow \left(1-y-\frac{x}{8}\right)C+yCO+\frac{x}{4}H_2+\frac{x}{8}CH_4+8.1kJ/mol$$

一般来讲，热解反应的宏观形式为：

$$煤=CH_4+气态烃+焦油+CO、CO_2、H_2+H_2O+焦$$

产生的焦油和气态烃还可能进一步裂解或反应生成气态产物，所以可用下列简式表示：

$$煤 \longrightarrow C+CH_4+CO+CO_2+H_2+H_2O$$

进一步观察煤气化过程时，会发现煤中存在其他元素如硫和氮的行为。它们与气化剂氧气、水和氢气以及反应中产生的气态反应产物之间可能进行的反应如下：

$$S+O_2 \Longrightarrow SO_2$$

$$SO_2+3H_2 \Longrightarrow H_2S+2H_2O$$

$$SO_2+2CO \Longrightarrow S+2CO_2$$

$$2H_2S+SO_2 \Longrightarrow 3S+2H_2O$$

$$C+2S \Longrightarrow CS_2$$

$$CO+S \Longrightarrow COS$$

$$N_2+3H_2 \Longrightarrow 2NH_3$$

$$N_2+H_2O+2CO \Longrightarrow 2HCN+1.5O_2$$

$$N_2+xO_2 \Longrightarrow 2NO_x$$

4.2.3 气化方法

4.2.3.1 按供热方式分类

　　煤的气化方法按供热方式可以归纳为五种基本类型。图4-2以简化形式表示了自热式煤的水蒸气气化原理。自热式气化过程没有外界供热，煤与水蒸气进行吸热反应所消耗的热量是由煤与氧气进行放热反应提供的。根据气化炉类型的不同，反应温度在800～1800℃，压力在0.1～4MPa，制得的煤气除了CO_2及少量或微量的CH_4外，主要含有CO和H_2。该过程也可用空气代替氧气，这样制得的煤气含有相当量的氮气。

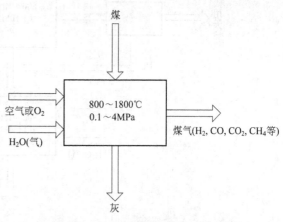

图4-2　自热式煤的水蒸气气化原理

　　上述方法使用的工业氧气的价格较高，制得的煤气中的二氧化碳含量较高，降低了气化效率。如煤仅与水蒸气反应，从气化炉外部供给热量，则这种过程称为外热式煤的水蒸气气化，其原理见图4-3。以这个原理为基础的工艺结构形式，由于气化炉热传递差，所以不经济。新发展的流化床和气流化气化，采用较好的热传导方式，同时供给反应所需的热量不一定由煤或焦炭的燃烧提供，节约煤炭。

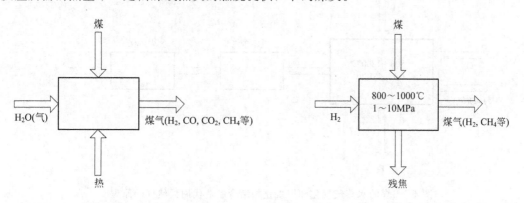

图4-3　外热式煤的水蒸气气化原理　　　　　　图4-4　煤的加氢气化原理

　　由煤可制成主要由甲烷组成的煤气，该煤气具有类似天然气的特征，即所谓代用天然气。该法主要利用煤的加氢气化原理，见图4-4。煤与氢气在800～1000℃温度范围内和加压下反应生成甲烷，该反应是放热反应，增加压力有利于甲烷生成，并可利用更多的反应产生的热量，而煤与氢的反应性比与水蒸气的反应性小得多，且随碳转化率的上升，煤与氢的反应性会大大降低。在一定尺寸的气化炉中，仅部分装入碳转变为甲烷，未起反应的残余焦炭或含碳残渣再与水蒸气进行煤的水蒸气气化。煤首先进行加氢气化，残余的焦炭再与水蒸气进行反应，产生加氢阶段所需要的氢，再将氢送到加氢气化装置。图4-5为煤的水蒸气气化和加氢气化相结合制造代用天然气的原理。

　　当然，制造代用天然气还可采用如图4-6所示由煤的水蒸气气化和甲烷化相结合制造代用天然气的方法。即首先由煤的水蒸气气化反应产生以CO和H_2为主的合成气，然后合成气在催化剂作用下甲烷化生成甲烷。

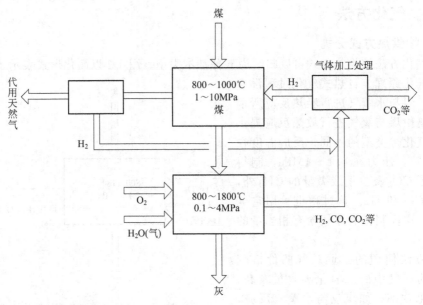

图 4-5 煤的水蒸气气化和加氢气化相结合制造代用天然气的原理

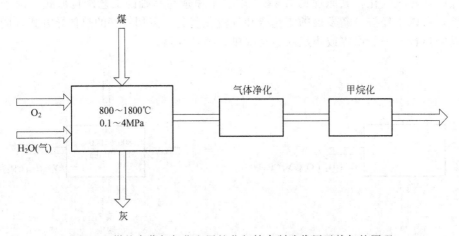

图 4-6 煤的水蒸气气化和甲烷化相结合制造代用天然气的原理

4.2.3.2 按气化反应器类型分类

如果在一个圆筒形容器内安装一块多孔水平分布板,并将颗粒状固体堆放在分布板上,形成一层固体层,工程上则称该固体层为床层,或简称床。如将气体连续引入容器的底部,使之均匀地穿过分布板向上流动通过固体床层流向出口,则随着气体流速的不同,床层将出现三种完全不同的状态,如图 4-7 所示。

当气体以较小的速度流过固定床层时,流动气体的上升力不至于使固体颗粒的相对位置发生变化,即固体颗粒处于固定状态,床层高度亦基本上维持不变,这时的床层称为固定床。在固定床阶段,逐渐提高流体流速,则颗粒间的空隙开始增加,床层体积增大,流体流速再增加时,床层顶部部分粒子被流体托动。这时,固体颗粒之间出现明显的相对运动。然后固体颗粒全部浮动起来,显示出相当不规则的运动,而且随着流速的提高,颗粒的运动越来越剧烈,但仍逗留在床层内而不被流体带出,即向上运动的净速度为零。床层的这种状态被称为固体流态化,这类床层称为流化床。

在固定床阶段，提高气体的速度时，压力降成比例地上升，经过一个极大值后，在一个较大的气速范围内，压力降仍基本保持不变，如图 4-8 所示。把这个极大值所对应的速度称为流化床的临界流速。

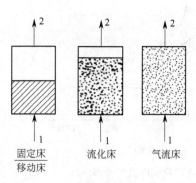

图 4-7　气固反应器的主要类型
1—反应物；2—产物气

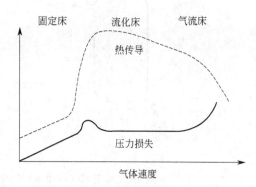

图 4-8　不同类型反应器的压力
损失和热传导

流态化可保持在一个较大的气流速度范围内，实际上可以是临界速度的好几倍。

当进一步提高气体流速至超过某值时，则床层不能再保持流化，颗粒已不能继续逗留在容器中，开始被流体带到容器之外，直到称为带出速度的气体流速的数值等于颗粒在该气体中的沉降速度。这时，固体颗粒的分散流动与气体质点流动类似，所以也称为气流床。

这三种状态的形成，取决于一系列的参数。例如，温度、压力、气体种类、密度、黏度以及固体密度、颗粒结构、平均粒子半径和颗粒形状等。

在三种气化床层中，虽然都是气固相系统，但由于流动机理不同，自气化炉炉壁向炉内的热传导情况也不同。如图 4-8 所表明的那样，在固定床中，开始较小，然后随流速增大而增加，呈线性上升。在流化床开始，观察到传热系数的明显上升，然后在流化床阶段保持接近常数，进入气流床的范围，则迅速下降。

（1）固定床气化炉　固定床气化炉一般使用块煤或煤焦为原料，筛分范围为 6～50mm，对细料或黏结性燃料则需进行专门的处理。如图 4-9 所示，煤或煤焦与气化剂在炉内进行逆向流动，固相原料由炉上部加入，气化剂自气化炉底部鼓入，含有残炭的灰渣自炉底排出，灰渣与进入炉内的气化剂进行逆向热交换，加入炉中的煤焦与产生的煤气也进行逆向热交换，使煤气离开床层时的温度不至于过高。如使用含有挥发分的燃料，则产生的煤气中含有烃类及焦油等。床层中最高温度在氧化层，即氧开始燃烧至含量接近为零的一段区域。如在鼓风中添加过量的水蒸气将炉温控制在灰分熔化点以下，则灰渣以"干"的方式通过炉栅排出；反之，灰分也可熔化成液态灰渣排出。

（2）流化床气化炉　加入炉中的煤料粒度一般为 3～5mm，这些细粒煤料在自下而上的气化剂的作用下保持着连续不断和无秩序的沸腾和悬浮状态运动，迅速地进行着混合和热交换，其结果导致整个床层温度和组成的均一。故产生的煤气和灰渣皆在接近炉温下导出，因而导出的煤气中基本上不含焦油类物质，如图 4-10 所示，流化床层中扬析出的煤焦可从产生的煤气中分离出来再返入炉内。粒度很小的煤料进入床层后迅速达到反应温度。热解时，挥发分很容易逸出，粒子不发生很大的膨胀，如原料粒度太细及颗粒间的摩擦形成细粉，则易使产生的煤气中带出物增多，粒度过大则挥发分的逸出可能受到一定阻力，虽不足引起爆裂，但粒子将比原来有所膨胀，可能形成较大的空隙，类似一个充气的硬壁气球，有较低的密度，在较低的气速下能流化，这将减小生产能力，故要避免这种情况的存在。

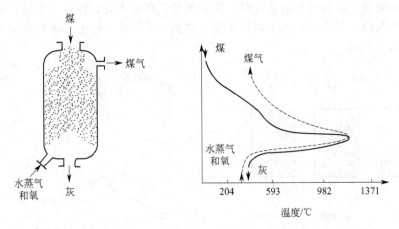

图 4-9　固定床（移动床）气化炉（非熔渣）及炉内温度分布曲线

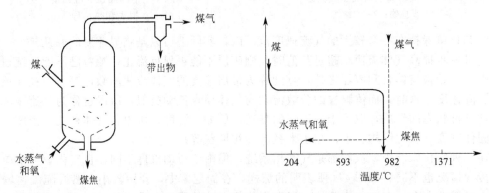

图 4-10　流化床气化炉示意图及炉内温度分布曲线

当黏结性煤料由于瞬时加热到炉内温度，有时煤粒来不及进行热解并与水蒸气发生反应，而煤粒已经开始熔融，并与其他煤粒接触时，即可能形成更大的粒子，因而影响床层的流化情况，以致严重结焦甚至破坏床层的正常流化。为此，需对黏结性煤进行如预氧化破黏、焦与原煤的预混合等的处理。

（3）气流床气化炉　将粉煤（70％以上通过 200 目）用气化剂输送入炉中，以并流方式在高温火焰中进行反应，其中部分灰分可以以熔渣方式分离出来，反应可在所提供的空间连续地进行，炉内的温度很高，如图 4-11 所示。所产生的煤气和熔渣在接近炉温的条件下排出，煤气中不含焦油等物质，部分灰分结合未反应的燃料可能被产生的煤气所携带并分离

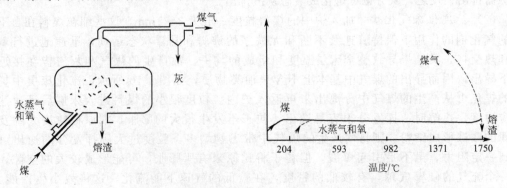

图 4-11　气流床气化炉示意图及炉内温度分布曲线

出来。

或将粉煤制成水煤浆进料，但由于水分蒸发，故耗氧量较高。

气流床在压力下操作，其突出的优点是生产能力大。由于没有充分的炭储量缓冲，故负荷的变化不大。由于并流操作，粗煤气出口温度高，应回收这部分热量以产生蒸汽。当使用的煤种灰熔点很高时，这种方法仍可能需要添加助熔剂以保证液态灰渣顺利排除。

（4）熔池气化炉　这是一种气-固-液三相反应的气化炉。如图 4-12 所示，燃料和气化剂并流地导入炉中，熔池中是液态熔灰、熔盐或熔融金属。这些熔化物具有不同的作用。如：作为原料煤和气化剂之间的分散剂；作为热库以高的传热速率吸收和分配气化热；作为热源供煤中挥发物质的热解和干馏；与煤中的硫起化学反应而起到吸收硫的作用；提供了一个进行煤的气化的催化剂环境；煤中的灰分熔于其中。

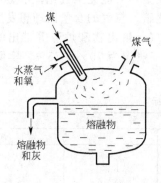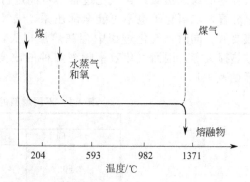

图 4-12　熔池气化炉示意图及炉内温度分布曲线

这种气化炉类似气流床气化炉，原料煤和气化剂并流导入熔池，但它可用约 6mm 以下直到煤粉所有范围的煤粒。所产生的煤气和灰渣在反应温度下从气化炉中导出。但熔化物往往会造成环境污染。

4.3　固定床气化法

▶ 4.3.1　发生炉煤气

以煤或焦炭为原料，以空气和水蒸气作为气化剂通入发生炉内制得的煤气称为发生炉煤气。本节主要讨论在常压固定床中生产发生炉煤气的气化原理和制气的工艺过程。

4.3.1.1　制气原理

将煤、焦炭等原料投入发生炉中，通入空气和水蒸气，在炉内先后发生碳与氧、碳与水蒸气及碳与二氧化碳的反应，并伴随着碳与氢的以及其他的一些均相反应。

理想的制取发生炉煤气的过程，应是在气化炉内实现碳与氧所生成的二氧化碳全部还原为一氧化碳的过程。这时，过程所释出的热量，正好全部供给碳与水蒸气的分解过程。

（1）理想发生炉煤气　在发生炉内进行的最基本的化学反应为

$$C+0.5O_2+1.88N_2 \longrightarrow CO+1.88N_2 \qquad \Delta H = -110.4 \text{kJ/mol}$$

$$C+H_2O \longrightarrow CO+H_2 \qquad \Delta H = +135.0 \text{kJ/mol}$$

假设气化过程在下述理想情况下进行：

① 气化纯炭，且碳全部转化为一氧化碳；

② 按化学计量方程式供给空气和水蒸气，且无过剩；

③ 气化系统为孤立系统，系统内实现热平衡。

在上述理想情况下，制得的煤气为理想发生炉煤气，其综合反应式为：

$$2.2C + 0.6O_2 + H_2O + 2.3N_2 \longrightarrow 2.2CO + H_2 + 2.3N_2 \qquad \Delta H^0 = 0$$

根据上式可以计算理想发生炉煤气的组成。其体积分数为：

$$\varphi(CO) = \frac{2.2}{2.2 + 1 + 2.3} \times 100\% = \frac{2.2}{5.5} \times 100\% = 40\%$$

$$\varphi(H_2) = \frac{1}{5.5} \times 100\% = 18.2\%$$

$$\varphi(N_2) = \frac{2.3}{5.5} \times 100\% = 41.8\%$$

实际气化过程与理想情况存在很大差别，首先，气化的原料并非纯炭，而是含有挥发分、灰分等的煤或焦炭。且气化过程不可能进行到平衡。炭更不可能完全气化，水蒸气不可能完全分解，二氧化碳也不可能全部还原，煤气中的一氧化碳、氢气的含量比理想发生炉煤气组成要低。同时，气化过程中存在热量损失，如生成煤气、带出物和炉渣等带出的热损失、散热损失等，因而气化效率随着煤种的改变而不同，一般应为70%～75%。实际的气化指标见表4-1。

表 4-1 不同燃料的实际气化指标

项　　目	燃　料　种　类			
	大　同	阳　泉	焦　炭	鹤　岗
燃料				
水分/%	2.50	4.12	4.00	1.69
灰分/%	18.72	23.14	14.40	17.63
固定碳/%	58.33	67.78	80.38	52.88
挥发分(可燃基)/%	25.96	7.07	<1.5	34.23
热值/(MJ/kg)	29.14	26.50	28.00	27.90
消耗系数和产量				
蒸汽消耗量/(kg/kg)	0.3～0.4	0.3～0.5	0.3	0.23
空气消耗量/(m³/kg)	2.2～2.3	2.8	2.2	1.85
发生炉煤气产量/(m³/kg)	3.3	4.0	4.3	2.77
饱和温度/℃	53～56	50～60	46	60
煤气组成(体积分数)/%				
CO_2	3～4	5.4	2	4.4
CO	27	25	34	28.3
H_2	13～15	17	8	11.1
CH_4	2～3.4	2.1	0.4	4
C_nH_m	0.4～0.6	—	0.2	0.6
O_2	0.2	0.2	0.1	0.2
N_2	50	50.3	55.3	51.4
Q/(kJ/m³)	6270	5434	5350.4	6589
气化强度/[kg/(m²·h)]	230	200～250	200	292
粒度/mm	25～75	25～50		
气化效率/%	～71.02	～77.70	～78.30	～65.40

（2）沿料层高度煤气组成的变化　在发生炉内进行着一系列如式(4-1)～式(4-8)的化学反应。关于这些反应的进行，哈斯拉姆（Haslam）等人以焦炭为原料，从发生炉的不同高度取出气样，并分析其组成，发现了沿料层高度煤气组成的变化。在空气和水蒸气最初进入炉渣层内时，气体的组成不发生变化。在这里仅进行热交换，空气和水蒸气被预热，而炉渣被冷却。接着，在氧化层内氧气的浓度急剧减少，直至接近耗尽。与此同时，二氧化碳的数量迅速增加，在氧接近耗尽时达到最大值，以后二氧化碳又迅速减少，一氧化碳的量开始

上升。水蒸气在氧几乎耗尽之前，表观上没有发生任何反应，只是受到预热。当氧接近耗尽时，开始进入还原层。在此层内，二氧化碳逐渐还原为一氧化碳，水蒸气分解生成氢气和一氧化碳，水蒸气的量逐渐减少。由于一氧化碳含量增加和为分解水蒸气的存在，沿着还原层向上，温度逐渐降低，一氧化碳和水蒸气转变为二氧化碳和氢，此情况一直延续到燃料层上部空间，所以二氧化碳和氢的含量仍有所增加，一氧化碳含量稍有降低。

4.3.1.2　气化过程的控制

对气化过程的控制，目的在于根据原料和对煤气的要求，选择合适的炉型。在可能达到的合理气化强度的条件下，获得高的气化效率。

如使用的原料具有弱黏结性，就需要选用带搅拌装置的气化炉进行气化，如原料煤的机械强度和热稳定性差，则在带有搅拌装置的气化炉中可能破坏加入炉中的原料的合理筛分组成。当原料的筛分组成粒度较小，又要求以热煤气形式输往用户时，则选用干法出灰的气化炉可能更有利。

根据气化炉的特点和原料性质，确定合理的气化强度范围。气化强度与原料种类有关，原料中水分与挥发分在干馏层和干燥层从原料中逸出，实际进入气化层的只是焦炭。一般气化强度均按工作原料计算，如某无烟煤按工作原料计算的气化强度为 $200kg/(m^2 \cdot h)$，如按半焦计算只有 $185kg/(m^2 \cdot h)$。如气化强度超过合理的范围，就可能使灰渣中含碳量增加和出口煤气中带出物增多，从而增加了原料的损失，因而降低煤气产率，并且影响到煤气的质量，其综合结果是气化效率降低。

在机械化固定层发生炉中，使用烟煤时的气化强度一般为 $200\sim300kg/(m^2 \cdot h)$，使用无烟煤或焦炭时的气化强度一般为 $200\sim250kg/(m^2 \cdot h)$。

使燃料层保持一定的高度和气化强度，即意味着燃料层和气化层之间控制了一定的接触时间。为了取得良好的气化效率，必须使气化炉中保持均匀和不致发生结渣的最高炉温。

4.3.1.3　煤气发生炉

为了使气化过程在炉内正常进行，保持各项气化指标的稳定，发生炉必须有合理的结构和正常的操作制度。

发生炉的形式很多，通常可根据气化原料种类、加料方法、排渣方法及操作方式进行分类，根据当前存在的炉型和今后可能选用的炉型趋势，着重介绍两种典型的机械化常压煤气发生炉。

（1）具有凸形炉箅的煤气发生炉　凸型炉箅的煤气发生炉中，较普遍使用的有两种形式，即 3M21 型和 3M13 型。3M21 型发生炉主要用于气化贫煤、无烟煤和焦炭等不黏结性燃料，而 3M13 型发生炉主要用于弱黏结性烟煤。这两种发生炉都是湿法排灰，亦即灰渣通过具有水封的旋转灰盘排出。这两种发生炉的机械化程度较高，性能可靠。但发生炉的构件基本上都是铸造件，所以制造较复杂。

下面主要介绍 3M21 型煤气发生炉。

3M21 型煤气发生炉如图 4-13 所示。上部加煤机构主要是由一个滚筒、两个钟罩和传动装置组成。主要作用是将料仓中一定粒度的煤经相应部件传进，能基本保持煤的粒度不变，安全定量地送入气化炉内。要求加煤机构必须具有好的密封性，适当的传送距离，不挤压煤料而引起颗粒的破碎。

发生炉炉体包括耐火砖砌体和水夹套，水夹套产生蒸汽可作气化剂。在炉盖上设有汽封的探火孔，用于探视炉内操作情况或通过"打钎"处理局部高温和破碎渣块。

发生炉下部为炉箅及除灰装置，包括炉箅、灰盘、排灰刀及气化剂入口管。灰盘和炉箅固定在铸铁大齿轮上，由电动机通过蜗轮、蜗杆带动大齿轮转动，从而带动炉箅和灰盘转动。带有齿轮的灰盘坐落在滚珠上以减少转动时的摩擦力，排灰刀固定在灰盘边侧，灰盘转动时通过排灰刀将灰渣排出。

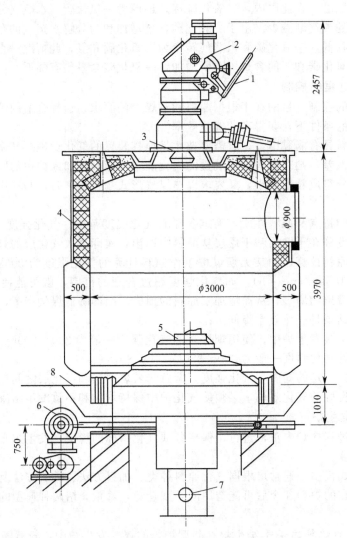

图 4-13　3M21 型煤气发生炉（单位：mm）

1—传动装置；2—加煤机；3—布料器；4—炉体；5—炉箅；

6—炉盘传动；7—气化剂入口；8—水封盘

3M13 型和 3M21 型的结构及操作指标基本相同，不同的是加煤机构和破黏装置。设搅拌装置的目的是当气化弱黏结性烟煤时可用以搅动煤层，破坏煤的黏结性，并扒平煤层。上部加煤机构为双滚筒加料装置。搅动装置是由电动机通过蜗轮、蜗杆带动在煤层内转动，搅拌耙可根据需要在煤层内上下移动一定距离，搅拌杆内通循环水冷却，防止搅拌耙烧坏。

（2）魏尔曼-格鲁夏（Wellman-Galusha）煤气发生炉　魏尔曼-格鲁夏煤气发生炉有两种形式，一种是无搅拌装置用于气化无烟煤、焦炭等不黏结性燃料，另一种是有搅拌装置用于气化弱黏结性烟煤。图 4-14 为不带搅拌装置的魏尔曼-格鲁夏煤气发生炉。该炉总体高17m，加煤部分分为两段，煤料由提升机送入炉子上面的受煤斗，再进入煤箱，然后经煤箱下部四根煤料供给管加入炉内。在煤箱上部设有上阀门，在四根煤料供给管上各设有下阀门，下阀门经常打开，使煤箱中的煤连续不断地加入炉中。当下阀门开启时，关闭上阀门，防止煤气经煤箱逸出。只有当煤箱加煤时，先关闭四根煤料供给管上的下阀门，然后才能开启上阀门加料。当完全加料完毕后，关闭上阀门，接着开启下阀门，上下阀门间有联锁装置。发生炉炉体较一般发生炉高（炉径3m时，总高17m，炉体高3.6m，料层高度2.7m），煤在炉内停留时间较长，有利于气化进行。发生炉炉体为全水套，鼓风空气经炉子顶部夹套空间的水面通过，使饱和了水蒸气的空气进入炉子底部灰箱并经炉箅缝隙进入炉内，灰盘为三层偏心锥形炉箅，通过齿轮减速转动，炉渣通过炉箅间隙落入炉底灰箱内，定期排出。由于煤层厚，煤气出口压力高，故为干法排灰。

魏尔曼-格鲁夏煤气发生炉生产能力较大，操作方便，整个发生炉中铸件很少，故制造方便。

4.3.1.4 煤气发生站工艺流程

煤气发生站的工艺流程按气化原料性质及所使用煤气的要求不同，可分为热煤气工艺流程、无焦油回收的冷煤气工艺流程及有焦油回收的冷煤气工艺流程。仅对后者加以介绍。

当气化烟煤时，气化过程中产生的焦油蒸气随同煤气一起排出。这种焦油现在不能作为重要的化工产品，但冷凝下来会堵塞煤气管道和设备，故必须从煤气中除去。回收焦油的冷煤气发生站工艺流程如图4-15所示。煤气由发生炉出来，首先进入竖管冷却器，初步除去重质焦油和粉尘，同时根据焦油性质不同冷却至80～90℃，经半净煤气管进入电捕焦油器，除去焦油雾滴后进入洗涤塔，煤气被冷却到35℃以下，进入净煤气管，经排送机送至用户。

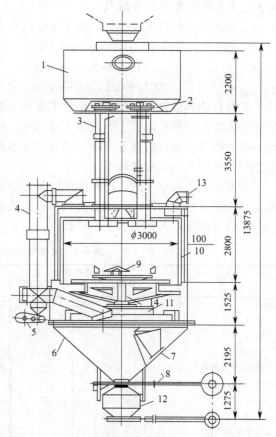

图 4-14　魏尔曼-格鲁夏煤气发生炉（单位：mm）
1—中料仓；2—圆盘加料阀；3—料管；4—气化剂管；
5—传动机构；6—灰斗；7—刮灰机；8—插板阀；
9—炉箅；10—水套；11—支撑板；12—下灰斗；
13—风管；14—中央支柱

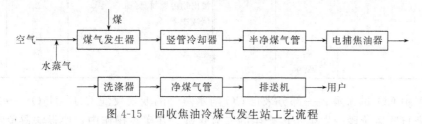

图 4-15　回收焦油冷煤气发生站工艺流程

4.3.2 水煤气

水煤气是炽热的炭与水蒸气反应所生成的煤气。燃烧时火焰呈现蓝色，所以又称为蓝水煤气。

一般有两种方法：用水蒸气和空气为气化剂的间歇气化法和用氧和水蒸气为气化剂的连续气化法。

4.3.2.1 间歇法制造水煤气

首先向发生炉内送入空气，使空气中的氧和炽热的炭发生下列反应而放出热量：

$$C + O_2 \longrightarrow CO_2 \qquad \Delta H = 394.1 kJ/mol$$

$$C + 0.5O_2 \longrightarrow CO \qquad \Delta H = 110.4 kJ/mol$$

$$CO + 0.5O_2 \longrightarrow CO_2 \qquad \Delta H = 283.7 kJ/mol$$

所放出的热量蓄积于燃料层中，当蓄积的热量使燃料层达到制造水煤气所需的温度时，停止送入空气，然后向发生炉内送入水蒸气，使水蒸气和炽热的炭进行反应而生成水煤气，经一定时间后，燃料层温度下降，当水蒸气不再分解或分解很少时，停止送入水蒸气，再向发生炉送入空气，如此循环不止。

向发生炉送入空气的阶段称为吹空气阶段或吹风阶段，向发生炉送入水蒸气的阶段称为吹蒸汽阶段或制气阶段。上述两阶段联合组成水煤气制造过程的工作循环。

水煤气的生产指标如表 4-2 所示。

表 4-2 水煤气（标准状态）生产指标

项　目	燃料种类		项　目	燃料种类	
	焦	无烟煤		焦	无烟煤
燃料			吹风煤气热值/(kJ/m³)		
水分/%	4.5	5.0	高	836.0	1534.0
灰分/%	11.0	6.0	低	794.2	1480.0
固定碳/%	81.0	83.0	吹风煤气温度/℃	600	700
挥发分(可燃基)/%	2	4	水煤气组成(体积分数)/%		
热值/(MJ/kg)			CO_2	6.5	6.0
高	28.0	30.1	H_2S	0.3	0.4
低	27.6	29.4	O_2	0.2	0.2
消耗系数和产量			C_mH_n	—	—
空气消耗量/(m³/kg)	2.80	2.86	CO	37.0	38.5
蒸汽消耗量/(kg/kg)	1.20	1.70	H_2	50.0	48.0
蒸气分解率/%	50	40	CH_4	0.5	0.5
水煤气产量/(m³/kg)	1.60	1.65	N_2	5.5	6.4
吹风煤气产量/(m³/kg)	2.70	2.90	水煤气热值/(MJ/m³)		
吹风煤气组成(体积分数)/%			高	11.4	11.3
CO_2	7.5	14.5	低	10.5	10.4
H_2S	0.1	0.1	水煤气温度/℃	550	675
O_2	0.2	0.2	灰渣含碳量/%	14	20
C_mH_n	—	—	带出物占燃料/%	2	5
CO	5.0	8.8	焦油产率/%	—	—
H_2	1.3	2.5	气化效率/%	60	61
CH_4	—	0.2	热效率/%	54	53
N_2	75.9	73.7			

水煤气中 CO_2 的来源，一部分来自 CO 与水蒸气的变换反应 $CO + H_2O \longrightarrow CO_2 + H_2$；另一部分来自吹风阶段中发生炉内产生的二氧化碳。在实际操作中，要设法避免水蒸气为吹风气所掺混。

水煤气中含有大量水蒸气，一部分是原料带入的；另一部分是生产过程中吹入的水蒸气未完全分解而混于水煤气中。水煤气中的氮气一部分来自吹风气，另一部分是由于空气阀门不严密而漏入空气所造成的。水煤气中的硫化氢是原料中的硫化物与氢气、水蒸气相互作用而生成的。

在水煤气的制造过程中，经常有少量甲烷生成。一般认为灰分中的铁元素作为催化剂存在，在温度为 300～1150℃的范围内，能进行甲烷生成反应，甲烷的生成随温度升高而降低。

水煤气中氢的含量远高于一氧化碳的含量，这表明在实际操作条件下，有相当一部分一氧化碳与水蒸气反应生成了二氧化碳和氢。

由于碳燃烧不完全，加上吹风气带走部分化学热和显热，因此碳的化学热不能全部作用于制造水煤气；另外，还有水煤气显热及未分解的水蒸气的热量损失，炉渣和带出物的热量损失，以及炉体设备的散热损失等，故实际水煤气生产的气化效率远远低于理论值，一般为 60%～65%。

间歇法制造水煤气，主要是由吹空气（蓄热）、吹水蒸气（制气）两个过程组成的，但是，为了节约原料，保证水煤气质量、正常操作和安全生产，还必须包括一些辅助阶段。

一般，现代的水煤气发生炉大都采用六个阶段工作循环，如图 4-16 所示。

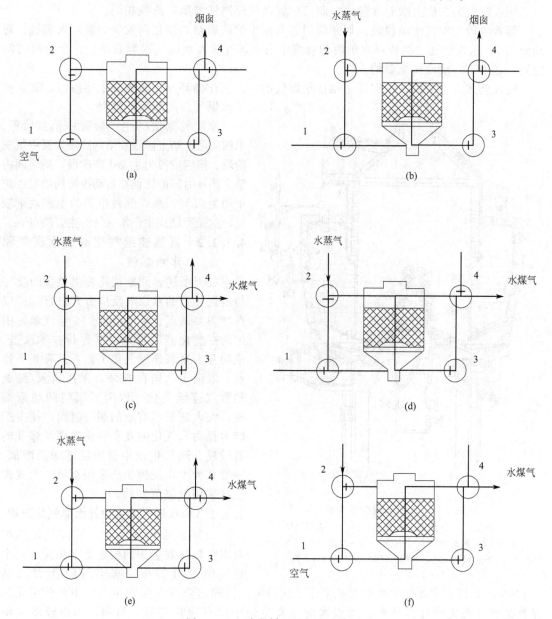

图 4-16　六阶段循环的气流路线图

第一阶段为吹风（鼓风）阶段。此阶段的作用是加热燃料层，空气由阀门 1 进入发生炉，吹风经阀门 4 由烟囱排出。

第二阶段为水蒸气吹净阶段。转动阀门1，切断空气与发生炉的通路，转动水蒸气阀门2，水蒸气由发生炉下部进入，将残余吹风气经阀门4吹入烟囱，以免吹风气混入水煤气系统，此阶段时间很短。如不需要获得纯水煤气时，该阶段可以取消，这时残余的吹风气与下一阶段制取的水煤气一起进入水煤气系统。

第三阶段为一次上吹阶段。转动阀门4，水蒸气仍由下部阀门1进入发生炉底部，在炉内进行水煤气反应，制得的水煤气经阀门4进入水煤气净化和冷却系统，然后进入贮气罐。

第四阶段为下吹制气阶段。转动阀门2、阀门3和阀门4，水蒸气由发生炉上部进入料层。由气化反应生成的水煤气从发生炉下部引出，进入水煤气系统。

第五阶段为二次上吹制气阶段。阀门位置及气流路线与第三阶段相同。

第六阶段为空气吹净阶段。切断阀门3与发生炉的通路，停止向发生炉通入水蒸气。转动阀门1，送入空气，将残存在炉内和管路中的水煤气吹入水煤气净制系统。这个阶段时间很短，是为下一阶段作准备的。

完成上述六个阶段，即实现了制造水煤气的一个工作循环。不断重复上述阶段，就实现了水煤气的间歇生产过程。

水煤气制造的生产阶段中第三阶段、第四阶段、第五阶段和第六阶段（其中第三阶段、第四阶段为主要生产阶段）的时间占整个循环时间的比例在自动控制阀的发生炉中约为75%，水煤气发生炉的生产效率较低，这是间歇式生产水煤气的主要缺点。

4.3.2.2 富氧连续气化制造水煤气和半水煤气

如上所述，间歇法将提供热量的反应与消耗热量的水煤气反应分开进行，所以存在很多缺点。从20世纪60年代起，中国的一些化肥厂相继对其进行技术改造，成功开发富氧连续气化工艺，具有如下特点：取消了六阶段循环，采用富氧/纯氧和蒸汽连续气化，取消了阀门的频繁切换，大大延长了有效的制气时间，使生产能力提高；气化强度和气化效率及煤气的有效成分随气化剂中氧浓度增加而增加；一般认为中小规模生产采用富氧，大规模生产采用纯氧更合适。

4.3.2.3 水煤气发生炉及水煤气站流程

（1）水煤气发生炉 水煤气发生炉与混合煤气发生炉的构造基本相同，但水煤气生产过程中，吹空气时压力高达

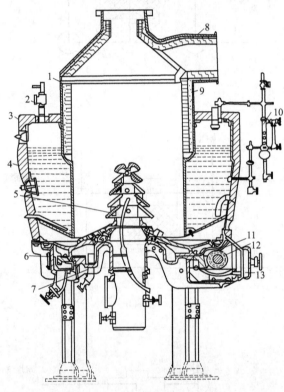

图 4-17 UGI 水煤气发生炉
1—外壳；2—安全阀；3—保温材料；4—夹套锅炉；
5—炉箅；6—灰盘接触面；7—炉底；8—保温砖；9—耐火砖；
10—液位计；11—蜗轮；12—蜗杆；13—油箱

0.176MPa，因而水煤气发生炉必须采用干法排渣。同时水煤气发生炉生产中主要使用无黏结性的焦炭或无烟煤为原料，所以水煤气发生炉中没有搅拌装置。目前，国内较多采用UGI水煤气发生炉，如图4-17所示。发生炉炉壳由钢板焊接而成，上部衬有耐火砖和保温硅藻砖，使炉壳钢板免受高温的损害。下部外设夹套锅炉，主要是降低氧化层温度，防止熔渣粘壁并副产蒸汽。夹套锅炉两侧设有探火孔，用于测量火层，了解火层分布和温度情况。

（2）水煤气站流程　在间歇生产水煤气的过程中，吹风气和水煤气带出的热量约为总热量的30％。为了提高过程的热效率，应充分考虑这部分废热的回收。这是我国目前广泛使用的一种流程，它可使大部分的废热得以回收利用。其典型的工艺流程，如图4-18所示。

在吹风阶段，炉顶出来的高温吹风气在燃烧室5内，与二次空气混合燃烧，热量部分积蓄在燃烧室格子砖内。高温废气进入废热锅炉6，将管间的水蒸发产生蒸汽，以回收热量。降温后的废气经烟囱阀18，由烟囱8排入大气。

在上吹制气阶段，蒸汽自下而上通过料层，上行煤气经燃烧室和废热锅炉回收热量后，其温度为200～250℃，由洗气箱、洗涤塔经除尘冷却后进入气柜。

在下吹蒸汽阶段，蒸汽进入燃烧室顶部，经燃烧室预热后，进入发生炉顶部，自上而下通过料层。下行煤气温度较低，为200～300℃，其显热不予回收，经洗气箱、洗涤塔入气柜。

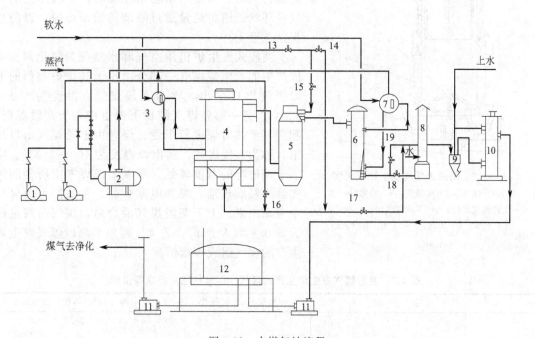

图 4-18　水煤气站流程
1—空气鼓风机；2—蒸汽缓冲罐；3,7—集汽包；4—水煤气发生炉；
5—燃烧室；6—废热锅炉；8—烟囱；9—洗气箱；10—洗涤塔；11—气柜水封；
12—气柜；13—蒸汽总阀；14—上吹蒸汽阀；15—下吹蒸汽阀；16—吹风空气阀；
17—下行煤气阀；18—烟囱阀；19—上行煤气阀

▶ 4.3.3　两段式完全气化炉

从上述混合发生炉生产原理可以看出，炉内存在着煤的干馏层和气化层。虽然上述工程很难截然分开，但总的来说，干馏层都较薄，当煤加入发生炉中时很快进行干馏，并且由于气化层的热辐射影响，使干馏产物难免受到一定程度的热裂解。所以，获得的焦油质量较重，在以后的净化过程中难以处理。

两段式完全气化炉（简称两段炉）使用含有大量挥发分的弱黏结性烟煤及褐煤来制取煤气，即把煤的干馏和气化在一个炉体内分段进行。两段炉具有比一般发生炉长的干馏段。加

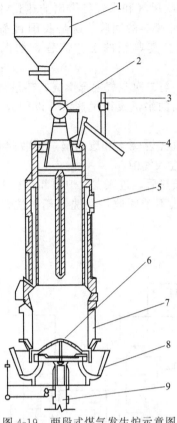

图 4-19　两段式煤气发生炉示意图
1—煤斗；2—加煤机；3—放散管；
4—上段煤气出口；5—下段煤气出口；6—炉箅；
7—水套；8—灰盘；9—空气、蒸汽入口

入炉中的煤的加热速率比一般发生炉慢，干馏温度也较低，因而获得的焦油质量较轻，在净化过程中较易处理。根据两段炉的生产工艺，又可分为两段式煤气发生炉和两段式水煤气发生炉。

4.3.3.1　两段式煤气发生炉

两段式煤气发生炉如图 4-19 所示。气化段（下段）和一般发生炉相同。包括水套、转动炉箅、湿式灰盘等。水套以上为干馏段（上段），其炉壁由钢板外壳衬耐火砖构成，内部用格子砖在径向分成数格（一般分为四格），砌成十字拱形隔墙，隔墙中空，外壳衬砖有环状空间与此相通。较小直径的干馏段不设分隔墙。干馏段的上口小，下口略大，以防搭桥悬料。当使用微黏结性煤时，下段产生的煤气经环状通道将热量通过隔墙传给干馏段，以防止煤粘在壁上。

两段式发生炉仍用空气和水蒸气为气化剂。下段产生的发生炉煤气一部分由位于气化炉上部的下段煤气出口引出，称为下段煤气，温度为 500～600℃。另一部分煤气则自下而上进入干馏段煤层，利用其显热对煤进行干馏。煤气由上段煤气出口排出，称为上段煤气，其出口温度为 100～150℃。由于干馏过程的温度较低，所以上段煤气中所含的煤焦油为轻质焦油。经静电除焦器，焦油即可由煤气中分离出来。上下两段煤气混合后，煤气的高热值为 6.0～7.5MJ/m³。表 4-3 列出了两段煤气发生炉生产的煤气组成等指标。

表 4-3　两段煤气发生炉生产的煤气（标准状态）组成等指标

项目		热粗煤气（体积分数）/%	冷净煤气（体积分数）/%
煤气组成	CO	27.9	29.2
	H_2	16.9	17.6
	CO_2	4.2	4.4
	CH_4	2.2	2.3
	N_2	44.2	46.6
	水分	4.2	—
	焦油蒸气	0.3	—
	轻油	0.1	—
热效率/%		88～93	72～80
煤气高热值/(MJ/m³)		7.75～7.82	6.14～6.70
混合煤气温度/℃		400	常温
煤气产率/(m³/kg 煤气)		3.55	3.4～3.55

4.3.3.2　两段式水煤气发生炉

两段式水煤气发生炉是在现有水煤气炉上部增设干馏段。原料煤在干馏段进行低温干馏，生成的半焦落入气化段，再用空气、水蒸气间歇通入制取水煤气。煤在干馏段受鼓风气、下吹制气用的过热蒸汽的间接加热和上吹制气的水煤气直接加热，使原料煤的终温达到500～550℃，生成半焦。每吨煤可得 1500～1600m³、热值约为 12.55MJ/m³ 的煤气。当煤气用重油增热后，其热值可适合城市煤气的需要。

▎4.3.4　加压气化原理与工艺

常压固定（移动）床气化炉生产的煤气热值低，煤气中一氧化碳含量高，气化强度低，生产能力有限，煤气不宜远距离输送，同时不能满足城市煤气的质量要求。为解决上述问题，人们研究发展了加压气化技术。

4.3.4.1　加压固定床气化炉生产工况

加压固定床气化炉与常压气化炉类似，如图 4-20 所示。原料由上而下，气化剂由下向上，逆流接触，逐渐完成煤炭由固态向气态的转化，炉内的料层可根据各区域的特征及主要作用，依次分为干燥层、干馏层、甲烷层、第二反应层、第一反应层和灰渣层。

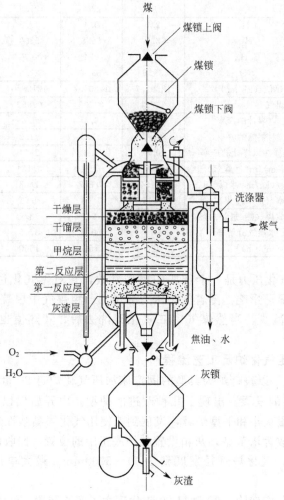

图 4-20　加压固定床气化炉

以褐煤为气化原料，在气化炉中进行了长期试验，得出不同压力下的气化试验结果列于表 4-4 中。

表 4-4 褐煤在各种不同压力下的气化试验结果

可燃物质为 69.00%；灰分为 12.00%；水分为 19.00%；挥发分为 41.30%；铝甑焦油为 12.40%

干燃料热值为 19446kJ/kg；燃料粒度为 2~15mm

试验条件：炉内气化温度为 1000℃，水蒸气过热温度为 500℃

指　标		气化压力/MPa				
		0.1	1.0	2.0	3.0	4.0
粗煤气(湿)组成 (体积分数)/%	CH_4	2.2	5.6	9.4	12.6	16.1
	H_2	10.7	33.5	27.2	20.4	15.8
	C_nH_m	0.2	0.25	0.4	0.8	2.2
	CO	27.1	19.5	14.2	13.1	9.2
	CO_2	19.3	22.55	23.8	25.6	26.2
	H_2O	10.6	18.6	25.0	27.5	30.5
粗煤气(干)组成 (体积分数)/%	CH_4	2.4	6.8	12.5	18.5	24.1
	H_2	45.6	41.3	36.3	29.7	23.4
	C_nH_m	0.2	0.3	0.5	1.1	2.8
	CO	30.2	23.9	18.9	16.1	13.8
	CO_2	21.6	27.7	31.8	33.6	35.9
净煤气(干)组成 (体积分数)/%	CH_4	2.7	9.4	17.8	29.4	38.8
	H_2	58.05	56.8	53.9	44.5	37.6
	C_nH_m	0.25	0.4	0.7	1.7	3.1
	CO	39.0	33.4	27.6	24.4	20.5
净煤气(标准状况)发热值/(kJ/m³)		12301.7	14809.7	17138.0	19328.3	21752.7
净煤气/粗煤气		0.784	0.723	0.652	0.664	0.641
焦油/%	以煤计的产率	4.3	6.4	8.8	10.1	11.8
	对铝甑的收率	41.6	51.2	71.2	86.3	94.3
	轻质油以煤计的产率	0.3	1.3	2.04	2.86	4.23
氧气(标准状况)消耗量/(m³/m³ 净煤气)		0.186	0.169	0.154	0.138	0.127
水蒸气(标准状况)消耗量/(kg/m³ 净煤气)		0.464	0.807	1.03	1.28	1.46
净煤气(标准状况)产率/(m³/kg 煤)		1.45	1.05	0.71	0.64	0.56
热效率	生成煤气热/进炉总热	88.2	79.5	73.9	68.2	61.5
	水蒸气分解率	64.7	50.3	37.5	30.1	29.0
气化强度/[kg 煤/(m²·h)]		420	750	1500	1800	2200

从表 4-4 可见，气化压力是一个重要的操作参数，它对煤气化过程及其煤气组成、热值、产率和消耗都有显著影响。随着气化压力的增加，粗煤气中甲烷和二氧化碳含量增加，氢气和一氧化碳含量减少。当然煤气中二氧化碳洗去后，其热值也将随气化压力提高而增加。

4.3.4.2 固定床加压气化炉及工艺流程

（1）加压气化炉 以鲁奇炉为典型的固定床加压气化炉自 20 世纪 30 年代在德国发明以来，经历了 60 多年的发展，出现了几种改进的炉型。由开始仅以褐煤为原料，炉径 D_g 为 2600mm，采用边置灰斗和平型炉箅，发展到能使用气化弱黏结性烟煤，采用了搅拌装置和转动布煤器，炉箅改为塔节型，灰箱设置在炉底正中的位置，回收的煤粉和焦油返回气化炉内进行裂解和气化。气化炉直径发展到 3800~5000mm。最大单炉生产能力达 75000~100000m³/h。

我国加压气化炉起步较晚，20 世纪 50 年代建立了实验装置，60 年代引进了捷克制造的早期鲁奇炉，1974 年在云南建成投产，用褐煤加压气化合成氨。1978 年，山西化肥厂引进 4 台直径 3800mm 的Ⅳ型鲁奇炉，以本地贫煤为原料，生产合成氨原料气，已投产多年。中国参考引进的Ⅳ型鲁奇炉，自行设计制造的 D_g 为 2800mm 的加压气化炉已投入试运行，运行情况如下。

鲁奇加压气化炉构造如图 4-21 所示。气化炉 D_g 为 3800mm×50mm，H 为 10900mm，为双层壳体结构，内径为 2860mm×24mm，设有煤分布器和搅拌器（破黏装置）用以均匀布煤。气化炉本体由内外两层厚钢筒构成，两筒间装满水形成水夹套，防止炉体承受高温。水夹套与外部的水蒸气收集器相连，可以不断地将水蒸气引出供气化炉自用。气化剂通过双套筒进入塔节型炉箅，使气流分布均匀。炉箅的传动机构放在侧面。炉箅下部设有三把下刮灰刀，不同的下灰量可通过炉箅的转速来调节，以适应不同灰分的煤料要求。炉箅设有破渣装置，可控制渣粒度＜100mm，保证下灰通畅，不致堵塞阀门。炉箅和灰盘采用完善的气体冷却结构，可提高热效率，以降低炉箅温度。

（2）工艺流程　早期的加压制气工艺中，常采用无废热回收的制气工艺，该过程热效率很低。近年来，注意力集中在余热的利用，尤其在采用大型加压气化炉生产时，煤气带出的显热量较大，故有回收价值。有废热回收的制气工艺流程如图 4-22 所示。

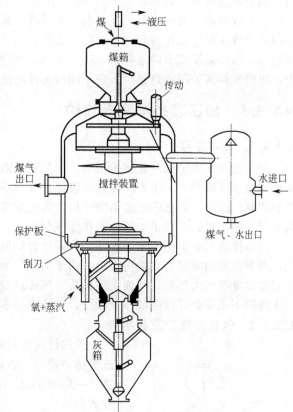

图 4-21　鲁奇加压气化炉

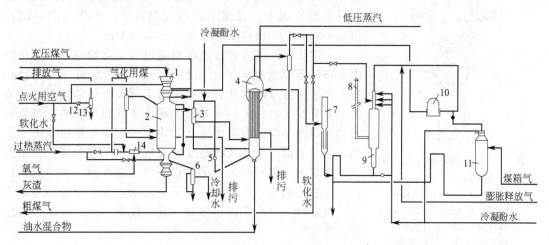

图 4-22　有废热回收的制气工艺流程

1—贮煤仓；2—气化炉；3—喷冷器；4—废热锅炉；5—循环泵；6—膨胀冷却器；
7—放散烟囱；8—火炬烟囱；9—洗涤器；10—贮气柜；11—煤箱气洗涤器；
12—引射器；13—旋风分离器；14—混合器

原煤经破碎筛分后，粒度为 4～50mm 的煤加入上部的贮煤斗，由加料溜槽通过圆筒阀门定期加入煤箱（有效容积 4m³），煤箱中的煤通过下阀不断加入炉内。原煤与气化剂反应后，含有残炭的灰渣经转动炉箅借刮刀连续排入灰箱，灰箱中的灰渣定期排入灰斗，全部操作均通过液压程序自动进行（也可切换为半自动或手动）。系统生产的粗煤气由气化炉上侧方引出，出口温度视不同原料为 350～600℃，经喷冷器喷淋冷却，除去煤气中的焦油及煤尘，再经废热锅炉回收热量后，按不同情况经过洗涤和变换工艺。

◗ 4.3.5 加压液态排渣气化炉

4.3.5.1 基本原理

从上述加压固定床气化技术可知，为控制炉温，需通入过量的水蒸气，因而水蒸气分解率低，废水处理量大。由于炉温控制较低，反应不够完全，灰渣中残炭含量较高，气化能力受到限制。此外，固态排渣需借助于机械转动炉箅，使得气化炉的结构复杂，维修费用高。为克服这些不足，开发了加压液态排渣气化炉。

液态排渣气化炉的基本原理是，仅向气化炉内通入适量的水蒸气，控制炉温在灰熔点以上，使灰渣呈熔融状态自炉内排出。由于消除了为防止气化炉内结渣对炉温的限制，可使气化层的温度有较大提高，从而大大加快了气化反应速率，提高了设备的生产能力，产物粗煤气中冷凝下来需要处理的液体量较少，灰渣中基本上无残炭，几乎所有的碳都得到了利用。

4.3.5.2 气化炉概况及其结构

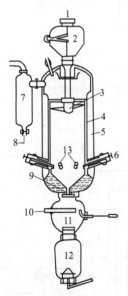

图 4-23 液态排渣加压气化炉
1—加煤口；2—煤箱；
3—搅拌布煤器；4—耐火砖衬；
5—水夹套；6—蒸汽-氧气吹入口；
7—洗涤冷却器；8—煤气出口；
9—耐压渣口；10—循环熄渣水；
11—熄渣室；12—渣箱；13—风口

英国煤气公司将苏格兰西田（Westfield）的一台鲁奇炉改为熔渣操作，该炉直径为 1.83m。1977 年，美国能源部建造了一座 B. G/Lurgi 示范厂，将产品作为补充天然气售给工业和民用。

（1）液态排渣加压气化炉 液态排渣加压气化炉见图 4-23。气化炉的加料装置及炉体上部结构与固态排渣加压气化炉相似，其主要特点是灰渣呈熔融状态排出，故炉子下部和排灰机构的结构较特殊。它取消了固态排渣的转动炉箅，提高了操作温度。根据不同的原料特性，操作温度一般在 1100～1500℃，操作压力为 2.35～3.04MPa。

一定块度的煤由炉顶经煤箱通过布煤器均匀加入气化炉内，布煤器和搅拌器的工作性能与固态排渣加压气化炉相似。由于炉渣呈熔融状态，在炉子下部设有熔渣池。在熔渣池上方有 8 个沿径向均布安装并稍向下倾斜的喷嘴。气化剂及部分煤粉和焦油由喷嘴送入炉内，并汇集在熔渣池中心管的排渣口上部，使该区域的温度高达 1500℃左右，保证熔渣呈流动状态。在渣箱的上部增设一液渣激冷箱，箱内容积的 70% 左右充满水。从排渣口落下的液渣，在此淬冷而形成渣粒。当渣粒在激冷箱内积聚到一定高度后，卸入渣箱内，然后定期排出。

为防止回火，气化剂在喷嘴出口的气流速度应大于 100m/s。欲降低运行负荷时，可借关闭气化喷嘴的数量进行调节。因此，它比普通气化炉具有较大的调整负荷的能力。炉体为钢制外壳，内砌耐火砖，再衬以碳化硅耐高温材料。喷嘴外部有水冷套；排渣口材质为硝基硅酸盐或碳化硅，以抵抗高温熔渣的侵蚀。为保证排渣的畅通，排渣口大小的设计与熔渣流量和黏度-温度特性有关。

（2）加压液态排渣气化炉的优缺点　加压液态排渣气化炉强化了生产，对煤气化的指标有明显的改善，主要有以下几点。

① 气化炉的生产能力提高了 3～4 倍。

② 煤气中的带出物大为减少，灰渣中的碳含量在 2％以下；煤气出口温度也低，主要由于离开高温区的未分解水蒸气量减少，炉中煤的干燥与干馏主要是利用反应气体的显热；气化过程的热效率约由普通气化炉的 70％提高到 76％左右。

③ 煤气中的 $CO+H_2$ 组分提高 25％左右，煤气的热值也相应提高。

④ 水蒸气分解率高，后系统的冷凝液大为减少。

⑤ 降低了煤耗。

⑥ 改善了环境污染，污水处理量仅为固态排渣气化时的 1/4～1/3。生成的焦油可经风口回炉造气。液态灰渣经淬冷后成为洁净的黑色玻璃状颗粒，由于它的玻璃特性，化学活性极小，不存在环境污染问题。

主要存在的问题如下。

① 对炉衬材料在高温、高压下的耐磨、耐腐蚀性能要求高。

② 熔渣池的结构和材质是液态排渣炉的技术关键，尚需进一步研究。

4.3.5.3　鲁尔-100 加压气化炉概况

由加压气化原理可知，随气化压力增加，有利于甲烷化反应，使产物煤气中甲烷含量增加，净煤气热值提高。同时，气化压力增高可使气化炉生产能力成 $\sqrt{p}$ 倍增加，鲁尔煤气公司、鲁尔煤炭公司和斯梯格（Steag）公司于1976 年制定了联合开发高压气化炉（鲁尔-100）的计划。

鲁尔-100 气化炉的构造如图 4-24 所示。气化炉内径1.5m，设计最大操作压力为 10MPa，最大生产能力 7t煤/h。气化炉上部设置两个煤箱。当一个煤箱被煤加满前，内部的煤气压力被泄放，泄放的煤气再压缩后送往另一个煤箱去。

鲁尔-100 气化炉自 1979 年 9 月试运行至 1983 年 8 月止约计运行了 6000h，气化原煤约 2300t。试运转期间，达到了预期的各项重要指标。特别应当指出的是以下两项试验结果。

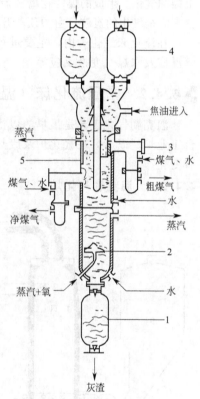

图 4-24　鲁尔-100 加压气化炉
1—灰箱；2—炉箅；3—洗涤器；
4—煤箱；5—分配器

① 运行压力由 2.5MPa 提高到 9.0MPa 以上时，粗煤气中的甲烷含量由 9％增加到16％以上。与一般的固定床压力气化炉相比，气化强度可提高一倍多。

② 降低粗煤气的气流速度能减少气化炉的煤尘带出量，从而可以使用细颗粒含量高的煤进行气化。

4.4　流化床气化法

自固体流态化技术发展以后，温克勒（F. Winkler）首先将流态化技术应用于小颗粒煤的气化，开发了流化床（或称沸腾床）气化法。由于流化床气化采用的原料煤颗粒较细

（0～10mm），气化剂流速很高，炉内煤料处于剧烈的搅动和不断返混的流化状态，炉床内温度均匀，气固相接触良好，有利于气固反应速率的提高。流化床气化技术自 1926 年开发以来得到了迅速发展和不断提高。

4.4.1 常压流化床气化原理

流化床气化采用 0～10mm 的小颗粒煤作为气化原料。气化剂同时作为流化介质，通过气化炉内的气体分布板（炉箅）自下而上经过床层。根据所用原料的粒度分布和性质，控制气化剂的流速，使床内的原料煤全部处于流化状态，在剧烈的搅动和返混中，煤粒和气化剂充分接触，同时进行着化学反应和热量传递。利用炭燃烧放出的热量，提供给煤粒进行干燥、干馏和气化。生成的煤气在离开流化床床层时，夹带着大量细小颗粒（包括 70% 的灰粒和部分未完全气化的炭粒）由炉顶离开气化炉。部分密度较大的渣粒由炉底排灰机构排出。

在流化床气化炉内，主要进行的反应有：炭的燃烧反应、二氧化碳还原反应、水蒸气分解反应及水煤气变换反应等。

4.4.2 常压流化床（温克勒炉）气化工艺

温克勒气化工艺是最早的以褐煤为原料的常压流化床气化工艺，在德国的莱纳建成第一台工业炉。以后，在气化炉及废热锅炉的设计上进行了不断的开发和改进，但其基本原理没有变化。

4.4.2.1 温克勒气化炉

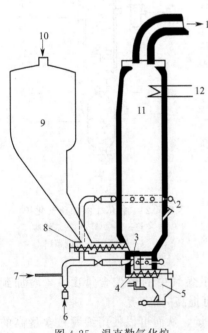

图 4-25 温克勒气化炉
1—煤气出口；2—二次气化剂入口；
3—刮灰板；4—除灰螺旋；5—灰斗；
6—空气入口；7—蒸汽入口；
8—供料螺旋；9—煤仓；10—加煤口；
11—气化层；12—散热锅炉

图 4-25 为温克勒气化炉的示意图。由图 4-25 可见，该炉是一个高大的圆筒形容器。它在结构和功能上可分为两大部分：下部的圆锥部分为流化床，上部的圆筒部分为悬浮床，其高度约为下部流化床高度的 6～10 倍。

将 0～10mm 的原料煤由螺旋加料器加入圆锥部分的腰部。一般沿筒体的圆周设置两个或三个进口，互成 180° 或 120°。

温克勒炉采用的炉箅安装在圆锥体部分，炉箅直径比上部炉膛的圆柱形部分的直径小，鼓风气流沿垂直于炉箅的平面进入炉内。这样的结构为床层中的颗粒进行正规和均匀的循环创造了良好条件。当灰渣直接落在炉箅平面上时，虽可借刮灰板将灰刮去，但难以彻底清除。灰渣在炉箅上的堆积，往往会引起结渣现象，因而限制了炉温的提高，同时也不利于气化剂的均匀分布。

氧气（空气）和水蒸气作为气化剂自炉箅下部供入，或由不同高度的喷嘴环输入炉中。通过调整气化介质的流速和组成来控制流化床温度不超过灰的软化点。富含灰分的较大粒子，由于其密度大于煤粒，均沉积在流化床底部，由螺旋排灰机排出。在温克勒炉中，30% 左右的灰分由床底部排出，其余由气流从炉顶夹带而出。

　　为提高气化效率和适应气化活性较低的煤，在气化炉中部适当的高度引入二次气化剂，在接近于灰熔点的温度下操作，使气流中所带的炭粒得到充分气化。

　　废热锅炉安装在气化炉顶部附近，由沿内壁配置的水冷管组成。产品气由于废热锅炉的冷却作用，使熔融灰粒在此重新固化。

4.4.2.2 温克勒气化工艺流程

　　温克勒气化工艺流程如图 4-26 所示。

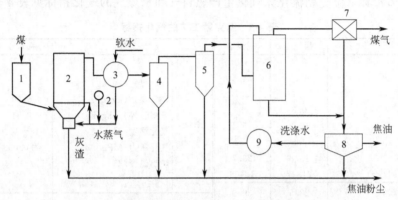

图 4-26　温克勒气化工艺流程

1—料斗；2—气化炉；3—废热锅炉；4,5—旋风除尘器；6—洗涤塔；
7—煤气净化装置；8—焦油水分离器；9—泵

　　(1) 原料的预处理　原料预处理包括以下内容。

　　① 原料经破碎和筛分制成 0～10mm 级的入炉料，为了减少带出物，有时将 0.5mm 以下的细粒筛去，不加入炉内。

　　② 烟道气余热干燥，控制入炉原料水分在 8%～12%。经过干燥的原料，可使加料时不致发生困难，同时可提高气化效率，降低氧气消耗。

　　③ 对于有黏结性的煤料，需经破黏处理，以保证床层内正常的流化工况。

　　(2) 气化　经预处理后的原料进入料斗，料斗中充以氮或二氧化碳气体，用螺旋加料器将原料送入炉内。一般蒸汽-空气（或氧气）气化剂的 60%～70% 由炉底经炉箅送入炉内，调节流速，使料层全部流化，其余的 30%～40% 作二次气化剂由炉筒中部送入。生成的煤气由气化炉顶部引出，粗煤气中含有大量的粉尘和水蒸气。

　　(3) 粗煤气的显热回收　粗煤气的出炉温度一般在 900℃ 左右，且含有大量粉尘，这给煤气的显热利用增加了困难。一般采用辐射式废热锅炉，生产压力为 1.96～2.16MPa 的水蒸气，蒸汽产量为 0.5～0.8kg/m³ 干煤气。

　　由于煤气含尘量大，对锅炉炉管的磨损严重，应定期保养和维修。

　　(4) 煤气的除尘和冷却　粗煤气经废热锅炉回收热量后，经两级旋风除尘器及洗涤塔，可除去煤气中大部分粉尘和水汽，使煤气的含尘量降至 5～20mg/m³，煤气温度降至 35～40℃。

4.4.2.3 工艺条件及气化指标

　　(1) 工艺条件

　　① 操作温度　实际操作温度的选定，取决于原料的活性和灰熔点，一般为 900℃ 左右。

　　② 操作压力　约为 0.098MPa。

　　③ 原料　粒度为 0～10mm 的褐煤、不黏煤、弱黏煤和长焰煤等均可使用，但要求具有较高的反应性。使用具有黏结性的煤时，由于在富灰的流化床内，新鲜煤料被迅速分散和稀

释，故使用弱黏煤时一般不至造成床层中的黏结问题。但黏结性稍强的煤有时也需要进行预氧化破黏。由于流化床气化时床层温度较低，碳浓度也较低，故不适宜使用低活性、低灰熔点的煤料。

④ 二次气化剂用量及组成　引入气化炉身中部的二次气化剂用量和组成须与被带出的未反应碳量成适当比例。如二次气化剂过少，则未反应碳得不到充分气化而被带出，造成气化效率下降；反之，二次气化剂过多，则产品气将被不必要地烧掉。

（2）气化指标　温克勒流化床气化生产燃料气和水煤气的气化指标见表 4-5。

表 4-5　温克勒工艺的气化指标

指　标		褐煤 1	褐煤 2	指　标	褐煤 1	褐煤 2
对原料煤的分析	水分/%	8.0	8.0			
	$w(C)$/%	61.3	54.3	（汽/煤）/(kg/kg)	0.12	0.39
	$w(H)$/%	4.7	3.7	（氧/煤）/(kg/kg)	0.59	0.39
	$w(N)$/%	0.8	1.7	（空气/煤）/(kg/kg)	2.51	—
	$w(O)$/%	16.3	15.4	气化温度/℃	816～1200	816～1200
	$w(S)$/%	3.3	1.2	气化压力/MPa	约 0.098	约 0.098
	灰分/%	13.8	23.7	炉出温度/℃	777～1000	777～1000
	热值/(kJ/kg)	21827	18469			
产品组成及热值分析	$\varphi(CO)$/%	22.5	36.0			
	$\varphi(H_2)$/%	12.6	40.0			
	$\varphi(CH_4)$/%	0.7	2.5	煤气产率/(m³/kg)	2.91	1.36
	$\varphi(CO_2)$/%	7.7	19.5	气化强度/[kJ/(m³·h)]	$20.8×10^4$	$21.2×10^4$
	$\varphi(N_2)$/%	55.7	1.7	碳转化率/%	83.0	81.0
	$\varphi(C_mH_n)$/%	—	—	气化效率/%	61.9	74.4
	$\varphi(H_2S)$/%	0.8	0.3			
	焦油和轻油/(kJ/m³)	—	—			
	产品气热值/(kJ/m³)	4663	10146			

① 流化床（温克勒）气化工艺的主要优点

a. 单炉生产能力大　当炉径为 5.5m，以褐煤为原料，蒸汽-氧气常压鼓风时，单炉生产能力为 60000m³/h；蒸汽-空气常压鼓风时，单炉生产能力为 100000m³/h，均大大高于常压固定床气化炉的产气量。

b. 气化炉结构较简单　如炉算不进行转动，甚至改进的温克勒炉不设炉算，因此操作维修费用较低。每年该项费用只占设备总投资的 1%～2%，炉子使用寿命较长。

c. 可气化细颗粒煤（0～10mm）　随着采煤机械化程度的提高，原煤中细粒度煤的比例亦随之增加，现在，一般原煤中＜10mm 的细粒度煤要占 40% 甚至更多。流化床气化时可充分利用机械化采煤得到＜10mm 的细粒度煤，可适当简化原煤的预处理。

d. 出炉煤气基本上不含焦油　由于煤的干馏和气化在相同温度下进行，相对于移动床干馏区来说，其干馏温度高得多，故煤气中几乎不存在焦油，酚和甲烷含量也很少，排放的洗涤水对环境污染影响较小。

e. 运行可靠，开停车容易　负荷变动范围较大，可在正常负荷的 30%～150% 范围内波动，而不影响气化效率。

② 流化床（温克勒）气化工艺的主要缺点

a. 气化温度低　为防止细粒煤粒中灰分在高温床中软化和结渣，以致破坏气化剂在床层截面上的均匀分布，流化床气化时的操作温度应控制在 900℃ 左右，所以必须使用活性高的煤为原料，并因此对进一步提高煤气产量和碳转化率起了限制作用。

b. 气化炉设备庞大　由于流化床上部固体物料处于悬浮状态，物料运动空间比固定床气化炉中燃料层和上部空间所占的总空间大得多，故流化床气化时以容积计的气化强度比固定床时要小得多。

c. 热损失大　由于炉床内温度分布均匀，出炉煤气温度几乎与炉床温度一致，故带走热量较多，热损失较大。

d. 带出物损失较多　由于使用细颗粒煤为原料，气流速度又较高，颗粒在流化床中磨损使细粉增加，故出炉煤气中带出物较多。

e. 粗煤气质量较差　由于气化温度较低，不利于二氧化碳还原和水蒸气分解反应，故煤气中 CO_2 含量偏高，可燃组分含量（如 CO、H_2、CH_4 等）偏低，因此为净化压缩煤气耗能较多。

温克勒气化工艺的缺点主要是由于操作温度和压力偏低造成的。为克服上述存在的缺点，需提高操作温度和压力。为此，发展了高温温克勒法（HTW）气化工艺和流化床灰团聚气化工艺，如 U-Gas 气化法。

4.4.3　高温温克勒（HTW）气化法

4.4.3.1　基本原理

（1）温度的影响　已知提高气化反应温度有利于二氧化碳还原和水蒸气分解反应，可以提高气化煤气中一氧化碳和氢气的浓度，并可提高碳转化率和煤气产量。要提高反应温度，同时要防止灰分严重结渣而影响过程的正常进行。在原料煤中可添加石灰石、石灰或白云石来提高煤的软化点和熔点。但这只有在煤中灰分具有一定碱性时才合适，否则添加上述石灰石等不仅不能提高灰分的软化点和熔点，甚至会产生相反的效果。

（2）压力的影响　采用加压流化床气化可改善流化质量，消除一系列常压流化床所存在的缺陷。采用加压，增加了反应器中反应气体的浓度，减小了在相同流量下的气流速度，增加了气体与原料颗粒间的接触时间。在提高生产能力的同时，可减少原料的带出损失。在同样生产能力下，可减小气化炉和系统中各设备的尺寸。

① 对床层膨胀度的影响　当气流的质量流量不变时，随着压力的提高，床层膨胀度急剧下降，为使膨胀度达到保证正常流化所需的值，则需提高气体的线速度，即增加鼓风量。研究发现，膨胀度相同的流化床在常压和加压下的运行状态有明显差别。当负荷、粒度组成、膨胀度均相同的条件下，加压下流化床可得到较均匀的床层，气泡含量很少，颗粒的往复运动均匀，并具有相当明显的上部界限。所以，加压流化床的工作状态比常压下稳定。

② 对带出物带出条件的影响　随着流化床反应器中压力的提高，气流密度增大，气流速度减小，床层结构改善，这些都为减少气流从床层中带出粉末创造了有利条件。即不仅带出量减少，而且带出物的颗粒尺寸也减小了。

所以，当床层膨胀度不变时，压力升高，将使带出量大大减少。

③ 加压流化床与常压流化床相比，可使气化炉的生产能力有很大的提高　试验证明，使用水分为 24.5%，粒度为 $1\sim1.6mm$ 的褐煤为原料，在表压分别为 0.049MPa 和 1.96MPa 下，用水蒸气-空气气化时，气化强度可由 $930kg/(m^2 \cdot h)$ 增加到 $2650kg/(m^2 \cdot h)$；当用水蒸气-氧气气化时，气化强度可由 $1050kg/(m^2 \cdot h)$ 增加到 $3260kg/(m^2 \cdot h)$。在床层膨胀度和气化剂组成相同的条件下，气化强度随压力增加而增加，约与两种压力的比值的平方根成正比，这与移动床气化时的规律相同。

④ 压力提高，有利于甲烷的生成，使煤气热值得到相应提高　甲烷生成伴随着热的释放，相应降低了气化过程中的氧耗。

4.4.3.2　气化工艺

高温温克勒气化工艺是在温克勒炉的基础上，提高气化温度和气化压力而开发的一项新工艺。

（1）**工艺流程**　HTW 示范工厂流程如图 4-27 所示。

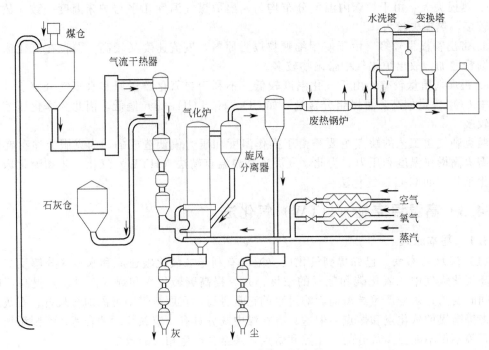

图 4-27　HTW 示范工厂流程

含水分 8%～12% 的干褐煤输入充压至 0.98MPa 的密闭料锁系统后，经螺旋加料器加入气化炉内。白云石、石灰石或石灰也经螺旋加料器输入炉中。煤与白云石类添加物在炉内与经过预热的气化剂（氧气/蒸汽或空气/蒸汽）发生气化反应。携带细煤粉的粗煤气由气化炉逸出，在第一旋风分离器中分离出的较粗的煤粉循环返回气化炉。粗煤气再进入第二旋风分离器，在此分离出细煤灰并通过密闭的灰锁系统将灰排出。除去煤尘的煤气经废热锅炉生产水蒸气以回收余热，然后进入水洗塔使煤气最终冷却和除尘。

褐煤水分超过 8%～12% 时，需经预干燥，使煤中水分含量不大于 10%。

（2）**试验结果**　用莱茵褐煤为原料，煤的灰分中 $w(CaO)+w(MgO)$ 占 50%；$w(5SiO_2)$ 占 8%；灰熔点 $T_1=950℃$，添加 5% 石灰石后提高为 1100℃。以氧气-蒸汽为气化剂，在气化压力为 0.98MPa、气化温度为 1000℃ 的条件下进行高温温克勒（HTW）气化试验，试验结果与常压温克勒气化炉的工艺参数比较见表 4-6。

表 4-6　高温温克勒气化炉与常压温克勒气化炉的比较

项目		常压温克勒气化炉	高温温克勒气化炉
气化条件	压力/MPa	0.098	0.98
	温度/℃	950	1000
气化剂	氧气/(m³/kg 煤)	0.398	0.380
	水蒸气/(m³/kg 煤)	0.167	0.410
产率(CO+H₂)/(m³/t 煤)		1396	1483
气化强度(CO+H₂)/[m³/(m²·h)]		2122	5004
碳转化率/%		91	96

高温温克勒工艺在压力下气化，大大提高了气化炉的生产能力。气化压力提高至 0.98MPa，气化强度达 5000m³(CO+H₂)/(m²·h)，是常压温克勒气化炉的两倍多。由于

提高气化反应温度和使煤气中夹带的煤粉经分离后返回气化炉使用，使碳转化率上升为96%。煤中添加CaO后，不但可脱除煤气中的H_2S等，并可使含碱性灰分的煤灰熔点有所提高。当气化反应温度提高后，虽然煤气中的甲烷含量有所降低，但煤气中的有效成分增加，总之，提高了煤气的质量。

▌4.4.4 灰团聚气化法

灰团聚气化法是一种细粒煤流化床气化过程。其特点是灰渣的形成和排渣方式是团聚排渣。与传统的固态和液态方式不同，它是在流化床中导入氧化性高速射流，使煤中的灰分在软化而未熔融的状态下，在一个锥形床中相互熔聚而黏结成含碳量较低的球状灰渣，有选择性地排出炉外。与固态排渣相比，降低了灰渣中的碳损失；与液态排渣法相比，减少了灰渣带走的显热损失，从而提高了气化过程的碳利用率，是煤气化排渣技术的重大发展。目前采用该技术，并处于由中试装置向示范厂发展的气化工艺有U-Gas气化工艺和KRW气化工艺。

U-Gas气化工艺是美国煤气工艺研究所（IGT）在研究了煤灰团聚过程的基础上开发的流化床灰团聚煤气化工艺。于1974年建立了炉径为0.9m的U-Gas气化炉，在该装置上做了系统的开发工作，使用了世界各地多种煤样约3600t。长期试验结果表明，该工艺基本上可达到原定的三个主要目标：

① 可利用各种煤有效地生产煤气；
② 煤中的碳高效地转化成煤气而不产生焦油和油类；
③ 减少对环境的污染。

中国科学院山西煤化所对灰团聚气化过程也在进行开发研究，并取得了可喜的进展。

（1）U-Gas气化炉及气化过程 U-Gas中试气化炉如图4-28所示。在气化炉内，共完成四个重要功能：煤的破黏、脱挥发分、气化及灰的熔聚，并使团聚的灰渣从半焦中分离出来。

首先将0~6mm级的煤料进行干燥，直到能满足输送的要求。通过闭锁料斗，用气动装置将煤料喷入气化炉内；或用螺旋加料器与气动阀控制进料相结合的方式，将煤料均匀、稳定地加入气化炉内。在流化床中，煤与水蒸气及氧气（或空气）在950~1100℃下进行反应。操作压力视煤气的最终用途而定，可在0.14~2.41MPa范围内变动，煤很快被气化成煤气。

煤气化过程中，灰分被团聚成球形粒子，从床层中分离出来。炉算呈倒锥格栅型。气化剂一部分自下而上流经炉算，创造流化条件；另一部分气化剂则通过炉子底部中心文丘里管高速向上流动，经过倒锥体顶端孔口，进入锥体内的灰熔聚区域，使该区域的温度高于周围流化床的温度，接近煤的灰熔点。在此温度下，含灰分较多的粒子互相黏结、逐渐长大、增重，直至能克服从锥顶逆向而来的气流阻力时，即从床层中分离出来，排到充满水的灰斗中，呈粒状排出。

床层上部空间的作用是裂解在床层内产生的焦油和轻油。

从气化炉逸出的煤气携带的煤粉由两个旋风分离

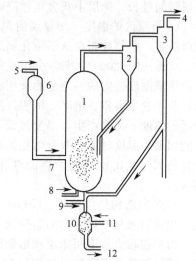

图 4-28 U-Gas 中试气化炉

1—气化炉；2—Ⅰ级旋风除尘器；
3—Ⅱ级旋风除尘器；4—粗煤气出口；
5—原料煤入口；6—料斗；7—螺旋给料机；
8,9—空气；10—灰斗；
11—水入口；12—灰水混合物出口

器分离和收集。由Ⅰ级旋风分离器收集的焦粉返回流化床内；由Ⅱ级旋风分离器收集的焦粉则返回灰熔聚区，在该区内被气化，而后与床层中的灰一起熔聚，最终以团聚的灰球形式排出。

粗煤气实际上不含焦油和油类，因而有利于热量回收和净化过程。

一座直径为1.2m的U-Gas气化炉，以空气和水蒸气为气化剂，气化温度为943℃，气化压力为2.41MPa时，粗煤气的产量为16000m³/h，调荷能力达10∶1，气化效率约79%。煤气组成和热值如表4-7所示。

表4-7 煤气组成和热值

操作条件	煤气组成/%						煤气热值 /(kJ/m³)
	$\varphi(CO)$	$\varphi(CO_2)$	$\varphi(H_2)$	$\varphi(CH_4)$	$\varphi(H_2S+COS)$	$\varphi(N_2+Ar)$	
空气鼓风、烟煤	19.6	9.9	17.5	3.4	0.7	48.9	5732
氧气鼓风、烟煤	31.4	17.9	41.5	5.6	80(mg/kg)	0.9	11166

（2）U-Gas气化工艺的特点

① 灰分熔聚及分离　U-Gas气化工艺的主要特点是流化床中灰渣与半焦的选择性分离，即煤中的碳被气化，同时灰被熔聚成球形颗粒，并从床层中分离出来。

气化所形成的含灰较多的颗粒表面熔化和团聚成球形颗粒，并从床层中分离出来。

灰粒的表面熔化或熔聚成球是一个复杂的物理化学过程。为使在气化过程中实现灰的熔聚和分离，气化炉中灰熔聚区域的几何形状、结构尺寸及相应的操作条件都起着重要的作用。它包括：文丘里管（颈部）内的气速、流经文丘里管和流经炉算的氧气量与水蒸气量的比例，熔聚区的温度以及带出细粉的循环量等因素。

a. 文丘里管内的气流速度　文丘里管内的气速及气化剂中的汽氧比极为重要，它直接关系到床层高温区的形成。文丘里管颈部的气速控制着灰球在床层中的停留时间，相应地决定了灰球中的含碳量。当灰球中的含碳量在允许范围以内时，停留时间越短越好，以免由于停留时间过长，床层中灰含量过高，导致结渣现象的发生。

b. 熔聚区的温度　熔聚区的温度是灰团聚成球的最重要的影响因素。它由煤和灰的性质所决定，必须控制在灰不熔化而又能团聚成球的程度。实验发现，此温度常比煤的灰熔点（T_1）低100～200℃，与灰分中铁的含量有关。有的理论认为，煤中灰分的团聚是依靠灰粒外部生成黏度适宜的一定量的液相将灰粒表面润湿，在灰粒相互接触时，由于表面张力的作用，灰粒发生重排、熔融、沉积以及灰粒中晶粒长大。而黏度适宜的一定数量的液相只有在合适的温度下才能产生。温度过低，灰粒外表面难以生成液相，或生成的液相量太少，灰分不能团聚；温度过高，灰分熔化黏结成渣块，破坏了灰球的正常排出。一般通过文丘里管的气化剂的汽氧比比通过炉算的气化剂的汽氧比低得多，这样才能形成灰熔聚所必需的高温区。

c. 带出细粉的再循环　U-Gas气化工艺借助两个旋风分离器实现细粉循环并进一步气化，生成的细灰与床层中的熔聚灰一起形成灰球排出。

由于细粉直接返回床层和熔聚区，在返回过程中细粉的冷却和热量损失、气化反应的吸热，使得细粉的循环量对灰熔区的温度有一定的影响。故要选择好细粉返回床层的适宜位置，加强返回系统的保温，使其对灰熔区温度的影响变得较小，达到既提高煤的利用率，又保证灰熔聚成球的正常进行。

② 对煤种有较广泛的适应性　U-Gas气化工艺的主要优点在于它具有较广泛的煤种适应性和高的碳转化率。中试结果表明，粒度为0～6mm的煤料用作气化原料时，无需除去任何细粉。具有一定黏结性的煤，可不需经预氧化处理直接用于气化，并可使用含灰分较多

的原煤作为气化原料。不过值得注意的是，该法在中国上海焦化有限公司的工业应用未获成功。

4.5 气流床气化法

▶▪ 4.5.1 基本原理和特点

4.5.1.1 基本原理

在气化炉的基本原理中曾述及，当气体流过固体床层时，进一步提高气体流速至超过某一数值，则床层不能再保持流化态，固体颗粒与气体质点流动类似被分散悬浮在气流中，被气流带出容器，此种形式称为气流床。

所谓气流床气化，一般是将气化剂（氧气和水蒸气）夹带着煤粉或煤浆，通过特殊喷嘴送入炉膛内。在高温辐射下，氧煤混合物瞬间着火、迅速燃烧，产生大量热量。火焰中心温度可高达 2000℃ 左右，所有干馏产物均迅速分解，煤焦同时进行气化，生成含一氧化碳和氢气的煤气及熔渣。

气流床气化炉内的反应基本上与流化床内的反应类似。

在反应区内，由于煤粒悬浮在气流中，随着气流并流运动。煤粒在受热情况下进行快速干馏和热解，同时煤焦与气化剂进行着燃烧和气化反应，反应产物间同时存在着均相反应，煤粒之间被气流隔开。所以，煤粒基本上是单独进行膨胀、软化、燃尽及形成熔渣等过程的，而煤粒相互之间的影响较小，从而使原料煤的黏结性、机械强度、热稳定性对气化过程基本上不起作用。故气流床气化除对熔渣的黏度-温度特性有一定要求外，原则上可适用于所有煤种。

4.5.1.2 主要特征

（1）气化温度高、气化强度大　气流床反应器中由于煤粒和气流的并流运动，煤料与气流接触时间很短，而且由于气流在反应器中的短暂停留，故要求气化过程在瞬间完成。为此，必须保持很高的反应温度（达 2000℃ 左右）和使用煤粉（＜200 目）作为原料，以纯氧和水蒸气为气化剂，所以气化强度很大。

（2）煤种适应性强　气化时对原料煤除要注意熔渣的黏度-温度特性外，基本上可适用所有煤种。但褐煤不适于制成水煤浆加料。

当然，挥发分含量较高、活性好的煤较易气化，完成反应所需要的空间小，反之，为完成气化反应所需的空间较大。

（3）煤气中不含焦油　由于反应温度很高，炉床温度均一。煤中挥发分在高温下逸出后，迅速分解和燃烧生成二氧化碳和水蒸气，并放出热量。二氧化碳和水蒸气在高温下与脱挥发分后的残余炭反应生成一氧化碳和氢，因而制得的煤气中不含焦油，甲烷含量亦极少。

（4）需设置较庞大的磨粉、余热回收、除尘等辅助装置　由于气流床气化时需用粉煤，要求粒度为 70%～80% 通过 200 目筛，故需较庞大的制粉设备，耗电量大。此外，由于气流床为并流操作，制得的煤气与入炉的燃料之间不能产生热交换，故出口煤气温度很高。同时，因为气速很高，带走的飞灰很多，因此，为回收煤气中的显热和除去煤气中的灰尘需设置较庞大的余热回收和除尘装置。

▶▪ 4.5.2 K-T 气化法

K-T（Koppers-Totzek）气化法是气流床气化工艺中一种常压粉煤气化制合成气的方法。

4.5.2.1 气化炉

K-T气化炉如图4-29所示。K-T炉炉身内衬有耐火材料制作的圆筒体，两端各安装着圆锥形气化炉头，一般如图4-29所示为两个炉头，也有四个炉头的。

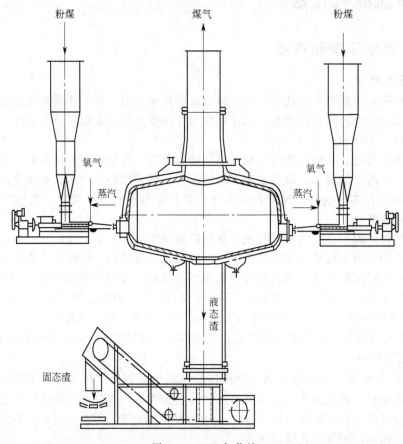

图 4-29 K-T气化炉

粉煤（约85％通过200目筛，即细于0.1mm）与氧气和水蒸气混合物由气化室相对两侧的炉头并流送入，瞬间着火，形成火焰，进行反应。在火焰末端，即气化炉中部，粉煤几乎完全被气化。由于两股相对气流的作用，使气化区内的反应物形成高度湍流，使反应加快。反应基本上在炉头内完成，即在喷嘴出口0.5m处或在0.1s内完成。气体在炉内的停留时间约为1s。在炉内的高温下，灰渣熔融呈液态，其中60％～70％自气化炉底排出，其余的熔融细粒及未燃尽的炭被粗煤气夹带出炉。为了防止炉衬受结渣、侵蚀和高温的影响，炉内设有水蒸气保护幕。保护幕呈圆锥形，包围着粉煤燃烧与气化所形成的火焰。

经过多年的研究，K-T炉在炉型、耐火材料寿命及废热回收等方面有了很大进展。

目前，世界上最大的K-T炉在印度，容积为56m³，有四个炉头，采用喷涂耐火衬里，以渣抗渣的冷壁结构，可副产高压蒸汽。

K-T炉的耐火衬里，原采用硅砖砌筑，经常发生故障，后改用捣实的含铬耐火混凝土，近年又改用加压喷涂含铬耐火材料，涂层厚70mm，使用寿命可达3～5年。采用以氧化铝为主体的塑性捣实材料，其效果也较好。

K-T炉炉型原设计为双锥形炉头。今已发展为抛物面炉头，炉头与炉膛的吻合相当平滑。

4.5.2.2 气化工艺

（1）气化工艺流程 K-T 气化工艺流程包括：煤粉制备、煤粉和气化剂的输送、制气、废热回收和洗涤冷却等部分，如图 4-30 所示。

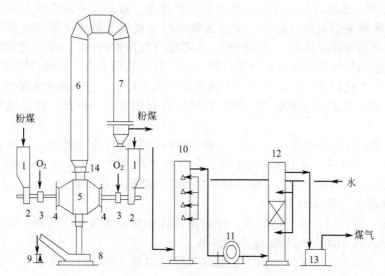

图 4-30 K-T 气化工艺流程

1—煤斗；2—螺旋给料机；3—氧煤混合器；4—粉煤喷嘴；5—气化炉；
6—辐射锅炉；7—废热锅炉；8—除渣机；9—运渣车；10—冷却洗涤塔；11—泰生洗涤机；
12—最终冷却塔；13—水封槽；14—激冷器

① 煤粉制备 要求煤粉粒度达到 70%～80%通过 200 目筛，并要求干燥。干燥后，烟煤水分控制在 1%，褐煤水分控制在 8%～10%。

小于 25mm 的原料煤送至球磨机中进行粉碎，从燃烧炉来的热风与循环风、冷风混合成 200℃左右（视煤种而定）的温风也进入球磨机。原煤在球磨机内磨细、干燥，煤粉随 70℃左右的气流进入粗粉分离器，进行分选，粗煤粒返回球磨机，合格的煤粉加入充氮的粉煤贮仓。

② 煤粉和气化剂的输入 煤粉由煤仓用氮气通过气动输送系统输入气化炉上部的粉煤料斗，全系统均以氮气充压，以防氧气倒流而产生爆炸。粉煤以均匀的速度加入螺旋加料器，螺旋加料器将煤粉送入氧煤混合器。从空分车间送来的工业氧，经计量后进入氧煤混合器。在混合器内，氧气和煤粉均匀混合，通过一连接短管，进入烧嘴，以一定的速度喷入气化炉内，过热蒸汽同时经烧嘴送入气化炉内。

煤粉喷射速度必须大于火焰的扩散速度，这是防止回火的关键。

每个炉头内的两个烧嘴组成一组，与对面炉头内的烧嘴处于同一直线上。每个烧嘴皆有相应的螺旋加料器给煤。这种双烧嘴相邻对称设置的优点是：改善湍流状态，当其中一个烧嘴堵塞时，仍可保证继续操作；喷出的煤粉在自己的火焰区中未燃尽时，可进入对面烧嘴的火焰中气化；由于相对烧嘴的火焰是相对喷射的，一端的火焰喷不到对面炉壁，因此炉壁耐火材料承受瞬间高温的程度可以减轻。

③ 制气 由烧嘴进入的煤、氧和水蒸气在气化炉内迅速反应，产生温度约为 1400～1500℃的粗煤气。粗煤气在炉出口处用饱和蒸汽激冷，气体温度降至 900℃以下，气体中夹带的液态灰渣快速固化，以免黏在炉壁上，堵塞气体通道而影响正常生产。

在高温炉膛内生成的液态渣，经排渣口排入水封槽淬冷，灰渣用捞渣机排出。

④ 废热回收 生成气的显热用辐射锅炉或对流火管锅炉加以回收，并副产高压蒸汽。

废热锅炉出口煤气温度在 300℃ 以下。

辐射式废热锅炉约可回收热量的 70%,由于炉内空腔大,故结渣、结灰等问题均不严重,对流式废热锅炉的技术问题较多,如飞灰对炉管的磨损较严重等。

⑤ 洗涤冷却 洗涤冷却系统有多种流程可供选择。根据飞灰的含碳量和回收利用的要求,可选用传统的考伯斯除尘流程、干湿法联合除尘流程及温法文丘里流程等。如图 4-30 所示系传统的考伯斯除尘流程。该流程中,不考虑飞灰回收利用,飞灰经洗涤后集中堆存处理。由于在正常操作时,多数煤种气化时产生的飞灰含碳量不高,不值得回收利用。

该流程中,气化炉逸出的粗煤气经废热锅炉回收显热后,进入冷却洗涤塔,直接用水洗涤冷却,再由机械除尘器(泰生洗涤机)和最终冷却塔除尘和冷却,用鼓风机将煤气送入气柜。

冷却洗涤塔的除尘效率可达 90%,经泰生洗涤机和最终冷却塔后,气体含尘量可降至 $30\sim50mg/m^3$;采用两套泰生洗涤机串联,并通过焦炭过滤,气体含尘量可降至 $3mg/m^3$。洗涤塔中的洗涤水经沉降分离后,循环使用。泰生洗涤机则使用新水。

(2) 操作条件与气化指标

① 原料煤 可应用各种类型的煤,特别是褐煤和年轻烟煤更为适用。要求煤的粒度小于 0.1mm,即要求 70%~80% 通过 200 目筛。

② 温度 火焰中心温度为 2000℃,粗煤气炉出口处未经淬冷前温度为 1400~1500℃。

③ 压力 微正压。

④ 氧煤比 烟煤 0.85~0.9kg/kg 煤。

⑤ 蒸汽煤比 0.3~0.34kg/kg 煤。

⑥ 气化效率 69%~75%(冷煤气效率)。

⑦ 碳转化率 80%~98%。

⑧ 使用不同原料时,生成气的性质见表 4-8。

表 4-8 K-T 气化炉生产的生成气的性质

项 目		烟煤	褐煤	燃料油
原料组成	$W/\%$	1.0	8.0	0.05
	$A/\%$	16.2	18.4	—
	$w(C)/\%$	68.8	49.5	85.0
	$w(H)/\%$	4.2	3.3	11.4
	$w(O)/\%$	8.6	16.1	0.40
	$w(N)/\%$	1.1	1.8	0.15
	$w(S)/\%$	0.1	2.9	3.0
生成气组成	$\varphi(H_2)/\%$	33.3	27.2	47.0
	$\varphi(CO)/\%$	53.0	57.1	46.6
	$\varphi(CH_4)/\%$	0.2	0.2	0.1
	$\varphi(CO_2)/\%$	12.0	11.8	4.4
	$\varphi(O_2)/\%$	痕迹	痕迹	痕迹
	$\varphi(N_2+Ar)/\%$	1.5	2.2	1.2
	$\varphi(H_2S)/\%$	<0.1	1.5	0.7
生成气热值/(MJ/m³)		10.36	10.22	10.99
产气率/(m³/kg)		1.87	1.27	2.89

(3) 主要优缺点 主要优点是 K-T 气化法的技术成熟,有多年运行经验;气化炉结构简单,维护方便,单炉生产能力大;煤种适应性广,更换烧嘴还可气化液体燃料和气体燃料;蒸汽用量低;煤气中不含焦油和烟尘,甲烷含量很少(约 0.2%),有效成分(CO+ H_2)可达 85%~90%;不产生含酚废水,大大简化了煤气净化工艺,生产灵活性大,开、

停车容易，负荷调节方便；碳转化率高于流化床。

主要缺点是制煤粉需要庞大的制粉设备，耗电量高；气化过程中耗氧量较大，需设空分装置，又需消耗大量电力；为将煤气中含尘量降至 $0.1mg/m^3$ 以下，需有高效除尘设备。在制煤粉过程中，为防止粉尘污染环境，也需设置高效除尘装置，故操作能耗大，建厂投资高。

为进一步提高气化强度和生产能力，在 K-T 炉的基础上，发展了谢尔-考伯斯（Shell-Koppers）炉，即由原来的常压操作改进为加压下气化，使生产能力大为提高。

▌4.5.3 Shell 煤气化工艺

Shell 煤气化工艺（shell coal gasification process，SCGP），是由荷兰 Shell 国际石油公司开发的一种加压气流床粉煤气化技术。Shell 煤气化工艺由 20 世纪 70 年代初期开始开发至 90 年代投入工业化应用。1993 年采用 Shell 煤气化工艺的第一套大型工业化生产装置在荷兰布根伦市建成，用于整体煤气化燃气-蒸汽联合循环发电，发电量为 250MW。设计采用单台气化炉和单台废热锅炉，气化规模为 2000t/d 煤。煤电转化总（净）效率＞43%（低位发热量）。1998 年该装置正式投入商业化运行。

4.5.3.1 工艺技术特点

Shell 煤气化工艺属加压气流床粉煤气化，是以干煤粉进料，纯氧作气化剂，液态排渣。干煤粉由少量的氮气（或二氧化碳）吹入气化炉，对煤粉的粒度要求也比较灵活，一般不需要过分细磨，但需要经热风干燥，以免粉煤结团，尤其对含水量高的煤种更需干燥。气化火焰中心温度随煤种不同在 1600～2200℃，出炉煤气温度为 1400～1700℃。产生的高温煤气夹带的细灰尚有一定的黏结性，所以出炉需与一部分冷却后的循环煤气混合，将其激冷到900℃左右后再导入废热锅炉，产生高压过热蒸汽。干煤气中的有效成分 $CO+H_2$ 可高达90% 以上，甲烷含量很低。煤中约有 83% 以上的热能转化为有效气，大约有 15% 的热能以高压蒸汽的形式回收。表 4-9 列出了 Shell 煤气化工艺在德国汉堡（Shell-Koppers）中试装置的设计条件和不同煤种的试验结果。

表 4-9 Shell-Koppers 中试装置的设计条件和试验结果

项目	数据	
设计条件		
处理煤量/(t/h)	150	
操作压力/MPa	3.0	
最高气化温度/℃	1700～2000	
单炉生产能力/(m³/h)	8500～9000	
主要试验结果		
煤种	Wyodak 褐煤	烟煤
气体组成/%		
CO	66.1	65.1
CO_2	2.5	0.8
H_2	30.1	25.6
CH_4	0.4	
H_2S+COS	0.2	0.47
N_2	0.7	8.03
(氧/煤)/(kg/kg)	1.0	1.0
产气率/(m³/kg)		2.1
碳转化率/%	＞98	99.0

加压气流床粉煤气化（Shell 炉）是 20 世纪末实现工业化的新型煤气化技术，是 21 世

纪煤炭气化的主要发展途径之一，其主要工艺技术特点如下。

① 适用煤种广 由于采用干法粉煤进料及气流床气化，因而对煤种适应广，可使任何煤种完全转化。它能成功地处理高灰分、高水分和高硫煤种，能气化无烟煤、石油焦、烟煤及褐煤等各种煤。对煤的性质诸如活性、结焦性、水、硫、氧及灰分不敏感。

② 能源利用率高 由于采用高温加压气化，因此其热效率很高，在典型的操作条件下，Shell 气化工艺的碳转化率高达 99%。合成气对原料煤的能源转化率为 80%～83%。在加压下（3MPa 以上），气化装置单位容积处理的煤量大，产生的气量多，采用了加压制气，大大降低了后续工序的压缩能耗。此外，还由于采用干法供料，也避免了湿法进料消耗在水汽化加热方面的能量损失。因此能源利用率也相对提高。

③ 设备单位容积产气能力高 由于是加压操作，所以设备单位容积产气能力提高。在同样的生产能力下，设备尺寸较小，结构紧凑，占地面积小，相对地建设投资也比较低。

④ 环境效益好 因为气化在高温下进行，且原料粒度很小，气化反应进行得极为充分，影响环境的副产物很少，因此干粉煤加压气流床工艺属于洁净煤工艺。Shell 煤气化工艺脱硫率可达 95% 以上，并产生出纯净的硫黄副产品，产品气的含尘量低于 $2mg/m^3$。气化产生的熔渣和飞灰是非活性的，不会对环境造成危害。工艺废水易于净化处理和循环使用，通过简单处理可实现达标排放。生产的洁净煤气能更好地满足合成气、工业锅炉和燃气透平的要求及环保要求。

4.5.3.2 Shell 煤气化工艺流程及气化炉

Shell 煤气化工艺（SCGP）流程见图 4-31，从示范装置到大型工业化装置均采用废热锅炉流程。来自制粉系统的干燥粉煤由氮气或二氧化碳气体经浓相输送至炉前煤粉贮仓及煤锁斗，再经加压氮气或二氧化碳加压将细煤粒子由煤锁斗送入经向相对布置的气化烧嘴。气化所需氧气和水蒸气也送入烧嘴。通过控制加煤量，调节氧量和蒸汽量，使气化炉在 1400～1700℃运行。气化炉操作压力为 2～4MPa。在气化炉内，煤中的灰分以熔渣的形式排出。绝大多数熔渣从炉底离开气化炉，用水激冷，再经破渣机进入渣锁系统，最终泄压排出系统。熔渣为一种惰性玻璃状物质。

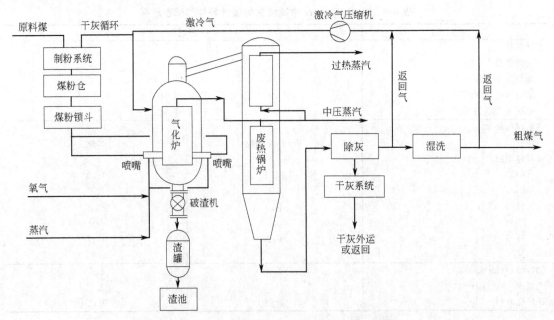

图 4-31 Shell 煤气化工艺（SCGP）流程示意图

出气化炉的粗煤气夹带着飞散的熔渣粒子被循环冷却煤气激冷，熔渣固化而不致黏在冷却器壁上，然后再从煤气中脱除。合成气冷却器采用水管式废热锅炉，用来产生中压饱和蒸汽或过热蒸汽。粗煤气经省煤器进一步回收热量后进入陶瓷过滤器除去细粉尘（<20mg/m³）。部分煤气加压循环用于出炉煤气的激冷。粗煤气经脱除氯化物、氨、氰化物和硫（H_2S、COS），HCN 转化为 N_2 或 NH_3，硫化物转化为单质硫。工艺过程中大部分水循环使用。废水在排放前需经生化处理。如果要将废水排放量减小到零，可用低位热将水蒸发。剩下的残渣只是无害的盐类。

4.5.3.3 气化炉

Shell 煤气化装置的核心设备是气化炉。Shell 煤气化炉结构简图见图 4-32。Shell 煤气化炉采用膜式水冷壁形式。它主要由内桶和外桶两部分构成：包括膜式水冷壁、环形空间和高压容器外壳。膜式水冷壁向火侧覆有一层比较薄的耐火材料，一方面为了减少热损失；另一方面更主要的是为了挂渣，充分利用渣层的隔热功能，以渣抗渣，以渣护炉壁，可以使气化炉热损失减少到最低，以提高气化炉的可操作性和气化效率。环形空间位于压力容器外壳和膜式水冷壁之间。设计环形空间的目的是为了容纳水、蒸汽的输入输出和集气管，另外，环形空间还有利于检查和维修。气化炉外壳为压力容器，一般小直径的气化炉用钨合金钢制造，其他用低铬钢制造。对于日产 1000t 合成氨的生产装置，气化炉壁设计温度一般为 350℃，设计压力为 3.3MPa（气）。

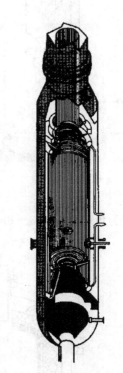

气化炉内筒上部为燃烧室（或气化区），下部为熔渣激冷室。煤粉及氧气在燃烧室反应，温度为 1700℃ 左右。Shell 煤气化炉由于采用了膜式水冷壁结构，内壁衬里设有水冷管，副产部分蒸汽，正常操作时壁内形成渣保护层，用以渣抗渣的方式保护气化炉衬里不受侵蚀，避免了由于高温、熔渣腐蚀及开停车产生应力对耐火材料的破坏而导致气化炉无法长周期运行。由于不需要耐火砖绝热层，运行周期长，可单炉运行，不需备用炉，可靠性高。

图 4-32　Shell 煤气化炉结构

近几年，中国已相继引进十多套装置，建在洞庭氮肥厂的第一套装置即将投入运转。Shell 技术用于合成气合成化学品生产有待实践检验。

■ 4.5.4　GSP 粉煤气化法

德国黑水泵煤气厂从 1977 年开始开发了干法进料的加压粉煤气化方法，开始建立的中试装置处理量为 100～300kg/h，后来达到 10t/h。到 1983 年又建成了大型装置，大型装置的设计数据如下。

GSP 粉煤气化工艺流程如图 4-33 所示，进入系统的煤经粉碎后在干燥器内用 700～800℃ 烟气干燥到水分为 10%，干燥后烟气温度为 120℃，经过滤器后排空。干燥后的煤，在球磨机中磨碎到 80% 的煤小于 0.2mm，送入粉煤贮仓。

为了将煤粉加压到 4MPa，交替使用加压密封煤锁。低压侧用球阀隔开。加料状况由流量装置检测。通过加压煤斗的交替使用，使计量加料器可连续供料，气流分布板在计量加料器的下部，在其上部形成松散的流化床。松动的粉煤以密相形式，由载气吹入输送管道中，并导入气化炉喷嘴。一个计量加料器可连接许多喷嘴。采用这种高密度褐煤粉的运行参数

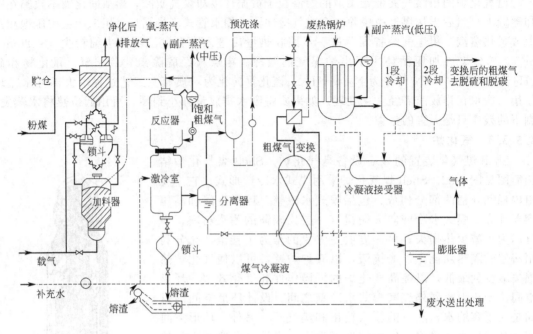

图 4-33 GSP 粉煤气化工艺流程图

是：为传送速度为 $3\sim8\text{m/s}$；粉状褐煤的负载密度为 $250\sim450\text{kg/m}^3$；输送能力为 $800\sim1200\text{kg/(cm}^2\cdot\text{h)}$。

这个输送系统的优点是采用了最小的损耗，最低的载气耗量和较小的管道截面积，输送气体可用自产煤气、工业氮或 CO_2，可根据煤气的用途而定。

GSP 粉煤气化炉如图 4-34 所示，粉煤和氧蒸气进行火焰反应，停留时间为 $3\sim10\text{s}$。火焰温度为 $1800\sim2000\,^{\circ}\text{C}$，设计压力为 $1\sim5\text{MPa}$，反应剂以轴向的平行方向通过喷嘴进入，热煤气和熔渣由下部出口导出。反应器壁上布满了排管，在排管中用冷却水进行冷却或可设计成锅炉系统。排管内压力通常比反应器高一些。这种结构已通过多年运行的考验。冷却排管移去热量占总输出量的 $2\%\sim3\%$。

粗煤气同液态渣一起离开反应室后进入激冷室，用水激冷，液渣固化成为颗粒状。粗煤气进入激冷室的温度为 $1400\sim1600\,^{\circ}\text{C}$，被冷却到 $200\,^{\circ}\text{C}$，并被蒸汽饱和，同时除去渣粒和未气化的粉状燃料的残余物。

两种粉煤气化参数列于表 4-10，可见用东爱尔勃褐煤时，由于煤气中氧的含量较高，粗煤气中 CO_2 含量高达 $10\%\sim12\%$。

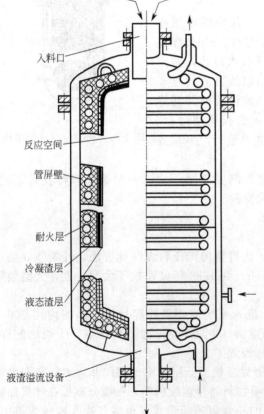

图 4-34 GSP 粉煤气化炉

表 4-10 两种粉煤气化参数

项目		东爱尔勃褐煤	西爱尔勃褐煤	
			有助燃剂	无助燃剂
煤气产量/[m³/h 粗煤气(干)]		25000～52000	40000	40000
粉煤消耗率/[kg/m³ 粗煤气(干)]		0.65～0.67	0.645	0.646
气化效率/%		72～75	69	72.5
碳转化率/%		99.5	99.7	99.5
粗煤气组成(干)/%	$\varphi(H_2)$	35～39	39～42	36～41
	$\varphi(CO)$	46～50	39～43	36～41
	$\varphi(CO_2)$	10～12	11～13	15～19
	$\varphi(N_2)$	2.5～3.0	2.5～3.9	3.1～4.0
	$\varphi(CH_4)$	0～0.4	0～0.4	0～0.4
	$\varphi(CO+H_2)$	约85	约85	约79

GSP 工艺已经经过多年大型装置的运行，业已证明可以气化高硫、高灰分和高盐煤。煤气中 CH_4 含量很低，可作合成气，气化过程简单，气化炉能力大。中试的试验表明，这一方法也可以气化硬煤和焦粉。此法具有谢尔法和德士古法的优点，又避开了它们的缺点，目前受到中国有关企业的广泛重视，即将投入使用。

▶ 4.5.5 德士古（Texaco）气化法

德士古气化法是一种以水煤浆为进料的加压气流床气化工艺。它是在德士古重油气化工业装置的基础上发展起来的煤气化装置。

德国鲁尔化学公司（Ruhrchemie）和鲁尔煤炭公司（Ruhr-Kohle）取得了德士古气化专利，于 1977 年在奥伯豪森-霍尔顿建成日处理煤 150t 的示范工厂。此后，德士古气化技术得到了迅速发展。单炉生产能力已达到 1832t/d。

4.5.5.1 基本原理和气化炉型

德士古水煤浆加压气化过程属于气流床并流反应过程，德士古气化炉如图 4-35 所示。

水煤浆通过喷嘴在高速氧气流作用下破碎、雾化喷入气化炉。氧气和雾状水煤浆在炉内受到耐火衬里的高温辐射作用，迅速经历着预热、水分蒸发、煤的干馏、挥发物的裂解燃烧以及炭的气化等一系列复杂的物理、化学过程。最后，生成以一氧化碳、氢气、二氧化碳和水蒸气为主要成分的湿煤气及熔渣，一起并流而下，离开反应区，进入炉子底部激冷室水浴，熔渣经淬冷、固化后被截留在水中，落入渣罐，经排渣系统定时排放。煤气和所含饱和蒸汽进入煤气冷却净化系统。

气化炉为一直立圆筒形钢制耐压容器，炉膛内壁衬以高质量的耐火材料，以防热渣和粗煤气的侵蚀。气化炉近似绝热容器，故热损失很少。德士古气化炉内部无结构件，维修简单，运行可靠性高。

气化炉内除主要进行反应式(4-2)、式(4-3)、

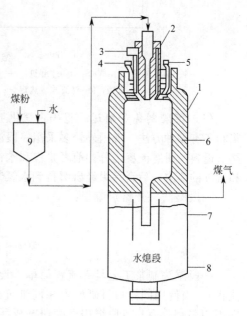

图 4-35　德士古气化炉
1—气化炉；2—喷嘴；3—氧气入口；
4—冷却水入口；5—冷却水出口；6—耐火砖衬；
7—水入口；8—渣出口；9—水煤浆槽

式(4-4)、式(4-5)、式(4-8)、式(4-9)外，还进行以下反应：

$$C_mH_n = (m-1)C + CH_4 + \frac{n-4}{2}H_2$$

$$C_mH_n + \left(m + \frac{n}{4}\right)O_2 = mCO_2 + \frac{n}{2}H_2O$$

4.5.5.2 德士古气化工艺

图 4-36 所示为德士古气化工艺流程简图。由图 4-36 可见，德士古气化工艺可分为煤浆制备和输送、气化和废热回收、煤气冷却净化等部分。

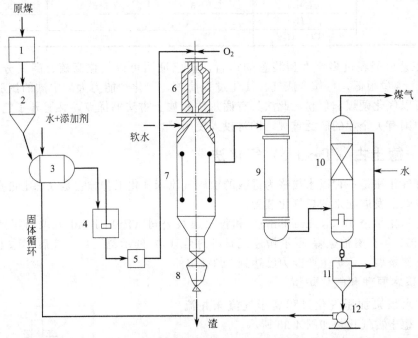

图 4-36 德士古气化工艺流程简图
1—输煤装置；2—煤仓；3—球磨机；4—煤浆槽；5—煤浆泵；6—气化炉；7—辐射式废热锅炉；
8—渣锁；9—对流式废热锅炉；10—气体洗涤器；11—沉淀器；12—灰渣泵

（1）煤浆制备和输送　德士古气化工艺采用煤浆进料，比干式进料系统稳定、简单。煤浆制备有多种方法，现国外较多采用一段湿法制水煤浆工艺，同时，又有开路（不返料）和闭路（返料）研磨流程之分。前者是煤和水按一定比例一次通过磨机制得水煤浆，同时满足粒度和浓度的要求；后者是煤经研磨得到水煤浆，再经湿筛分级，分离出的大颗粒再返回磨机。

一段湿法（开路）流程：

原煤 → 高浓度湿磨 → 水煤浆
（水　添加剂）

一段湿法制浆工艺具有流程简单、设备少、能耗低、无需二次脱水等优点（尤其是开路流程）。当使用同样物料研磨到相同细度时，湿法比干法可节省动力 30% 左右。所谓干法，即不用湿磨，而是将原煤用干磨研磨成所要求的筛分组成的煤粉，再按比例加入水和添加剂混合制成水煤浆。

（2）气化和废热回收　气化炉是气化过程的核心。在气化炉结构中，喷嘴是关键设备。喷嘴结构直接影响到雾化性能，并进一步影响气化效率，还会影响耐火材料的使用寿命。喷嘴的良好设计可把能量从雾化介质中转移到煤浆中去，为氧气和煤浆的良好混合提供有利条件。要求喷嘴能以较少的雾化剂和较少的能量实现雾化，并具有结构简单，加工方便，使用寿命长等性能。据报道，一个设计良好的喷嘴，能使碳转化率从94％提高到99％。

喷嘴按物料混合方式不同，可分为内混式或外混式；按物料导管的数量不同，可分为双套管式和三套管式等。

国外使用的喷嘴结构基本上是三套管式，中心管导入15％氧气，内环隙导入煤浆，外环隙导入85％氧气，并根据煤浆的性质可调节两股氧气的比例，以促使氧、碳反应完全。

水煤浆气化炉对向火面耐火材料的要求很高。因该处除承受热力腐蚀、机械磨蚀外，还将遭受灰渣的物理、化学等腐蚀使用。影响耐火材料性质的主要因素有温度、煤灰性质、熔渣流速及热态机械应力等，而其中以炉温为最重要的因素。由于高温下反应，有相当多的热量随煤气以显热的形式存在。因此，煤气化的经济性必然与副产蒸汽相联系。

根据煤气最终用途不同，粗煤气可有三种不同的冷却方法。

① 直接淬冷法 多见于生产合成氨原料气或氢气等生产流程。

高温煤气和液态熔渣一起，通过炉子底部的激冷室，与水直接接触而冷却；或在气化室下部用水喷淋冷却。在粗煤气冷却的同时，产生大量高压蒸汽，混合在粗煤气中一起离开气化炉。

② 间接冷却法 即采用废热锅炉的间接冷却法。多见于生产工业燃料气、联合循环发电用燃气、合成用原料气等。

在气化炉下部直接安装辐射式冷却器（废热锅炉）。粗煤气将热传给水冷壁管而被冷却至700℃左右。熔渣粒固化、分离，落入下面的淬冷水池，后经闭锁渣斗排出。辐射式冷却器的水冷壁管内产生高压蒸汽，作动力和加热用。离开辐射冷却器的煤气导入对流冷却器（水管锅炉）进一步冷却至300℃左右，同时回收显热和生产蒸汽。

③ 间接冷却和直接淬冷相结合的方法 热粗煤气先在辐射式冷却器中冷却至700℃左右，使熔渣固化，与煤气分离，同时产生高压蒸汽。然后，粗煤气用水喷淋淬冷至200℃左右。

（3）煤气的冷却净化及"三废"处理 经回收废热的粗煤气，需进一步冷却和脱除其中的细灰，可通过煤气洗涤器或文丘里喷嘴等加以洗涤冷却。

煤气中不含焦油，故不需设置脱焦油装置。

废水中含有极少量的酚、氰化氢和氨，只需常规处理即可排放。

固体排放物（固体熔渣）不会造成对环境的污染，并可用作建筑材料。

4.5.5.3 气化指标

表4-11列举了国内外德士古气化炉的主要气化操作指标。

表 4-11 国内外德士古气化炉的主要气化操作指标

项目		国外中试	国外中试	宇部工业	中国中试
煤种		伊利诺伊6号煤	伊利诺伊6号煤	澳洲煤	澳洲煤
元素分析/%	$w(C)$	65.64	65.64	66.80	69.34
	$w(H)$	4.72	4.72	5.00	3.92
	$w(N)$	1.32	1.32	1.70	0.60
	$w(S)$	3.41	3.41	4.20	1.54
	$w(A)$	13.01	13.01	15.00	15.17
	$w(O)$	11.90	11.90	7.30	9.40
煤样高热值/(kJ/kg)		26796	26796	28931	28361
投煤量/(t/h)		0.635	6.35	约20	1.2
气化压力(绝压)/MPa		2.58	—	3.49	2.56

项目		国外中试	国外中试	宇部工业	中国中试
煤种		伊利诺伊6号煤	伊利诺伊6号煤	澳洲煤	澳洲煤
气体组成/%	$\varphi(CO)$	42.2	39.5	41.8	36.1～43.1
	$\varphi(H_2)$	34.4	37.5	35.7	32.3～42.4
	$\varphi(CO_2)$	21.7	21.5	20.6	22.1～27.6
碳转化率/%		99.0	95.0	98.5	95～97
冷煤气效率/%		68.0	69.5	—	65.0～68.0

4.5.5.4 评价

德士古气化护的特点是单炉生产能力大，能使用除褐煤以外的各种灰清的黏度-温度特性合适的粉煤为原料，故使用的煤种较宽。本法所制得的煤气中甲烷及烃类含量极低，最适宜用作合成气。由于德士古气化法系在加压下操作，它可配合不同的合成工艺，进行等压操作。工艺过程中所产生的"三废"少且易于处理，并可考虑使用排出的废水制备水煤浆。为防止水中可溶性盐类的积累，可适当排出少量废水，按常规的方法处理即可。当本法使用高灰熔点的煤气化时，可能需要添加助熔剂以克服排渣的困难。这时此法就将大为逊色，使原来每生产1m³煤气的耗氧量较高的缺点就更为突出。德士古气化法可使用较多的煤种，然而皆需制成粉煤，故煤的粉碎部分投资大，且耗能较多。粉煤与水制成水煤浆的优点是加料方便和稳定，但与干法加料相比，必然增加氧耗。除了褐煤因煤浆浓度低不宜作原料外，高灰分煤也不适用，困难在于磨碎和氧耗太高。

德士古气化法虽然也存在一些缺点，但其优点是显著的，而且与其他许多有希望且优点突出的气化方法相比较，它最先实现了工业化规模生产，已为许多国家所采用。在中国，山东鲁南化肥厂、上海焦化厂、渭河煤化工集团和安徽淮南化工厂都已引进该煤气化工艺，并都已投入生产。所以，德士古气化法是煤气化领域中的一个成功的范例。

4.6 煤气化联合循环发电

随着生产的发展和生活的提高，人们对电力的需求量越来越大。以煤为燃料的发电是电力工业的一个重要部分，它与采用其他燃料发电相比，价格低，供应可靠。以煤为燃料的发电通常在锅炉中直接燃烧粉煤产生高压蒸汽，再由高压蒸汽驱动汽轮发电机发电。环境控制要求的日益严格，使得投资和操作费用不断提高，燃气和燃油的发电成本和投资比燃煤要低，但从燃料的资源蕴藏量来看，煤炭仍占有较大的优势。

20世纪70年代以来，美国一些小型电站采用了燃油或燃气联合循环发电技术。这种工艺虽然在初期可靠性不高，但目前已成为这些地区供电的主体。石油危机以后，在欧美和日本曾一度积极进行了煤的气化联合循环发电的技术开发。

4.6.1 煤炭气化联合循环发电过程

煤炭气化联合循环（integrated coal gasification combined cycle，IGCC）发电工艺方块流程如图4-37所示。

将煤加入气化炉内与蒸汽和氧气（或空气）反应，产生热粗燃气，经冷却和洗涤脱除尘粒并脱去酸性气体，同时可回收得到元素硫。洁净燃料气在燃气透平中燃烧，温度为1090℃左右，离开燃气透平的482～538℃的热烟气经废热锅炉回收热量产生过热蒸汽，然后经蒸汽透平产生电能，这样，燃气透平和蒸汽透平皆可产生电能。

燃气透平操作所要求的烟道压力为1.4MPa，各种气化工艺都必须满足这个要求。如煤

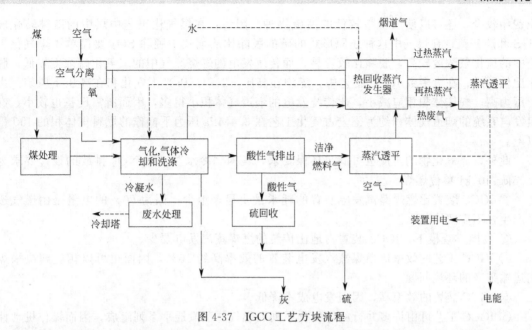

图 4-37 IGCC 工艺方块流程

气具有更高的压力，则可先经膨胀透平回收能量。在粗煤气冷却器中产生的饱和蒸汽，可在废热锅炉中过热，与热烟气经废热锅炉产生的过热蒸汽，一并经蒸汽透平产生电能。

▌4.6.2 IGCC 工艺操作条件对系统效率的影响

美国"冷水"（cool water）煤气化联合循环发电工程是世界上第一个商业规模的联合循环发电装置。该工程将德士古煤气化工艺和美国通用电气公司的蒸汽、燃气轮机装置结合起来形成联合循环。德士古气化炉日处理煤 1000t，发电 100MW，该项工程于 1984 年 5 月投入运行，取得了良好效果，并对系统操作条件的影响做了研究。

（1）燃气透平燃烧温度的影响 研究表明，德士古 IGCC 装置应用目前的 1093℃ 燃气透平时，其工艺总效率为 37%～38%，比传统的燃煤火力发电装置的效率 34% 要高，IGCC 工艺效率受透平效率的影响，当透平效率提高 10% 时，IGCC 工艺将提高 6.7%，而燃气透平效率受燃气透平入口温度的影响，入口温度越高效率越高。

另一个因素是蒸汽循环的影响，目前，透平的排废气温度为 482～538℃，故不可能使蒸汽过热和再热的温度提高到 538℃。当透平排出的废气温度提高到 565～593℃ 时，就可以在蒸汽过热器中得到高质量的蒸汽，因而增加了蒸汽循环的效率。

（2）蒸汽循环条件的影响 过热蒸汽循环与非过热蒸汽循环相比，前者比后者将可获得更高的效率。

（3）燃气预热温度的影响 IGCC 工艺的洁净燃料气可以用粗煤气预热，在燃料气中加入显热使燃气透平的热进入量增加而有利于燃烧，将蒸气预热到约 315℃ 比较合适。

（4）煤浆浓度的影响 采用德士古气化法时，如果煤的质量分数从 67% 干固体减少到 50%，则系统效率将下降 2.5%。近年来，德国德士古装置已将煤浆的质量分数提高到 70% 以上。

（5）气化操作压力的影响 气化压力的增加会使工艺效率下降，当气化压力增加到 2.1MPa 以上时，再增加 0.68MPa，工艺效率将下降 0.08%。

▌4.6.3 对煤气联合循环发电工艺的评价

① 由于 IGCC 工艺的燃料气脱除了硫化物，因而可以满足环保要求，而且相对来说所

花费用较少，还可以使用价格较低的高硫煤种。因为：在煤气化工艺中煤中的硫被转化成 H_2S 和羰基硫，在煤气中这种还原形式的硫的脱除比从烟气中脱除 SO_2 要简单；煤气化工艺中的硫化氢浓度较高，脱除比较容易，而传统发电的燃烧废气中的二氧化硫浓度较低，脱除比较困难；在大多数 IGCC 工艺中，煤均在高压（2～4MPa）下气化和在高压下脱硫。由于压力高，气体体积相应减小，比传统发电的烟道气体积小得多，因而所需设备也较小。燃煤发电系统的烟道气体积约为德士古气化工艺在 3.4MPa 压力下操作的燃料气体积的 150 倍以上。

此外，氮氧化物的排放也可满足环保要求，美国"冷水"工程 NO_2 排放的设计要求为 $0.06kg/10^6kJ$ 单位燃煤。

② IGCC 装置比燃煤蒸汽发电装置的耗水量要显著地少，因为 60% 的电量是由燃气透平产生，不需要冷却水。

③ 在同样规模下，IGCC 装置占地比传统的燃煤蒸汽发电要少。

④ IGCC 工艺的效率比燃煤蒸汽发电装置的效率高约 10%，因而也可以相应解决采煤和运输带来的环境问题。

⑤ IGCC 装置的效率高，因而发电成本降低。

⑥ IGCC 工艺可由许多并行的煤气化系列和燃气、蒸汽透平系列组成，因而操作机动性较好，调节速度快，能很快满足负荷调节的要求，在设计选择档次时比较合适，可以节约投资。

⑦ 将煤气化工艺列入 IGCC 工艺，则电力公用事业可以和合成气联合生产，也可以和化工原料气或代用天然气联合生产。

随着煤气化工艺的开发和发展，随着材料工业的开发和研究，可使燃气透平的入口温度进一步提高。随着煤气的干法高温下脱硫工艺的开发和建立，将使煤的气化联合循环发电系统日趋完善。

4.7 煤炭地下气化

煤炭地下气化是对地下煤层就地进行气化生产煤气的一种气化方法。在某些场合，如煤层埋藏很深，甲烷含量很高，或煤层较薄，灰分含量高，顶板状况险恶，进行开采既不经济又不安全时，如能采用地下气化方法则可以解决这些问题。故地下气化不仅是一种造气的工艺，而且也是一种有效利用煤炭的方法，实际上提高了煤炭的可采储量。此外，地下气化可从根本上消除煤炭开采的地下作业，将煤层所含的能量以清洁的方式输出地面，而残渣和废液则留于地下，从而大大减轻采煤和制气对环境造成的污染。

由于地下煤层的构成及其走向变化多端，虽经多年的研究试验，至今尚未形成一种工艺成熟、技术可靠、经济合理的地下气化方法，有待今后的努力探索。

▶ 4.7.1 地下气化的原理

煤炭地下气化的原理与一般气化原理相同，即将煤与气化剂作用转化为可燃气体。

煤炭地下气化反应基本过程如图 4-38 所示，从地表沿着煤层开掘两个钻孔 1 和 2。两钻孔底有一水平通道 3 相连接，图中 1、2、3 所包围的整体煤堆，即为进行气化的盘区 4。在水平通道的一端（如靠近钻孔 1 处）点火，并由钻孔 1 鼓入空气，此时即在气化通道的一端形成一燃烧区，其燃烧面称为火焰工作面。生成的高温气体沿气化通道向前渗透，同时把其携带的热量传给周围的煤层，在气化通道中形成由燃烧区（Ⅰ）、还原区（Ⅱ）、干馏区（Ⅲ）和干燥区（Ⅳ）组成的气化反应带。

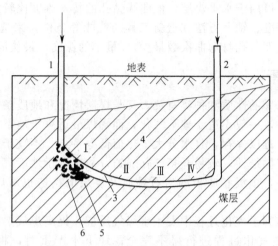

图 4-38 煤炭地下气化反应基本过程

1,2—钻孔；3—水平通道；4—气化盘区；5—火焰工作面；6—崩落的岩石；

Ⅰ—燃烧区；Ⅱ—还原区；Ⅲ—干馏区；Ⅳ—干燥区

随着煤层的燃烧，火焰工作面不断地向前向上推进，火焰工作面下方的折空区不断被烧剩的灰渣和顶板垮落的岩石所充填，同时煤块也可下落到折空区，形成一反应性高的块煤区。随着系统的扩大，气化区逐渐扩及整个气化盘区的范围，并以很宽的气化前沿向出口推进。

由钻孔 2 到达地面的是焦油和煤气，燃气热值为 $4000kJ/m^3$ 左右，煤气组成大致为：$\varphi(CO_2)$ 9%～11%；$\varphi(CO)$ 15%～19%；$\varphi(H_2)$ 14%～17%；$\varphi(O_2)$ 0.2%～0.3%；$\varphi(CH_4)$ 1.4%～15%；$\varphi(N_2)$ 53%～55%。

4.7.2 地下气化方法

煤炭地下气化一般分为有井式和无井式两大类。有井式气化由于事先还需进行竖井和平巷工程，亦即还存在着地下作业的工作量，故目前基本上已不再采用。无井式气化已完全取消地下作业，该法通过钻孔和贯通完成气化炉的建设，即选择具有一定透气性（渗透性）的煤层，在地面上钻若干个钻孔，在某些钻孔点火强制通入气化剂，而在另外一些钻孔引出燃气。

此工艺主要环节有两个：钻孔和开掘气化通道（称为贯通）。

(1) 钻孔　钻孔的目的是在地下形成一个气化空间，从投资上考虑希望钻的孔数少，且气化效果好。钻孔包括定孔位、孔数、孔间距以及钻孔形成。

(2) 贯通　贯通的目的，是在钻孔之间开辟一条输送气化剂并导出气化剂与煤层进行反应后所产生的煤气的通道，这主要取决于煤层的渗透性好坏。如渗透性好，则不必贯通。渗透性稍差的煤层，需进行贯通。贯通方法有气流贯通、水力贯通和电力贯通等，最常用的是气流贯通法及具有很大发展前景的定向钻进法。

气流贯通法是对透气性较好的煤层，用燃烧法贯通，即在一侧钻孔的顶部点火，由钻孔送入加压的空气，借助煤层的多孔性，燃烧所产生的热烟气，穿透煤层至另一侧钻孔导出。煤在高温烟气作用下，开始被干燥和干馏而形成多孔裂缝，继而被气体贯通，且透气能力越来越大。随着气化过程的进一步发展，生成的孔道继续增长，气化过程移至煤层深处。定向钻进法即利用测量的方法，并采取一定的技术措施，随时控制钻进钻孔的斜度和方向，沿煤层开辟出一条气化通道，它以曲线钻孔或垂直倾斜钻孔代替垂直钻孔。一般用于倾斜或急倾斜煤层的气化准备，也可用于水平煤层，但曲线钻孔的技术难度比较大，在钻定向孔时，应首先根据地质、钻孔深度、钻孔方法和造斜工具的性能等条件，来选择定向孔的孔身剖面，使钻孔能以最简单的剖面（孔身弯曲次数最少）、最小的深度、最快的速度顺利地进行钻进。

4.7.3　影响因素

煤的地下气化既与煤的性质和种类有关，又与煤层情况和地质条件有关。如无烟煤由于透气性差，气化活性差，一般不适于地下气化，而褐煤最适宜于地下气化方法。由于褐煤的机械强度差、易风化、难以保存，且水分大、热值低等特点，不宜于矿井开采，而其透气性高，热稳定性差，没有黏结性，较易开拓气化通道，故有利于地下气化。

煤层所处水文条件，顶板和底板的岩石性质及煤层的构造也对煤的地下气化具有重要影响。

适当的地下水量有利于气化过程中发生水煤气反应，提高煤气热值。如地下水过多，将降低气化反应温度，使气化过程进行得不完全；地下水严重时，将造成熄火，中断气化过程。

煤层顶、底板岩石的性质和结构对地下气化有重要影响，要求邻近岩层完全覆盖气化煤层。当气化过程进行到一定程度时，顶板往往在热力、重力和压力的作用下破碎而垮落，造成煤气大量泄漏，影响到气化过程的有效性和经济性。

厚煤层进行地下气化不一定经济，一般以 1.3～3.5m 厚的煤层进行地下气化比较经济合理。煤层的倾斜度对其气化的难易也有影响，一般来说，急倾斜煤层易于气化，但开拓钻孔工作较困难。试验证明，煤层倾角为 35°时，便于进行煤的地下气化。

4.8　煤的气化方法的评价与选择

煤的气化方法有很多，有些已经工业化或接近工业化，某些尚在开发中，对这些方法很难作一一具体比较。以下对移动床、流化床与气流床三种气化方式在宏观上进行分析，对原料煤对不同气化过程的影响、过程消耗及产品煤气的净化和后匹配作介绍，以便学者对各种具体的气化方法做出评价，并考虑如何结合实际情况做出选择。

4.8.1　煤气化的工艺技术和特性

煤的气化方法有很多，但从物料和气流的运动方式来分主要为三种方式，即移动床、流化床和气流床，现就这三种气化方式概括如下。

4.8.1.1　移动床气化过程

移动床气化需要块状原料；可处理水分大、灰分高的劣质煤；当固态排渣时耗用过量的水蒸气，污水量大，并导致热效率低和气化强度低；液态排渣时提高炉温和压力，可以提高生产能力。

4.8.1.2　流化床气化过程

流化床床层温度较均匀，气化温度低于灰的软化点（T_2）；煤气中不含焦油；气流速度较高，携带焦粒较多；活性低的煤的碳转化率低；活性高的褐煤生成的煤气中甲烷含量增加；按炉身单位容积计的气化强度不高；煤的预处理、进料、焦粉回收、循环系统较复杂庞大；煤气中粉尘含量高，后处理系统磨损和腐蚀较重；上述缺点在高温高压炉（如 HTW）有所改善。

4.8.1.3　气流床气化过程

气流床气化温度高，碳的转化率高，单炉生产能力大；煤气中不含焦油，污水问题小；

液态排渣、氧耗量随灰的含量和熔点的增高而增加；除尘系统庞大；废热回收系统昂贵；煤处理系统庞大和耗电大。

综上所述，三种气化方法均有各自的优缺点。工业实践证明，它们有各自比较适应的经济规模。移动床气化可应用于较小的容量规模，气流床气化较适用于大规模生产，流化床气化则介于中间。

当采用新技术进行炉内脱硫时，由于生成的硫化钙需氧化成硫酸钙才能无污染地排放或用作制造水泥的原料，因此，凡灰渣与氧接触的气化方法，如移动床中的逆流气化法，流化床中的灰熔聚气化法都较适应，否则就必须增添燃烧炉，使硫化钙燃烧成硫酸钙。

■ 4.8.2 原料煤对不同气化过程的影响

原料煤的性质不但是选择气化方法的根据，同时又是影响气化过程技术经济指标及能否顺利操作的关键。各种气化方法都不希望原料具有强的黏结性，当然具有强黏结性的原料也不应用于气化过程。不同灰熔点、液渣的流动性、耐磨性等性质适合于灰分的不同排出方式和不同的气化过程。

氮和硫是煤中形成主要污染物的两种元素。煤中硫存在的形态和组成非常不同，所以煤气中的硫化合物含量波动很大。凡在热解过程中生成金属铁或其低价氧化物，都能加速 CO 的变换反应和甲烷化反应，但铁盐的存在往往造成结渣，却有利于灰熔聚。碱金属和碱土金属（如钾、钠和钙等）可以降低灰的软化温度和黏度，同时可能对碳-水蒸气和二氧化碳还原反应起催化作用，但加重了高温热回收设备的腐蚀。煤灰渣也是一种固体污染物，应考虑其综合利用，目前较现实的办法是制造建筑材料，如制造水泥，但其可燃物含量须低于 6%。

■ 4.8.3 过程消耗

气化过程的消耗可分直接消耗，如原料煤、燃料煤、水、电和化学品等；间接消耗，如维修费、人工、排渣、放污等费用，还有税收、保险等费用。不同气化方法的数据不一定是最佳设计和优化运行工况下的结果，因此缺乏对比意义。以下仅就几项较主要的项目加以介绍。

4.8.3.1 原料消耗

煤的费用约占煤气成本的 40%～60%，煤的预处理一般损失 9%～16% 的煤。国内机械化采煤的 <6mm 的粉煤约占总煤量的 45% 以上，对一个大、中型气化厂来说，必须考虑原料煤的分级利用，如低灰熔点的煤可以采用鲁奇液态排渣气化法与德士古法联产煤气等。

4.8.3.2 氧与蒸汽消耗

氧与蒸汽消耗可由化学当量与热平衡计算得到。

（1）部分燃烧不生成甲烷的气化过程

$$C+0.275O_2+0.45H_2O \longrightarrow CO+0.45H_2$$

$$w(O_2)/w(C)=0.27; \quad w(H_2O)/w(C)=0.45$$

（2）部分燃烧生成甲烷的气化过程

$$C+0.179O_2+0.428H_2O \longrightarrow 0.786CO+0.214CH_4$$

可以看出，用氧的气化过程可生成甲烷，由于它是放热反应，所以耗氧量较低。因此，移动床加压气化时的氧耗量最低，而气流床气化除满足反应所需的热量外，还需满足灰分的高温熔融所耗热量，故其耗氧量最大。在设备投资中，制氧设备占总费用的 16% 左右。同时，电费和维修费亦较大，但近年来发展的大容量装机制氧设备的电耗降低不少。

对气化反应来讲，各种气化方法的蒸汽耗量相差不太大，但这里没有包括一氧化碳变换和移动床气化（固态排渣）所需的过量蒸汽。据文献报道，鲁奇法所使用的过量蒸汽可基本满足后系统一氧化碳变换所需的水蒸气。

4.8.3.3　水与电的消耗

煤气厂中消耗的冷却水的费用占总用水费用的 85％ 左右，这些水是污水的主要来源，而移动床气化时污水的排放量和污水中有机物的含量比流化床或气流床气化时高得多，故净化污水的费用也大得多。

当用氧鼓风气化时，其工艺用电约占总耗电量的一半以上，因此，选择氧耗量较小的方法对降低生产成本有重要意义。就地气化或煤气近距离应用，对生产低热值煤气是成本最低的方法，并且基建投资也最低。煤气燃烧时火焰温度低，NO_x 排放量少，生产过程简单且操作费用低。当煤气远距离输送时，则应在加压下气化生产热值高的煤气，以节约压缩煤气的电耗。

4.8.4　产品煤气的净化和后匹配

4.8.4.1　产品煤气的净化

煤气净化设备的投资在整个气化过程中占相当大的比重，如煤制甲醇中约占 23％，国内鲁奇炉制城市煤气约占 25％。煤气的净化费用决定于煤气中有害物质的含量及其脱除的难易程度，与采用的原料煤和气化方法也有关。移动床气化干馏温度较低，有机硫化物含量高，净化较复杂，流化床和气流床气化的床层温度较高且均匀，煤气中有机硫化物含量较低，脱除容易，但粉尘含量高，需增加除尘系统。

4.8.4.2　产品煤气的后匹配

煤气的后匹配问题的含义是在不同的应用场合应考虑使用不同品位的煤气。如以煤气联合循环发电为例，移动床固态排渣气化法和流化床干法排渣气化法均可采用空气鼓风生产低热值燃料煤气，其发电成本较低。从设备投资来看，用空气鼓风时仅为用氧鼓风的 57％。

当气化制合成原料气时，采用与合成系统相似的操作压力和温度，以实现节约能耗的等压、等温操作。许多学者认为煤气化和合成反应体系的匹配，是今后气化研究的重要课题之一，也是改善气化经济性的重要途径。如将鲁奇炉生产的煤气中的 CH_4 分离出来再进行重整，然后进行合成，其热效率只有 40％～45％，如将 CH_4 及尾气用作城市煤气，热效率可增至 60％。流化床和气流床气化时产品煤气中 CH_4 含量低，无需重整，但 $\varphi(H_2)/\varphi(CO)$ 很低，必须变换后才能用作合成原料气。鲁奇固态排渣气化所产生的煤气的 $\varphi(H_2)/\varphi(CO)=2$，与合成反应体系较匹配，但 CH_4 含量又太高。

4.8.5　选择气化方法的判据

通过对各种气化方法的了解，应认识到每一种具体气化方法都不是无条件地被采用的，特别是对煤种都有一定的要求。当选用合适的煤种时，则该气化方法就能发挥出效益。反之，煤种不合适，即使是先进的气化方法也不一定能表现出其优点，甚至正常的运行过程都会发生困难。如煤的灰熔点很高且灰渣的黏度很大，则不宜选用德士古气化法。同时，选择气化方法还应考虑煤气的用途，所以，应该以可能选用的煤种和煤气的用途为出发点预选几种可供采用的气化方法，结合过程的总热效率和环保要求加以考虑和比较。总热效率（过程热能的总出量与总入量的比值）能很好地说明气化装置综合利用热能的结果，所以这也是选择气化方法的重要依据之一。为使气化过程的总热效率较高，希望气化炉的单炉生产能力较大，这样，可使气化炉的热损失减少。

由于环保法规对 SO_2 排放的限制，气化炉生成的粗煤气内的硫化氢等各种含硫化合物必须脱除，在脱硫前一般需将煤气冷却以除去焦油和轻油，这将造成能量的损失而使煤气化过程的总热效率降低。当用固定床气化法生成的粗热煤气在附近直接燃用时，则气化过程的总热效率就较高。

由于各种煤气化方法的工艺过程和工艺条件各不相同，故其对环境造成的影响也各不相同。为此，需按当地的环保法规进行治理，因而在投资和经济费用方面都需在气化方法的选择和评估时加以考虑。对于通过经济评估而选用的气化方法，应使经济效益和社会效益统一起来。

参 考 文 献

[1] 郭树才，胡浩权. 煤化工工艺学. 第 3 版. 北京：化学工业出版社，2012.
[2] 徐振钢，步学朋. 煤炭气化知识问答. 北京：化学工业出版社，2008.
[3] 于遵宏，王辅臣等. 煤炭气化技术. 北京：化学工业出版社，2010.
[4] 高福华等. 燃气生产与净化. 第 2 版. 北京：中国建筑工业出版社，1987.
[5] 邓渊等. 煤炭加压气化. 北京：中国建筑工业出版社，1981.
[6] 邬纫云. 煤炭气化. 徐州：中国矿业大学出版社，1989.
[7] Wen C Y, Lec E S. Coal conversion technology. Massachusetts：Addison-Wesley Publishing, 1979.
[8] Elliott A M. Chemistry of Coal Utilization. 2nd sup vol, New York：John Wiley & Sons, 1981.
[9] 寇公. 煤炭气化工程. 第 2 版. 北京：机械工业出版社，1992.

5 煤与碳一化学

5.1 概述

碳一化学又称一碳化学，是研究以含有一个碳原子的物质（CO、CO_2、CH_4、CH_3OH 及 HCHO）为原料合成工业产品的有机化学及工艺。

20 世纪 20 年代，德国就已开始由合成气制烃类的研究工作。第二次世界大战期间，由合成气制取液体燃料的技术如费托合成已得到应用。但战后，除南非因其特殊政治及地理条件，继续建设以煤为原料由费托合成法生产液体燃料的工厂外，其他国家（地区）由于有廉价的石油及天然气供应，该项技术没有得到发展。70 年代石油大幅度涨价后，廉价丰富的石油、天然气稳定供应的形势受到冲击，石油进口国为寻找"化工原料多样化"和替代能源的途径，纷纷重新考虑从合成气制取基本有机化工原料和发动机燃料。70 年代中期，首先在日本提出了碳一化学的概念，与此同时，美国孟山都（Monsanto）公司用低压甲醇羰基化（见羰基合成）制取醋酸技术获得工业应用；美国莫比尔（Mobile）化学公司 ZSM-5 分子筛催化剂成功地应用于甲醇转化制汽油；中东、加拿大等天然气产量丰富的地区和国家，由天然气制甲醇生产能力加速提高，导致大量甲醇进入市场。因此，近年来碳一化学不仅研究以合成气，而且也研究以甲醇作为重要的基础原料，来合成一系列以乙烯为基础原料生产的基本有机化工产品。

碳一化学的主要原料是合成气，合成气是指 CO 和 H_2 的混合气。合成气主要是由甲烷（CH_4）转化和煤气化得到的，因此碳一化学实际上就是一种新一代的煤化工和天然气化工，其作用就是解决石油不断短缺的问题。由于近年来环境保护要求的不断提高，天然气的使用量迅速增加，价格也在不断提高，因而用天然气转化制备合成气已显得越来越不经济。我国能源结构为富煤、贫油、少气，煤的探明储量为 6000 亿吨，居世界第三位，资源相对比较丰富，因而，发展以煤为最初始原料的碳一化学有着优越的条件和光明的前途。

碳一化学的定义有广义和狭义之分，广义的碳一化学是指以分子中只含一个碳原子的化合物（CO、CO_2、CH_4、CH_3OH 及 HCHO 等）为原料，用化工的方法制造产品的化学体系的总称。当今世界上，通常碳一化学的范畴，主要是指一氧化碳、二氧化碳、甲烷、甲醇四种物质所涉及的有关内容。由于甲烷属于天然气化学，二氧化碳虽然是一种取之不尽、用之不竭的气体，但人们对它的研究还不够，化工上的应用并不多，同时甲烷、二氧化碳及甲醇都可由一氧化碳制造，故狭义的碳一化学就是指一氧化碳化学，或称合成气（$CO+H_2$）化学。

涉及碳一化学反应的工艺过程称为碳一化工。利用合成气可以转化成液体和气体燃料、大宗化学品和高附加值的精细有机合成产品，实现这种转化的重要技术是碳一化工技术。

近几年来，利用合成气能够生产的化工产品不少于 30～40 种，我国正在开发的也有 20～

30 种。碳一化学的主要产品如图 5-1 所示。

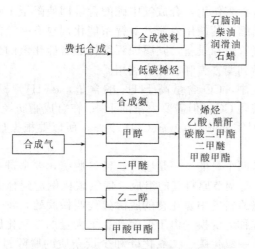

图 5-1　以合成气为原料的产品路线图

合成氨属于传统煤化工，合成工艺已有上百年历史，氨的最大用途是制造氮肥，氨还是重要的化工原料，它是目前世界上产量最大的化工产品之一。

煤制合成气，进而合成甲醇。甲醇自身即是燃料，同时也是重要的化工原料，从甲醇出发可以合成许多化工产品，它是碳一化学的最基础产品。以甲醇为起始原料生产各种有机化工产品的甲醇化学是化学工业的一个重要分支，是碳一化学的支柱。甲醇氨化可以生成一甲胺、二甲胺和三甲胺；和一氧化碳反应可以制取醋酸、酸酐；氧化生产甲醛、甲酸、甲酸甲酯等产品；由甲醇脱水或者由合成气直接合成生成二甲醚，其十六烷值高达 60，是极好的柴油机原料；与光气反应，生成碳酸二甲酯；甲醇催化制烯烃技术是对传统的以石油为原料制取烯烃的路线的重要补充，也是实现煤化工向石油化工延伸发展的有效途径；甲醇还可经生物发酵生成甲醇蛋白，用作饲料添加剂等。

由煤制合成气，然后通过费托合成可生产液体烃燃料，实现从煤炭中提炼汽油、柴油、煤油等普通石油制品，甚至还可以提炼出航空燃油、润滑油等高品质石油制品以及烯烃、石蜡等多种高附加值的产品。

催化剂是碳一化学的核心，在碳一化学中占有相当重要的地位。如合成甲醇由最初的锌铬催化剂改为铜基催化剂后，反应温度和反应压力大幅降低，反应性和选择性都有了大幅提高；1925 年德国科学家费舍尔（Fischer）和托普斯（Tropsch）发现一氧化碳和氢在金属催化剂上可以合成出脂肪烃，从而开辟了从煤炭中提炼汽油、柴油等石油制品的新途径；采用 SAPO-34 催化剂，UOP/Hydro 公司开发了甲醇制烯烃的 MTO 工艺，使煤可以代替石油生产乙烯、丙烯等基本有机化工原料。催化剂是决定碳一化工未来走向的关键，而催化剂的研究进展，今后相当长的一段时间仍将是碳一化工发展的最关键因素。

总之，由于我国煤炭较石油和天然气要丰富得多，因此煤将是接替石油的重要能源和化工原料。将煤气化转化成合成气，然后通过碳一化工路线合成各种油品和石化产品是碳一化工的极为重要的领域，具有广阔的前景，在未来相当一段时期将成为碳一化工的主要领域。

5.2　合成气的净化

从煤气化工段的工艺气中发现，除了含有生产脂肪烃、甲醇和其他下游产品所需的 CO、H_2 和 CO_2 外，还含有大量多余的 CO_2 及少量 H_2S、COS、SO_2 等成分，这些碳的氧化物和硫化物是生产脂肪烃、甲醇或其他化学品所不需要的，必须将这些杂质除去。尤其是硫化物，对合成催化剂有毒害作用，合成气中硫的含量即使降至 $1×10^{-6}$，对铜系催化剂也有明显的毒害作用，因而缩短其使用寿命，对锌系催化剂也有一定的毒害。合成气中硫化氢的存在还会严重腐蚀输气管道和设备，其腐蚀程度将随着硫化氢的分压增高而加剧。脱硫同时可以生产硫黄，从而做到变害为利、综合利用。

煤气化生产的合成气中，CO 含量高于 H_2 的含量，$\varphi(H_2)/\varphi(CO)$ 一般为 0.7 左右，而在合成氨的反应中不需要 CO，但需要大量的 H_2；在合成脂肪烃和甲醇时，需要 $\varphi(H_2)/\varphi(CO)$ 为 2；合成甲烷时需要 $\varphi(H_2)/\varphi(CO)$ 为 3，所以要根据后续的加工要求来调节原料气中的 $\varphi(H_2)/\varphi(CO)$。

因此，净化主要就是两个目的：一是脱硫，经过脱硫，要求进入合成塔气体中的硫含量降至小于 $0.2×10^{-6}$；二是调节原料气的组成，使氢碳比例达到合成的比例要求。

净化方法，习惯上将原料气中硫化物的脱除过程叫做脱硫，将一氧化碳和水蒸气反应生成二氧化碳和氢气的过程称为变换，由于变换产生了大量的二氧化碳，将多余二氧化碳的脱除过程称为脱碳，将少量一氧化碳、二氧化碳和少量杂质的脱除过程称为精制。一般来说，费托合成、合成甲醇需要进行脱硫、变换和脱碳，而由于合成氨不需要一氧化碳和二氧化碳，所以还要增加精制的过程。

▶ 5.2.1 原料气脱硫

硫化物主要是以 H_2S 的形式存在，其次是 CS_2、COS、RSH、R—S—R′、噻吩等有机化合物。原料气的脱硫主要有干法脱硫和湿法脱硫两大类，前者脱硫剂为固体，后者脱硫剂为溶液。

5.2.1.1 干法脱硫

干法脱硫的脱硫剂为固体，即用固体脱硫剂吸附原料气中的硫化物。该法的优点是既能脱除硫化氢，又能除去有机硫，缺点是再生比较麻烦或难以再生，回收硫黄困难。由于干法脱硫的脱硫剂价格比较昂贵，再生又困难，所以一般串在湿法脱硫以后，主要作为精细脱硫和脱除原料气中的有机硫。当原料气中硫含量小于 $50×10^{-6}$ 时，可以单独使用。

干法脱硫技术应用较早，最早应用于煤气的干法脱硫技术是以沼铁矿为脱硫剂的氧化铁脱硫技术，后来开发了氧化锌法、钴钼加氢法，之后，随着煤气脱硫活性炭的研究成功及其生产成本的相对降低，活性炭脱硫技术也开始被广泛应用。

（1）氧化铁脱硫技术　最早使用的氧化铁脱硫剂为沼铁矿和人工氧化铁，为增加其孔隙率，脱硫剂以木屑为填充料，再喷洒适量的水和少量熟石灰，反复翻晒制成，其 pH 值一般为 8～9，该种脱硫剂脱硫效率较低，必须塔外再生，再生困难，不久便被其他脱硫剂所取代。现在 TF 型脱硫剂应用较广，该种脱硫剂脱硫效率较高，并可以进行塔内再生。

氧化铁脱硫和再生反应过程如下。

① 脱硫过程

$$2Fe(OH)_3+3H_2S \longrightarrow Fe_2S_3+6H_2O$$
$$2Fe(OH)_3+H_2S \longrightarrow 2Fe(OH)_2+S+2H_2O$$
$$Fe(OH)_2+H_2S \longrightarrow FeS+2H_2O$$

② 再生过程

$$2Fe_2S_3+3O_2+6H_2O \longrightarrow 4Fe(OH)_3+6S$$
$$4FeS+2O_2+4H_2O \longrightarrow 4Fe(OH)_2+4S$$

氧化铁脱硫剂再生是一个放热过程，如果再生过快，放热剧烈，脱硫剂容易起火燃烧，这种火灾现象曾在多个企业发生。

（2）氧化锌法　氧化锌是一种内表面积大、硫容量高的固体脱硫剂，能以极快的速率脱除原料气中的硫化氢和部分有机硫（噻吩除外），净化后的原料气硫含量可以降至 0.1×10^{-6} 以下。

（3）钴钼加氢法　氧化锌脱硫剂只能脱除硫化氢和一些简单的有机物，不能脱除噻吩等一些复杂的有机硫化物。而所有的有机硫化物在钴钼催化剂作用下，能全部加氢转化为容易脱除的硫化氢，然后再用氧化锌脱硫剂除去。所以钴钼加氢转化法是脱除有机硫化物十分有效的方法。

（4）活性炭脱硫技术　活性炭脱硫主要是利用活性炭的催化和吸附作用，活性炭的催化活性很强，煤气中的 H_2S 在活性炭的催化作用下，与煤气中少量的 O_2 发生氧化反应，反应生成的单质 S 吸附于活性炭表面。当活性炭脱硫剂吸附达到饱和时，脱硫效率明显下降，必须进行再生。活性炭的再生根据所吸附的物质而定，S 在常压下，190℃时开始熔化，440℃左右便升华变为气态，所以，一般利用 450～500℃的过热蒸汽对活性炭脱硫剂进行再生，当脱硫剂温度提高到一定程度时，单质硫便从活性炭中析出，析出的硫流入硫回收池，水冷后形成固态硫。

活性炭脱硫的脱硫反应过程如下：

$$2H_2S + O_2 \longrightarrow 2S + 2H_2O$$

干法脱硫设备笨重，脱硫剂再生大多为间歇再生，每次再生完毕，必须用蒸汽将塔内的残余空气吹净，煤气分析合格后，方能倒塔送气，否则会引起爆炸；另外，更换脱硫剂时，操作劳动强度大、操作不当很容易起火燃烧，较为危险。

5.2.1.2　湿法脱硫技术

湿法脱硫可分为化学吸收法、物理吸收法、物理化学吸收法三种。

① 化学吸收法　化学吸收法就是利用脱硫液与 H_2S 发生化学反应从而达到除去 H_2S 的目的。按化学反应过程的不同，化学吸收法可以分为湿式氧化法和中和法。湿式氧化法主要有 ADA 法、栲胶法、PDS 法、乙醇胺法，是利用弱碱性溶液吸收原料气中的酸性气体 H_2S，再借助于载氧体的氧化作用，将硫化氢氧化成单质硫，同时副产硫黄的方法。湿式氧化法脱硫的优点是反应速率快，净化度高，能直接回收硫黄。中和法是利用弱碱性溶液与酸性气体 H_2S 进行中和反应，生成硫氢化物而被除去。溶液在减压加热的条件下得到再生，但放出的 H_2S 再生气不能直接放空，通常采用进一步回收 H_2S 的操作。

② 物理吸收法　物理吸收法是根据吸收剂对硫化物的物理溶解作用进行脱硫的。当温度升高、压力降低时，硫化物解吸出来，使吸收剂再生，溶液循环使用。如低温甲醇法、聚乙二醇二甲醚法，这类方法除了能脱除硫化氢外，还能脱除有机硫和二氧化碳。

③ 物理化学吸收法　物理化学吸收法是在吸收过程中既有物理吸收，又发生化学反应的方法。如环丁砜法，溶液中的环丁砜是物理吸收剂，烷基醇胺则为化学吸收剂。

与干法脱硫相比，湿法脱硫技术的应用相对要稍晚一些，最早湿法脱硫技术是在焦炉煤气和水煤气的净化方面首先应用，随着人们对发生炉煤气高净化度的要求，湿法脱硫技术才开始应用于发生炉煤气行业。湿法脱硫技术应用于发生炉煤气净化与其在焦炉煤气和水煤气的净化方面的应用略有不同，脱硫设备、工艺和操作参数都略有调整。

目前，在发生炉煤气的湿法脱硫技术中，应用较为广泛的是栲胶脱硫法。它是以纯碱作为吸收剂，以栲胶为载氧体，以 $NaVO_2$ 为氧化剂。其脱硫及再生反应过程如下。

碱性水溶液吸收 H_2S

$$Na_2CO_3 + H_2S \longrightarrow NaHS + NaHCO_3$$

五价钒络合物离子氧化 HS^- 析出硫黄，五价钒被还原成四价钒

$$2V^{5+} + HS^- \longrightarrow 2V^{4+} + S + H^+$$

醌态栲胶氧化四价钒成五价钒，空气中的氧氧化酚态栲胶使其再生，同时生成 H_2O_2。

$$TQ(醌态) + V^{4+} + 2H_2O \longrightarrow THQ(酚态) + V^{5+} + 2OH^-$$

$$2THQ + O_2 \longrightarrow 2TQ + H_2O_2$$

H_2O_2 氧化四价钒和 HS^-

$$H_2O_2 + 2V^{4+} \longrightarrow 2V^{5+} + 2OH^-$$

$$H_2O_2 + HS^- \longrightarrow H_2O + S + OH^-$$

当被处理气体中有 CO_2、HCN、O_2 时产生如下副反应。

$$Na_2CO_3 + CO_2 + H_2O \longrightarrow 2NaHCO_3$$

$$Na_2CO_3 + 2HCN \longrightarrow 2NaCN + H_2O + CO_2$$

$$NaCN + S \longrightarrow NaCNS$$

$$2NaCNS + 5O_2 \longrightarrow Na_2SO_4 + 2CO_2 + SO_2 + N_2$$

$$2NaHS + 2O_2 \longrightarrow Na_2S_2O_3 + H_2O$$

图 5-2 为湿法栲胶脱硫和再生工艺流程。

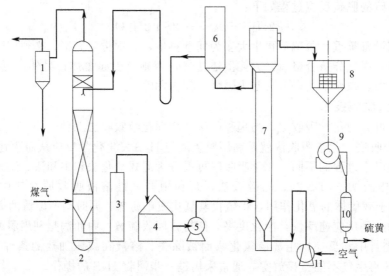

图 5-2　湿法栲胶脱硫和再生工艺流程

1—分离器；2—脱硫塔；3—水封；4—循环槽；5—溶液泵；6—液位调节器；

7—再生槽；8—硫泡沫槽；9—真空过滤机；10—熔硫釜；11—空气压缩机

（1）气体流程　降温、除尘、除焦油的冷煤气由煤气加压机升压至 $1800\sim2000$mm H_2O（1mmH_2O＝9.80665Pa），进入脱硫塔底部，自下而上与塔内喷淋的脱硫液逆流接触，将煤气中的 H_2S 脱除至 50mg/m^3 以下，脱硫后的煤气从脱硫塔顶部引出，经捕滴器脱除水分后，送至用户。

（2）溶液流程　从脱硫塔顶喷淋下来的溶液，吸收硫化氢后，称为富液，经脱硫塔液封槽引出至富液槽。在富液槽内未被氧化的硫氢化钠被进一步氧化，并析出单质硫，此时，溶液中吸收的硫以单质悬浮状态存在。出富液槽的溶液用再生泵加压后，打入再生槽顶部，经喷射器进入喷射再生槽，同时吸入足够的空气，以达到氧化栲胶和浮选硫膏之目的。再生好的溶液称为贫液，贫液经液位调节器进入贫液槽，出贫液槽的贫液用脱硫泵打入脱硫塔顶部，经喷头在塔内喷淋，溶液循环使用。

再生槽浮选出的单质硫呈泡沫悬浮于液面上，溢流至硫泡沫槽内，上部清液回贫液槽循环使用，沉淀出的硫膏入熔硫釜生成副产品硫黄。

5.2.2 原料气变换

一氧化碳与水蒸气反应生成氢和二氧化碳的过程，称为原料气变换。变换反应的方程式如下：

$$CO + H_2O(g) \longrightarrow CO_2 + H_2 \qquad \Delta H = -41.19 \text{kJ/mol}$$

一氧化碳的变换过程，既是原料气的净化过程，又是原料制氢过程的继续。目前，国内中、小型氮肥厂及甲醇厂所采用的变换工艺有中温变换工艺、中串低变换工艺、中低低变换工艺及全低变换工艺等。对于合成氨生产来说，原料气中 CO 是有害气体，必须通过各种净化工艺手段将它清除，要求有较高的变换率，使变换气中 CO 含量在 $1.0\% \sim 1.5\%$；对甲醇生产厂则不同，CO 是合成甲醇必须有的有效气体成分，在变换工艺中只是将原料气中一部分 CO 变换成 CO_2 和 H_2，要求较低的变换率（40%左右），以满足甲醇合成净化气中氢碳比要求。因此甲醇生产中变换的特点是变换率低，一般在较低的汽气比条件下进行，可以采用中温变换或全低变换流程。

5.2.2.1 催化变换机理

催化变换反应属于气-固相催化反应，关于一氧化碳在催化剂表面上进行的变换反应机理，目前未取得一致意见。比较普遍的说法是：水蒸气分子首先被催化剂的活性表面所吸附，并分解为氢及吸附状态的氧原子，氢进入气相，吸附态的氧则在催化剂表面形成氧原子吸附层，当一氧化碳分子撞击到氧原子吸附层时，即被氧化为二氧化碳，并离开催化剂表面进入气相。然后催化剂又与水分子作用，重新生成氧原子的吸附层，如此反应重复进行。

若用 〔 〕 表示催化剂活性中心，则上述过程可用下式表示：

$$[\ ] + H_2O \longrightarrow [\ ]O + H_2$$
$$[\ ]O + CO \longrightarrow [\ ] + CO_2$$

实验证明，在这两个步骤中，第二步比第一步慢，因此，第二步是一氧化碳变换化学反应影响反应速率的因素，是反应过程的控制步骤。

5.2.2.2 一氧化碳变换催化剂

一氧化碳变换是后续加工的一个重要工序，一氧化碳变换反应必须在催化剂存在的条件下才能进行。对一氧化碳变换反应具有催化作用的活性物质主要集中在 ⅠB～ⅦB 和Ⅷ族元素的化合物，其中尤以铁、铜、钼、铬、镉、锌、钛、钨、钴、镍、锰、钒、铝、镁、钾等的化合物具有工业应用价值的催化作用或助催化作用。实际上目前工业使用的一氧化碳变换催化剂主要有 Fe_3O_4 为主相的铁系催化剂、Cu 为主相的铜系催化剂和 MoS_2 为主相的钼系催化剂等。

通常为了改善催化剂的某些缺陷或强化某项特点，而引入一些助催化剂使得即使是同一类催化剂亦各具特色。

（1）铁系催化剂 以 Fe_3O_4 为主相的铁系催化剂因为单纯的 Fe_3O_4 在操作温度（温度区间在 $300 \sim 470 ℃$，常称为中温或高温）下，由于结晶颗粒的长大而很快失活，因此在催化剂主相中加入一定量的助催化剂。工业上较为成功的助催化剂主要为 CrO_3，因此铁系催化剂也称为铁铬中（高）变催化剂。

（2）铜系催化剂 金属铜对一氧化碳的变换反应具有较高的活性，但纯的金属铜在催化剂的操作温度（温度区间为 $160 \sim 300 ℃$，常称为低温）下会烧结而引起表面积减小，从而失去活性。因此必须加入结构性助催化剂以减缓催化剂的烧结。通常使用较多的结构性助催化剂是氧化锌，因此也称为铜锌低变催化剂。此外为了改善铜锌低变催化剂的某一方面的性能而引入其他的助催化剂。

（3）钼系催化剂　MoO₃ 因其对一氧化碳变换反应具有很高的催化活性而作为主催化剂，通常使用 CoO₃（CoO₃ 硫化后也有相当高的催化活性）作为助催化剂以提高其催化活性和稳定性，因各组分均以硫化态存在而具有很好的耐硫性能，故称为钴铝耐硫变换催化剂。由于应用领域和使用条件不同而要求催化剂具有不同的性能和特点。

目前常用的是 Co-Mo-K/Al₂O₃ 型钴钼耐硫低变催化剂。负载型催化剂的载体本身一般是惰性的，仅起负载和分散活性组分的作用，但钴钼耐硫低变催化剂的载体 Y-Al₂O₃，对变换反应的催化作用有稳定和促进作用；钾的加入，能有效改善钴的分散度，强化 Co 与 MoS₂ 结合，抑制 CoMoO₄ 的生成，提高催化剂的催化活性、降低催化剂的起活温度等。钴钼耐硫低变催化剂的主要型号有 B301Q、B303Q 等。

5.2.2.3　一氧化碳变换工艺操作条件

（1）变换反应温度　变换反应是一可逆放热反应，反应速率从上升到下降出现一最大值，在气体组成和催化剂一定的情况下，对应最大反应速率时的温度称为该条件下最佳温度或最适宜温度。图 5-3 为最适宜温度示意图。

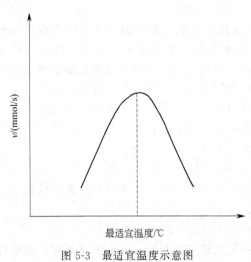

图 5-3　最适宜温度示意图

最适宜温度可由下式计算：

$$T_m = \dfrac{T_e}{1 + \dfrac{R_g T_e}{E_2 - E_1} \ln \dfrac{E_2}{E_1}} \qquad (5\text{-}1)$$

式中　T_m，T_e——最适宜温度与平衡温度，K；
　　　E_1，E_2——正、逆反应活化能，J/mol；
　　　R_g——气体常数，8.314J/(mol·K)。

最适宜温度与反应物组成有关系，在不同组成下的最适宜温度组成的曲线就是最适宜温度曲线，为加快反应速率，并提高 CO 的变换率，可逆放热反应最好沿着最适宜温度曲线进行，则反应速率最大，即相同的生产能力下所需催化剂用量最少。

但是实际生产中完全按最适宜温度曲线操作是不现实的。首先，在反应前期变换率 x 很小，最适宜温度 T_m 很高，已大大超过中变催化剂允许使用的温度范围。而此时，由于远离平衡，即使离开最适宜温度曲线在较低温度下操作仍可有较高的反应速率。其次，随着变换反应的进行，x 不断增大，反应热不断放出，而要求 T_m 不断降低，要考虑如何从催化剂床层不断移去适当热量的问题。

因此，变换炉的设计及生产中温度的控制应注意以下几点。

①　将变换温度控制在催化剂的活性温度范围内操作，防止超温造成催化剂活性组分烧结而降低活性。此外，反应开始温度应高于所用型号催化剂的起始活性温度 20℃左右，随着催化剂使用时间的增长活性有所下降，操作温度应适当提高。

②　必须从催化剂床层中及时移出热量，不断降低反应温度，以接近最适宜温度曲线进行反应，并且对排出的热量加以合理利用。

③　低温变换的温度，除应限制在催化剂活性温度范围内，还必须考虑该气体条件下的露点温度，以防止水蒸气的冷凝。低温变换操作温度一般比露点温度高出 20℃左右。如果控制不严，万一水蒸气冷凝则有氨水生成（变换副反应有氨生成）。它凝聚于催化剂表面，生成铜氨络合物，不仅活性降低，还使催化剂破裂粉碎，引起床层阻力增加等弊端。

工业上变换反应的移热方式有三种：连续换热式、多段间接换热式、多段直接换热式。国内装置中多为多段间接换热式、多段直接换热式。

① 多段间接换热式　图 5-4(a) 为多段间接换热式变换炉示意图。原料气经换热器预热达到催化剂所要求的温度后进入第一段床层，在绝热条件下进行反应，温升值与原料气组成及变换率有关。第一段出来的气体经换热器降温，再进入第二段床层反应。经过多段反应与换热后，出口变换气经换热器回收部分热量后送入下一设备。绝热反应一段，间接换热一段是这类变换炉的特点。操作状况见图 5-4(b)，其中的 AB、CD、EF，分别是各段绝热操作过程中变换率 x 与温度 T 的关系，称为绝热操作线，可由绝热床层的热量衡算式求出。由于这几段气体的起始组成相同，这几条绝热操作线相互平行。BC、DE 为段间间接冷却线，近似平行于温度轴，表示间接冷却过程中只有温度变化而无变换率改变。

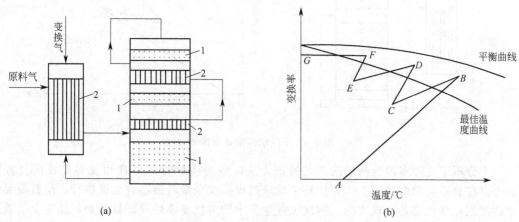

图 5-4　多段间接换热式变换炉示意图
1—催化床；2—换热器

② 多段直接换热式　多段直接换热式根据段间冷激的介质不同，分为原料气冷激、蒸汽冷激和水冷激三种。

a. 多段原料气冷激式　图 5-5(a) 为多段原料气冷激式催化反应器及其操作状况。它与间接换热式不同之处在于段间的冷却过程采用直接加入冷原料气的方法使反应后气体降低温度。绝热反应段用冷原料气直接冷激一次是这类变换炉的特点。操作状况见图 5-5(b)。

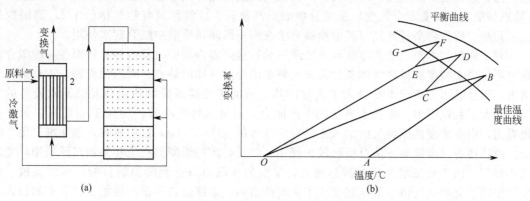

图 5-5　多段原料气冷激式催化反应器及其操作状况
1—催化床；2—换热器

虽然段间有冷激，但由于这几段气体的起始组成相同，使这几条绝热操作线互相平行。

BC、DE 为段间冷激线，冷激过程中产生了物料的返混，变换率下降，故冷激降温线不与温度轴平行，其延长线交汇于 O 点，O 点坐标为 $(0，T_0)$，T_0 为冷激气温度。

b. 多段水冷激式　图 5-6(a) 为多段水冷激式变换炉示意图。它与原料气冷激式不同之处在于冷激介质为冷凝水。操作状况见图 5-6(b)。由于冷激后气体中水蒸气含量增加，从而使下一段反应推动力增大，因而平衡温度提高，最适宜温度亦提高。故平衡曲线及最适宜温度线都高于上一段。由于冷激后汽/气增大使下一段的绝热温升小于上一段，故而绝热操作线的斜率逐段增大，互不平行。冷激降温线则均平行于温度轴。

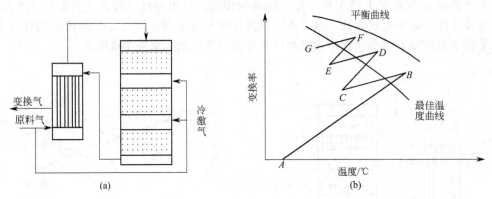

图 5-6　多段水冷激式变换炉

以上分析了几种多段变换炉的工艺特征，从这些变换炉的 T-x 图可见整个反应过程只有若干点在最适宜温度曲线上，要使整个反应过程都完全沿着最适宜温度进行，段数要无限多才能实现，显然这是不现实的。因此工业生产中的多段变换炉只能接近而不能完全沿着最适宜温度曲线进行反应。段数愈多，愈接近最适宜温度曲线，但也带来不少操作控制上的问题。故工业变换炉及全低变炉一般用 2～3 段。并且，根据工艺需要，变换炉的段间降温方式可以是上述介绍的单一形式，也可以是几种形式的组合。比如，三段变换炉的一、二段间用间接换热，二、三段间用水冷激。

一般间接换热冷却介质多采用冷原料气或蒸汽。用冷原料气时由于与热源气体的热容、密度相差不大，故热气体的热量易被移走，温度调节方便，冷热气体温差较大，换热面积小；用蒸汽作冷却介质时可将饱和蒸汽变成过热蒸汽再补入系统，可以保护主换热器不致腐蚀。这种方法被广泛采用，效果较好。但蒸汽间接换热降温不宜单独使用，因在多数情况下（特别是中变串低变或全低变）系统补加的蒸汽量较少、常常只有热气体的 1/6，调温效果也不理想，故常将蒸汽换热与其他换热方法在同一段间接降温中结合起来使用。

对于原料气冷激、蒸汽冷激和水冷激三种直接降温方法中，前两种方法都兼有冷激介质热容小，要大幅度降低热气体温度需加入较多的冷激气体的缺点。对蒸汽而言，不仅消耗量增大，而且还由于蒸汽本身带入了大量的热，增加了变换系统的热负荷及热回收设备的负担，加大了系统阻力，降低了系统的生产能力。而对原料气冷激，从其 T-x 图可以很直观地看出，由于未变换原料气的加入使反应后气体的变换率下降，反应后移，催化剂利用率降低。故这两种冷激降温方法目前已较少使用。相反，水冷激降温在近年来被广泛采用，尤其在小型厂。由于液态水的蒸发潜热很大，少量的水就可以达到降温的目的，调温灵敏、方便。水冷激是将热气体中的显热变成了蒸汽的潜热，系统热负荷没有增加。并且水的加入增加了气体的湿含量，在相同汽/气下，可减少外加蒸汽量，具有一定的节能效果。但是水冷激降温应注意水质，需用蒸汽冷凝水，使之蒸发通过催化剂床层后不留下残渣，否则会引起催化剂结块，增加阻力，降低活性。

（2）变换反应压力　变换反应是等物质的量反应，压力对 CO 变换反应的平衡几乎无影响，加压却促进了析炭和甲烷化副反应的进行，似乎不利。但提高压力，反应物体积缩小，单位体积中反应物分子数增多，反应分子被催化剂吸附速率增大、反应物分子与被催化剂吸附原子碰撞的机会增多，因而可以加快反应速率，提高催化剂的生产强度，减小设备和管件尺寸；且加压下的系统压力降所引起的功耗比低压下少；加压还可提高蒸汽冷凝温度，可充分利用变换气中过剩蒸汽的热能，提高冷凝液的价值，还可降低后续压缩合成气的能耗。当然，加压会使系统冷凝液的酸度增大，对设备、管件材料的腐蚀性增强，这是不利的一面，设计时应加以解决。一般变换工序的压力由转化或气化工序来确定。

（3）最终变换率　最终变换率由合成甲醇原料气中氢碳比及一氧化碳与二氧化碳比例决定。在甲醇生产中，有两种变换配气方法。

① 全部气量通过法　当全部气量通过变换工序时，此时所要求的最终变换率不太高，要保留足量的 CO 作为甲醇合成原料。

② 部分气量通过法　只有一部分气量通过变换工序，其余气量不经变换而直接去合成时，通过的这一部分气体的最终变换率控制得较高，达 90% 以上，混合气的浓度由旁路气量来控制。

（4）汽气比　在进行变换时，加入的水蒸气比例一般用汽气比 $n(H_2O)/n(干气)$ 或汽碳比 $n(H_2O)/n(CO)$ 来表示。增加水蒸气量，即汽气比增加，便加大了反应物质的浓度，反应向生成物方向移动，提高了平衡变换率，同时有利于高变催化剂活性组分 Fe_3O_4 相的稳定和抑制析炭与甲烷化反应的发生。过量的水蒸气还起载热体的作用，使催化剂床层温升相对减少。

但汽气比过大，水蒸气消耗量多，会增加生产成本，且过大的水蒸气量，反而使变换率降低。这是由于实际生产中反应不可能达到平衡，加入过量的水蒸气便稀释了 CO 的浓度，反应速率随之减小；加之反应气体在催化剂床层停留时间的缩短，使变换率降低；对于低变催化剂如汽气比过大，操作温度越接近于露点温度，越不利于催化剂的维护。

（5）催化剂粒度　为了提高催化剂的粒内有效因子，可减小催化剂粒度，但相应地，气体通过催化床阻力增大，变换催化剂的适宜当量直径为 6~10mm，工业上一般压制成圆柱状，粒度为 5mm×5mm 或 9mm×9mm。

5.2.2.4　变换工艺流程及设备

甲醇装置的变换工艺配气方法分为大部分气体通过变换后配气和全气量通过变换进行调整氢碳比两类。

用部分气体通过变换后配气方法能够根据气体成分变化方便地调节氢碳比，而且变换炉操作比较稳定，然而不经变换炉的原料气中所含的有机硫（主要为 COS 和 CS_2 形态）未被转化，除非采用低温甲醇洗，否则难以除去有机硫。

全气量通过变换不仅可调节氧碳比及 CO_2/CO 比，而且能使有机硫转化为易脱除的无机硫。全气量通过变换的关键是在保证反应器自热的前提下，控制较低的变换率。为此必须选择起始活性温度低的催化剂，并使变换炉入口温度降低，水气比也较低，以保证一定的转化率。

若采用全气量通过变换，则需变换出口处的 CO 含量为 19%~20%，仅用中温变换流程即可，只需一或二段变换催化剂。

（1）中温变换流程　中温变换流程，原先都在常压下进行，随着技术的发展，现在都采用加压操作。加压变换有以下优点。

① 加压下有较快的反应速率。变换催化剂在加压下的活性比常压下的活性高，可处理

比常压多一倍以上的气量。

② 设备体积比常压的小，布置紧凑。

③ 可节约总的压缩动力。

加压中温变换工艺主要特点是：采用低温高活性的中变催化剂，降低了工艺上对过量蒸汽的要求；采用段间喷水冷激降温，减少系统热负荷及阻力降，相对地提高了原料气自产蒸汽的比例，减少外加蒸汽量。

中温变换工艺流程图见图 5-7。

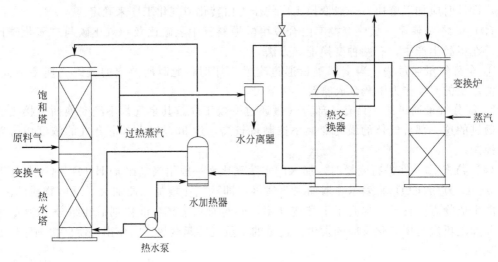

图 5-7　中温变换工艺流程图

粗原料气经脱硫后，在一定压力下进入变换工序饱和塔与热水接触，在气体出口管道上补充水蒸气，使水气比达到要求，然后经过水分离器，分离掉气体中夹带的水滴，混合气进入热交换器加热至催化剂起始活性温度以上，然后进入变换炉第一段催化床，气体进行绝热反应，温度升高，用水蒸气冷激，使温度降低，进入第二段催化床继续反应，出变换炉气体先进入热交换器，然后再流经水加热器与热水塔，出变换工序。热水自饱和塔底处出来，溢流至热水塔，用热水泵将热水塔出口的热水打入水加热器，再进入饱和塔，热水循环使用。段间移热可采用连续换热式或冷激式，冷激气可用原料气或用蒸汽。

近些年，中温变换流程有了一些技术上的改进。

一是取消饱和热水塔。由于甲醇生产中的变换是在低汽气比下进行，需要的蒸汽量少，可以取消饱和热水塔，直接给粗煤气中配入蒸汽进变换炉。变换炉后改用脱盐水加热器和锅炉给水加热器回收变换反应余热，这样不但提供了所需的高温脱盐水、锅炉水，还降低了变换气的温度，能量的回收利用更为合理。

二是在变换炉后串联 COS 水解槽。变换工段兼有使有机硫水解转化为无机硫的作用，当汽气比较低时，变换催化剂的 COS 转化是不够的，会加重后续精脱硫的负荷，易引起合成催化剂中毒。可以在变换炉后串联 COS 水解槽（填装水解催化剂），促进有机硫的转化。

经过改进的中温变换流程仍有一些不足。如硫含量高时，易使中温变换催化剂中毒，变换前必须先湿法脱硫，变换后进行精脱硫，工艺流程复杂。在全气量部分变换工艺中，由于 CO 是合成甲醇的原料，变换率不能太高，这就需要适当降低汽气比，Fe-Cr 系中变催化剂在低汽气比时，中变催化剂中的 Fe 会被还原成金属铁，金属铁促使 F-T 副反应发生，使 CO 和 H_2 发生反应生成烃类，这样就带来了一系列的问题：例如生成烃类消耗了氢；危及中变催化剂和低变催化剂的正常运行；与甲醇合成催化剂中的铜生成乙炔铜，使甲醇催化剂失活，同时影响甲醇的质量。

（2）全低温变换流程　20世纪80年代中期，随着钴钼系耐硫变换催化剂的研制成功，变换工艺有了重要的变革，出现了全部使用钴钼系宽温耐硫变换催化剂的全低变工艺。

全低变工艺由于催化剂的起始活性温度低，变换炉入口温度及炉内热点温度都大大低于中变炉入口及热点温度，使变换系统处于较低的温度范围内操作，催化剂对过低的汽/气不会产生析炭及生成烃类 F-T 等副反应，因而只要在满足出口变换气中一氧化碳含量的前提下，可不受限制地降低入炉蒸汽含量，使全低变流程蒸汽消耗比中变及中变串低变流程大大降低，合成废热锅炉副产的蒸汽供变换有余。而对于采用重油部分氧化法和水煤浆急冷流程的甲醇厂，因其制得的煤气温度约200℃并为水蒸气所饱和，不用脱硫，可直接使用耐硫变换催化剂进行变换，从而大大简化了流程。

全低温变换流程见图5-8。

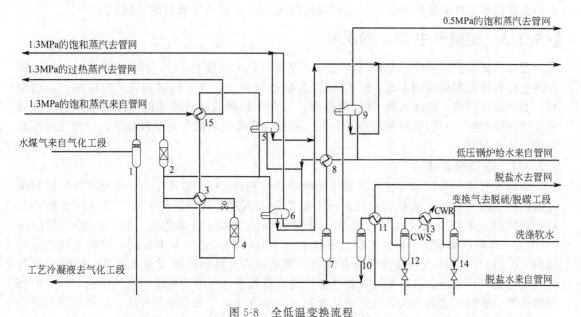

图 5-8　全低温变换流程

1—煤气分离器；2—水煤气过滤器；3—煤气预热器；4—变换炉；5,6—1.3MPa废锅；
7,10,12,14—第一～第四水分离器；8—低压锅炉给水预热器；
9—0.5MPa废锅；11—脱盐水加热器；13—变换气水冷器；15—低压蒸汽过热器

从水煤浆气化工段来的水煤气在煤气分离器1中分离出固体尘埃和冷凝液，再通过水煤气过滤器2进一步过滤固体尘埃（避免由于入炉原料气温度低，气体中的油污、杂质等直接进入催化床造成催化剂污染中毒，活性下降）。分离过滤后的气体分成两段。第一段气量约为总气量的62%，在煤气预热器3中加热到变换所需要的入口温度275～315℃后，进入变换炉4在耐硫变换催化剂作用下进行 CO 的变换，变换后的气体温度为410～440℃。变换后的气体（CO 约8%）首先进入煤气预热器3中预热变换炉入口水煤气，然后通过低压蒸汽过热器15和1.3MPa废锅5回收热能，温度降到250℃。第二段气体约为总气量的38%，未经变换与第一段气体在1.3MPa废锅5管程出口混合调整氢碳比后，通过1.3MPa废锅6副产1.3MPa的饱和蒸汽，温度降为215℃，然后进入第一水分离器7，分离出冷凝液体，分离后先进入低压锅炉给水预热器8，预热锅炉给水，用于副产1.3MPa饱和蒸汽。然后进入0.5MPa废锅9，再次回收余热，副产0.5MPa蒸汽，经第二分离器10分离出冷凝液后进入脱盐水加热器11，将脱盐水预热到115℃，在通过第三水分离器12，分离掉析出的饱和冷凝液气体，在变换气水冷器 13 中通过循环水冷至 40℃，然后进入第四水分离器 14、为了降低变换气中的氨含量在第四水分离器 14 的顶部喷入软水对变换器进行洗涤，洗涤后的气体送至低温甲醇洗工段进行脱硫脱碳。

该流程的特点有以下两点。

① 由于气化工段采用水煤浆气化，粗煤气已被水蒸气所饱和，所以变换前不脱硫，使用耐硫变换催化剂直接变换。省掉热水饱和塔及热水泵等设备，工艺装置大大简化。

② 采用部分气体通过变换后配气的方法，能够根据气体成分变化方便地调节氢碳比，而且变换炉操作比较稳定。然而不经变换炉的一路粗煤气中所含的有机硫（主要为 COS 和 CS_2 形态）未被转化，难以除去。可在不经变换炉的一路增设有机硫水解槽，促进有机硫的转化或者后续工段采用低温甲醇洗脱硫脱碳，因为低温甲醇对 H_2S 和各种有机硫均有较好的吸收效果。本流程后续工段采用低温甲醇洗脱硫脱碳，高温对后系统低温甲醇吸收不利，必须充分回收变换系统的余热，将出口温度降至 40℃，进入脱硫脱碳工段。

5.2.3 变换气中 CO_2 的脱除

在合成氨生产过程中，原料气经过 CO 变换后，一般含有 18%～35% 的 CO_2。CO_2 的存在会使合成氨的催化剂中毒，而 CO_2 又是制造尿素、干冰、纯碱和碳酸氢铵等产品的原料，必须加以回收。脱除大量 CO_2 的过程，习惯上简称脱碳。脱碳的方法有很多种，大部分为溶液吸收法，根据吸收剂性质的不同，可分为物理吸收法、化学吸收法、物理化学吸收法和变压吸附法。

5.2.3.1 物理吸收法

物理吸收法一般用水或有机溶剂作为吸收剂，利用 CO_2 比 H_2、N_2 在吸收剂中溶解度大的特性而除去 CO_2。吸收后溶液的再生是依靠闪蒸解吸和气提的方法，溶液在放出 CO_2 后循环使用。常用方法有加压水洗法、低温甲醇法、碳酸丙烯酯法、聚乙二醇二甲醚法（NHD）。碳酸丙烯酯法、聚乙二醇二甲醚法（NHD）脱碳过程基本相同，它们的优点是对原料气中的 CO_2、H_2S 等酸性气体有较大的溶解能力，且吸附剂无毒无腐蚀，因此有部分中小型合成氨厂采用此法。低温甲醇洗涤法是在低温下，用甲醇脱除原料气中的 CO_2、H_2S 等酸性气。甲醇吸收能力大，气体净化度高，大型合成氨厂大多采用此法。加压水洗法是应用较早的一种脱碳方法，但因为水和动力消耗都很大，近年来已较少采用。

目前应用较多的是低温甲醇洗工艺。

低温甲醇洗工艺（Rectisol Process）是德国林德（Linde）公司和鲁奇（Lurgi）公司共同开发的采用物理吸收法的一种酸性气体净化工艺，该工艺使用冷甲醇作为酸性气体吸收液，利用甲醇在 -60℃ 左右的低温下对酸性气体溶解度极大的物理特性，同时分段选择性地吸收原料气中的 H_2S、CO_2 及各种有机硫等杂质。在以渣油和煤为原料的大型合成氨装置上，大多采用这种净化工艺。此外，该工艺还广泛应用于甲醇合成、羟基合成、工业制氢、城市煤气和天然气脱硫等生产装置的净化工艺中。目前，国内外已有百余套大中型工业化装置的酸性气体脱除采用了该净化工艺。

经此工艺后的气体净化度：CO_2　$20×10^{-6}$；H_2S　$0.1×10^{-6}$。

低温甲醇洗的工艺原理是：一氧化碳变换和热量回收后的工艺气中除含有甲醇合成及一氧化碳生产所需要的氢气、一氧化碳及少量的二氧化碳外，还含有多余的二氧化碳及不需要的硫化氢及硫氧化碳等成分，硫化物是甲醇合成的毒物，多余的二氧化碳在甲醇合成中无法利用，所以必须除去。硫化物又可以进一步回收利用，需要对它们进行回收。甲醇洗工段就是用甲醇脱除工艺气中甲醇合成不需要的多余的二氧化碳及所有的硫化物，一氧化碳生产所不需要的全部二氧化碳及硫化物，使工艺气成分达到甲醇合成和一氧化碳生产要求。吸收了二氧化碳和硫化氢及硫氧化碳的富甲醇也可以通过减压、闪蒸、氮气气提等方法对其再生并回收冷量，重复利用。

采用低温甲醇洗脱碳工艺时，由于脱碳的同时可以吸收所有的硫化物，所以在一氧化碳变换前不需要进行脱硫，但变换时需要采用耐硫的催化剂。

图 5-9 是在 2.1MPa 压力下操作的低温甲醇洗脱除二氧化碳和硫化物等杂质的基本工艺流程。

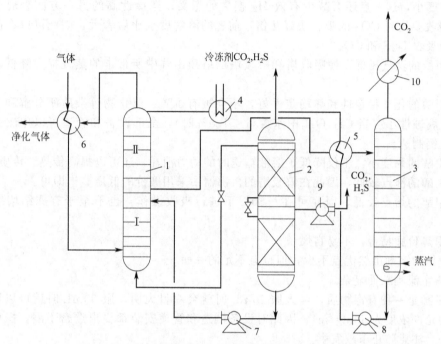

图 5-9　低温甲醇洗脱除酸性气体的基本工艺流程

1—吸收塔；2—第一级甲醇再生塔；3—第二级甲醇再生塔；4—冷却器；5，6—换热器；
7，8—溶液循环泵；9—真空泵；10—冷却器

未经甲醇洗的气体与经甲醇洗后离开吸收塔的气体，在换热器 6 中进行换热，未经甲醇洗的气体被冷却后，从两级吸收塔 1 的 I 段下部进入，气体在吸收塔 I 段中被温度约为 −70℃的甲醇逆流洗涤，气体中部分硫化氢和二氧化碳被吸收，吸收后的甲醇溶液由于吸热而温度升高，在吸收塔 I 段出口处的甲醇溶液温度升至 −20℃。此溶液在进入第一级甲醇再生塔 2 上段时，压力从 2.1MPa 降至 0.1MPa，此时，部分二氧化碳和硫化氢被解吸，从塔 2 顶部排出。与此同时，甲醇则被冷却到 −35℃左右，在塔 2 上段顶部的温度为 −35℃的甲醇流至下段，并继续被降压至 0.02MPa（绝对压力），被解吸出来的硫化氢和二氧化碳从下段的上部由真空泵 9 抽出，此时，甲醇被冷却到 −70℃，再由泵 7 加压送至吸收塔 1 循环使用。

被吸收塔 1 的 I 段吸收过的气体，从 I 段上部进入 II 段，再与从第二级再生塔来的已被充分解吸的甲醇逆流洗涤，气体中的绝大部分二氧化碳和几乎全部的硫化氢、有机硫化物和氰化物被脱除，净化后的气体从吸收塔 1 顶部逸出。

从吸收塔 1 的 II 段底部排出的吸收后的甲醇溶液，与从第二级甲醇再生塔 3 底部排出的甲醇溶液在换热器 5 中进行换热后，进入第二级甲醇再生塔 3，并在塔底用蒸汽加热甲醇溶液，以便使二氧化碳和硫化氢等酸性气体解吸并从塔顶逸出，与此同时，甲醇溶液得到进一步再生。

经过第二级再生的甲醇溶液从塔 3 底部排出来后，用泵 8 加压经换热器 5 换热，再经冷

却器 4 冷却到 $-60℃$ 左右后，进入吸收塔，循环使用。

低温甲醇洗的优点有以下几点。

① 用甲醇作为溶剂，对 CO_2、H_2S、COS 等具有较强的吸收能力，这样所需的溶液循环量较少，因而动力消耗减少。

② 用甲醇作为溶剂，对欲除去的 CO_2、H_2S、COS 组分和不欲除去的 H_2、N_2 等组分之间具有较高的选择性。一方面可以理解为甲醇对 CO_2、H_2S 的溶解度大，而对 H_2、N_2 等的溶解度小，这一点还有减少有效 H_2 损失的意义；选择性高的另一方面表现在甲醇对 H_2S 的吸收要比对 CO_2 的吸收快好几倍，前者的溶解度也比后者大，因此可以在同一塔内实现分步吸收 H_2S 和 CO_2。

③ 甲醇的蒸气压低，使吸收塔和解吸塔的塔顶出气中所带走的蒸气损失降低，溶液损失少。

④ 甲醇的化学稳定性和热稳定性好，不会被有机硫、氯化物等杂质所分解和变质，不会起泡，腐蚀性小（当 CH_3OH 中水含量 $<1.0\%$ 时），全部设备和管道可以用碳钢或耐低温的合金钢制造。

⑤ 甲醇的黏度小，不仅降低了溶液输送时的动力消耗，还可以提高传热、传质效率。

⑥ 甲醇的沸点较低，因此在解吸塔的再沸器中采用廉价的低压蒸汽即可。

⑦ 甲醇的熔点较低，因而可在 $-80℃$ 下进行吸收操作，也不至于有冻结堵塞管道的危险。

⑧ 甲醇价廉易得，不易自燃。

甲醇作为溶剂虽然优点不少，但也有不足的一面。

① 再生流程长而复杂。

② 甲醇是一种有毒物质，当人服 10mL 时就会双目失明，服 30mL 时就可以致死，在空气中的允许浓度为 $50mg/m^3$，因此对设备制造和管道安装都要求严密不漏，操作时不可掉以轻心，注意防止事故发生。

③ 甲醇洗一般均在低温下进行，故只有在和空分、液氮洗配套时才能显示其特殊的优点。

5.2.3.2 化学吸收法

化学吸收法大多是以碱性溶液为吸收剂来吸收酸性气体 CO_2，采用减压加热再生，释放出溶液的 CO_2。常用的方法有氨水法、改良热钾碱法和乙醇胺法。氨水法是用浓氨水与二氧化碳进行碳化反应，不仅将原料气中的二氧化碳除去，同时将氨加工成碳酸氢铵肥料。早些年，我国大多数的小型合成氨厂均采用此法，近些年已较少应用。改良热钾碱法是用加有活化剂的碳酸钾溶液，脱除原料气中的二氧化碳。活化剂的种类有多种，如以二乙醇胺为活化剂，称为二乙醇胺催化热钾碱法，即本菲尔特法。我国以天然气和轻油为原料的大型合成氨厂，采用此法较多。采用此法吸收后，二次脱碳出口 CO_2 约为 0.2%。

5.2.3.3 物理化学吸收法

物理化学吸收法兼有物理吸收和化学吸收的特点，常用的方法有环丁砜法，吸收剂为环丁砜和烷基醇胺的水溶液，我国应用较少。

5.2.3.4 变压吸附法

近年来，变压吸附法（PSA 法）在我国许多合成氨厂得到推广使用。变压吸附技术是利用固体吸附剂在加压下吸附二氧化碳，使气体得到净化，吸附剂减压脱附析出二氧化碳进行再生。一般在常温下进行，能耗低，操作简单，对环境无污染。我国已有国产化 PSA 装置，其规模和技术达到国际先进水平。

📌 5.2.4 原料气的精制

经过变换和脱碳以后，原料气中尚有少量的 CO（一般为 0.08%）、CO_2（一般 0.2%）、硫化氢和氧气，为了防止它们对氨合成催化剂造成毒害，在送往氨合成系统以前，必须做最后的净化处理，生产中称为原料气的精制。精制以后的气体中的一氧化碳和二氧化碳的总量，大型合成氨厂控制在低于 $10cm^3/m^3$，中型合成氨厂控制在小于 $25cm^3/m^3$。

5.2.4.1 铜氨液洗涤法

铜氨液洗涤法采用铜盐的氨溶液在高压低温下吸收少量 CO、CO_2、H_2S 和 O_2，然后在降压加热的条件下进行溶液的再生。通常把铜氨液洗涤称为铜洗，铜氨液称为铜液，精制后的气体称为精炼气或铜洗气。此法较广泛地适用于以煤为原料制气的中、小型合成氨厂。

（1）温度　温度超过 15℃ 以后，铜液的吸收能力迅速下降，铜洗气中 CO 迅速增加，但温度过低，铜液黏度增大，同时也容易生成碳酸铵及碳酸氢铵结晶，堵塞设备，增加系统阻力。生产上，控制进入塔的铜液以 8～12℃ 为宜，出口以 15～20℃（放热）为宜。

（2）压力　提高铜洗操作压力，气体中 CO 分压也随之增加，铜液的吸收能力增加，但 CO 的分压超过 0.5MPa 以后，吸收能力已不再明显增加，却增加了动力消耗。生产上，铜洗操作压力一般控制在 12.0～15.0MPa。

（3）铜液组成　生产上总铜含量控制在 2.0～2.5mol/L，铜比一般控制在 5～7 范围内，总氨控制在 8.5～12.5mol/L，游离氨含量一般控制在 2.0～2.5mol/L。由于原料气中含有 CO_2，若铜氨液中醋酸含量不足，就会生成碳酸铜氨盐，同时还会生成碳酸铜沉淀。一般铜氨液中醋酸含量超过总铜含量的 10%～15% 较为合适，生产上选择 2.2～3.0mol/L。再生后 CO 含量小于 $0.005m^3/m^3$ 铜液，CO_2 残余量为 1.5mol/L。

5.2.4.2 液氮洗涤法

在空气液化分离的基础上，用低温逐级冷凝原料气中的各高沸点组分，再用液氮把少量 CO 和 CH_4 洗涤除去，使 CO 降至 $10cm^3/m^3$ 以下，这是物理吸收过程，比铜洗法净化效果好，此法主要适用于重油部分氧化、富煤氧气化的制氨过程。在实际的生产中，液氮洗涤往往和空分、低温甲醇洗涤组成联合装置，这样冷量利用合理，原料气净化流程简单。液氮洗涤法不仅能脱除一氧化碳，而且能同时脱除甲烷和氩气，得到含惰性气体量很少的氨合成原料气，这对于提高氨合成的生产能力非常有利。由于一氧化碳的沸点比氮气高并能溶于液氮中，因此，可以利用液态氮洗涤少量的一氧化碳等杂质，使各种杂质以液态形式与气态氢气分离，从而使原料气得到最终的净化。液氮洗涤一氧化碳为物理过程，是利用空气分离装置得到的高纯度液氮，在洗涤塔中与原料气接触，CO 被冷凝在液相中，而一部分液氮蒸发到气相中。由于甲烷、氩气和氧气的沸点均比一氧化碳高，这些组分也同时被冷凝，并随一氧化碳的冷凝液和液氮一起从洗涤塔底排出，称为含 CO 馏分。而塔顶得到的是一氧化碳含量小于 $10cm^3/m^3$、惰性气体含量小于 $100cm^3/m^3$ 的纯氢氮气。氧气含量小于 $20cm^3/m^3$，不含有二氧化碳和水蒸气，不含有氮氧化物和不饱和烃。原料气的温度降到一氧化碳的沸点以下，操作压力一般为 2.1～8.5MPa。

5.2.4.3 甲烷化法

在有催化剂存在的条件下，CO、CO_2 与 H_2 作用生成甲烷，使 CO 和 CO_2 总量小于 $10cm^3/m^3$。由于反应消耗氢气，生成的 CH_4 又不利于氨合成反应，因此这种方法只能适用于（$CO+CO_2$）<0.7% 的原料气精制，通常和低温变换工艺配套。甲烷化具有工艺简单、净化度高、操作方便、费用低的优点，因此被大型合成氨厂普遍采用。$CO+CO_2$ 一般约 0.3%。甲烷化反应是强放热反应，平衡常数都很大，有利于反应向右进行，即有利于一氧

化碳和二氧化碳合成甲烷。甲烷化的催化剂以氧化镍为主，含镍 $15\%\sim30\%$，Al_2O_3 为载体，MgO 或 Cr_2O_3 为促进剂。为了提高催化剂的耐热性，有时还加入稀土元素作促进剂。甲烷化催化剂在使用前，必须将 NiO 还原为金属 Ni 才有活性，一般用氢气或者脱碳后的原料气还原。由于催化剂一旦还原就有活性，立即可以使 $CO+CO_2$ 进行甲烷化，放出大量的热，为了避免甲烷化反应使床层温升过高过快，要尽量控制还原用气体中 $CO+CO_2$ 的总量在 1% 以下，还原后的镍催化剂容易自燃，要避免其与氧化性气体接触。为了保护催化剂，防止催化剂中毒，一般在甲烷化催化剂床层之前设置氧化锌或活性炭保护层。

（1）温度　操作温度低对甲烷化反应的平衡是有利的，但温度过低一氧化碳会与镍生成羰基镍，而且反应速率慢，催化剂活性不能充分体现。提高温度可以加快甲烷化的反应速率，但温度太高对反应平衡不利，而且会使催化剂超温而活性降低，实际中温度一般控制在 $280\sim420℃$（某公司，入口 $260℃$，热点温度约 $290℃$）。

（2）压力　甲烷化反应是体积缩小的反应，提高压力有利于化学平衡，并使反应速率加快，从而提高设备和催化剂的生产能力。在实际生产中，甲烷化的操作压力由其在合成氨总流程中的位置确定，一般为 $1\sim3MPa$。

（3）甲烷化气体组分　每 1% 的氧气与氢气反应的温升值约为 $165℃$，所以原料气中应严格控制氧气的含量，否则容易超温使催化剂失活。$CO+CO_2<0.7\%$，原料气中水蒸气的增加会使甲烷化反应逆向进行，所以原料气中的水蒸气也是越少越好。

5.2.4.4　甲醇串甲烷法

双甲精制工艺是近年来开发成功的一项新技术，它采用甲醇化后甲烷化的方法，将原料气中 CO、CO_2 降至很低，从而使氢耗大大降低，同时可以副产甲醇。原料气中的 CO 和 CO_2，在一定的温度和催化剂的作用下，与氢气反应生成粗甲醇。甲醇化催化剂一般用铜基催化剂，产品粗甲醇可以通过常压精馏得到精甲醇。经甲醇工序后的原料气为醇后气，含 $CO+CO_2$ 为 $0.1\%\sim0.3\%$，经换热器后温度达到 $280℃$，进入甲烷化工序。醇后气中的 CO、CO_2 在镍催化剂的作用下，与氢气反应，生成甲烷。经甲烷化后，原料气中的 $CO+CO_2$ 降至每立方米几毫升以下，从而满足了氨合成的要求。双甲精制工艺具有流程短、投资少、物耗低、能耗低、操作稳定简便、蒸汽消耗明显下降等优点。

5.3　费托合成

■ 5.3.1　费托合成简介

费托（F-T）合成，是以合成气为原料，生产各种烃类以及含氧化合物，是煤液化的主要方法之一。F-T 合成可能得到的产品包括气体和液体燃料，以及石蜡、乙醇、丙醇和基本有机化工原料，如乙烯、丙烯、丁烯和高级烯烃等。

费托合成属于煤的间接液化，即首先将原料煤与氧气、水蒸气反应将煤全部气化，制得的粗煤气经变换、脱硫、脱碳制成洁净的合成气（$CO+H_2$），合成气在催化剂作用下发生合成反应生成烃类，烃类经进一步加工可以生产汽油、柴油和 LPG 等产品。

费托合成技术是由德国科学家 Frans Fischer 和 Hans Tropsch 于 1923 年首先发现的，并以他们名字的第一个字母即 F-T 命名的，简称 F-T 合成或费托合成。依靠间接液化技术，不但可以从煤炭中提炼汽油、柴油、煤油等普通石油制品，而且还可以提炼出航空燃油、润滑油等高品质石油制品以及烯烃、石蜡等多种高附加值的产品。

自从 Fischer 和 Tropsch 发现在碱化的铁催化剂上可生成烃类化合物以来，费托合成技术就伴随着世界原油价格的波动以及政治因素而盛衰不定。费托合成率先在德国开始工业化应用，1934 年鲁尔化学公司建成了第一座间接液化生产装置，产量为 7 万吨/a。到 1945 年，德国的生产能力达到年产 57×10^4 t。当时有 9 套装置在生产。此外，日本有 4 套，法国有 1 套，中国锦州有 1 套。全世界总的 F-T 合成装置的年生产能力超过 100×10^4 t。

20 世纪 50 年代初，中东大油田的发现使间接液化技术的开发和应用陷入低潮，但南非是例外。南非因其推行的种族隔离政策而遭到世界各国的石油禁运，促使南非下决心从根本上解决能源供应问题。考虑到南非的煤炭质量较差，不适宜进行直接液化，经过反复论证和方案比较，最终选择了使用煤炭间接液化的方法生产石油和石油制品。SASOL-I 厂于 1955 年开工生产，主要生产燃料和化学品。70 年代的能源危机促使 SASOL 建设两座更大的煤基费托装置，设计目标是生产燃料。当工厂在 1980 年和 1982 年建成投产的时候，原油的价格已经超过了 30 美元/桶。此时 SASOL 的三座工厂的综合产能已经大约为 760 万吨/a。由于 SASOL 生产规模较大，尽管经历了原油价格的波动但仍保持赢利。南非不仅打破了石油禁运，而且成为了世界上第一个将煤炭液化费托合成技术工业化的国家。1992 年和 1993 年，又有两座基于天然气的费托合成工厂建成，分别是南非 Mossgas 100 万吨/a 和壳牌在马来西亚 Bintulu 建成的 50 万吨/a 的工厂。

F-T 合成除了能获得主要产品汽油之外，还能合成一些重要的基本有机化学原料，例如乙烯、丙烯、丁烯、乙醇及其他醇类等。

煤基 F-T 合成的流程框图见图 5-10。在气化过程中由煤或焦炭生产合成气，在煤气加工和净化过程中，调整 $\varphi(H_2)/\varphi(CO)$ 并脱去硫，F-T 合成产物经过分离和精制得到各种产品。

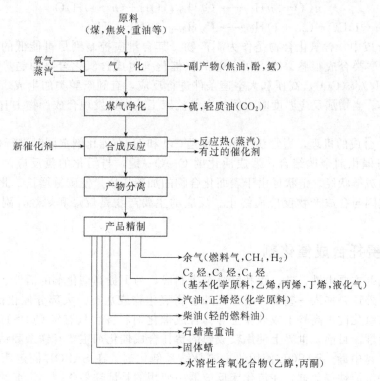

图 5-10　F-T 合成流程框图

除了已经运行的商业化装置外，埃克森-美孚（Exxon-Mobil），英国石油公司（BP-Amoco），美国康菲石油公司（Conoco Phillips）和美国合成油公司（Syntroleum）等也正在开发自己的费托合成工艺，转让技术，并且计划在拥有天然气的地域来建造费托合成天然气液化工厂。

5.3.2 费托合成原理

F-T合成的基本化学反应是由一氧化碳加氢生成饱和烃和不饱和烃，反应式如下：

$$nCO+2nH_2 \longrightarrow -(CH_2)_n- +nH_2O$$

当催化剂、反应条件和气体组成不同时，还进行下述平行反应：

$$CO+2H_2 \longrightarrow -CH_2- + H_2O \qquad \Delta H=-165kJ/mol(227℃)$$
$$CO+3H_2 \longrightarrow CH_4+H_2O \qquad \Delta H=-214kJ/mol(227℃)$$
$$2CO+H_2 \longrightarrow -CH_2- + CO_2 \qquad \Delta H=-204.8kJ/mol(227℃)$$
$$3CO+H_2O \longrightarrow -CH_2- + 2CO_2 \qquad \Delta H=-224kJ/mol(227℃)$$
$$2CO \longrightarrow C+CO_2 \qquad \Delta H=-134kJ/mol(227℃)$$

根据热力学平衡计算，上述平行反应，在$50\sim350℃$有利于甲烷生成，温度越高越有利。

生成产物的概率大小顺序为$CH_4>$烷烃$>$烯烃$>$含氧化合物。反应产物中主要为烷烃和烯烃。产物中正构烷烃的生成概率随链的长度的增加而减小，正构烯烃则相反。产物中异构甲基化合物很少。增大压力，导致反应向减少容积（即产物分子量增大）的方向进行，因而长链产物的数量增加。合成气富含氧时，有利于形成烷烃，如果不出现催化剂积炭，一氧化碳含量高将导致烯烃和醛的增多。

合成反应中也能生成含氧化合物，如醇类、醛、酮、酸和酯等。其化学反应式如下：

$$nCO+2nH_2 \longrightarrow C_nH_{2n+1}OH+(n-1)H_2O$$
$$(n+1)CO+(2n+1)H_2 \longrightarrow C_nH_{2n+1}CHO+nH_2O$$

在F-T合成中，含氧化合物是作为副产物，其含量应控制到尽可能低的程度。长期以来，人们对于醇类合成很感兴趣，用含碱的铁催化剂生成含氧化合物的趋势较大，采用低温、低的$\varphi(H_2)/\varphi(CO)$、高压和大空速条件进行反应，有利于醇类的生成，一般情况下主要产物为乙醇。当增加反应温度时，例如在气流床工艺中，发现合成产物中有脂环族和芳香族化合物。

关于F-T合成的机理，通常认为第一步是CO和H_2在催化剂上同时进行化学吸附，CO中的C原子与催化剂金属结合，形成活化的C—O—键，与活化的氢反应，形成一次复合物，进一步形成链状烃。链状烃由于表面化合物的加碳作用，使碳链增长。此增长碳链因脱吸附，加氢或因与合成产物反应而终止。反应的主要产物是烷烃和烯烃，副产物是醇、醛和酮。

5.3.3 费托合成催化剂

合成催化剂主要由铁、钴、镍和钌等金属制成，为了提高催化剂的活性、稳定性和选择性，除主成分外还要加入一些辅助成分，如金属氧化物或盐类。大部分催化剂都需要载体，如氧化铝、二氧化硅、高岭土或硅藻土等。合成催化剂制备后只有经$CO+H_2$或H_2还原活化后才具有活性。目前，世界上使用较成熟的费托合成催化剂主要有铁系和钴系两大类，它们对硫敏感，易中毒。SASOL使用的主要是铁系催化剂。在SASOL固定床和浆态床反应器中使用的是沉淀铁催化剂，在流化床反应器中使用的是熔铁催化剂。沉淀铁催化剂由铁盐水溶液，经过沉淀、干燥和氢气还原制成，具有很好的活性。熔铁催化剂是先将磁铁矿与助熔剂熔化，然后用氢气还原制成，强度较高，但活性较低。

不同催化剂的合适操作压力与温度分别为：铁催化剂$1\sim3MPa$，$200\sim350℃$；钴催化剂$0.1\sim3MPa$，$170\sim190℃$；镍催化剂$0.1MPa$，$170\sim190℃$；钌催化剂$10\sim100MPa$，

110～150℃。

对于铁基催化剂而言，具有催化活性的晶相是铁碳化物，其他晶相没有催化活性或者活性较低，如果铁和助剂形成明显的其他晶相的化合物，那么催化活性就会很差。对于钴基催化剂而言，唯一的具有催化一氧化碳加氢活性的是金属钴，其他形式的钴大部分情况下没有活性。

铁基催化剂采用的常用助剂为铜、钾、锰以及二氧化硅等。在焙烧后的铁催化剂中铁是以三氧化二铁（或高分散无定形的铁氧化物）形式存在，助剂以各自的氧化物形式存在，在还原态（一氧化碳气氛或合成气气氛下还原）的催化剂中，铁大部分以铁碳化物形式存在；铜大部分以金属铜形式存在，起到促进还原的作用；钾大部分以 K_2O 形式存在，起到给电子助剂的作用，有助于一氧化碳离解；锰的作用复杂一些，有助于铁的分散、抑制碳化等，一般以锰氧化物或者锰铁尖晶石形式存在；二氧化硅一般起到结构性助剂作用，有助于铁的分散、铁晶相及催化剂骨架结构的稳定。一般铁基催化剂的助剂含量都比较低（一般质量分数在 5％以下，二氧化硅除外，含量有时较高，可达 20％），助剂含量较高时容易和铁之间形成化合物，反而使催化剂性能下降。

对于钴基催化剂而言，一般除了钴和载体之外，会添加贵金属助剂（Pt、Ru、Re 等）和金属氧化物（La、Ce、Zr、Mn、Th 以及碱土金属等金属的氧化物）助剂。在还原态的钴催化剂中，贵金属以金属形式存在，一般具有促进还原（通过氢溢流作用）作用、促进钴分散作用以及和钴形成双金属协同效应。金属氧化物以氧化物形式存在，作用比较复杂，有的起到促进钴分散的作用，有的能降低钴和载体之间的相互作用，有的有助于抑制钴烧结，有的有助于催化剂结构稳定。催化剂的载体和这些助剂都与钴存在一定的相互作用，但和铁基催化剂一样，要控制这种相互作用不能太强。钴基催化剂的助剂含量一般也较低，贵金属助剂由于价格的原因一般质量分数在 1％以下，氧化物助剂除了个别的（如 Zr），一般质量分数都在 5％以下。与铁催化剂相比，钴催化剂更稳定、使用寿命长。但钴催化剂缺点在于，要获得合适的选择性，必须在低温下操作，反应速率减慢，时空产率比铁催化剂低；同时由于在低温下操作，产品中烯烃含量较低。较理想的催化剂应具有铁催化剂的高时空产率和钴催化剂的高选择性和稳定性。

催化剂一般都经过了高温焙烧（至少 350℃），有一定的水热稳定性，在典型的费托合成反应条件下（200～250℃，2MPa 左右），催化剂中活性组分和助剂的结构比较稳定，不太容易发生晶形结构破坏、金属离子流失的现象，否则，催化剂性能会下降得很快。高温费托合成（350℃）采用的熔铁催化剂是经过高温熔融的，结构稳定性比较好，但活性较低。

5.3.4 费托合成反应器

SASOL 自 1955 年首次使用固定床反应器实现商业化生产以来，紧紧抓住反应器技术和催化剂技术开发这两个关键环节，通过近 50 年的持之以恒的研究和开发，在费托合成工艺开发中走出了一条具有 SASOL 特色的道路。迄今已拥有在世界上最为完整的固定床、循环流化床、固定流化床和浆态床商业化反应器的系列技术。

5.3.4.1 固定床反应器（Arge 反应器）

固定床反应器首先由鲁尔化学（Ruhrchemir）和鲁齐（Lurge）两家公司合作开发而成，简称 Arge 反应器。1955 年第一个商业化 Arge 反应器在南非建成投产。见图 5-11。反应器直径 3m，由 2052 根管子组成，管内径 5cm，长 12m，体积 40m³；管外为沸腾水，通过水的蒸发移走管内的反应热，产生蒸汽。管内装填了挤出式铁催化剂。反应器的操作条件是 225℃，2.6MPa。大约占产品 50％的液蜡顺催化剂床层流下。基于 SASOL 的中试试验结果，一个操作压力为 4.5MPa 的 Arge 反应器在 1987 年投入使用。管子和反应器的尺寸和

Arge 反应器基本一致。

通常多管固定床反应器的径向温度差为 2～4℃，轴向温度差为 15～20℃。为防止催化剂失活和积炭，绝不可以超过最高反应温度，因为积炭可导致催化剂破碎和反应管堵塞，甚至需要更换催化剂。固定床中铁催化剂的使用温度不能超过 260℃，因为过高的温度会造成积炭并堵塞反应器。为生产蜡，一般操作温度在 230℃ 左右。最大的反应器的设计能力是 1500 桶/d。

固定床反应器的优点有：

① 易于操作；

② 由于液体产品顺催化剂床层流下，催化剂和液体产品分离容易，适于费托蜡生产；

③ 由于合成气净化厂工作不稳定而剩余的少量的 H_2S，可由催化剂床层的上部吸附，床层的其他部分不受影响。

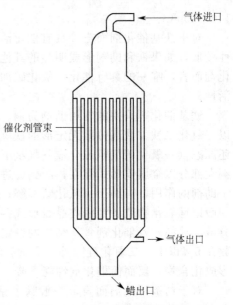

图 5-11　列管式固定床反应器

固定床反应器也有不少缺点：

① 反应器制造昂贵；

② 高气速流过催化剂床层所导致的高压降和所要求的尾气循环，提高了气体压缩成本；

③ 费托合成受扩散控制要求使用小催化剂颗粒，这导致了较高的床层压降；

④ 由于管程的压降最高可达 0.7MPa，反应器管束所承受的应力相当大；

⑤ 大直径的反应器所需要的管材厚度非常大，从而造成反应器放大昂贵；

⑥ 装填了催化剂的管子不能承受太大的操作温度变化；

⑦ 根据所需要的产品组成，需要定期更换铁基催化剂，所以需要特殊的可拆卸的网格，从而使反应器设计十分复杂，重新装填催化剂也是一个枯燥和费时的工作，需要许多的维护工作，导致相当长的停车时间，这也干扰了工厂的正常运行。

5.3.4.2　流化床反应器

流化床反应器包括循环流化床反应器和固定流化床反应器。

1955 年前后，萨索尔在其第一个工厂（SASOL-Ⅰ）中对美国 Kellogg 公司开发的循环流化床反应器（CFB）进行了第一阶段的 500 倍的放大，见图 5-12。放大后的反应器内径为 2.3m，46m 高，生产能力为 1500 桶/d。此后克服了许多困难，多次修改设计和催化剂配方，这种后来命名为 Synthol 的反应器成功地运行了 30 年。后来 SASOL 通过增加压力和尺寸，反

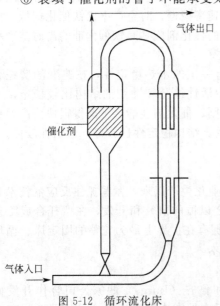

图 5-12　循环流化床

应器的处理能力提高了 3 倍。1980 年在 SASOL-Ⅱ、1982 年在 SASOL-Ⅲ 分别建设了 8 台直径 3.6m、生产能力达到 6500 桶/d 的 Synthol 反应器。使用高密度的铁基催化剂。循环流化床的压降低于固定流化床，因此其气体压缩成本较低。由于高气速造成的快速循环和返混，循环流化床的反应段近乎处于等温状态，催化剂床层的温差

一般小于 2℃。循环流化床中，循环回路中的温度的波动范围为 30℃左右。循环流化床的一个重要的特点是可以加入新催化剂，也可以移走旧催化剂。

循环流化床也有一些缺点：

① 操作复杂；

② 新鲜和循环物料在 200℃ 和 2.5MPa 条件下进入反应器底部并夹带起部分从竖管和滑阀流下来的 350℃ 的催化剂，在催化剂沉积区域，催化剂和气体实现分离，气体出旋风分离器而催化剂由于线速度降低从气体中分离出来并回到分离器中，从尾气中分离细小的催化剂颗粒比较困难；

③ 一般使用旋风分离器实现该分离，效率一般高于 99.9%，但由于通过分离器的高质量流率，即使 0.1% 的催化剂也是很大的量，所以这些反应器一般在分离器下游配备了油洗涤器来脱除这些细小的颗粒，这就增加了设备成本并降低了系统的热效率；

④ 另外在非常高线速度的部位，由碳化铁颗粒所引起的磨损要求使用陶瓷衬里来保护反应器壁，这也增加了反应器成本和停车时间。

鉴于循环流化床反应器的局限和缺陷，SASOL 成功开发了固定流化床反应器，并命名为 SASOL Advanced Synthol（简称为 SAS）反应器。

固定流化床反应器由以下部分组成：含气体分布器的容器；催化剂流化床；床层内的冷却管；以及从气体产物中分离夹带催化剂的旋风分离器。固定流化床见图 5-13。

固定流化床操作比较简单。气体从反应器底部通过分布器进入并通过流化床。床层内催化剂颗粒处于湍流状态但整体保持静止不动。和气流床相比，它们具有类似的选择性和更高的转化率。因此，固定流化床在 SASOL 得到了进一步的发展，一个内径 1m 的演示装置在 1983 年开车。一个内径 5m 的商业化装置于 1989 年投用并满足了所有的设计要求。1995 年 6 月，直径 8m 的 SAS 反应器商业示范装置开车成功。1996 年 SASOL 决定用 8 台 SAS 反应器代替 SASOL-Ⅱ 和 SASOL-Ⅲ 厂的 16 台 Synthol 气流床反应器。其中 4 台直径 8m 的 SAS 反应器，每个的生产能力是 11000 桶/d；另外四个直径 10.7m 的反应器，每个生产能力是 20000 桶/d。这项工作于 1999 年完成，2000 年 SASOL 又增设了第 9 台 SAS 反应器。固定流化床反应器的操作条件一般是 2.0 ~ 4.0MPa，大约 340℃，使用的一般是和循环流化床类似的铁催化剂。

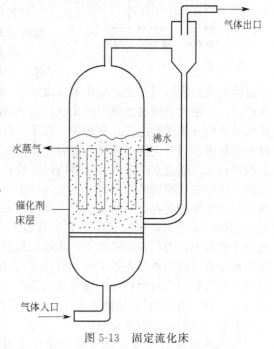

图 5-13 固定流化床

在同等的生产规模下，固定流化床比循环流化床制造成本更低，这是因为它体积小而且不需要昂贵的支承结构。由于 SAS 反应器可以安放在裙座上，它的支撑结构的成本仅为气流床的 5%。因为气体线速度较低，基本上消除了磨蚀，从而也不需要定期的检查和维护。SAS 反应器中的压降较低，压缩成本也低，积炭也不再是问题。SAS 催化剂的用量大约是 Synthol 的 50%。由于反应热随反应压力的增加而增加，所以盘管冷却面积的增加使操作压力可高达 4MPa，大大地增加了反应器的生产能力。

5.3.4.3 浆态床反应器

德国人在 20 世纪的 40 年代和 50 年代曾经研究过三相鼓泡床反应器，但是没有商业化。SASOL 的研发部门在 20 世纪 70 年代中期开始了对浆态床反应器的研究。1990 年研发有了

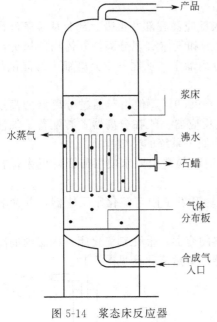

图 5-14　浆态床反应器

突破性进展，一个简单而高效的蜡分离装置成功地通过了测试。100 桶/d 的中试装置于 1990 年正式开车。SASOL 于 1993 年 5 月实现了 $ID=5m$、高 20m、产能为 2500 桶/d 的浆态床反应器的开工。浆态床反应器见图 5-14。

SASOL 的三相浆态床反应器（slurry phase reactor）可以使用铁催化剂生产蜡、燃料和溶剂。压力 2.0MPa，温度高于 200℃。反应器内装有正在鼓泡的液态反应产物（主要为费托产品蜡）和悬浮在其中的催化剂颗粒。SASOL 浆态床技术的核心和创新是其拥有专利技术将蜡产物和催化剂实现分离的工艺；此技术避免了传统反应器中昂贵的停车更换催化剂步骤。浆态床反应器可连续运转两年，中间仅维护性停车一次。反应器设计简单。SASOL 浆态床技术的另一专利技术是把反应器出口气体中所夹带的"浆"有效地分离出来。

典型的浆态床反应器为了将合成蜡与催化剂分离，一般内置 2~3 层的过滤器，每一层过滤器由若干过滤单元组成，每一组过滤单元又由 3~4 根过滤棒组成。正常操作下，合成蜡穿过过滤棒排出，而催化剂被过滤棒挡住留在反应器内。当过滤棒被细小的催化剂颗粒堵塞时可以采用反冲洗的方法进行清洗。在正常工况下一部分过滤单元在排蜡，另一部分在反冲洗，第三部分在备用。另外，为了将反应热移走，反应器内还设置 2~3 层的换热盘管，进入管内的是锅炉给水，通过水的蒸发移走管内的反应热，产生蒸汽。通过调节汽包的压力来控制反应温度。此外在反应器的下部设有合成气分配器，上部设有除尘除沫器。其操作过程如下：合成气经过气体分配器在反应器截面上均匀分布，在向上流动穿过由催化剂和合成蜡组成的浆料床层时，在催化剂作用下发生 F-T 合成反应。生成的轻烃、水、CO_2 和未反应的气体一起由反应器上部的气相出口排出，生成的蜡经过内置过滤器过滤后排出反应器，当过滤器发生堵塞导致器内器外压差过大时，启动备用过滤器，对堵塞的过滤器应切断排蜡阀门，而后打开反冲洗阀门进行反冲洗，直至压差消失为止。为了维持反应器内的催化剂活性，反应器还设置了一个新鲜催化剂/蜡加入口和一个催化剂/蜡排出口。可以根据需要定期定量将新鲜催化剂加入同时排出旧催化剂。

浆态床反应器和固定床反应器相比要简单许多，它消除了后者的大部分缺点。浆态床的床层压降比固定床大大降低，从而气体压缩成本也比固定床低很多。可简易地实现催化剂的在线添加和移走。浆态床所需要的催化剂总量远低于同等条件下的固定床，同时每单位产品的催化剂消耗量也降低了 70%。由于混合充分，浆态床反应器的等温性能比固定床好，从而可以在较高的温度下运转，而不必担心催化剂失活、积炭和破碎。在较高的平均转化率下，控制产品的选择性也成为可能，这就使浆态床反应器特别适合高活性的催化剂，SASOL 现有的浆态床反应器的产能是 2500 桶/d，2003 年为卡塔尔和尼日利亚设计的是 $ID=9.6m$、17000 桶/d 的商业性反应器。SASOL 认为设计使用 Co 催化剂的能力达到 22300 桶/d 的反应器也是可行的，这在经济规模方面具有

图示标注（从上至下）：产品；浆床；水蒸气；沸水；石蜡；气体分布板；合成气入口

很大的优势。

固定床、浆态床和流化床反应器的比较见表 5-1。

表 5-1 固定床、浆态床和流化床反应器的比较

反应器类型	固定床	浆态床	流化床	浆态床
催化剂类型	沉淀铁催化剂		熔铁催化剂	
颗粒直径	2.5mm	40~150μm	<70μm	<40μm
催化剂(Fe)用量/kg	2.7	0.8	4.2	1.0
催化剂床高/m	3.8	3.8	2.0	3.8
入口温度/℃	223	235	320	320
出口温度/℃	236	238	325	328
循环比	1.9	1.9	2.0	2.0
气体线速度/(cm/s)	36	36	45	45
$CO+H_2$转化率/%	46	49	93	79
选择性(碳原子)/%				
CH_4	7	5	12	12
C_3			14	14
汽油	14	15	43	42
硬蜡	27	31	0	0

目前，在费托合成工艺中，大部分采用浆态床反应器。浆态床反应技术是合成液体燃料的发展方向，Shell、Exxon、Syntroleum、SASOL 等公司正致力于浆态床反应器的研究和开发。浆态床费托合成反应器具有如下优点：

① 关键参数容易控制，操作弹性大，产品灵活性大；
② 反应器热效率高，移热容易，温度控制方便；
③ 催化剂负荷较均匀；
④ 单程转化率高，C_3^+ 烃选择性高。

5.3.5 费托合成工艺

5.3.5.1 SASOL-Ⅰ的生产工艺

SASOL 是目前唯一用 F-T 合成法生产合成液体燃料的工厂。用当地产的原料煤经气化制成合成气，通过 F-T 合成生产汽油、柴油和蜡类等产品。

1955 年建于 SASOL Burg 的 SASOL-Ⅰ，采用固定床和气流床两类反应器，以当地产烟煤为原料。煤的水分含量为 10.7%，干燥基挥发分含量为 22.3%，干燥基灰分含量为 35.9%，热值为 18.1MJ/kg。合成气费用占 F-T 合成操作费的 80% 左右。SASOL-Ⅰ采用 13 台内径为 3.85m、高 12.5m 的鲁奇加压气化煤制合成气。粗煤气经低温甲醇洗净化后得到的合成气组成如下：$\varphi(CO+H_2)$ 为 86.0%；$\varphi(CO_2)$ 为 0.6%；$\varphi(CH_4)$ 为 12.3%；其他为 1.1%。

合成气通过 F-T 合成生产发动机染料、化学产品及原料。SASOL-Ⅰ采用的反应器包括 5 台 Arge 固定床反应器和 3 台 Synthol 气流床反应器。气流床的产量占 2/3，具有高的发动机燃料产率。

SASOL-Ⅰ的工艺流程简图见图 5-15。净化后的合成气送入两类 F-T 合成反应器，固定床反应器生成的蜡多，气流床反应器生成的汽油多。合成产物冷至常温后，水和液态烃凝出，余气大部分循环回到反应器。在 F-T 合成原料气中新鲜合成气占 1/3，循环气占 2/3。

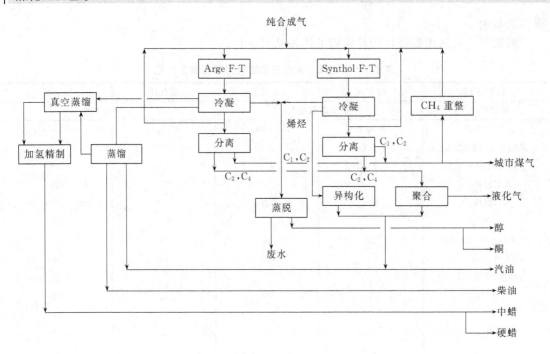

图 5-15　SASOL-Ⅰ工艺流程简图

冷凝水相中含 2％～6％溶于水的低分子含氧化合物，主要是醇类和酮类。用蒸汽在脱蒸塔中处理，塔顶脱出含氧化合物，仅羧酸留于塔底残液中，醇和酮经分离精制，作为产品外送。

余气中含有不凝的烃类，通过吸附塔脱出 C_3 及重组分。C_3 和 C_4 作为催化聚合原料，以磷酸硅胶为催化剂，在反应温度为 190℃、压力为 3.8MPa 下进行聚合反应，其中的烯烃聚合成汽油，而 C_3 和 C_4 中含有的烷烃，在聚合时未发生反应，作为液态烃外送。

Synthol 反应器产生的轻油中含烯烃约 75％，采用酸性沸石催化剂，在反应温度约 400℃、压力为 0.1MPa 的条件下进行异构化反应。通过异构化可使汽油辛烷值由 65 增至 86，再与催化聚合的汽油相混合，所得汽油的辛烷值为 90。

Arge 反应器产生的油通过蒸馏分离可得到十六烷值约为 75 的柴油，得到的汽油辛烷值为 35，此汽油通过催化异构化，可得辛烷值约为 65 的产品。合成产物中的蜡经过减压蒸馏可生产中蜡（370～500℃）和硬蜡（>500℃），可分别进行加氢精制。

煤气化和合成反应两个过程都生成甲烷，鲁奇加压气化煤气中含甲烷 10％～13％，甲烷作为反应余气回收。余气中也含有未反应的 CO 和 H_2。余气中的甲烷可通过重整得合成气，在水洗塔中脱除 CO_2 后循环回到合成反应器。重整反应热效率较低，仅在余气过剩时采用。

F-T 合成产物为轻油、重油和气体。F-T 合成产物中一般有烯烃生成，是生产汽油所需要的产物，通过异构化反应可得到高辛烷值汽油。

表 5-2 和表 5-3 是 SASOL 合成条件与产品分布及产品组成。表 5-2 中数据为正常数值，如果需要改变产品选择性，可改变催化剂组成的性质、气体循环比和反应总压力。通过调变参数可将甲烷含量控制在 2％～80％，同样可在其他条件下，将硬蜡含量控制在 0～50％。

表 5-2 SASOL 的 F-T 合成条件与产品分布

项　目		SASOL-Ⅰ Arge Synthol		SASOL-Ⅱ Arge Synthol
操作条件:加碱助剂-Fe 催化剂		沉淀铁	熔　铁	熔　铁
催化剂循环率/(mg/h)		0	8000	
温度/℃		220～255	320～340	320
压力/MPa		2.5～2.6	2.3～2.4	2.2
新原料气 $x(H_2)/x(CO)$		1.7～2.5	2.4～2.8	
循环比(分子)		1.5～2.5	2.0～3.0	
H_2+CO 转化率/%		60～68	79～85	
新原料气流量/(km³/h)		20～28	70～125	300～350
反应器尺寸(直径×高)/m		3×17	2.2×36	3×75
产品产率	甲烷/%	5.0	10.1	11.0
	乙烯/%	0.2	4.0	7.5
	乙烷/%	2.4	6.0	
	丙烯/%	2.0	12.0	13.0
	丙烷/%	2.8	2.0	
	丁烯/%	3.0	8.0	11.0
	丁烷/%	2.2	1.0	
	汽油 $C_5～C_{12}$/%	22.5	39.0	37.0 ($C_5 \leqslant 375℃$)
	柴油 $C_{13}～C_{18}$/%	15.0	5.0	11.0 (375～750℃)
	重油 $C_{19}～C_{21}$/%	6.0	1.0	3.0(750～
	重油 $C_{22}～C_{30}$/%	17.0	3.0	970℃)0.5
	蜡 C_{31}^+/%	18.0	2.0	＞970℃
	非酸性化合物/%	3.5	6.0	6.0
	酸类/%	0.4	1.0	

表 5-3 $C_5～C_{18}$ 产品组成

产品	固定床		气流床		产品	固定床		气流床	
	$C_5～C_{12}$	$C_{13}～C_{18}$	$C_5～C_{10}$	$C_{11}～C_{18}$		$C_5～C_{12}$	$C_{13}～C_{18}$	$C_5～C_{10}$	$C_{11}～C_{18}$
烷烃/%	53	65	13	15	醇类/%	6	6	6	5
烯烃/%	40	28	70	60	醛类,酮/%	1	1	6	5
芳烃/%	0	0	5	15	(正构烷烃/ 烯烃)×100	95	93	55	60

5.3.5.2 SASOL-Ⅱ 和 SASOL-Ⅲ 的工艺流程

南非 SASOL 公司在 SASOL-Ⅰ 的基础上，为扩大生产，并受 1973 年石油供应紧张的影响，于 1974 年决定在 SASOL-Ⅰ 附近的 Secunda 建 SASOL-Ⅱ，于 1980 年建成投产，总投资 8×10⁹ 马克。1979 年初又决定建立 SASOL-Ⅲ，并于 1982 年建成。SASOL-Ⅲ 基本上是 SASOL-Ⅱ 的翻版。

SASOL-Ⅱ 的任务是生产南非需要的发动机燃料，即生产汽油和柴油。根据 SASOL-Ⅰ 的实践选定 SASOL-Ⅱ 的工艺流程，并扩大生产规模。当时，方案选择的主要焦点是选用 Arge 固定床还是选用 Synthol 气流床。虽然后者的催化剂循环比较麻烦，但从生产能力考虑，SASOL-Ⅱ 还是选择 Synthol 反应器，因为 SASOL-Ⅱ 或 SASOL-Ⅲ 的生产能力是 SASOL-Ⅰ 的 8 倍。Arge 反应器有 2052 根装催化剂的管子，内径为 50mm，管外有冷却用的沸腾水，由于反应热径向传出，限制了管径尺寸放大，如果选用 Arge 反应器只能放大 2 倍，需 35～40 台反应器，与 Synthol 反应器放大 2 倍相比投资较大。SASOL-Ⅰ 的 Synthol

反应器直径 2m，可放大至 3.5 倍，SASOL-Ⅱ 仅需 7 台反应器。气流床另外的优点是乙烯产率比固定床大几倍，SASOL-Ⅰ 的乙烯量太少，不足以进行回收。

SASOL-Ⅱ 选用的气化炉曾于 1971 年在 SASOL-Ⅰ 建成，是直径 3.85m 的 4 型鲁奇加压气化炉。其他单元设备都进行了放大，但设计是按 SASOL-Ⅰ 进行的，几乎没有变动，只是对 Synthol 反应器的传热系统作了大的改进，使其效率更高。

SASOL-Ⅰ 和 SASOL-Ⅱ 的汽油产量较大，南非已达到汽油供应自给。对 F-T 合成的 C_7 约 190℃ 馏分首先加氢精制，使烯烃饱和并脱除含氧化合物，然后进行铂重整。生产的燃料符合质量要求，汽油辛烷值可达 85~88，柴油十六烷值为 47~65。

5.3.6 国内费托合成技术

中国煤制油最早是在 1937 年，在锦州石油六厂引进德国以钴催化剂为核心的 F-T 合成技术建设煤制油厂，1943 年投运并生产原油约 100t/a，1945 年后停产。1949 年新中国成立后，重新恢复和扩展锦州煤制油装置，采用常压钴基催化剂技术的固定床反应器，1951 年生产出油，1959 年产量最高时达 $4.7 \times 10^4 t/a$。1953 年，中国科学院原大连石油研究所进行了 4500t/a 的铁催化剂流化床合成油中试装置。1959 年因发现大庆油田，影响我国合成油事业的发展，1967 年锦州合成油装置停产。

20 世纪 80 年代初，我国重新恢复了煤制油技术的研究与开发。中国科学院山西煤炭化学研究所提出将传统的 F-T 合成与沸石分子筛相结合的固定床二段合成工艺（MFT 工艺）。

从 20 世纪 80 年代初，山西煤化所开发出新型高效 Fe/Mn 超细催化剂，并于 1996~1997 年完成连续运转 3000h 的工业单管试验，同时，提出了开发以铁基催化剂和先进的浆态床为核心的合成汽油、柴油技术与以长寿命钴基催化剂和固定床、浆态床为核心的合成高品质柴油技术、煤制油工业软件和工艺包、煤制油全流程模拟和优化、工业反应器的设计等，有效提高了合成油工业过程放大的成功率。

1997 年，开始研制新型高效 Fe/Mn 超细催化剂。1998 年以后，在系统的浆态床试验中开发了铁催化剂。1999~2001 年期间，共沉淀 Fe/Cu/K（ICC-ⅠA），Fe/Mn 催化剂定型中试；2001 年 ICC-ⅠA 催化剂实现了批量规模生产，新型铁催化剂 ICC-ⅠB 也可以批量规模廉价生产，各项指标都超过了国外同等催化剂。另外，还开展了钴基合成柴油催化剂和二段加氢裂化工艺的研究，完成了实验室 1500h 寿命试验，达到了国外同类催化剂水平。2002 年建成一套 700t/a 级规模的合成油中间试验装置，进行了多次 1500h 的连续试验，获得了工业化设计的数据。在随后的几年中，研发出了 ICC-ⅠA 和 ICC-ⅡA 高活性铁系催化剂及其在 1000t 级规模上的生产技术、高效浆态床反应器内构件、催化剂在床层中的分布与控制、产物与催化剂分离等关键技术，为工业化示范奠定了基础。

从 2006 年开始进行伊泰、潞安、神华三个示范厂的工程建设的设计。其中伊泰采用内径 5.3m 的 F-T 反应器，规模为 $16 \times 10^4 t/a$；潞安采用内径 5.8m 的 F-T 反应器，规模为 $16 \times 10^4 t/a$ 煤制油与 $18 \times 10^4 t/a$ 合成氨联产；神华是在直接液化厂中建设 $18 \times 10^4 t/a$ 规模装置，反应器内径为 5.8m。2009 年，伊泰和潞安装置先后开车运行。2009 年 3 月 20 日~2009 年 4 月 8 日，伊泰项目第一次试车，运行 450h，生产油品 1100t；2009 年 8 月 21 日~2010 年 3 月 13 日第二次试车，共运行 5088h，生产负荷最高达到 84%，出油品 45000t。2010 年 5 月 2 日起第三次开车，目前已经实现满负荷生产，反应器运行温度 236~260℃，运行压力 3.2MPa。图 5-16 为高温浆态床合成油示范工艺简图。

伊泰项目在 70% 负荷下的初步技术指标显示：每吨催化剂产油 1000t，催化剂产能为每吨催化剂每小时产 0.6~1.0t 油。经济性指标为：每吨油消耗 3.78t 标准煤，有效气（标准状态）$5540m^3$，水 12t，电 880kW·h，催化剂及化学品 360 元。在公益示范基础上，目前

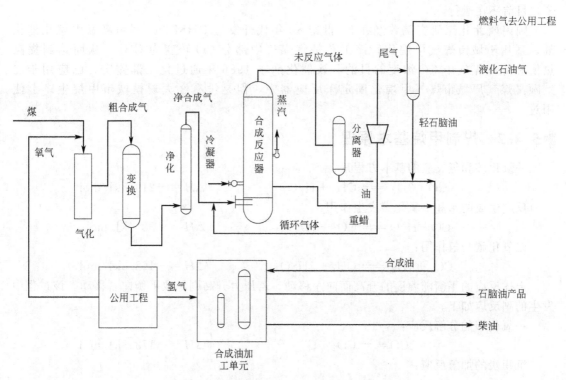

图 5-16 高温浆态床合成油示范工艺简图

正在进行规模为 370×10^4 t/a 的煤制油项目的基础设计。

兖矿集团从 1998 年开始进行煤间接液化技术的研究与开发，2003 年完成 5000t/a 工业试验装置，实现连续运行 4607h。在此基础上，开展百万吨级煤间接液化工业化示范项目的设计，2008 年，该集团的榆林厂 100×10^4 t/a 煤间接液化制油工业示范项目通过国家发改委的审核评估。

兖矿集团在高温 F-T 合成技术开发方面，建设了规模为 5000t/a 油品的高温流化床费托合成中试装置，采用沉淀型铁基催化剂，连续满负荷运行 1580h，并进行了多种工况考核试验，达到国际先进水平，为高温费托合成工业化示范装置的建设奠定了技术基础。

5.4 煤气的甲烷化

煤先气化生产合成气，再经过变换、脱硫脱碳、甲烷化等工序生产 CH_4，这样的工艺称为煤制天然气，也就是煤气的甲烷化。煤制天然气可以减轻大气污染，由于热值增加，提高了输送效率。

5.4.1 煤制甲烷的发展历史

20 世纪 60 年代末，美国自然资源公司（ANR）的长期规划人员就认为煤气化是补充天然气供应的最合适方案，随即开始大平原煤气化工程的规划工作。

1984 年 4 月 24 日，世界上第一个煤制甲烷装置——美国大平原煤气化厂开始试运转。7 月 28 日，首批合成甲烷送入天然气管网。11 月 11 日，装置达到设计生产能力。

大平原煤气化厂是由煤生产代用天然气的大型工厂，对未来的能源供应有着重要的意义，它在合成燃料工业中发挥了先驱和示范作用。该厂是美国化工技术储备的一个典型例子，目前还在运行。

国内西北化工研究院曾经在 20 世纪 80 年代开发过 RHM-266 型耐高温甲烷化催化剂，适用于城市煤气甲烷化，该工艺是将煤气中部分 CO 转变为 CH_4，从而达到提高热值和降低煤气中 CO 浓度的目的。该催化剂于 1986 年通过化工部鉴定，已应用于北京顺义煤气厂城市煤气甲烷化固定床反应器中，但是没有在大规模城市甲烷生产上使用过。

5.4.2 煤制甲烷基本原理

一氧化碳和氢反应的基本方程是：

$$CO + 3H_2 \rightleftharpoons CH_4 + H_2O \qquad \Delta H = -219.3 kJ/mol$$

反应生成的水和一氧化碳发生作用：

$$CO + H_2O \rightleftharpoons CO_2 + H_2 \qquad \Delta H = -38.4 kJ/mol$$

二氧化碳与氢作用：

$$CO_2 + 4H_2 \rightleftharpoons CH_4 + 2H_2O \qquad \Delta H = -162.8 kJ/mol$$

上述反应的平衡随温度的升高而向左移动，若压力升高则导致平衡向右移动。该过程中发生的副反应如下。

一氧化碳的分解反应：

$$2CO \rightleftharpoons CO_2 + C \qquad \Delta H = -173.3 kJ/mol$$

沉积炭的加氢反应：

$$C + 2H_2 \rightleftharpoons CH_4 \qquad \Delta H = -84.3 kJ/mol$$

该反应在甲烷合成温度下，达到平衡是很慢的。当有炭的沉积产生时会造成催化剂的失活。

5.4.3 催化剂

周期表中第Ⅷ组的所有金属元素都能不同程度地催化一氧化碳加氢生成甲烷的反应。对于甲烷化催化剂的开发和研究表明，镍是良好的金属催化剂，其他金属通常仅作为助催化剂。甲烷化催化剂常用的反应温度为 25%～30%，其中含碱性氧化物为 3%～6% 以及稳定性好的硅酸铝催化剂（含量以质量分数表示）。镍催化剂对于硫化物，如硫化氢和硫氧化碳等的抗毒能力较差。原料气中总硫含量应限制在 0.1×10^{-6} 以下。在镍催化剂中加入其他金属（钨、钡）或氧化物（氧化钼、三氧化二铬、氧化锌）能明显地改善镍催化剂的抗毒能力。

国内早期研究的 RHM-266 型煤制天然气甲烷化催化剂的工艺条件见表 5-4。目前，市场上另一类催化剂是大连普瑞特化工科技有限公司的 M-349，工艺条件见表 5-5。

表 5-4 RHM-266 甲烷化催化剂的工艺条件

项　　目	工艺参数
压力/MPa	常压～4.0
操作温度/℃	280～650
空速/h^{-1}	1000～3000
汽/干气	适量
气体中的氧含量/%	＜0.5
气体中的总硫/10^{-6}	＜0.1
气体中的总氯/10^{-6}	＜1

表 5-5　M-349 甲烷化催化剂的工艺条件

项　目	工艺参数
物性参数	
外观	淡绿色球状颗粒
粒度/nm	$\phi3\sim4$、$\phi5\sim6$(可按需要)
强度/(N/粒)	$\geqslant50$、100
破碎率/%	$\leqslant0.5$
堆密度/(g/L)	0.95 ± 0.05
使用寿命/a	$\geqslant1$
操作条件	
还原温度/℃	$400\sim450$(通 H_2预还原)
操作温度/℃	$280\sim400$
操作压力/MPa	$0.1\sim6.0$
操作空速/h^{-1}	$1500\sim6000$
性能指标	
CO、CO_2转化率/%	$95\sim98$

5.4.4　工艺流程

由于甲烷化反应是强放热反应。所以要考虑原料气中一氧化碳的转化过程和移出反应热的传热过程，以防止催化剂温度过高，因烧结和微晶的增大，引起催化活性的降低。同时需考虑的是当原料气中 $n(H_2)/n(CO)$ 比较低时，可能产生析炭现象。

因此，在甲烷化工艺过程中，在选择反应条件时，应考虑以下因素。

① 在 200℃ 以上，甲烷生成的催化反应能达到足够高的反应速率。

② 当压力不变而反应温度升高时，由于热力学平衡的影响，甲烷的含量将降低，如要达到使一氧化碳完全加氢的目标，反应宜分步进行：第一步在尽可能高的合理温度下进行，以便合理利用反应热；第二步参与的一氧化碳加氢应在低温下进行，以便一氧化碳最大限度地转化成甲烷。

③ 在 450℃ 以上，一氧化碳分解反应不规则地增加。为了避免炭在催化剂上的沉积，应在原料气中加入蒸汽，使气体的温升减小，以抑制析炭反应。且因化学平衡移动而使一氧化碳转化率有所增加。当原料气的 $n(H_2)/n(CO)$ 比值较小时，也需引入蒸汽。

④ 避免消耗能量的工艺步骤，例如压缩或中间冷却等；减少催化剂的体积，延长其寿命，使投资费用和操作费用最低。

在不同的制气工厂中，对甲烷化工艺的要求是不同的。为满足各种用途的要求，研究开发了多种甲烷化工艺。现选择两张流程进行介绍。图 5-17 为固定床催化剂多段绝热反应器的甲烷化反应流程。

该流程要求原料气 $n(H_2)/n(CO)$ 的比值为 3：1 左右。在进行甲烷化之前，通常要脱除原料气中的一部分二氧化碳。

经脱硫的原料气通过多个甲烷化反应器 1，第一反应器的温度约为 500℃，逐渐降为最后一个反应器的 250℃。在每一段甲烷化反应器之间设有废热热交换器 2，有效地回收热量生产高压蒸汽。

从上述流程的最终甲烷化反应器之前取出部分气体作为循环气体。此循环气体经冷却器 3 冷却，再经压缩机 4 加压后通入原料气中，作为吸热载体来限制反应温度，制止反应器内炭的沉积。

如原料气中含氢量不足，则原料气中应先添加水蒸气，使经过变换后的原料气中氢含量达到要求。

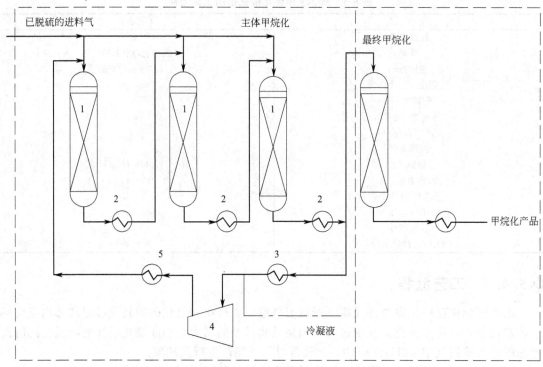

图 5-17　固定床催化剂多段绝热反应器的甲烷化反应流程
1—反应器；2—废热热交换器；3—循环气冷却器；4—压缩机；5—加热器

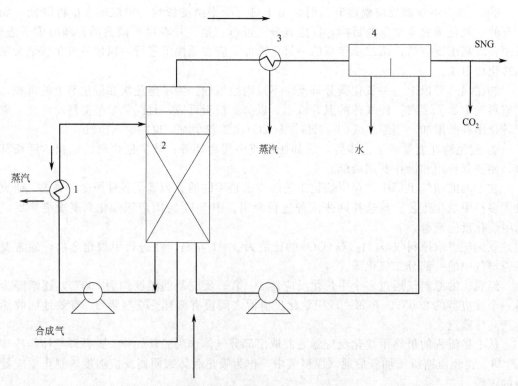

图 5-18　液相甲烷化反应工艺流程
1，3—热交换器；2—反应器；4—冷却器

在催化剂床层内没有内部冷却装置，而是绝热操作。由于采用废热热交换器，本流程获得了较高的总热效率，而且安全可靠、操作方便。

图 5-18 为液相甲烷化反应工艺流程。该流程可使催化剂在液相存在下进行强放热的甲烷化反应，使传热过程得到改善。片状镍催化剂（粒度 2.5~4.5mm）浸没在轻油中，当合成气通入反应器 2 时，催化剂床层发生膨胀，气速的大小取决于气体、催化剂和有机液体的密度。此时，轻油浮在上层，与催化剂有明显的区别。由于甲烷化反应释放的热量被轻油吸收，将轻油引入外部热交换器 1，进行冷却。反应后的气体经热交换器 3，并在冷却器 4 中除去反应过程蒸发出来的有机组分而循环使用。还可除去水分，再经二氧化碳脱除，即可得到代用天然气。该工艺流程有较高的选择性和较大的灵活性。

目前，中国在常压水煤气部分甲烷化技术的开发中，已在工业化单管放大试验中取得了较好的效果，可将 CO 含量约 30%、CH_4 含量约 1% 的水煤气转化为 CO 含量约 9%、CH_4 含量约 29%、$H_V = 12979 \sim 14654 kJ/m^3$ 的煤气，并已进一步建立了扩大示范装置。

同时，还对以 MOS 为主，以 Al_2O_3 为载体并添加适当助催化剂的新型耐硫、耐油甲烷化催化剂进行了开发，该项研究和试验工作也在进行之中。

5.5 合成氨

合成氨工业诞生于 20 世纪初，其规模不断向大型化方向发展，目前大型氨厂的产量占世界合成氨总产量的 80% 以上。氨是重要的无机化工产品之一，在国民经济中占有重要地位。除液氨可直接作为肥料外，农业上使用的氮肥，例如尿素、硝酸铵、磷酸铵、氯化铵以及各种含氮复合肥，都是以氨为原料的。合成氨是大宗化工产品之一，世界每年合成氨产量已达到 1 亿吨以上，其中约有 80% 的氨用来生产化学肥料，20% 作为其他化工产品的原料。

德国化学家哈伯 1909 年提出了工业氨合成方法，即循环法，这是目前工业普遍采用的直接合成法。反应过程中为解决氢气和氮气合成转化率低的问题，将氨产品从合成反应后的气体中分离出来，未反应气和新鲜氢氮气混合重新参与合成反应。

合成氨的主要原料可分为煤、渣油和天然气。经过近百年的发展，合成氨技术趋于成熟，形成了一大批各有特色的工艺流程，但都是由三个基本部分组成，即合成气制备过程、净化过程以及氨合成过程。

▐ 5.5.1 合成氨的催化机理

氨合成反应式如下：

$$N_2 + 3H_2 \longrightarrow 2NH_3 \qquad \Delta H = -92.4 kJ/mol$$

热力学计算表明，低温、高压对合成氨反应是有利的，但无催化剂时，反应的活化能很高，反应几乎不发生。当采用铁催化剂时，由于改变了反应历程，降低了反应的活化能，使反应以显著的速率进行。目前认为，合成氨反应的一种可能机理，首先是氮分子在铁催化剂表面上进行化学吸附，使氮原子间的化学键减弱。接着是化学吸附的氢原子不断地跟表面上的氮分子作用，在催化剂表面上逐步生成—NH、—NH_2 和 NH_3，最后氨分子在表面上脱吸而生成气态的氨。上述反应途径可简单地表示为：

$$2x Fe + N_2 \longrightarrow 2Fe_x N$$
$$Fe_x N + [H]_{吸} \longrightarrow Fe_x NH$$
$$Fe_x NH + [H]_{吸} \longrightarrow Fe_x NH_2$$
$$Fe_x NH_2 + [H]_{吸} \longrightarrow Fe_x NH_3 \longrightarrow x Fe + NH_3$$

在无催化剂时，氨的合成反应的活化能很高，大约 335kJ/mol。加入铁催化剂后，反应以生成氮化物和氮氢化物两个阶段进行。第一阶段的反应活化能为 $126\sim167kJ/mol$，第二阶段的反应活化能为 $13kJ/mol$。由于反应途径的改变（生成不稳定的中间化合物），降低了反应的活化能，因而反应速率加快了。

5.5.2 合成氨催化剂的组成和还原

铁系催化剂活性组分为金属铁，未还原前为 FeO 和 Fe_2O_3，Fe^{2+}/Fe^{3+} 为 $0.47\sim0.57$，可视为 Fe_3O_4 具有尖晶石结构。作为促进剂的成分有 K_2O、CaO、MgO、Al_2O_3、SiO_2 等。

Al_2O_3 的作用是当催化剂用氢还原时，氧化铁被还原成 α-Fe，未被还原的 Fe_3O_4 保持着尖晶石结构起到骨架作用，防止铁细晶长大，因而增大了催化剂表面积，提高了活性。

MgO 的作用与 Al_2O_3 相似，也是结构型促进剂，通过改善还原态铁的结构而呈现出促进作用。

CaO 为电子型促进剂，能同时降低熔体的熔点和黏度，有利于 Al_2O_3 与 Fe_3O_4 固熔体形成，还可以提高催化剂的热稳定性。

K_2O 为电子型促进剂，它可以使金属电子逸出功降低，有助于氮的活性吸附，从而提高其活性。

SiO_2 具有中和 K_2O、CaO 碱性组分的作用。SiO_2 还具有提高催化剂抗水毒害和耐烧结性能，通常制成的催化剂为黑色不规则颗粒，有金属光泽。还原态催化剂的内表面积为 $4\sim16m^2/g$，催化剂的活性温度一般为 $350\sim550℃$。

Fe_2O_3 和 FeO 并不能加快氨合成的反应速率，真正起催化作用的是具有活性的 α-Fe 晶粒。

将 Fe_2O_3 和 FeO 变成金属 α-Fe 是催化剂还原过程。催化剂活性不仅与其组成和制造方法有关，而且还与还原过程的条件和控制方法有关。

催化剂还原反应式为：

$$Fe_3O_4+4H_2 \longrightarrow 3Fe+4H_2O \qquad \Delta H=149.9kJ/mol$$

催化剂整个还原过程为吸热反应，还原温度借助于电加热维持，随着还原的进行，催化剂开始具有活性，并伴有氨生成和放热。

5.5.3 氨合成反应的化学平衡

（1）平衡常数　氨合成反应的平衡常数 K_p 可表示为：

$$K_p=\frac{p(NH_3)}{p^{1.5}(H_2)p^{0.5}(N_2)}$$

式中　$p(NH_3)$，$p(H_2)$，$p(N_2)$ ——平衡状态下氨、氢、氮的分压。

由于该合成反应是可逆、放热、体积缩小的反应，根据平衡移动定律可知，降低温度，提高压力，平衡向生成氨的方向移动，因此平衡常数增大。

（2）平衡氨含量　反应达到平衡时氨在混合气体中的体积分数，称为平衡氨含量，或称为氨的平衡产率。平衡氨含量是给定操作条件下，合成反应能达到的最大限度。

计算平衡常数的目的是为了求平衡氨含量。平衡氨含量与压力、平衡常数、惰性气体含量、氢氮比例的关系如下：

$$\frac{Y(NH_3)}{[1-Y(NH_3)-Y_i]^2}=K_p p \frac{r^{1.5}}{(1+r)^2}$$

式中　$Y(NH_3)$ ——平衡时氨的体积分数；

Y_i ——惰性气体的体积分数；

p——总压力；

K_p——平衡常数；

r——氢氮比例。

由上式可见，温度降低或压力升高时，等式右方增加，因此平衡氨含量也增加。所以，在实际生产中，氨的合成反应均在加压下进行。

5.5.4 影响合成操作的各种因素

（1）温度 温度变化时对合成氨反应的影响有两方面，它同时影响平衡浓度及反应速率。一方面，因为合成氨的反应是放热的，温度升高使氨的平衡浓度降低，同时又使反应加速，这表明在远离平衡的情况下，温度升高时合成效率就比较高；而另一方面对于接近平衡的系统来说，温度升高时合成效率就比较低，在不考虑催化剂衰老时，合成效率总是直接随温度变化的。

另外，氨合成反应必须在催化剂的存在下才能进行，而催化剂必须在一定的温度范围内才具有催化活性，所以氨合成反应温度必须维持在催化剂的活性温度范围内。

目前工业上合成氨的温度范围为 400～525℃。

（2）压力 工业上合成氨的各种工艺流程，一般都以压力的高低来分，从化学平衡和化学反应速率的角度看，提高操作压力对氨的合成是有利的。在一定的空间速度下，合成压力越高，氨净值（合成塔出入口氨含量之差）越高，合成塔的生产能力也就越大。从前面平衡氨含量关系式可以看出，氨产率是随着压力的升高而上升的。同时压力高也有利于氨的分离，在较高温度下气氨即可冷凝为液氨，冷冻功减少。氨合成压力高，设备紧凑，流程简单，但对设备的材质和制造的要求较高。同时，高压下反应温度较高，催化剂使用寿命短，操作管理也比较困难，因此压力不宜过高。

目前我国中小型合成氨厂操作压力大多数采用 20～32MPa，而采用离心式压缩机的大型合成氨厂的操作压力一般为 $U=27MPa$。

（3）空速 在较高的工艺气速（空间速度）下，反应的时间比较少，所以合成塔出口的氨浓度就不像低空速那样高，但是，产率降低的速度是远远小于空速增加的速度的，由于有较多的气体经过合成塔，所增加的氨产量足以弥补由于停留时间短、反应不完全而引起的产量的降低，所以在正常的产量或者在低于正常产量的情况下，其他条件不变时，增加合成塔的气量会提高产量。

通常是采取改变循环气量的办法来改变空速的，循环量增加时，由于单程合成效率的降低，催化剂层的温度会降低，由于总的氨产量的增加，系统的压力也会降低。

一般操作压力在 30MPa 的中压法合成氨，空间速度选择 20000～30000m³/h。

（4）氢氮比 送往合成部分的新鲜合成气的氢氮比通常应维持在 3.0:1.0 左右，这是因为氢与氮是以 3.0:1.0 的比例合成为氨的，但是必须指出：在合成塔中的氢氮比不一定是 3.0:1.0，已经发现合成塔内的氢氮比为 （2.5～3.0）:1.0 时，合成效率最高。为了使进入合成塔的混合气能达到最好的 $H_2:N_2$，新鲜气中的氢氮比可以稍稍与 3.0:1.0 不同。

（5）惰性气体 有一部分气体连续地从循环机的吸入端往吹出气系统放空，这是为了控制甲烷及其他惰性气体的含量，否则它们将在合成回路中积累使合成效率降低、系统压力升高及生产能力下降。

（6）新鲜气 单独把新鲜气的流量加大可以生产更多的氨并对上述条件有以下影响：①系统压力增长；②催化剂床温度升高；③惰性气体含量增加；④$H_2:N_2$ 可能改变。反之，合成气量减少，效果则相反。

在正常的操作条件下，新鲜气量是由产量决定的，但在，合成部分进气的增加必须以工厂造气工序产气量增加为前提。

（7）合成气中无水液氨的分离　在合成塔中生成的氨会很快地达到不利于反应的程度，所以必须连续地从进塔的合成循环气中把它除去，可以用系列的冷却器和氨冷器来冷却循环气，从而把每次通过合成塔时生成的净氨产品冷却下来。循环气进入高压氨分离器时的温度为 $-21.3℃$，在 $-11.7MPa$ 的压力下，合成回路中气体里的氨冷凝并过冷到 $-23.3℃$ 以后，循环气中的氨就降至 2.42%，冷凝下来的液氨收集在高压氨分离器中，用液位调节器调节后就送去进行产品的最后精制。

5.5.5　氨合成塔

氨合成塔是合成氨生产的关键设备，作用是使氢氮混合气在塔内催化剂层中合成为氨。由于反应是在高温高压下进行，因此要求合成塔不仅要有较高的机械强度，而且应有高温下抗蠕变和松弛的能力。在高温、高压下，氢、氮同时对碳钢有明显的腐蚀作用，使合成塔的工作条件更为复杂。

合成塔由高压外筒和内件两部分组成，主要由催化剂筐、菱形分布器、层间换热器、下部换热器、电加热器组成。氨合成塔结构见图 5-19。

主线气体由一进合成塔后，沿内外筒环隙下行，从塔下部一出出来，经气气换热器换热，由塔下部二次入口入塔，经过下部换热器管间换热后，在集气盒内与从塔底部来的冷副气体混合，然后由中心管上行至上层催化剂顶部后进入催化剂层，一冷激气通过冷激管到达埋在上层催化剂内的菱形分布器与上层催化剂来的主线气体混合通过催化剂层。另一冷激气通过冷激管，从层间换热器底部进入换热器管间，换热后沿中心管外套筒上行至上层催化剂顶部，与主线气体混合通过催化剂层，然后进入层间换热器管内，气体出换热器后大部分径向流动通过下层催化剂，少部分作轴向通过。气体出下部催化剂后进入下部换热器管内，换热后从二次出口出塔。

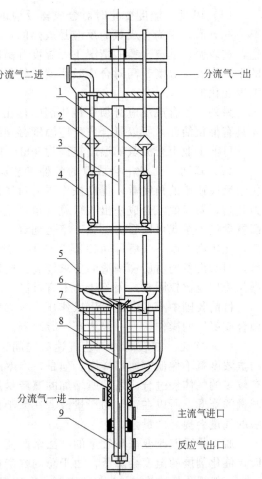

图 5-19　氨合成塔结构图
1—开气管；2—变形分布器；3—中心管；4—冷管束；5—催化剂筐；6—连接管；7—塔内换热器；8—卸料管；9—捅针

5.5.6　氨合成过程的基本工艺步骤

实现氨合成的循环，必须包括如下几个步骤：氮氢原料气的压缩并补入循环系统；循环气的预热与氨的合成；氨的分离；热能的回收利用；对未反应气体补充压力并循环使用，排放部分循环气以维持循环气中惰性气体的平衡等。

由于采用压缩机的形式、氨分冷凝级数、热能回收形式以及各部分相对位置的差异，而形成不同的工业生产流程，但实现氨合成过程的基本工艺步骤是相同的。

（1）气体的压缩和除油　为了将新鲜原料气和循环气压缩到氨合成所要求的操作压力，就需要在流程中设置压缩机。当使用往复式压缩机时，在压缩过程中气体夹带的润滑油和水蒸气混合在一起，呈细雾状悬浮在气流中。气体中所含的油不仅会使氨合成催化剂中毒，而且附着在热交换器壁上，降低传热效率，因此必须清除干净。除油的方法是压缩机每段出口处设置油分离器，并在氨合成系统设置滤油器。若采用离心式压缩机或采用无油润滑的往复式压缩机，气体中不含油水，可以取消滤油设备，简化了流程。

（2）气体的预热和合成　压缩后的氢氮混合气需加热到催化剂的起始活性温度，才能送入催化剂层进行氨合成反应。在正常操作的情况下，加热气体的热源主要是利用氨合成时放出的反应热，即在换热器中反应前的氢氮混合气被反应后的高温气体预热到反应温度。在开工或反应不能自热时，可利用塔内电加热炉或塔外加热炉供给热量。

（3）氨的分离　进入氨合成塔催化层的氢氮混合气，只有少部分起反应生成氨，合成塔出口气体氨含量一般为 10%～20%，因此需要将氨分离出来。氨分离的方法有两种，一是水吸收法；二是冷凝法，将合成后的气体降温，使其中的气氨冷凝成液氨，然后在氨分离器中，从不凝气体中分离出来。

目前工业上主要采用冷凝法分离循环气中的氨。以水和氨冷却气体的过程是在水冷器和氨冷器中进行的。在水冷器和氨冷器之后设置氨分离器，把冷凝下来的液氨从气相中分离出来，经减压后送至液氨贮槽。在氨冷凝过程，部分氢氮气及惰性气体溶解在液氨中。当液氨在贮槽内减压后，溶解的气体大部分释放出来，通常称为贮罐气。

（4）气体的循环　氢氮混合气经过氨合成塔以后，只有一小部分合成为氨。分离氨后剩余的氢氮气，除为降低惰性气体含量而少量放空以外，其余与新鲜原料气混合后，重新返回合成塔，再进行氨的合成，从而构成了循环法生产流程。由于气体在设备、管道中流动时，产生了压力损失，为补偿这一损失，流程中必须设置循环压缩机。循环机进出口压差为 20～30 个大气压，它表示了整个合成循环系统阻力降的大小。

（5）惰性气体的排除　氨合成循环系统的惰性气体通过以下三个途径带出：

① 一小部分从系统中漏损；

② 一小部分溶解在液氨中被带走；

③ 大部分采用放空的办法，即间断或连续地从系统中排放。

在氨合成循环系统中，流程中各部位的惰性气体含量是不同的，放空位置应该选择在惰性气体含量最大而氨含量最小的地方，这样放空的损失最小。由此可见，放空的位置应该在氨已大部分分离之后，而又在新鲜气加入之前。放空气中的氨可用水吸收法或冷凝法加以回收，其余的气体一般可用作燃料，也可采用冷凝法将放空气中的甲烷分离出来，得到氢气、氮气，然后将甲烷转化为氢，回收利用，从而降低原料气的消耗。

有些工厂设置二循环合成系统，合成系统放空气进入二循环系统的合成塔，继续进行合成反应，分离氨后部分惰性气体放空，其余部分在二循环系统继续循环。这样，提高了放空气中惰性气体含量，从而减少了氢氮气损失。

（6）反应热的回收利用　氨的合成反应是放热反应，必须回收利用这部分反应热。目前回收利用反应热的方法主要有以下几种。

① 预热反应前的氢氮混合气　在塔内设置换热器，用反应后的高温气体预热反应前的氢氮混合气，使其达到催化剂的活性温度。这种方法简单，但热量回收不完全。目前小型氨厂及部分中型氨厂采用此法回收利用反应热。

② 预热反应前的氢氮混合气和副产蒸汽　既在塔内设置换热器预热反应前的氢氮混合气，又利用余热副产蒸汽。按副产蒸汽锅炉安装位置的不同，可分为塔内副产蒸汽合成塔（内置式）和塔外副产蒸汽合成塔（外置式）两类。目前一般采用外置式，该法热量回收比

较完全，同时得到了副产蒸汽，目前中型氨厂应用较多。

③ 预热反应前的氢氮混合气和预热高压锅炉给水　反应后的高温气体首先通过塔内的换热器预热反应前的氢氮混合气，然后再通过塔外的换热器预热高压锅炉给水。此法的优点是减少了塔内换热器的面积，从而减小了塔的体积，同时热能回收完全。目前大型合成氨厂一般采用这种方法回收热量。用副产蒸汽及预热高压锅炉给水方式回收反应热时，生产 1t 氨一般可回收 0.5～0.9t 蒸汽。

合成氨的生产工艺流程见图 5-20。

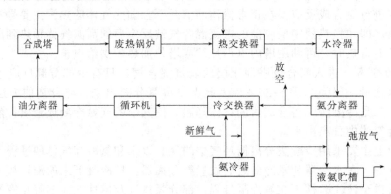

图 5-20　合成氨的生产工艺流程

气体从冷交换器出口分两路，一路作为近路、另一路进入合成塔一次入口，气体沿内件与外筒环隙向下冷却塔壁后从一次出口出塔，出塔后与合成塔近路的冷气体混合，进入气气换热器冷气入口，通过管间并与壳内热气体换热。升温后从冷气出口出来分五路进入合成塔，其中三路作为冷激线分别调节合成塔。二、三、四层（催化剂）温度，一路作为塔底副线调节一层温度；另一路为二人主线气体，通过下部换热器管间与反应后的热气体换热，预热后沿中心管进入催化剂层顶端，经过四层催化剂的反应后进入下部换热器管内，从二次出口出塔，出塔后进入废热锅炉进口，在废热锅炉中副产 25MPa 蒸气送去管网。从废热锅炉出来后分成两股，一股进入气气换热器管内与管间的冷气体换热；另一股气体进入锅炉给水预热器在管内与管间的脱盐、脱氧水换热，换热后与气气换热器出口气体会合，一起进入水冷器。在水冷器管内被管外的循环水冷却后出水冷器，进入氨分离器，部分液氨被分离出来，气体出氨分离器，进入透平循环机入口，经加压后进入循环气滤油器出来后进入冷交换器热气进口。在冷交换器管内被管间的冷气体换热，冷却后出冷交换器与压缩送来经过新鲜气滤油器的新鲜气氢气、氮气会合进入氨冷器，被液氨蒸发冷凝到 −10～−5℃，被冷凝的气体再次进入冷交，在冷交下部气液分离，液氨送往氨库，气体与热气体换热后再次出塔，进入合成塔再次循环。

■ 5.5.7　合成氨工业发展前景

由于生态和环保的原因，今后发达国家化肥用量将减少，世界合成氨生产能力将缓慢增长。虽然使用无机氮的生物农业将会有所发展，但是，在以后的 15～20 年内，生物技术（如固定氮工艺）还不可能取代合成氨作为化学肥料的主要来源。现今所有的合成氨消费中，只有 13% 是用在化学和工业应用上，其他 87% 都用于生产化肥。因此，氮肥的供应还得继续依靠合成氨的生产。

近几年来，世界合成氨工业的技术进展主要有以下几方面。

（1）英国 ICI 公司采用 LCA 工艺流程，在英国的 SevernsNe 氨厂建了两套并列的产量各为 450t/d，但只有一套公用工程系统的合成氨装置。这种生产规模较小的工厂从某些方面来说,仍是有吸引力和竞争力的,如建 3 个 LCA 流程的 500t/d 工厂就比建一个日产 1500t 的传统规模工厂的投资要低些。LCA 流程与当今的大型装置流程不同,该法每吨氨能耗为 30.1GJ,采用气热转化炉取代通用的转化炉,在隔热管式变换器中进行变换,反应热用于制备原料气与蒸汽的饱和气。变压吸附脱除二氧化碳。用含钴催化剂作氨合成催化剂,合成压力为 8MPa。

(2) 美国凯洛格公司对氨厂的某些工艺单元及设备的传统构型进行了改革,开发出了合成氨生产的 4 种新技术,即用于氨合成回路的 KAAP 工艺,用于工艺气转化换热的 KRES 系统,以计算机为基础的氨厂节能降耗动态控指 KDAC 技术和公用工程蒸汽系统的冷凝液汽提 KICS 技术。其中 KAAP 工艺将是未来一个很有前途的氨厂改造方案,其合成压力为 7~9.1MPa,采用以石墨为载体,涂钌并用铷盐活化的氨合成催化剂,比通常的催化剂活性高 20 倍,合成转化率也随之显著提高,能增产 40% 左右。1992 年,采用 KAAP 工艺的氨合成塔已在加拿大 Ocelot 制氨公司的 Kitmat 厂进行了工业化生产。

(3) 德国伍德公司经 20 多年来对工艺效率、工厂安全、能量总消耗等方面连续研究结果,推出了低能耗工艺,并于 1991 年在德国 BASF 公司建立了一个日产 1800t 的工厂。该厂采用了伍德公司开发的组合自热式转化炉,与传统的二段转炉不同之处在于:转化反应管安装于一个有内衬里的加压设备中,管内装有一段转化催化剂,管下端开口,原料工艺气温度升高到 580℃,自上而下通过管内。燃料气经水冷喷嘴加氧并进入燃烧室中,通过调整喷嘴的位置和燃烧室的形状设计,使燃烧室内产生涡流,以保证转化反应稳定进行。转化产生的高温气又用于加热转化管,以节省能源和投资。目前,该新型转化炉的工业示范装置的生产能力已达 $1.3 \times 10^4 \mathrm{m}^3/\mathrm{h}$,加压设备内部装有 19 根转化管。

虽然合成氨生产技术的更远的改变是可以预见的,但是,就目前来说,除对氨厂的个别传统工艺程序、催化剂和设备的较小改进外,至少在今后 10~15 年内,合成氨生产技术还不会发生根本的改变。世界许多合成氨专家对此意见是一致的,并对今后合成氨工业的发展前景作出如下展望。

(1) 生产规模不会再扩大　20 世纪 80 年代全世界共建成了 110 套合成氨装置,平均生产规模为 1120t/d。目前的装置规模多为 1500t/d,1800t/d 的生产也在日益增加。但考虑到规模过大,会造成设备制造和运输、开停车复杂化和长期可靠的原料保证等方面的问题,使整套生产装置的投资费用大幅度上升。今后世界合成氨产量的大部分都将由规模为日产 1000~2000t 的工厂所生产。

(2) 天然气依然是合成氨生产的主要原料　目前全世界合成氨的年产量约为 1.45 亿吨,其中采用原料为重油 3%,煤和焦 13%,天然气 84%。从长远来看,原料路线改为油或煤是可以考虑的,但据预测,在未来 20 年内,合成氨生产原料的情况会维持上述百分比例不变,天然气仍是能被利用的比较好的合成氨生产原料。

(3) 降低能耗的潜力已基本得到发挥　以天然气为原料的合成氨能耗设计值为 27GJ,目前有些生产装置的最低能耗已达 28GJ,只比理论值高出 20% 左右而与设计值相接近。其他几种生产方法,重油或渣油气化法吨氨能耗为 35~36GJ,煤气化法的吨氨能耗为 45.5GJ,吨氨能耗也都在日渐降低,但不可能再有进一步的显著减少。

(4) 降低投资和提高操作可靠性问题日益受到重视　鉴于节能降耗已无太多的潜力可挖,今后的技术发展将通过减少费用的较小的集成化工艺部分、简化管道系统相仪器仪表、改进催化剂,提高设备的制造和维修质量以及安装先进的自动控制系统来进行,同时也将更加注重采用各种现代化的技术管理手段,来保证生产装置尽量减少停车损失,始终处于良好的运行状态。

5.6 合成甲醇

5.6.1 合成甲醇简介

甲醇是重要的化工原料，甲醇主要用于生产甲醛，其消耗量占甲醇总量的 30%～40%；其次作为甲基化剂，生产甲胺、甲烷氯化物、丙烯酸甲酯、甲基丙烯酸甲酯、对苯二甲酸二甲酯等；甲醇羰基化可生产醋酸、醋酐、甲酸甲酯、碳酸二甲酯等。其中，甲醇低压羰基化生产醋酸，近年来发展很快。随着碳一化工的发展，由甲醇出发合成乙二醇、乙醛、乙醇等工艺正在日益受到重视。甲醇作为重要原料在敌百虫、甲基对硫磷、多菌灵等农药生产中，在医药、染料、塑料、合成纤维等工业中有着重要的地位。甲醇还可经生物发酵生成甲醇蛋白，用作饲料添加剂。

甲醇不仅是重要的化工原料，而且还是性能优良的能源和车用燃料。它可直接用作汽车燃料，也可与汽油掺和使用，它可直接用于发电站或柴油机的燃料，或经 ZSM-5 分子筛催化剂转化为汽油，它可与异丁烯反应生成甲基叔丁基醚，用作汽油添加剂。

甲醇最初由木柴干馏获得，当时称木醇，这种方法在 1923 年之前一直是甲醇的来源。1913 年，德国 BASF 公司开展一氧化碳和氢合成含氧化合物的研究，并于 1923 年在德国 Leuna 建成世界上第一座年产 3000t 合成甲醇的生产厂。该装置采用现有高压合成甲醇生产中仍然沿用的锌铬催化剂，在 30～35MPa、300～400℃ 条件下进行反应，该法称为甲醇高压合成法。

工业上高压法合成甲醇的压力为 25～35MPa，温度为 320～400℃。到 1967 年，由于无硫合成气的应用，采用高活性铜催化剂，使合成条件发生很大变化，出现了压力为 5～10MPa，温度为 230～280℃ 的低压合成甲醇的工艺。目前，低压合成甲醇工艺已是通用工业生产方法，在经济性上优于高压法。

合成甲醇的原料路线在几十年中经历了很大变化。20 世纪 50 年代以后，甲醇生产多以煤和焦炭为原料，采用固定床气化方法生产的水煤气作为甲醇原料气。50 年代以后，天然气和石油资源大量开采，由于天然气便于输送，适合于加压操作，可降低甲醇装置的投资与成本，在蒸汽转化技术发展的基础上，以天然气为原料的甲醇生产流程被广泛采用，至今仍为甲醇生产的最主要原料。60 年代后，重油部分氧化技术有了长足进步，以重油为原料的甲醇装置有所发展。估计今后在相当长的一段时间中，国外甲醇生产仍以烃类原料为主。从发展趋势来看，今后以煤炭为原料生产甲醇的比例会上升，煤制甲醇作为液体燃料将成为其主要用途之一。

由于甲醇用途广泛，属于大吨位产品，近年来发展势头迅猛，最大的单系列合成甲醇装置年产量可达百万吨，2010 年中国的甲醇生产能力已达到 3756.5×10^4 t，而产量只有 1574×10^4 t，通过合理规划甲醇下游产品路线，今后仍将有较大发展。中国具有富煤、缺油、少气的能源资源特点，因地制宜地利用煤或天然气为原料合成甲醇，进一步发展有机化学工业和燃料工业的路线是合理可行的，而由合成气合成甲醇是煤间接液化的成熟技术，是煤转化利用的重要途径。

5.6.2 甲醇合成化学反应

合成气合成甲醇，是一个可逆平衡反应，其基本反应式如下：

$$CO + 2H_2 \Longrightarrow CH_3OH \qquad \Delta H = -90.84 kJ/mol(25℃)$$

当反应物中有 CO_2 存在时，还能发生下述反应：

$$CO_2 + 3H_2 \Longleftrightarrow CH_3OH + H_2O \qquad \Delta H = -49.57 \text{kJ/mol}(25℃)$$

一氧化碳加氢反应除了生产甲醇之外，还发生下述副反应：

$$2CO + 4H_2 \Longleftrightarrow (CH_3)_2O + H_2O$$

$$CO + 3H_2 \Longleftrightarrow CH_4 + H_2O$$

$$4CO + 8H_2 \Longleftrightarrow C_4H_9OH + 3H_2O$$

$$CO_2 + 4H_2 \Longleftrightarrow CH_4 + 2H_2O$$

$$2CO \Longleftrightarrow CO_2 + C$$

此外，还可能生成少量的高级醇和微量醛、酮和酯等副产物，也可能形成少量的 $Fe(CO)_5$。

5.6.3 催化剂及反应条件

5.6.3.1 催化剂

合成甲醇工业的发展，很大程度上取决于新型催化剂的研制成功以及性能的提高。在合成甲醇的生产中，很多工艺指标和操作条件都由所用催化剂的性质决定。最早用的合成甲醇的催化剂为 $ZnO\text{-}Cr_2O_3$，因其活性温度较高，需要在 $320\sim400℃$ 的高温下操作。为了提高在高温下的平衡转化率，反应必须在高压下进行。1960 年后，开发了活性高的铜系催化剂，适宜的温度为 $230\sim280℃$，使反应可在较低压力下进行，形成了目前广泛使用的低压法合成甲醇工艺。该催化剂对合成原料气中杂质要求严格，特别是原料气中的 S、As 能对催化剂产生中毒作用，故要求原料气中硫含量 $<0.1\text{cm}^3/\text{m}^3$，必须精制脱硫。

表 5-6 是两种低压法合成甲醇的催化剂组成。

表 5-6 合成甲醇的催化剂组成

成　　分	ICI 催化剂	Lurgi 催化剂
Cu	25%～90%	30%～80%
Zn	8%～60%	10%～50%
Cr	2%～3%	—
V	—	1%～25%
Mn	—	10%～50%

使用铜锌催化剂时，为了抑制副反应并保持其活性和热稳定性，还需添加一些助催化剂，促进该催化剂的活性，各种助催化剂活性的影响可参看表 5-7 的数据。

表 5-7 不同助剂对铜基催化剂活性的影响

助剂	温度/℃	空速/h⁻¹	压力/MPa	CO：CO₂：H₂	活性/[mol/(L·h)]
Al_2O_3	260	29000	6.87	23：3：70	108～109
Ag	275	196000	5.27	33：3：70	13.4
Mn	180	20000	5.07	22.5：5.5：67	23.4
Co	250	5000	7.58	24：6：70	4.9
W	260	10000	5.07	30：0：70	31.2
Cr	260	10000	5.07	30：0：70	55.5
V	230	3500	2.86	11.4：5.7：82.9	31.2
Mg	270	10000	—	8.7：5.7：85.6	25.4

催化剂为柱状，直径为 $5\sim10\text{mm}$，堆密度为 $0.9\sim1.6\text{g/cm}^3$。在空速为 $20000\text{m}^3\text{h}^{-1}$ 条件下，每升催化剂的甲醇产率为 2kg/h。当反应温度为 $230\sim280℃$，正常操作时，空速为 10000h^{-1}，每升催化剂的甲醇产率为 $0.5\sim1.0\text{kg/h}$。

5.6.3.2 反应条件

为了减少副反应，提高甲醇产率，除了选择适当的催化剂之外，选定合适的温度、压力、空速及原料组成也是很重要的。

采用 Cu-Zn-Al 催化剂时，适宜的反应温度为 230～280℃，适宜的反应压力 5.0～10MPa。为使催化剂有较长的寿命，一般在操作初期采用较低的温度，反应一定时间后再升至适宜温度，其后随着催化剂老化程度增加，相应地提高反应温度。由于合成甲醇是强放热反应，需及时移出反应热，否则易使催化剂温升过高，不仅影响反应速率，而且增大副反应速率，甚至导致催化剂因过热溶结而活性下降。

合成甲醇反应器中空速的大小将影响选择性和转化率，直接关系到生产能力和单位时间放热量。低压合成甲醇工业生产空速一般为 5000～10000h^{-1}。

合成甲醇原料气 H_2/CO 的化学反应摩尔比为 2∶1。CO 含量高不仅对温度控制不利，而且引起催化剂上积聚羰基铁，使催化剂失活，低 CO 含量有助于避免此问题；氢气过量，可改善甲醇质量，提高反应速率，有利于导出反应热，故一般采用过量氢气，低压法用铜系催化剂时，H_2/CO 比为（2.0～3.0）∶1。

合成甲醇反应器中空速大，接触时间短，单程转化率低，通常只有 10%～15%，因此反应气体中仍含有大量未转化的 H_2 和 CO，必须循环利用。为了避免惰性成分积累，须将部分循环气由反应系统排出。生产中一般控制循环气量与新原料气量的比为 3.5～6。

5.6.4 反应器

合成甲醇反应是强放热过程。因反应热移出方式不同，有绝热式和等温式两类反应器；按冷却方法区分，有直接冷却的冷激式和间接冷却的管壳式反应器。

5.6.4.1 冷激式绝热反应器

冷激式绝热反应器的床层分为若干绝热段，两端之间直接加入冷的原料气使反应气冷却。这类反应器的主要优点为单元生产能力大。ICI 低压甲醇合成工艺采用此反应器。

图 5-21 是 ICI 多段冷激式甲醇合成反应器示意图。催化剂由惰性材料支撑，反应器的上下部，分别设有催化剂装入口和卸出口。冷激用原料气分数段由催化剂段间喷嘴喷入，喷嘴分布在反应器的整个截面上。冷的原料气与热的反应气体相混合，混合后的气体温度刚好是反应温度低限，然后进入下一段催化剂床层，继续进行合成反应。两层喷嘴间的催化剂床层在绝热条件下操作，放出的反应热又使反应气体温度升高，但未超过反应温度高限，于下一个段间再用冷的原料气进行冷激，降低温度后继续进入再下一段催化剂床层。这种反应器每段加入冷激用原料气，流量在不断增大，各段反应条件存在差异，气体的组成和空速都不一样。这类反应器结构简单，催化剂装卸方便，但要避免过热现象的发生，其关键是反应气和冷激气的混合必须均匀。

我国四川维尼龙厂首先引进此类反应器。

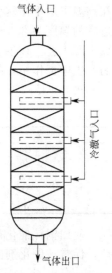

图 5-21 ICI 多段冷激式甲醇合成反应器

5.6.4.2 管壳式等温反应器

管壳式反应器如同列管式放热器，Lurgi 管壳型甲醇合成反应器见图 5-22。催化剂置于列管内，壳程走沸腾水。反应热由管外水沸腾汽化的蒸汽带走，产生的高压蒸汽供给本装置使用，如带动蒸汽透平。通过蒸汽压力的调节，可方便地控制反应温度。该反应器列管内轴向温差小，仅比管外水温高几度，可避免催化剂过热，可看作等温反应过程，故名等温反应器。Lurgi 低压甲醇合成工艺采用此反应器。

管壳式反应器的循环气量较小，特别是煤制合成气，其中 CO_2 含量少，CO 含量为 28%，采用水冷管壳式反应器可降低循环气量，循环比可为 5∶1，能量效率较高。但此类反应器复杂、制作困难，对材质与制造要求较高。对年产 10×10^4 t 甲醇的管壳式反应器中装有直径 38mm、长 6m、壁厚 2mm 的管子 3000 多根。一般反应器的直径可达 6m，高度为 8～16m。

Lurgi 公司管壳型甲醇合成反应器具有以下优点。

① 甲醇合成反应器催化剂床层内温度分布均匀，大部分床层温度在 250～255℃，温度变化小。另外，由于传热面与床层体积比大（80m²/m³），传热迅速，床层同平面温差小，有利于延长催化剂的使用寿命，并允许原料气中含较多的一氧化碳。

② 能准确、灵敏地控制反应温度。催化剂床层的温度可通过调节汽包蒸汽压力进行控制。

③ 以较高能位回收甲醇合成反应热，热量利用合理。

④ 甲醇合成反应器出口的甲醇含量较高，催化剂的利用率高。

⑤ 设备紧凑，开停车方便。

⑥ 合成反应过程中副反应少，故粗甲醇中杂质含量少，质量高。

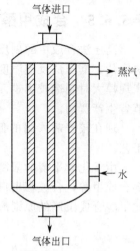

图 5-22 Lurgi 管壳型甲醇合成反应器

但反应器的设备结构复杂，制造困难是该工艺的不足之处。我国齐鲁石化公司第二化肥厂首先引进此类反应器。

5.6.4.3 浆态床反应器

上述甲醇合成工艺均为气相合成，尚存在合成效率低、能耗高等多种缺陷。甲醇合成作为强的放热反应，从热力学的角度，降低温度有利于反应朝生成甲醇的方向移动。采用原料气冷激和列管式放热器很难实现等温条件的操作，反应器出口中甲醇的含量偏低，使得反应器的循环量加大。受 F-T 浆态床的启发，Sherwin 和 Blum 于 1975 年首先提出甲醇的液相合成方法。液相合成是在反应器中加入碳氢化合物的惰性油介质，把催化剂分散在液相介质中。在反应开始时合成气要溶解并分散在惰性油介质中才能达到催化剂表面，反应后的产物也要经历类似的过程才能移走。

液相合成由于使用了热容高、热导率大的石蜡类长链烃化合物，可以使甲醇的合成反应在等温条件下进行，同时，由于分散在液相介质中的催化剂的比表面积非常大，加速了反应过程，可以在较低反应温度和压力下进行。

根据气-液-固三相物料在过程中的流动状态不同，三相反应器主要有滴流床、搅拌釜、浆态床、流化床与携带床等。目前在液相甲醇合成方面，采用最多的主要是滴流床和浆态床。

浆态床反应器和三相流化床反应器，由于结构简单、换热效率高、催化剂活性稳定，正在大力开发中，其结构与 F-T 合成反应相似。

5.6.4.4 反应器材质

合成气中含有氢和一氧化碳。通常一氧化碳在 150℃ 能与钢铁发生作用生成 $Fe(CO)_5$，而氢对钢铁有侵蚀作用，因此，反应器材质要求有抗一氧化碳侵蚀的能力。CO 和 H_2 分压越高，其侵蚀作用越强烈。有时在常温下也能生产 $Fe(CO)_5$，此作用能破坏反应器和催化剂，然而高于 350℃，此反应几乎不发生。

为了保护反应器钢材强度，采用含 1.5%～2% 锰的铜衬设备，但铜衬的缺点是在加压膨胀时会产生裂缝。当 CO 分压超过 3.0MPa 时，必须采用特殊钢材以防止 H_2 和 CO 的侵蚀作用。依上述要求，可用含有少量碳，并加入钼、钨和钒的铬钢，也可用 1Cr18Ni9Ti 特殊钢。

5.6.5 合成甲醇工艺流程

高压法合成甲醇副反应多,甲醇产率较低,投资费用和动力消耗大,目前已被低压合成法取代。低压法反应温度为230~280℃,压力为5MPa,但压力太低所需反应器容积大,生产规模大时制造较困难。为克服此缺点,又发展了10MPa低压合成法,可比5MPa低压法节省生产费用。

现在较普遍采用的低压合成甲醇工艺流程有两种:一种是ICI工艺;另一种为Lurgi工艺。

由于化学平衡的限制,通过甲醇合成反应器的气体中一氧化碳、二氧化碳与氢不可能全部合成甲醇,合成塔出口气体中甲醇摩尔分数仅为3%~6%,未反应的气体必须循环。因此甲醇合成工序的原则流程见图5-23。

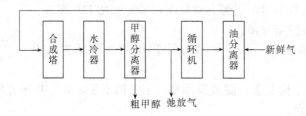

图5-23 甲醇合成工序的原则流程

（1）甲醇的合成 在甲醇合成塔中进行。甲醇合成是可逆放热反应,为使反应过程适应最佳温度曲线的要求,以达到较高的产量,所以要采取措施移走反应热。根据移走反应热的方式不同,甲醇合成塔可分为连续换热式与多段换热式两种,国内常用的内冷管型甲醇合成塔及Lurgi管壳型甲醇合成塔为连续换热式反应器,ICI冷激型甲醇合成塔为多段换热式反应器。为了充分利用甲醇合成的反应热,甲醇合成塔出催化床的气体与进催化床的气体相互之间进行热交换。Lurgi与ICI工艺将换热器安排在塔外,冷管型甲醇合成塔将换热器安排在塔内。

（2）甲醇的分离 采用冷凝分离法,它是利用甲醇在高压下易被冷凝的原理而进行分离的。高压下与液相甲醇呈平衡的气相甲醇含量随温度降低、压力的增高而下降。

（3）气体的循环 要使气体循环,必须设置循环机以克服合成回路中的阻力。气体在合成系统内循环,是凭借循环压缩机(或在原料气压缩机中设循环段)进行的,由于系统中气体的流速很大,通过设备管道时产生了较大的压力降,由循环压缩机得到了补偿。为分离掉气体压缩过程中带入的油雾,在循环机后设置油分离器。

（4）新鲜气的补充与惰性气的排放 新鲜气一般在粗甲醇分离后给以补充,并往往补充在循环压缩机出口的油分离器处。在合成过程中,未反应的惰性气体积累在系统中,需进行排放。弛放气的位置也在粗甲醇分离后,循环压缩机前。

5.6.5.1 ICI工艺流程

图5-24为ICI低压甲醇合成工艺流程。

合成甲醇的原料是煤炭或天然气,经过造气过程制得合成气。合成气经压缩至5.0MPa或10MPa压力,与循环气以1:5的比例相混合后进入反应器,在Cu-Zn-Al氧化物催化剂床层中进行合成甲醇反应。由反应器出来的反应气体中含有4%~7%的甲醇,经过换热器换热后进入水冷凝器,使产物甲醇冷凝,然后将液态甲醇在气液分离器中分离出来,得到液态粗甲醇。粗甲醇进入轻馏分闪蒸塔,压力降低至0.35MPa左右,塔顶脱出轻馏分气体,塔底粗甲醇送去精制。在分离器分出的气体中还含有大量未反应的CO和H_2,为保持系统

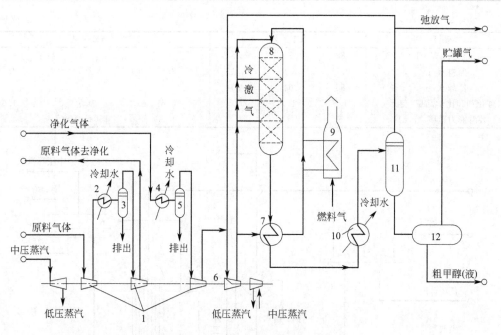

图 5-24　ICI 低压甲醇合成工艺流程

1—原料气压缩机；2，4—冷却器；3，5—分离器；6—循环气压缩机；7—热交换器；
8—甲醇合成塔；9—开工加热器；10—甲醇冷凝器；11—甲醇分离器；12—中间贮槽

惰性气体在一定范围内，部分气体排出系统可作燃料用，其余气体与新合成气相混合，用循环压缩机增压后再进入合成反应器。

粗甲醇中除甲醇外主要含有两类杂质：一类是溶于其中的气体和易挥发的轻组分，如 H_2、CO、CO_2 气体，二甲醚、乙醇、丙醇和甲酸甲酯等；另一类是难挥发的重组分，如乙醇、高级醇和水分等。因此可用脱去轻馏分和脱去重馏分的两类塔达到甲醇精制目的。

5.6.5.2　Lurgi 工艺流程

图 5-25 为 Lurgi 低压法甲醇合成工艺流程，是典型的两塔流程。使用 Cu-Zn-Mn 或 Cu-Zn-Mn-V、Cu-Zn-Al-V 氧化物催化剂。合成塔出来的产物经气液分离器后，液体产物进入轻馏分塔顶脱出燃料气，塔底产物到甲醇塔精馏，塔顶得产品纯甲醇，塔底为废水。一般轻馏分塔为 40～50 块塔板，甲醇塔板数为 60～70 块。

5.6.5.3　技术经济指标

低压合成甲醇装置的技术指标见表 5-8。

表 5-8　低压合成甲醇装置的技术指标

项目	ICI 工艺			Lurgi 工艺		
生产能力/(t/a)	100000			100000		
反应器				管壳式，管数 3199，ϕ38mm×2mm，长 6000mm		
反应压力/MPa	5～10			5～10		
反应温度/℃	200～300			240～270		
催化剂	铜系			铜系		
催化剂寿命/a	3～4					
$n(H_2-CO_2)/n(CO+CO_2)$				2.0		
原料类别	重油	石脑油	天然气	煤	渣油	天然气
每吨甲醇消耗						
原料和燃料/GJ	32.6	32.2	30.6	40.8	38.3	29.7

续表

项目	ICI 工艺			Lurgi 工艺		
电力/kW·h	88	35	35			
原料水/m³	0.75	1.15	1.15	3.8	2.5	3.1
冷却水/m³	88	64	70			
催化剂和化学品费/美元	1.8	1.8	1.5	0.6	0.5	1.0
装置能力范围/(t/d)				150～2500		

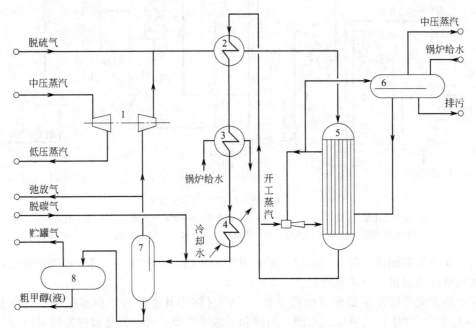

图 5-25　Lurgi 低压法甲醇合成工艺流程

1—透平循环压缩机；2—热交换器；3—锅炉水预热器；4—水冷却器；5—甲醇合成塔；
6—汽包；7—甲醇分离器；8—粗甲醇贮槽

5.6.6　低温液相合成甲醇

国外现有的工业合成甲醇的方法已达到相当高的水平，但仍存在着三大缺点有待克服突破：

① 由于受到反应温度下热力学平衡的限制，单程转化率低，在合成塔出口产物中甲醇浓度极少能超过 7%，因此需要太多循环，大大增加了合成气制造工序的投资和合成气成本；

② ICI 等方法要求原料气中必须含有 5% 的 CO_2，从而产生了有害的杂质——水，为了使甲醇产品符合燃料及下游化工产品的要求，必须进行甲醇-水分离，增加能耗；

③ ICI 等传统方法的合成气净化成本很高。

为了克服上述缺点，国外自 20 世纪 70 年代以来进行了大量的研究，长期的研究结果表明必须从根本上改变催化剂体系，开发出具有低温（90～180℃）、高活性、高选择性、无过热问题的催化剂体系，使生产过程在大于 90% 的高单程转化率和高选择性状态下操作，这就是低温液相合成甲醇。

对于低温液相合成甲醇，国际上多家大公司和研究机构都进行研究，如：Brookhaven National Laboratory，Shell International，Snamprogretti S. P. A.，Mitsui Petrochemicals，

Pittsburgh University，Amoco Corporation 等。在国内，中国科学院成都有机化学等单位的研究也取得了良好的进展。

5.6.6.1 催化剂体系

目前已取得较好研究水平的低温甲醇液相合成催化剂主要包括：美国 Amoco 公司和 Brookhaven 国家实验室联合开发的镍系催化剂，其合成气的单程转化率超过 90％，反应可以在较低温度（150℃）和压力（1～3MPa）下进行。但 $Ni(CO)_4$ 易挥发和剧毒等问题有待解决。意大利的 SNAM 公司在铜基催化剂的研究方面做了大量的工作，其活性和选择性与 Amoco 公司的镍系催化剂接近。中国科学院成都有机化学研究所研究的 CuCatE 在温和的反应条件下（90～150℃，3.0～5.5MPa）可获得合成气的单程转化率达到 90％，时空收率达到 80.4g/(L·h)。甲醇与甲酸甲酯的总选择性在 98％以上，其中甲醇选择性达到 80％，联产的甲酸甲酯选择性约 20％。此外，在 Fe、Co、Ir、Ru、Pt、Re 等催化剂体系上的研究工作也有不少报道。

5.6.6.2 催化反应工艺

影响低温甲醇液相合成的催化反应工艺参数包括：温度、压力、铜基催化剂的温度、催化剂预处理方法以及溶剂、原料气中 H_2/CO 值、起始液中 CH_3OH 的浓度、甲酸甲酯的加入量、开工过程、助剂的加入量、反应时间等工艺参数。

不同的催化剂体系作用机理不同，温度和压力对结果的影响也明显不同，在 CuCl 催化剂体系，其低温条件下的催化活性远高于高温条件下的；而 Cu-Cr-O 催化体系，在实验温度范围内，活性随着反应温度的升高而增加。在 Cu-Cl 催化剂和 Cu-Cr 催化剂上，反应活性均随着压力的上升而增加。但是连个体系的反应选择性的变化趋势明显不同。在小于 4.0MPa 时，Cu-Cl 体系的甲醇选择性随压力的增加而明显上升，再进一步上升至 6.0MPa 时则缓慢增加至 78％左右。而 Cu-Cr 为催化剂的甲醇选择性随压力的提高而下降。

低温甲醇合成法克服了传统方法的缺点，具备一系列的优点。表 5-9 为低温甲醇合成法与目前通用的 ICI 工艺的比较。可以看出，低温甲醇合成法具有单程转化率高（通常＞90％），不需要循环的优点，故投资与电耗同时降低；其粗产品构成好，不生产水、高级醇和羰基化合物，因而特别容易获得无水甲醇，并使分离能耗大幅度降低。低温浆态床系统的特性使它可使用 H_2 与 CO 比值低的合成气（1～1.7）；对天然气工艺，该低温方法可使用投资低的甲烷部分氧化造气，而 ICI 法因需要使用高氢气体，所以必须使用蒸汽法转化造气，使其造气总投资大幅度上升。可使用氢碳比低（CO 含量高）的煤气对煤制甲醇也特别重要，因新型煤气化炉（如德士古煤气化炉）所制造的煤气均为富 CO 煤气，这一优点使该合成法为煤化工界所重视。

表 5-9 低温甲醇合成法与 ICI 工艺的比较

指　标	低温法	通用 ICI 工艺
操作温度/℃	90～150	230～270
操作压力/MPa	1～5（≥5 时产品以甲酸甲酯为主）	5～10
合成气单程转化率/％	≥90	16（必须大量循环）
合成气	可用含较大量 N_2、CH_4 的廉价合成气	须用 N_2、CH_4 含量极低、高价的合成气
相对电耗	1	4
粗产品构成	甲醇＋甲酸甲酯	甲醇＋水
粗产品用途	优质燃料	难以使用
使用的 $n(H_2)/n(CO)$	1.0～1.7	2.5～3
需配造气工艺	CPO，氧化剂可用空气、富氧或纯氧	水蒸气转化
总结果	投资 65％～75％，成本 70％～80％	投资 100％，成本 100％

注：CPO—甲烷部分氧化。

参 考 文 献

[1] 应卫勇，曹发海，房鼎业．碳一化工主要产品生产技术．北京：化学工业出版社，2004.

[2] 郭树才，胡浩权．煤化工工艺学．第 3 版．北京：化学工业出版社，2012.

[3] Arthur L Kohl, Richard Nielsen. Gas Purification. Fifth Edition. Gulf Professional Publishing, 1997.

[4] 何晓方，王瑞学．煤气化净化技术选择与比较．化学工程与装备，2009，(1).

[5] 李平辉．合成氨原料气净化．北京：化学工业出版社，2010.

[6] 雷仲存．工业脱硫技术．北京：化学工业出版社，2000.

[7] 汪家铭．低温甲醇洗净化工艺技术进展及应用概况．化肥工业，2008，35 (4).

[8] 代小平，余长春，沈师孔．费托合成制液态烃研究进展．化学进展，2000，12 (3)：268-281.

[9] 赵玉龙，王佐．Sasol 的浆态床 FT 合成技术．煤炭转化，1996 (2)：159-166.

[10] Sie S T. Process development and scale up Ⅳ Case history of the development of a Fischer-Tropsch synthesis process. Rev Chem Eng, 1998, 14 (2)：109-157.

[11] Schulz H. Short history and present trends of Fischer-Tropsch synthesis. Applied Catalysis A：General，1999，186：3-12.

[12] Anmin Zhao, Weiyong Ying, Haitao Zhang, Hongfang Ma, Dingye Fang. Ni/Al$_2$O$_3$ catalysts for syngas methanation：Effect of Mn promoter. Journal of Natural Gas Chemistry, 2012, 21：170-177.

[13] 晏双华，双建永，胡四斌．煤制合成天然气工艺中甲烷化合成技术．化肥设计，2010，48 (2)：19-21.

[14] 程桂花．合成氨．北京：化学工业出版社，1998.

[15] 张子峰．合成氨生产技术．第 2 版．北京：化学工业出版社，2011.

[16] 房鼎业，姚佩芳，朱炳辰．甲醇生产技术及进展．上海：华东化工学院出版社，1990.

6 碳一化学品合成技术

6.1 二甲醚生产技术

6.1.1 二甲醚生产简介

二甲醚简称 DME，是一种无毒醚类化合物，它从煤、天然气等多种资源中制取。二甲醚是重要的化工原料，可用于许多精细化学品的合成，如制备低碳稀烃，二甲醚还可羰基化、烃基化、氧化生成一系列有机化工产品；同时在制药、燃料、农药等工业中有许多独特的用途，可以用作气雾剂的抛射剂、发泡剂等，代替氟利昂作为制冷剂。由于二甲醚有优良的燃烧性能，能实现高效清洁燃烧，在交通运输、发电、民用、燃气等领域有着十分美好的应用前景。

二甲醚含氧量为 34.8%，组分单一，碳链短，燃烧性能良好，热效率高，燃烧过程中无残液、无黑烟，是一种优质、清洁的燃料。二甲醚可用作汽车燃料、民用燃气。二甲醚有很高的十六烷值，可作为汽车燃料使用，尾气排放能够达到欧Ⅲ排放标准，替代柴油时十六烷值比柴油高 10%，发动机爆发力大，性能好。二甲醚作为民用燃料具备燃烧充分、无残液、不析炭的优点。DME 目前主要应用于气雾剂、发泡剂、化学中间体和燃料，其中民用燃料的用量最大，我国用于民用燃气的 DME 约占总产量的 80% 以上。

二甲醚是仅次于氢燃料的清洁燃料，有望成为石油主要代替产品。二甲醚常温、常压下是气态，加压到 5～6atm（1atm＝101325Pa）可以变为液体，物理性质类似于液化石油气。二甲醚十六烷值大于 55，高于柴油，可作为理想的柴油替代品。二甲醚低毒、低腐蚀性，燃烧时有害气体排放量明显低于汽油、柴油，能显著缓解城市汽车尾气污染。

6.1.2 二甲醚生产原理

二甲醚的生产方法有一步法和两步法。一步法是指由合成气一次合成二甲醚，两步法是由合成气合成甲醇，然后再脱水制取二甲醚。

一步法是由天然气转化或煤气化生成合成气后，合成气进入合成反应器内，在反应器内同时完成甲醇合成与甲醇脱水两个反应过程和变换反应，产物为甲醇与二甲醚的混合物，混合物经蒸馏装置分离得二甲醚，未反应的甲醇返回合成反应器。一步法多采用双功能催化剂，该催化剂一般由两类催化剂物理混合而成，一类为合成甲醇催化剂，如 Cu-Zn-Al（O）基催化剂，BASF S3-85 和 ICI-512 等；另一类为甲醇脱水催化剂，如氧化铝、多孔 SiO_2-Al_2O_3、Y 型分子筛、ZSM-5 分子筛、丝光沸石等。

一步法制二甲醚的反应可分为以下几步：

$$CO+2H_2 \longrightarrow CH_3OH \qquad -\Delta H = 90.7kJ/mol$$

$$2CH_3OH \longrightarrow CH_3OCH_3 + H_2O \qquad -\Delta H = 23.5kJ/mol$$

$$CO + H_2O \longrightarrow CO_2 + H_2 \qquad -\Delta H = 41.2kJ/mol$$

总反应式： $3CO + 3H_2 \longrightarrow CH_3OCH_3 + CO_2 \qquad -\Delta H = 246.1kJ/mol$

一步法合成二甲醚没有甲醇合成的中间过程，与两步法相比，其工艺流程简单、设备少、投资小、操作费用低，因此，一步法合成二甲醚是国内外开发的热点，如丹麦 Topsoe 工艺、美国 Air Products 工艺和日本 NKK 工艺，但目前都处于研发阶段，未实现工业化生产。

两步法是分两步进行的，即先由合成气合成甲醇，甲醇在固体催化剂下脱水制二甲醚。其反应方程式为：

$$2CH_3OH \longrightarrow CH_3OCH_3 + H_2O$$

两步法合成二甲醚又分为液相法和气相法两种。

（1）液相甲醇脱水法制二甲醚　甲醇脱水制 DME 最早采用硫酸作催化剂，反应在液相中进行，因此叫做液相甲醇脱水法，也称硫酸法工艺。该工艺生产纯度 99.6% 的 DME 产品，用于一些对 DME 纯度要求不高的场合。其工艺具有反应条件温和（130～160℃）、甲醇单程转化率高（>85%）、可间歇也可连续生产等特点，但是存在设备腐蚀、环境污染严重、产品后处理困难等问题，国外已基本废除此法。中国仍有个别厂家使用该工艺生产 DME，并在使用过程中对工艺有所改进。

（2）气相甲醇脱水法制二甲醚　气相甲醇脱水法是甲醇蒸气通过分子筛催化剂催化脱水制得 DME 的方法。该工艺特点是操作简单，自动化程度较高，少量废水废气排放，排放物低于国家规定的排放标准。该技术生产 DME 采用含 $\gamma\text{-}Al_2O_3/SiO_2$ 制成的 ZSM-5 分子筛作为脱水催化剂。反应温度控制在 280～340℃，压力为 0.5～0.8MPa。甲醇的单程转化率在 70%～85%，二甲醚的选择性大于 98%，产品 DME 质量分数 ≥99.9%，甲醇制二甲醚的工艺生产过程包括甲醇加热、蒸发，甲醇脱水，甲醚冷却、冷凝及粗醚精馏，该法是目前国内外应用的主要的生产方法。

▪6.1.3　二甲醚生产工艺

6.1.3.1　甲醇气相催化合成二甲醚工艺

甲醇气相催化脱水合成二甲醚工艺流程见图 6-1。

原料甲醇经计量后进入循环甲醇贮罐，从贮罐出来的甲醇经甲醇进料泵加压后分为两路。一路进入醇洗塔顶部作为吸收液；另一路进入甲醇预热器和反应器出口的合成气换热，换热后的甲醇进入甲醇汽化塔气化。

从塔顶出来的气化甲醇经气体换热器和出塔合成气换热后分成两股进入反应器。第一股甲醇气过热到反应温度从反应器顶部进入，第二股甲醇蒸气稍过热后经计量从中部进入反应器作为冷激气体。

汽化塔釜液一部分经废水冷却器回收热量后排出界外，汽化塔塔底由低压蒸汽加热的汽化塔再沸器向塔内提供热量。

进入反应器的甲醇蒸气在催化剂的作用下发生脱水反应生成二甲醚。从反应器底部出来的粗甲醚先经换热器与气化甲醇换热，经换热后温度降到 220℃，然后与原料甲醇换热后达到 130℃，再进入粗甲醚冷凝器冷却到 40℃后，进入粗甲醚贮槽进行气液分离。分离后，液相为粗甲醚，进入精馏工段进行精馏；气相物料（组分为：H_2、CH_4、CO_2 等不凝性气体和饱和的 CH_3OCH_3、CH_3OH 蒸气）和出甲醚计量罐的甲醚蒸气汇合进入醇洗塔，用甲醇吸收其中的 CH_3OCH_3 蒸气，吸收液返回贮罐，吸收后的尾气经减压后送厂区火炬燃烧。

从贮罐出来的粗甲醚经精馏塔进料泵加压后，自精馏塔中部进入进行精馏。出塔顶的饱

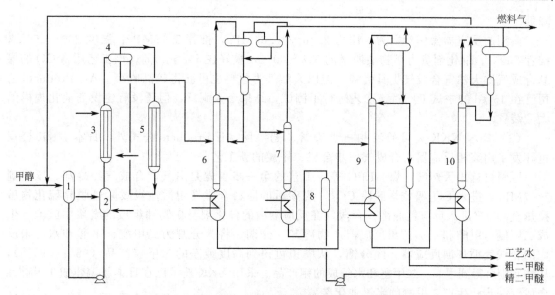

图 6-1　甲醇气相催化脱水合成二甲醚工艺流程

1—原料缓冲罐；2—预热器；3—汽化器；4—进出料换热器；5—反应器；6—二甲醚精馏塔；
7—脱烃塔；8—成品中间罐；9—二甲醚回收塔；10—甲醇回收塔

和二甲醚蒸气经精馏塔冷凝器冷凝后送回塔内作为回流。从塔的上部得到的甲醚产品经产品冷却器冷凝后自动流入产品甲醚计量罐。精馏塔釜液排入精馏塔釜液贮罐后，经计量回收甲醇循环使用。出贮罐顶部的气相物料送入塔釜，以回收其中的甲醚、甲醇蒸气。二甲醚经分析合格后用甲醚进料泵送入二甲醚贮罐。

开工时，原料甲醇蒸气经开工加热器用中压过热蒸汽过热。反应器出口的合成气经开工冷却器冷却后进入贮罐回收利用。

6.1.3.2　未来开发的二甲醚新工艺

（1）Topsoe 工艺　Topsoe 的合成气一步法工艺是专门针对天然气原料开发的一项新技术。该工艺造气部分选用的是自热式转化器（ATR）。自热式转化器由加有耐火衬里的高压反应器、燃烧室和催化剂床层三部分组成。

二甲醚合成采用内置级间冷却的多级绝热反应器以获得高的 CO 和 CO_2 转化率。催化剂用甲醇合成和脱水制二甲醚的混合双功能催化剂。

二甲醚的合成采用球形反应器，单套产能可达到 7200t/d 二甲醚。Topsoe 工艺选择的操作条件为 4.2MPa 和 240～290℃。

目前，该工艺还未建商业装置。1995 年，Topsoe 在丹麦哥本哈根建了一套 50kg/d 的中试装置，用于对工艺性能进行测试。

（2）Air Products 的液相二甲醚（LPDMETM）新工艺　在美国能源部的资助下，作为洁净煤和替代燃料技术开发计划的一部分，Air Products 公司成功开发了液相二甲醚新工艺，简记作 LPDMETM。

LPDMETM 工艺的主要优势是放弃了传统的气相固定床反应器而使用了浆液鼓泡塔二甲醚反应器。催化剂颗粒呈细粉状，用惰性矿物油与其形成浆液。高压合成气原料从塔底喷入、鼓泡，固体催化剂颗粒与气体进料达到充分混合。使用矿物油使混合更充分，等温操作易于温度控制。

二甲醚合成反应器采用内置式冷却管取热，同时生产蒸汽。浆相反应器催化剂装卸容易，无需停工进行。而且，由于是等温操作，反应器不存在热点问题，催化剂失活速率大大降低了。

典型的反应器操作参数为：压力 2.76～10.34MPa，推荐 5.17MPa；温度 200～350℃，推荐 250℃。催化剂量为矿物油质量的 5%～60%，最好在 5%～25%。该工艺用富 CO 的煤基合成气比天然气合成气更具优势。但以天然气为原料也可获得较高收率。Air Products 公司已在 15t/d 的中试工厂对该工艺进行了测试，结果令人满意，但还没有建设商业化规模的大型装置。

（3）日本 NKK 公司的液相一步法新工艺　除 Air Products 公司外，日本 NKK 公司也开发了用浆相反应器由合成气一步合成二甲醚的新工艺。

原料可选用天然气、煤、LPG 等。工艺的第一步首先是造气，合成气经冷却、压缩到 5～7MPa，进入 CO_2 吸收塔脱除 CO_2。脱碳后的原料合成气用活性炭吸附塔脱除硫化物后换热至 200℃进入反应器底部。合成气在反应器内的催化剂与矿物油组成的淤浆中鼓泡，生成二甲醚、甲醇和 CO_2。出反应器产物冷却、分馏，将其分割为二甲醚、甲醇和水。未反应的合成气循环回反应器。经分馏，从塔顶可得到高度纯净的二甲醚产品（95%～99%），从塔底则可得到甲醇、二甲醚和水组成的粗产品。采用 NKK 技术已在日本新潟建成 1 万吨/a 合成气一步法生产二甲醚的半工业化装置。

▶6.1.4　国内二甲醚新工艺开发情况

我国 20 世纪 90 年代前后开始气相甲醇法（两步法）生产二甲醚工艺技术及催化剂的开发，很快建立起了工业生产装置。近年来，随着二甲醚建设热潮的兴起，我国两步法二甲醚工艺技术有了进一步的发展，工艺技术已接近或达到国外先进水平。

山东久泰化工科技股份有限公司（原临沂鲁明化工有限公司）开发成功了具有自主知识产权的液相法复合酸脱水催化生产二甲醚工艺，已经建成了 5000t/a 生产装置，经一年多的生产实践证明，该技术成熟可靠。该公司的第二套 3 万吨/a 装置也将投产。

山东久泰二甲醚工艺技术已经通过了山东省科技厅组织的鉴定，被认定为已达国际水平。特别是液相法复合酸脱水催化剂的研制和冷凝分离技术，针对性地克服了一步法合成和气相脱水中提纯成本高、投资大的缺点，使反应和脱水能够连续进行，减少了设备腐蚀和设备投资，总回收率达到 99.5% 以上，产品纯度不小于 99.9%，生产成本也较气相法有较大的降低。

2003 年 8 月由四川泸天化股份有限公司与日本东洋工程公司合作开发的两步法二甲醚万吨级生产装置试车成功。该装置工艺流程合理，操作条件优化，具有产品纯度高、物耗低、能耗低的特点，在工艺水平、产品质量和设备硬件自动化操作等方面均处于国内先进水平。

近年来，我国在合成气一步法制二甲醚方面的技术开发也很积极，而且一些科研院所和大学都取得了较大进展。

兰化研究院、兰化化肥厂与兰州化学物理研究所共同开展了合成气法制二甲醚的 5mL 小试研究，重点进行工艺过程研究、催化剂制备及其活性、寿命的考察。试验取得良好结果：CO 转化率＞85%，选择性＞99%。两次长周期（500h、1000h）试验表明：研制的催化剂在工业原料合成气中有良好的稳定性；二甲醚对有机物的选择性＞97%；CO 转化率＞75%；二甲醚产品纯度＞99.5%；二甲醚总收率为 98.45%。

中科院大连化学物理研究所采用复合催化剂体系对合成气直接制二甲醚进行了系统研究，筛选出 SD219-Ⅰ、SD219-Ⅱ及 SD219-Ⅲ型催化剂，均表现出较佳的催化性能，CO 转化率达到 90%，生成的二甲醚在含氧有机物中的选择性接近 100%。

清华大学也进行了一步法二甲醚研究，在浆态床反应器上，采用 LP＋Al_2O_3 双功能催化剂，在 260~290℃、4~6MPa 的条件下，CO 单程转化率达到 55%~65%，二甲醚的选择性为 90%~94%。

目前，国内的浙江大学、山西煤化所、西南化工研究院、华东理工大学等单位也都致力于合成气一步法制二甲醚的研究工作。

浙江大学采用自制的二甲醚催化剂，利用合成氨厂现有的半水煤气，在一定反应温度、压力和空速下一步气相合成二甲醚。CO 单程转化率达到 60%~83%，选择性达 95%。该技术现在湖北田力实业股份有限公司建成了年产 1500t 二甲醚的工业化装置。该装置既可生产醇醚燃料，又可生产 99.9% 以上的高纯二甲醚，CO 转化率为 70%~80%。这是国内第一套直接由合成气一步法生产高纯二甲醚的工业化生产装置。

对于两步法二甲醚工艺技术，无论是气相法还是液相法，国内技术均已经达到先进、成熟可靠的水平，完全有条件建设大型生产装置。

由国内开发的合成气一步气相法制二甲醚技术基本成熟，并已建成千吨级装置。但对于建设大型二甲醚装置，国内技术尚需实践验证。

6.2 甲醇制烯烃

6.2.1 甲醇制烯烃简介概述

甲醇制烯烃（methanol to olefin，MTO）是将甲醇催化转化为乙烯、丙烯的工艺。甲醇制烯烃技术是煤制烯烃工艺路线的枢纽技术，实现了由煤炭经甲醇生产基本有机化工原料。在我国煤制烯烃路线是对传统的以石油为原料制取烯烃的路线的重要补充，也是实现煤化工向石油化工延伸发展的有效途径。

早在 20 世纪 70 年代，美国 Mobil 公司研究人员发现在一定的温度（500℃）和催化剂（改型中孔 ZSM-5 沸石）作用下，甲醇反应生成乙烯、丙烯和丁烯等低碳烯烃。从 80 年代开始，国外在甲醇制取低碳烯烃的研究中有了重大突破。美国联碳公司（UCC）科学家发明了 SAPO-34 硅铝磷分子筛（含 Si、Al、P 和 O 元素），同时发现这是一种甲醇转化生产乙烯、丙烯（MTO）很好的催化剂。

SAPO-34 具有某些有机分子大小的结构，是 MTO 工艺的关键。SAPO-34 的小孔（大约 0.4nm）限制大分子或带支链分子的扩散，得到所需要的直链小分子烯烃的选择性很高。SAPO-34 优化的酸功能使得混合转移反应而生成的低分子烷烃副产品很少，在实验室的规模试验中，MTO 工艺不需要分离塔就能得到纯度达 97% 左右的轻烯烃（乙烯、丙烯和丁烯），这就使 MTO 工艺容易得到聚合级烯烃，只有在需要纯度很高的烯烃时才需要增设分离塔。

与此同时，中国科学院大连化学物理研究所在 20 世纪 80 年代初开始进行甲醇制烯烃研究工作，"七五"期间完成 300t/a 装置中试，采用固定床反应器和中孔 ZSM-5 沸石催化剂，并于 90 年代初开发了 DMTO 工艺。反应床层为固定床，催化剂为改型 ZSM-5 沸石，反应温度为 550℃，常压，甲醇进料空速为 1~5h^{-1}（原料甲醇含水 75%），催化剂单程操作周期为 20~40h，取得了甲醇转化率大于 95%、乙烯+丙烯等低碳烯烃选择性大于 84%、催化剂寿命试验累计 1500h 活性无明显下降的结果。

2005 年，大连化物所、中石化洛阳石油化工工程公司、陕西新兴煤化工科技发展有限责任公司合作建成万吨级 DMTO 工业化试验装置。该装置是根据该流化床中试获得的工艺和工程数据、其后长时间的研究探索和改进并经过国内知名权威专家的反复论证后设计的。考核运行阶段其甲醇转化率为 99.8%，乙烯选择性为 40.1%，丙烯选择性为 39.1%，乙烯+丙烯+C_4选择性为 90.2%。

目前，Hydro 公司已有一套示范装置在挪威的生产基地内建成，采用的是流化床反应器和连续流化床再生器。自 1995 年以来该示范装置就周期性地运转，根据 UOP 公司的资料，这套装置实现了长期 99% 的甲醇转化率和稳定的产品选择性。

国内第一套采用大连化物所 DMTO 技术，规模为 60 万吨/年的煤基甲醇制烯烃大型化工业装置——神华包头煤制烯烃项目于 2010 年 8 月建成投产。

6.2.2 MTO 生产原理

在一定条件（温度、压强和催化剂）下，甲醇蒸气先脱水生成二甲醚，然后二甲醚与原料甲醇的平衡混合物气体脱水继续转化为以乙烯、丙烯为主的低碳烯烃；少量 $C_2 \sim C_5$ 的低碳烯烃由于环化、脱氢、氢转移、缩合、烷基化等反应进一步生成相对分子质量不同的饱和烃、芳烃、C_6 烯烃及焦炭。

6.2.2.1 反应方程式

整个反应过程可分为两个阶段：脱水阶段、裂解反应阶段。

（1）脱水阶段

$$2CH_3OH \longrightarrow CH_3OCH_3 + H_2O + Q$$

（2）裂解反应阶段　该反应过程主要是脱水反应产物二甲醚和少量未转化的原料甲醇进行的催化裂解反应，包括主反应和副反应。

① 主反应（生成烯烃）

$$nCH_3OH \longrightarrow C_nH_{2n} + nH_2O + Q$$
$$nCH_3OCH_3 \longrightarrow 2C_nH_{2n} + nH_2O + Q$$

$n=2$ 和 3（主要），4、5 和 6（次要）。

以上各种烯烃产物均为气态。

② 副反应（生成烷烃、芳烃、碳氧化物并结焦）

$$(n+1)CH_3OH \longrightarrow C_nH_{2n+2} + C + (n+1)H_2O + Q$$
$$(2n+1)CH_3OH \longrightarrow 2C_nH_{2n+2} + CO + 2nH_2O + Q$$
$$(3n+1)CH_3OH \longrightarrow 3C_nH_{2n+2} + CO_2 + (3n-1)H_2O + Q \quad n=1,2,3,4,5,\cdots$$
$$nCH_3OCH_3 \longrightarrow 2C_nH_{2n-6} + 6H_2 + nH_2O + Q \quad n=6,7,8,\cdots$$

以上产物有气态（CO、H_2、H_2O、CO_2、CH_4 等烷烃、芳烃等）和固态（大相对分子质量烃和焦炭）之分。

6.2.2.2 反应热效应

甲醇制烯烃工艺中所有主、副反应均为放热反应。由于大量放热使反应器温度剧升，导致甲醇结焦加剧，并有可能引起甲醇的分解反应发生，故及时取热并综合利用反应热显得十分必要。

此外，生成有机物分子的碳数越高，产物水就越多，相应反应放出的热量也就越大。因此，必须严格控制反应温度，以限制裂解反应向纵深发展。然而，反应温度不能过低，否则主要生成二甲醚。所以，当达到生成低碳烯烃反应温度（催化剂活性温度）后，应该严格控制反应温度的失控。

6.2.3 甲醇制烯烃催化剂

甲醇转化制烯烃所用的催化剂以分子筛为主要活性组分，以氧化铝、氧化硅、硅藻土、高岭土等为载体，在黏结剂等加工助剂的协同作用下，经加工成型、烘干、焙烧等工艺制成分子筛催化剂，分子筛的性质、合成工艺、载体的性质、加工助剂的性质和配方、成型工艺等各因素对分子筛催化剂的性能都会产生影响。

早期甲醇转化制烯烃的研究主要以 ZSM-5 等中孔分子筛作为催化剂。由于这些分子筛的孔径相对较大，得到的主要产物为丙烯及 C_4^+ 的烃类，同时芳烃的含量较高。以此为基础发展了以 Lurgi 公司为主的甲醇制丙烯的 MTP 工艺。1984 年，UCC 公司发明了孔径更小的硅磷铝非沸石分子筛（简称 SAPO 分子筛）。这类分子筛的孔径比 ZSM-5 分子筛更小（0.4nm 左右），用于甲醇转化制烯烃，产物中乙烯、丙烯等低碳烯烃的含量显著增加，C_5^+ 组分的含量显著减少，且几乎没有芳烃生成。由此发展成了以 UOP 公司和 Norsk Hydro 公司为主的甲醇制烯烃（MTO）技术。

6.2.4 MTO 生产工艺流程

甲醇制烯烃（MTO）主要工艺过程包括：甲醇生产、甲醇催化制烯烃、裂解产物分离与精制。国际上一些著名的石油和化学公司如埃克森美孚公司（Exxon Mobil）、鲁奇公司（Lurgi）、环球石油公司（UOP）和海德鲁公司（Norsk Hydro）都投入大量资金和人员进行了多年的研究。具有代表性的 MTO 工艺技术主要是：UOP/Hydro、鲁奇 MTP 工艺、Exxon Mobil 和中国大连化物所的 DMTO 工艺技术。

6.2.4.1 UOP/Hydro 工艺

由 UOP 公司和 Norsk Hydro 公司合作开发的 MTO 工艺，是以粗甲醇或精致甲醇为原料，采用 UOP 公司开发的新催化剂，选择性生产乙烯和丙烯的新技术。以天然气为原料，粗甲醇加工能力为 0.75t/d 的 UOP/Hydro 甲醇制烯烃流化床工艺示范装置于 1995 年 6 月开始在挪威 Norsk Hydro 公司连续运转 90 多天。

图 6-2 为 UOP/Hydro MTO 工艺流程。该工艺采用一个带有连续流化再生器的液化床反应器，反应温度由回收热量的蒸汽发生系统来控制，再生器则用空气将废催化剂上积炭烧除，并通过蒸汽发生器将热量移出。反应出口物料经热量回收后得到冷却，在分离器将冷凝水排出，未凝气体压缩后进入碱洗塔以脱除 CO_2，之后又在干燥器中脱水，接着在脱甲烷塔、脱乙烷塔、乙烯分离塔、丙烯分离塔等分出甲烷、乙烷、丙烷和副产 C_4 等物料后即可得到聚合级乙烯和聚合级丙烯。当 MTO 以最大量生产乙烯时，乙烯、丙烯和丁烯的收率分别为 46%、30%、9%，其余副产物为 15%。

UOP/Hydro 公司开发的 MTO 技术具有以下特点：

① 可采用粗甲醇作为原料，省去甲醇精馏设备，降低投资和成本，甲醇转化率可长时间保持在 99.8% 以上；

② 可直接生产纯度 98% 以上的聚合级的乙烯和丙烯，通过控制反应温度和催化剂组成结构，丙烯和乙烯的产出比可在 0.77～1.33 调整；

③ 采用 SAPO-34 催化剂，选择性好，羰基质量收率可达 80% 左右，物理强度高，抗烧焦；

④ 反应条件温和，温度为 400～500℃，压力为 0.1～0.3MPa；

⑤ MTO 反应系统由流化床反应器和催化剂再生器组成，类似于流化催化裂化装置（FCC），产品分离系统类似于石脑油蒸汽裂解制乙烯；

⑥ 可连续稳定操作。

欧洲化学技术公司曾拟采用 UOP/Hydro 公司的 MTO 技术在尼日利亚建设 1 套 80×10^4t/a（乙烯和丙烯各 40×10^4t/a）的 MTO 装置，包括配套建设 1 套 7500t/d 天然气制甲醇装置，预计 2007 年建成投产，但到目前尚无工业化生产报道。

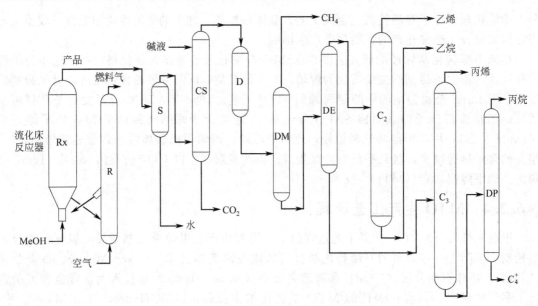

图 6-2　UOP/Hydro MTO 工艺流程图

Rx—反应器；D—干燥塔；C₃—丙烯分离塔；R—再生器；DM—脱甲烷塔；
DP—脱丙烷塔；S—分离器；DE—脱乙烷塔；CS—碱洗塔；C₂—乙烯分离塔

6.2.4.2　鲁奇 MTP 工艺

鲁奇公司是目前世界上从事 MTP 技术开发的主要公司。2002 年 1 月，鲁奇公司在挪威建设了 1 套 MTP 模式装置，到 2003 年 9 月连续运行了 8000h，该模式装置采用了德国南方化学公司的 MTP 催化剂，该催化剂具有低结焦性、丙烷生成量极低的特点，并已实现工业化生产。目前 MTP 技术已经完成了工业化装置的工艺设计。鲁奇公司 MTP 反应器有两种形式：即固定床反应器（只生产丙烯）和流化床反应器（可联产乙烯/丙烯）。

鲁奇公司开发的固定床 MTP 工艺流程如图 6-3 所示。该工艺同样将甲醇首先脱水为二甲醚，然后将甲醇、水、二甲醚的混合物送入第一个 MTP 反应器同时还补充水蒸气。反应在 $400\sim450℃$、$0.13\sim0.16MPa$ 下进行，水蒸气补充量为 $0.5\sim1.0kg/kg$ 甲醇，此时甲醇和二甲醚的转化率为 99% 以上，丙烯为烃类中的主要产物。为获得最大的丙烯收率，还附加了第二和第三 MTP 反应器。反应出口物料经冷却并将气体、有机液体和水分离，其中气体先经压缩并通过常用方法将痕量水、CO_2 和二甲醚分离，然后清洁气体进一步加工得到纯度大于 97% 的化学级丙烯。不同烯烃含量的物料返至合成回路作为附加的丙烯来源。为避免惰性物料的累积，需将少量轻烃和 C_4/C_5 馏分适当放空。汽油也是该工艺的副产物，水可用于工艺发生蒸汽，而过量水则可在作专门处理后供其他领域使用。由于采用固定床工艺，催化剂需要再生，反应 $400\sim700h$ 后使用氮气、空气混合物进行就地再生。

鲁奇公司的 MTP 工艺，其典型的产物分布为（质量分数）：C_2^0 为 1.1%；$C_2^=$ 为 1.6%；C_3^0 为 1.6%；$C_3^=$ 为 71.0%；C_4 及 C_5 为 8.5%；C_6^+ 为 16.1%；焦炭小于 0.01%。

2004 年 6 月鲁奇公司与伊朗 Fanavaran 石化公司签署框架协议，计划建设规模为 $10\times10^4 t/a$ 的丙烯生产装置。鲁奇公司与伊朗石化公司技术研究院共同向伊朗 Fanavaran 石化公司提供基础设计、技术使用许可证的主要设备。该项目原计划 2008 年建成投产，届时将成为世界上第 1 套非石油路线的 MTP 工业化生产装置。对于鲁奇公司 MTP 技术的可靠性和经济性，有待于伊朗项目投产后的考查与验证。

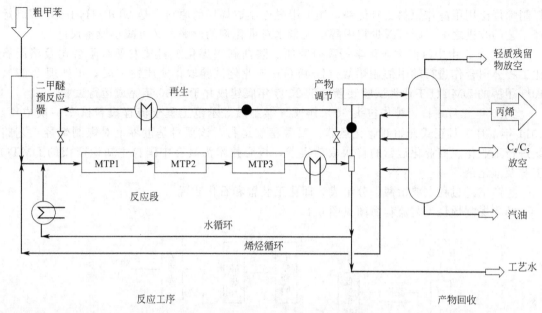

图 6-3　鲁奇 MTP 工艺流程示意图

神华宁煤集团是世界上首套以煤为原料，采用鲁奇 MTP 工艺技术的煤制丙烯项目，最终产品为聚丙烯。装置生产能力为甲醇装置 167×10^4 t/a，MTP 装置 50×10^4 t/a 丙烯，聚丙烯装置 50×10^4 t/a 聚丙烯，该项目副产汽油 18×10^4 t，液态燃料 3.9 $\times 10^4$ t，硫黄 1.4 $\times 10^4$ t。2010 年 8 月 8 日全流程投料试车，连续稳定运行 54d；经整改后 12 月又连续生产一个月，全年累计生产甲醇 39×10^4 t，聚烯烃 8.1 $\times 10^4$ t。

6.2.4.3　大连化物所 SDTO 和 DMTO 工艺

中国科学院大连化学物理研究所在 20 世纪 80 年代初开始进行甲醇制烯烃研究工作。"七五"期间完成 300t/a 装置中试，采用固定床反应器和中孔 ZSM-5 沸石催化剂，并于 90 年代初开发了合成气经二甲醚制取低碳烯烃新工艺方法，即 SDTO 工艺。SDTO 工艺由两段反应构成，第一段反应是合成气（H_2＋CO）在所发展的金属-沸石双功能催化剂上高选择性地转化为二甲醚，反应温度为（240±5）℃，压力为 3.4～3.7MPa，气体时空速率为 $1000h^{-1}$，连续平稳操作 1000h。二甲醚选择性为 95%，CO 单程转化率为 75%～78%；第二段反应是二甲醚在基于 SAPO-34 分子筛的 DO123 催化剂上，高选择性地转化为乙烯、丙烯低碳烯烃，并由所开发的以水为溶剂分离和提纯二甲醚步骤，将两段反应串接成完整的工艺过程。SAPO-34 催化剂是采用三乙胺或二乙胺为模板剂合成的 DO123 催化剂，其价格仅为 UOP/Hydro 公司的 MTO-100 催化剂的 20%。

在小试流化床反应器装置上分别用甲醇、二甲醚、二甲醚＋水为原料对该催化剂进行实验。结果表明二甲醚转化率为 100%，乙烯选择性为 50%～60%，乙烯＋丙烯选择性约为 85%。三种原料的差别很小，所以原料可以采用甲醇或者是二甲醚，而无需水的加入。催化剂可以在 600℃下、10min 内再生，而且连续反应再生 100 次以上，催化剂性能未见明显改变。

SDTO 工艺中二甲醚制低碳烯烃中试装置（15～25t/a）采用上流密相流化床反应器，催化剂为 DO-123，反应温度为 500～560℃，常压，甲醇转化率始终大于 98%，乙烯和丙烯收率达到 81%，催化剂连续经历 1500 次左右的反应再生操作，反应性能未见明显变化，催化剂损耗与工业用流化催化裂化（FCC）催化剂相当，中试结果与流化床小试的结果差别不大。总的来说由于合成气制二甲醚比合成气制甲醇在热力学上更为有利，所以用二甲醚作原料制烯烃比用甲醇作原料更有优势，用二甲醚作制取烯烃的原料也是 UOP/Hydro 甲醇制烯烃工艺的改进之一，既可减少粗甲醇中大量水对催化剂的影响，又可减小设备尺寸。

2004 年，由中科院大连化学物理研究所、陕西新兴煤化工科技发展有限公司及洛阳石化工程公司合作进行的甲醇制烯烃（DMTO）工业化试验取得实质性进展，年处理 1.67×10^4 t 甲醇的 DMTO 工业性试验装置已于 2005 年底建成并于 2006 年完成运行试验。

2010 年 8 月 8 日，神华包头 60×10^4 t/a 煤制烯烃示范工程全流程投料试车一次成功，2011 年 1 月 1 日正式开始商业化运营，实现稳定运行。该项目是世界上对煤制烯烃工艺路线进行工业化、商业化运营的首次成功实践，核心技术为具有中国自主知识产权的 DMTO 工艺及催化剂。

生产工艺过程主要由两部分组成，即化工装置和石化装置。

神华煤制烯烃工艺流程简图见图 6-4。

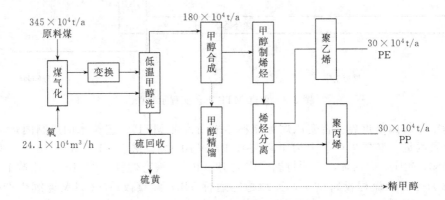

图 6-4 神华煤制烯烃工艺流程简图

（1）化工装置　化工装置主要包括煤气化装置、变换装置、低温甲醇洗装置、甲醇装置和硫回收装置。

化工装置主要是将原料煤采用 GE 公司水煤浆加压气化技术生产的合成气，通过耐硫变换工艺和低温甲醇洗技术，生成符合碳氢比要求的甲醇合成净化气，进入甲醇合成反应器进行反应，生产 MTO 级甲醇或煤基精甲醇。MTO 级甲醇送至石化装置进一步进行后序加工，精甲醇作为产品外销。

（2）石化装置　石化装置主要包括 MTO 煤制烯烃装置、烯烃分离装置、聚丙烯装置、聚乙烯装置及挤压造粒装置。

石化装置主要是将 MTO 级甲醇利用 DMTO 专利技术进行甲醇制烯烃，通过烯烃分离装置生产丙烯和乙烯中间品送至下游聚丙烯装置和聚乙烯装置加工聚合，生产聚丙烯和聚乙烯，通过挤压造粒装置生产出目的产品：聚丙烯、聚乙烯外销。

2010 年生产聚烯烃产品 8.2 万吨，2011 年元旦开始进入商业化运行，2011 年总共生产聚乙烯、聚丙烯产品 50 万吨，实现销售收入 50 多亿元，负荷达到 85% 以上。2012 年生产的目标是 55 万吨，利润指标争取达到 12 亿元。

神华包头煤制烯烃项目通过采用具有中国自主知识产权的 DMTO 工艺技术，实现将甲醇转化为烯烃这个重要的石油化工基本原料的产业化示范，开辟了一条以煤为原料生产聚烯烃的新型煤化工技术路线。

整个项目集成了中科院大连化学物理研究所自主开发的甲醇制烯烃技术、美国 GE 公司水煤浆气化技术等多项世界先进技术，是集高新技术、密集资金和高端人才三位一体的国际先进的煤化工工程，实现了现代煤化工向传统石油化工产业的延伸。

6.3 甲醇转化成汽油

6.3.1 MTG 概述

甲醇转化成汽油（methanol to gasoline，MTG）是以甲醇为原料，通过化学反应生产汽油等发动机燃料的工艺。甲醇本身可用作发动机燃料，或作为混掺汽油的燃料，但甲醇能量密度低、溶水能力大，单位容积甲醇能量只能相当于汽油的 50%，故其装载、贮存和运输容量都要加倍；甲醇作为燃料应用时，能从空气中吸收水分，再贮存时会导致醇水互溶的液相由燃料中分出，致使发动机停止工作。此外，甲醇对金属有腐蚀作用，对橡胶有溶侵作用以及对人体有毒害作用。甲醇用作燃料更具吸引力的方法之一是将其转变成汽油使用。

由于世界煤储藏量远比石油和天然气多得多，因此从煤出发制合成气、甲醇，最后制汽油的研究在国外曾经受到重视，其中尤以 Mobil 公司成功开发的采用 ZSM-5 型合成沸石催化剂的方法最引人注目。这种方法制得的汽油抗爆震性能好，不像常用的汽油存在硫、氯等组分，而有用的组分与常用汽油很相似。

Mobil 法甲醇制汽油技术于 1976 年问世，其总流程是首先以煤或天然气作原料生产合成气，再用合成气制甲醇，最后将粗甲醇转化为高辛烷值汽油。

甲醇合成烃类的方法，从一出现就为人们所注意。这是一个相当好的方法，在常压～3MPa、350～400℃ 的条件下，甲醇的转化率达 100%，且催化剂的活性不易衰减。

由这个方法制造烃类，有如下特点。

(1) 基本上不生成碳数为 11 以上的烃类 Mobil 方法不会出现碳数 11 以上的烃类，这是采用 ZSM-5 沸石分子筛的缘故。如果将沸石进行改性，适当改变反应条件，生成物的分布就会发生变化。将这一反应的产物油用作石化工业裂解的原料时，乙烯和丙烯的收率可提高。

(2) 对原料的纯度要求不高 无需将粗甲醇中其他含氧化合物除去就可以用作 MTG 工艺的原料。

(3) 副产物价值高 该工艺产生的少量副产物是液化石油气和高热值燃料气。

(4) 产物性能优良 此种产物油作为汽油使用时，性能是非常优良的。其生成物中，一部分为芳香族烃，其中大部分被甲基化；另一部分是脂肪族烃类，其中支链烃类占多数。在无四乙基铅的情况下，产物汽油的辛烷值为 90～95。而目前 F-T 合成法（用铁系催化剂由 $CO+H_2$ 直接合成烃类的方法）所得到的烃类，主要是直链的烯烃和烷烃，且碳数分布范围较广，产物中有半数是蜡，裂解后主要是柴油。

由此可见，Mobil 法提供了从非石油资源变成高辛烷值汽油的新合成路线，它与 F-T 合成工艺有异曲同工之妙。它主攻的方向是汽油，产品的质量好，工艺简单，价格低廉。

1979 年，新西兰政府决定在该国普利茅斯建设一套 14500 桶/d 的工业装置。1984 年，Mobil 公司与新西兰合作，在新西兰建立一座占地 400hm² 、日产汽油 2000t 的工业装置。1985 年，该装置投入运行，在成功运行 10 年以后，改为化学级甲醇生产装置。

当时，原油比较便宜，人们普遍认为 MTG 在经济上站不住脚。但是，当原油价格上涨到 60 美元/桶以上时，这个工艺又被提出来，就有进一步改进工艺使之再工业化的必要。

从甲醇合成烃类，正在受到人们极大的关注。如果将已经成熟的甲醇合成及其他技术适当组合，就可以实现合成汽油的综合工艺。

如图 6-5 所示，由天然气或煤制得甲醇后，再合成汽油，这就是 MTG 工艺全过程。

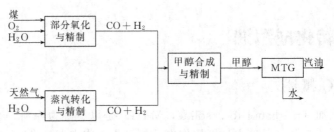

图 6-5 MTG 全工艺流程

6.3.2 MTG 反应原理

甲醇转化成汽油的化学反应，可以简化看成是甲醇脱水，用下式表示：

$$n\mathrm{CH_3OH} \longrightarrow (\mathrm{CH_2})_n + n\mathrm{H_2O}$$

甲醇按化学计量生成 44% 烃类和 56% 水，为放热反应。目前较一致的看法为：反应首先生成二甲醚（$\mathrm{CH_3OCH_3}$）和水，二甲醚和水再转化成轻烯烃，然后成为重烯烃，在催化剂选择作用以及足够量的循环气存在下，烯烃重整为脂肪烃、环烷烃和芳香烃，但烃的碳原子数不大于 $\mathrm{C_{10}}$，其反应机理如下：

$$2\mathrm{CH_3OH} \rightleftharpoons \mathrm{CH_3OCH_3} + \mathrm{H_2O}$$

$$\Updownarrow$$

轻质烯烃类+水

$$\Updownarrow$$

脂肪烃+环烷烃+芳香烃

该反应是放热反应，甲醇可以完全转化。反应速率的控制步骤是含氧物转化为烯烃这一步。它是一种自催化反应，如果没有烯烃，反应速率就缓慢；若增加烯烃浓度，反应就加快，因此采用轻烃再循环的办法，对提高反应速率有利。

总之，甲醇转换为汽油的关键是采用具有特定结构的合成沸石催化剂（晶体硅铝酸盐分子筛）。催化剂内有合适尺寸的通道，仅允许汽油馏程的烃分子进入其中，并限制产物的高限为 $\mathrm{C_{10}}$ 或 $\mathrm{C_{11}}$ 烃。更长的烃分子不能穿过通道，而且在进一步的反应中被打断。这一特性保证了甲醇转化制汽油工艺的高选择性。

MTG 实际上是甲醇脱水，其中的—$\mathrm{CH_2}$生成汽油，理论上这个数值是 0.4375，即每吨甲醇最多能够得到 437.5kg 的烃类。也就是说，2.2857t 甲醇最多能转化为 1t 汽油。这还仅仅指原料而已，不包括其他。

6.3.3 MTG 催化剂

对 MTG 工艺的研究，核心技术是催化剂的研制。相关和后续的工艺技术，可以用成熟的技术来匹配。

ZSM-5 催化剂是 MTG 法取得成功的关键。这种合成沸石具有两种相互交叉的孔道，椭圆形十元环直孔道和圆形正弦状弯曲孔道。这些孔道的孔径大约 6Å，其大小恰好保证生产在汽油沸程内的烃类。

ZSM-5 合成沸石具有下述特点。

(1) 选择性好　由于 ZSM-5 合成沸石具有特定结构和孔道尺寸，所以它能使汽油沸点范围内的烃分子通过，而临界尺寸大于均四甲基苯的分子很难通过。也就是说，反应产物是以 10 个或 11 个碳原子的烃类为高限，基本上不生成 $\mathrm{C_{11}}$ 以上的烃，因而该催化剂的选择性好。

（2）活性高　在甲醇制汽油的反应中，ZSM-5 沸石与其他沸石相比不仅 C—C 键的形成能力强，而且活性下降也较慢。当加氢裂解时，H-ZSM-5 沸石积炭量仅为丝光沸石的 1/40～1/50。H-ZSM-5 沸石是 ZSM-5 沸石的酸性形式，它由后者在 80℃ 时用 HCl 交换 Na^+ 并在 600℃ 干燥制得。前者的组成为 Na_2O∶Al_2O_3∶SiO_2＝0.02∶1.00∶43.6，后者的组成为 Na_2O∶Al_2O_3∶SiO_2＝0.33∶1.00∶26.3。

（3）芳构化能力强　用 Y 型分子筛不能生产芳烃。用丝光沸石时，在 300℃ 时也只能生成少量芳构化产物，但用 H-ZSM-5 沸石在 300℃ 时已发生明显的芳构化，在 380℃ 芳构化程度很高。

（4）多功能　ZSM-5 分子筛除了具有缩合、芳构化的功能外，还有许多用途，如石油馏分脱蜡，由乙烯和苯制取乙苯，甲苯歧化为苯和二甲苯等工艺中均使用。因此，它是人们熟知的经典催化剂。

6.3.4　MTG 反应器

甲醇转化成烃和水是强放热反应，其值为 1721J/g，在绝热条件下反应温度升高可达 590℃，这样的温度升高程度超过了允许的反应温度范围，必须移出反应生成的热量。为了解决此问题，把固定床式反应器中的反应分成两段。第一段进行甲醇脱水生成二甲醚反应，放出 20% 的反应热，其余 80% 反应热在第二段甲醇、二甲醚和水平衡混合物转化成烃的反应中放出。这样的两段反应安排，减少了为控制温度升高的循环气量。

流化床反应器传热好，几乎可在等温条件下操作，但固定床反应器利用两段反应分配热量，具有设计简单、放大容易的特点。因此，在新西兰的第一个工业化装置采用了固定床反应器。

6.3.5　现有的 MTG 工艺路线

现有的 MTG 工艺路线可以分为三条，即固定床工艺，流化床工艺，多管式反应器工艺。

6.3.5.1　固定床工艺

甲醇转化成汽油的固定床反应器工艺流程见图 6-6。来自甲醇厂的原料经气化并加热至 300℃ 后进入二甲醚反应器，在此，部分甲醇在 ZSM-5（或氧化铝）催化剂上转化成二甲醚和水；离开二甲醚反应器的物料与来自分离器的循环气混合，循环气量与原料量之比为(7～9)∶1。混合气体进入反应器，压力为 2.0MPa，温度为 340～410℃，在 ZSM-5 催化剂上，转化成烯烃、芳烃和烷烃。在绝热条件下，温度升高 38℃。

在图 6-6 中有 4 个转化反应器，其数量取决于工厂的能力和催化剂再生周期长短。催化剂因积炭失活，需要定期再生。在正常操作条件下，至少有一个反应器在再生，再生周期约 20d。当催化剂需要再生时，反应器与再生系统连结，见图 6-6 中反应器 3，通入热空气烧去该反应器中催化剂上的积炭。二甲醚反应器不积炭，操作一年也无需再生。

离开转化反应器的产品流，先进入加热锅炉产生蒸汽降温，再去预热原料甲醇以及用循环空气和水冷却。冷却后的反应产物去产品分离器将水分离，得到粗汽油产品。分离出的气体循环回到反应器前与原料相混，再进入反应器。

合成汽油不含杂质，如含氧化合物。其沸点范围与优质汽油的相同。合成汽油中含有较多的均四甲苯（1,2,4,5-四甲基苯），占 3%～6%，在一般汽油中只有 0.2%～0.3%，它的辛烷值高，但其冰点为 80℃。实验表明，均四甲苯浓度小于 5% 时发动机可以使用。

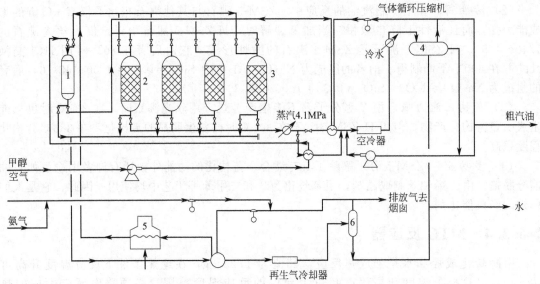

图 6-6　甲醇转化成汽油固定床反应器流程

1—二甲醚反应器；2—转化反应器；3—再生反应器；

4—产品分离器；5—开工，再生炉；6—气液分离器

　　根据 Mobil 公司研究结果，用固定床反应器时甲醇转化率可达 100%，烃产物中汽油产率占 85%，液化石油气占 13.6%。包含加工过程能耗在内的总效率可达 92%～93%，甲醇转化为汽油的热效率为 88%。

　　固定床法的优点是转化率比较高。

6. 3. 5. 2　流化床 URBK-Mobil 工艺

　　德国的 URBK（联合褐煤）公司、伍德公司和美国 Mobil 公司，在原 Mobil 法固定床反应工艺的基础上，开发了流化床工艺。使用的也是 Mobil 的 ZSM-5 催化剂。

　　该技术于 1980—1981 年做冷模试验，1982 年在 Wesseling 的 UK 公司联合石油化工厂建成 20t/d 的中试示范厂，其工艺流程见图 6-7。

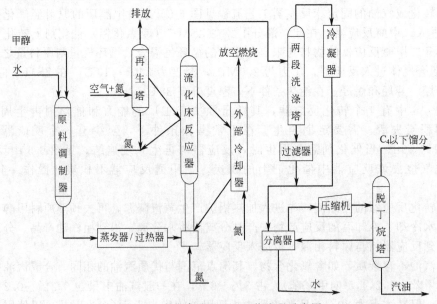

图 6-7　流化床法 MTG 工艺流程示意图

　　主要装置有流化床反应器、再生塔和外冷却器。流化床反应器包括一个浓相段，其下部为稀相提升管。原料甲醇和水按一定比例混合并汽化，过热到177℃后进入流化床反应器。流化床反应器顶部出来的反应产物除去夹带的催化剂后进行冷却，分离为水、稳定的汽油和轻组分。流化床中的反应是急剧的放热反应，采用外部冷却器移走热量。为了控制催化剂表面积炭，将一部分催化剂循环至再生塔。1983年，他们又改造了反应器，将原先在外部冷却催化剂改为在反应器内部加一个冷却器。

　　MTG流化床法每生产1kg汽油约需2.5kg甲醇。

　　MTG流化床工艺具有下述特点：

　　① 汽油收率比固定床法略高；

　　② 操作中易移去反应热，可将反应热用来生产高压蒸汽；

　　③ 循环量比固定床大大降低。

　　中试装置流化床的尺寸为 $\phi 600mm \times 20000mm$。甲醇经加热气化后由反应器底部进入，每小时加料700～950kg，反应器压力为0.27～0.35MPa，反应温度为400～415℃，原料甲醇含水量可达到20%。每吨甲醇（纯）可以生产438kg碳氢化合物，其中燃料气含量为5.6%，LPG为6.4%，汽油为88%。汽油中烷烃占56%，烯烃占7%，芳烃占33%，石脑油占4%，辛烷值为96.8（RON）。

　　由于不断加入新鲜催化剂，使反应器内的催化剂性能基本保持稳定，从而可保证生产操作和产品质量的稳定，这是非常有利的。

　　这项试验在1984年结束。1982年12月到1983年9月，有效操作时间4148h，甲醇投料量3110t，生产液体燃料1100t，其中汽油为840t，最长的一次运转时间为600h。完成中试以后，由于当时的甲醇成本高，在西欧无法与炼油厂竞争，故而没有做工业化设计。

　　关于甲醇制汽油的经济分析，按照一个4000～5000MW的装置来计算，汽油的成本如下：以褐煤为原料时，为0.74马克/L（煤价27马克/t）；以硬煤为原料时，为1.07马克/L（煤价240马克/t）；以进口硬煤为原料时，为0.90马克/L（煤价170马克/t）。在西德加油站汽油的售价为1.35马克/L，扣去转运、分配费用，要求出厂价在0.65马克/L以下，石油炼厂的交货价格为0.60马克/L，这说明MTG在当时无法实现工业化生产。

　　MTG固定床、流化床的工艺条件和产品收率见表6-1。

表6-1　MTG固定床、流化床的工艺条件和产品收率

项目	固定床	流化床	项目	固定床	流化床
工艺条件			烃类产品(质量分数)/%		
甲醇/水进料(质量比)	83∶17	83∶17	轻质气	1.4	5.6
脱水反应入口温度/℃	316		丙烷	5.5	5.9
脱水反应出口温度/℃	404		丙烯	0.2	5.0
转化反应入口温度/℃	360	413	异丁烷	8.6	14.5
转化反应出口温度/℃	415	413	正丁烷	3.3	1.7
压力/kPa	2170	275	丁烯	1.1	7.3
进料循环比	9.0		C_5^+汽油	79.9	60.0
空速/h^{-1}	2.0	1.0	小计	100.0	100.0
收率(甲醇进料)/%			产品(质量分数)/%		
甲醇+乙醚	0.0	0.2	汽油(雷德蒸气压62kPa)	85.0	88.0
烃类	43.4	43.5	液态石油气	13.6	6.4
水	56.0	56.0	燃料气	1.4	5.6
$CO+CO_2$	0.4	0.1	小计	100.0	100.0
焦及其他	0.2	0.2	汽油辛烷值(研究)	93	97
小计	100.0	100.0			

6.3.5.3 多管式反应器 Lurgi-Mobil 法

经典的 Mobil 工艺是在一个反应器内将甲醇部分转化为二甲醚，在另一个反应器中再将甲醇和二甲醚转化为烃类。而 Lurgi-Mobil 法用一个多管式反应器将甲醇转换为烃类，也可以称为一步法。MTG-Mobil 多管式反应器的工艺流程见图 6-8。

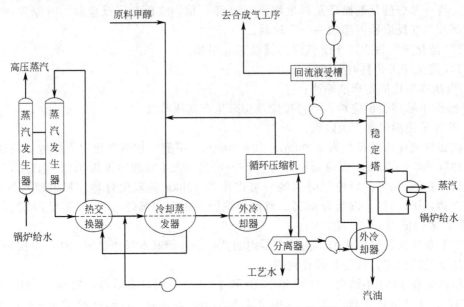

图 6-8　Lurgi-Mobil 多管式反应器工艺流程示意图

原料甲醇和循环气与反应器出来的气体进行热交换，达到反应所需要的温度，气体与甲醇的混合物从上部进入多管式反应器，通过管内装填的催化剂催化转化为烃。反应热由多管式反应器壳程循环的熔融盐带入蒸汽发生器中，产生高压蒸汽。从多管式反应器出来的生成物通过热交换器冷却至常温。液态烃与水和循环气分离后，循环气由压缩机循环回转化工序。用氮和空气的混合气燃烧除去催化剂表面的积炭，使之再生。从分离器出来的烃进入稳定塔，在塔上部将 C_4 以下烃和惰性组分分离，塔底产物为 C_4 以上烃。将塔上部产物送入甲醇合成装置，作为工艺气或燃烧气使用，或在 $C_3 \sim C_4$ 回收塔回收。

该工艺消耗量为甲醇（100%）1.0t，电 11kW·h，冷却水 16m³，锅炉用水 750kg。可生产汽油 357kg，丙烷 16kg，丁烷 55kg，燃料气（19780kJ/kg，低热值）45 kg，蒸汽（10.130MPa，饱和）824kg，见表 6-2。生成汽油的成分为（质量分数）：烷烃和环烷烃 57.7%，烯烃 10.4%，芳烃 31.9%。研究法辛烷值为 93.0。表 6-2 为 Lurgi-Mobil 法的原料消耗和产品。

表 6-2　Lurgi-Mobil 法的原料消耗和产品

项目	数量	项目	数量
原料消耗		汽油(未掺和)/kg	357
甲醇(100%)/t	1.0	丙烷/kg	16
电能/kW·h	11	丁烷/kg	55
冷却水/m³	16	燃料气(包括粗甲醇溶解气)/kg	45(低热值,19780kJ/kg)
锅炉水/kg	570	10MPa 饱和蒸汽/kg	824
产品			

6.3.6　国内 MTG 一步法新工艺中试情况

2006 年，中科院山西煤化所开发了新的一步法 MTG 技术。该技术省略了甲醇转化制二甲醚的步骤，甲醇在 ZSM-5 分子筛催化剂的作用下一步转化为汽油和少量 LPG 产品。其显著优点是工艺流程短，汽油选择性高，催化剂稳定性好和单程寿命长等。在云南解放军化肥厂完成了工业化试验，规模为 3000 t/a，每吨汽油消耗 2.5 t 精甲醇，计划进行 100 kt/a 装置的建设。中试结果见表 6-3。

表 6-3 国内中试 MTG 结果

项目	数值
中试规模(日处理甲醇/kg)	500
汽油选择性/%	37~38
所用分子筛催化剂	ZSM-5
LPG 选择性/%	3~4
催化剂单炉寿命/d	22
产品汽油中低烯烃含量/%	5~15
汽油辛烷值(RON)	93.99
汽油特点	苯含量低,无硫
每吨产品(汽油＋LPG)消耗甲醇/t	2.48

山西晋南煤业集团采用灰熔聚技术正在建设 6 台煤气化炉，其中净化工艺为低温甲醇洗，产品为 300 kt/a 甲醇、100 kt/a 93 号汽油的煤制油装置，从 Mobil 引进技术，计划年底投入运行。灰熔聚煤气化 MTG 工艺流程见图 6-9。

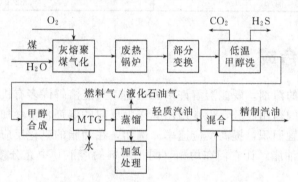

图 6-9 灰熔聚煤气化 MTG 工艺流程图

▮ 6.3.7 新西兰天然气制甲醇和汽油装置的有关情况

新西兰利用其丰富廉价的天然气资源，投资建设以天然气为原料的大型甲醇合成装置和 Mobil 法合成汽油的装置。规模为年产汽油 600 kt，投资 4.54 亿美元，此法每生产 1 t 汽油需耗 2.4t 甲醇。新西兰天然气制汽油联合装置工艺流程示意见图 6-10。

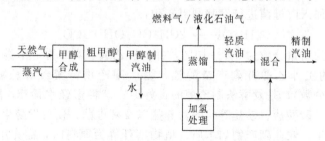

图 6-10 新西兰天然气制汽油联合装置工艺流程示意

该装置的甲醇合成采用了 ICI 工艺，两套 2200t/d 装置，甲醇装置的气耗为 845m³/t。在将甲醇脱水为二甲醚后，进入固定床 MTG 反应器，5 个反应器内装 ZSM-5 沸石催化剂，其中 4 个处于不同的反应阶段，另一个再生。所生产的汽油 RON 为 93，MON 为 83。该 MTG 固定床反应器存在反应段失活的问题，产品选择性随时间而变化，故安排了 4 个反应器以求产品稳定和装置连续运行。

该装置甲醇生产汽油的生产过程包括反应、蒸馏、再生和重汽油处理四个部分，装置内最大部件为 600t。精制汽油质量和产品收率见表 6-4 和表 6-5。

表 6-4 新西兰联合装置精制汽油质量

项目	平均值	范围	项目	平均值	范围
研究法辛烷值(RON)	92.2	92.0~92.5	蒸馏		
马达法辛烷值(MON)	82.6	82.2~83.0	70℃时馏出物/%	31.5	29.5~34.5
雷德蒸气压/kPa	85	82~90	100℃时馏出物/%	53.2	51.5~55.5
密度/(kg/m³)	730	728~733	180℃时馏出物/%	94.9	94~96.5
诱导期/min	325	260~370	干点/℃	204.5	196~209
均四甲基苯含量/%	2.0	1.74~2.29			

表 6-5 甲醇制汽油的产品收率

产品	1000t 甲醇产量
燃料气/[桶(燃料油当量)/d]	96.6
液化石油气/(桶/d)	420
汽油/(桶/d)	3200

6.4 乙醇的合成

乙醇是一种很好的溶剂，既能溶解许多无机物，又能溶解许多有机物，所以常用乙醇来溶解植物色素或其中的药用成分，也常用乙醇作为反应的溶剂，使参加反应的有机物和无机物均能溶解，增大接触面积，提高反应速率。例如，在油脂的皂化反应中，加入乙醇既能溶解 NaOH，又能溶解油脂，让它们在均相（同一溶剂的溶液）中充分接触，加快反应速率，提高反应限度。

迄今为止，乙醇的生产方法有粮食发酵法，木材水解法，乙烯间接水合法，乙烯直接水合法，乙醛加氢法，合成气合成法等，现就目前国内主要运用的几种方法进行简略的介绍。

6.4.1 发酵法

将富含淀粉的农产品如谷类、薯类等或野生植物果实经水洗、粉碎后，进行加压蒸煮，使淀粉糊化，再加入一定量的水，冷却至 60℃左右并加入淀粉酶，使淀粉依次水解为麦芽糖和葡萄糖，然后加入酵母菌进行发酵制得乙醇：

$$C_6H_{12}O_6 \longrightarrow 2CH_3CH_2OH + 2CO_2$$

发酵液中乙醇的质量分数为 6%~10%，并含有乙醛、高级醇、酯类等杂质，经精馏得质量分数为 95% 的工业乙醇并副产杂醇油。糖厂副产物糖蜜含有蔗糖、葡萄糖等糖类 50%~60%（质量分数），是发酵法制乙醇的良好原料。糖蜜经水稀释，酸化和加热灭菌处理后，加入硫酸铵、磷酸盐、镁盐等酶的营养盐以及酵母菌，便可发酵生成乙醇。

以含纤维素的工、农业副产物如木屑、植物茎秆等为原料时，需先用盐酸或硫酸加压、加热处理，使纤维素水解为葡萄糖，中和后再用酵母菌发酵。造纸厂的亚硫酸废液中含有可发酵糖，也可用于发酵制乙醇。这两种过程由于技术经济指标差，在工业上没有得到推广应用。

■ 6.4.2 乙烯水合法

工业上有两种方法，一种是以硫酸为吸收剂的间接水合法，另一种是乙烯催化直接水合法。

（1）间接水合法 也称硫酸酯法，反应分两步进行。首先，将乙烯在一定温度、压力条件下通入浓硫酸中，生成硫酸酯，再将硫酸酯在水解塔中加热水解而得乙醇，同时有副产物乙醚生成。间接水合法可用低纯度的乙醇作原料，反应条件较温和，乙烯转化率高，但设备腐蚀严重，生产流程长，已为直接水合法取代。

（2）直接水合法 在一定条件下，乙烯通过固体酸催化剂直接与水反应生成乙醇：

$$CH_2\!=\!CH_2+H_2O \longrightarrow CH_3CH_2OH$$

上述反应是放热、分子数减少的可逆反应。理论上低温、高压有利于平衡向生成乙醇的方向移动，但实际上低温、高压受到反应速率和水蒸气饱和蒸气压的限制。工业上采用负载于硅藻土上的磷酸催化剂，反应温度为 260~290℃，压力约为 7MPa，水和乙烯的摩尔比为 0.6 左右，此条件下乙烯的单程转化率仅为 5% 左右，乙醇的选择性约为 95%，大量乙烯在系统中循环。主要副产物是乙醚，此外尚有少量乙醛、丁烯、丁醇和乙烯聚合物等。乙醚与水反应能生成乙醇，故将其返回反应器，以提高乙醇的产率。

■ 6.4.3 合成气法

以合成气为原料制备乙醇的优点主要有以下几点。

① 原料来源广泛 原料可以是固体（煤、焦，生物质）、气体（天然气，乙炔尾气，焦炉煤气）和液体（轻油、重油、焦油）等，不同原料生产乙醇的区别主要体现在合成气的制造上，固体原料经过气化，气体原料经过转化，液体原料经过蒸汽转化、部分氧化等技术制得。

② 合成工艺简单 合成乙醇的原料气、合成装置、合成工艺条件（温度、压力、氢碳比、空速等）等与甲醇合成极为类似，除了反应催化剂不同外，其余工艺基本类似，所以可以参考甲醇生产组织乙醇的生产。

③ 可以利用 CO 合成乙醇，将乙醇生产与 CO_2 消耗形成闭合循环，从而实现 CO_2 减排，减缓地球温室效应。

④ 生产乙醇的经济效益较好 据初步分析计算，生成 1t 甲醇的原料气可以生产 718kg 乙醇，但是乙醇的市场价格通常是甲醇的两倍以上。

合成气制备乙醇的反应过程主要为：

$$2CO_2+6H_2 \longrightarrow CH_3CH_2OH+3H_2O \tag{6-1}$$

$$2CO+4H_2 \longrightarrow CH_3CH_2OH+H_2O \tag{6-2}$$

可见，合成乙醇需要 H_2/CO 的摩尔比为 2:1，需要 H_2/CO_2 的摩尔比为 3:1，当 CO 和 CO_2 同时存时，H_2/CO_x 的摩尔比要求为：$f=H_2/(CO+CO_2)=2.05\sim2.15$。

为了提高反应速率，需要适当提高反应温度，然而伴随着温度升高，一些副反应会相应发生，对生成乙醇产生抑制。为了促使反应向主反应方向进行，有必要寻找一种选择性能较高、催化性能较好的催化剂。由于合成反应是摩尔数减小的反应，加压对合成过程有促进作用。合成乙醇反应应在尽可能低的温度、较高的压力和较高的 H_2/CO_x 条件下进行。但是，过高的 H_2/CO_x 会带来氢气浪费，过高的压力不仅不能明显提高转化率，同时还会增大设备的磨损。目前实验室中乙醇合成条件一般为：压力 3~10MPa、温度 250~300℃、H_2/CO 3~5，空速 6000~12000h^{-1}，这与合成甲醇工艺较为相似。从目前合成醇类的研究、发展和应用情况看，低压和 10MPa 的中压法更加具有市场价值，可以有效降低投资和运行成本。

乙醇的合成工艺，大致可以分为原料气的制备和净化、合成气压缩、合成过程和乙醇精馏四个工序，如图 6-11 所示。

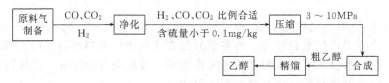

图 6-11　乙醇合成工艺流程

（1）原料气的制备和净化　首先将合成气压缩至 2MPa，进入脱硫工序，由于硫的形态和含量不一，一般采用干法脱硫，使用 Fe_2O_3 和钴钼催化剂，要确保总硫不大于 0.1×10^{-1}。有时，甚至需要采用多级脱硫工艺进行脱硫。为了满足 H_2/CO_x 的摩尔比，经常需要进行原料气组成的调节。当氢多碳少时，需要补碳，主要是补充 CO；反之，如果碳多氢少时，需要脱去多余的碳。

（2）合成气压缩　来自净化的原料气，进入二合一机组。该机组为蒸汽透平驱动，可以同时压缩原料气和循环气，出口的压力为 3～10 MPa。

（3）合成过程　压缩后的气体温度大约为 40℃，首先进入换热器升温至 250～300℃，然后进入乙醇合成器。合成器一般为管壳式等温反应器，在催化剂作用下，进行乙醇合成。反应中产生的热量可用于生产中压饱和蒸汽进行循环，所以反应温度可以稳定地控制在一定范围内。通常会有副反应发生，产生少量的杂质，典型的副反应如下：

$$CO_2 + 3H_2 \longrightarrow CH_3OH + H_2O$$
$$CO + 2H_2 \longrightarrow CH_3OH$$
$$2CO_2 + 5H_2 \longrightarrow CH_3CHO + 3H_2O$$
$$2CO + 3H_2 \longrightarrow CH_3CHO + H_2O$$

出反应器后的气相进入气-气换热器，可以把入口气加热到催化剂的活性温度以上，反应气再进入水冷器冷降至 40℃ 左右。这时，大部分乙醇和水蒸气与反应气分离，再进入乙醇分离器。顶部出来的气体一部分作为循环气进入二合一机组，升压后与原料气进入下一个循环，进一步合成乙醇，另一部分则作为弛放气排放。底部出来的粗乙醇降压到 0.5 MPa 后入闪蒸槽，释放出溶解在粗乙醇中的大部分气体，出来的粗乙醇则进入精馏塔。

（4）乙醇精馏　精馏系统采用双塔蒸馏流程。其中一个塔为粗馏塔，另一个为精馏塔，两塔之间不直接连通，互相影响较小，操作方便。乙醇混合液首先通过蒸发得到一定浓度的乙醇溶液，再通过精馏系统达到乙醇的共沸浓度，最后通过分子筛脱水得到无水乙醇。

合成过程中催化剂比较关键，美国联合碳化物公司从 1974 年开始在国内外申请合成气直接合成乙醇的专利，并取得第一个专利权，催化剂是负载型 Rh 与 Rh-Fe。合成气直接气相合成乙醇的催化剂主要有：美国联碳公司的 Rh 与 Rh-Fe、Rh-Mn、Rh-Mo 或 Rh-W，德国赫斯特公司的 Rh-Mg，日本相模中央研究所的 $Rh(CO)_{12}$。在直接法合成中，铑系催化剂占主导地位，并均为双金属催化剂。

6.5　乙二醇的合成

6.5.1　乙二醇

乙二醇（ethylene glycol，EG）分子式为 $HOCH_2CH_2OH$，相对分子质量为 62.07，是

略带有甜味的黏性无色液体。常压下沸点为 197.6℃，具有吸湿性，易燃。凝固点为 -13.5，相对密度为 1.1155，闪点为 116℃，自燃温度为 412.8℃。乙二醇能与水、乙醇、丙酮混溶。

乙二醇的主要用途是生产聚酯产品和抗冻剂，2000 年美国乙二醇消费结构中，58% 的乙二醇用于聚酯产品，其中聚酯纤维占 24%（占总乙二醇量的百分数）；26% 用于抗冻剂。乙二醇用作抗冻剂，是由于乙二醇可降低水溶液冰点。乙二醇也用于生产除冰剂、表面涂层（醇酸树脂）、不饱和聚酯树脂以及乙二醛、乙二酸、二恶烷等化工产品。

乙二醇是环氧乙烷最重要的二次产物，环氧乙烷直接水合法是目前工业生产乙二醇的唯一方法。正在研究的碳一化工路线生产乙二醇的方法有甲醛氢甲酰化方法、以合成气与甲醇为原料合成乙二醇的方法。

6.5.2 乙二醇的合成技术

6.5.2.1 以甲醛为原料的生产方法

以甲醛为原料的合成乙二醇的方法主要有：杜邦三步法、甲醛氢甲酰化方法、甲醛二聚法、甲醛与甲醇缩合等方法。

（1）杜邦三步法 美国杜邦公司早在 1940 年就开展了甲醛与合成气为原料、三步法合成乙二醇的研究，1965 年杜邦公司兴建了一个规模为 6.8 万吨/年制乙二醇工业装置，1968 年投产，曾因污染停产。杜邦公司三步合成法的第一步是甲醛与合成气在硫酸的存在下生成乙醇酸，反应在 200℃、7.6～10.1MPa 进行，收率为 90%。其反应式为

$$HCHO + CO + H_2O \longrightarrow HOOC—CH_2OH$$

第二步是用甲醇酯化乙醇酸生成乙醇酸甲酯和水。其反应式为

$$HOOC—CH_2OH + CH_3OH \longrightarrow HOCH_2COOCH_3 + H_2O$$

第三步是乙醇酸甲酯在络催化剂存在下，在 200℃ 和 3.04MPa 下与 H_2 生成乙二醇与甲醇，甲醇循环利用，乙二醇收率为 90%。其反应式为

$$HO—CH_2—COOCH_3 + 2H_2 \longrightarrow (CH_2OH)_2 + CH_3OH$$

雪佛隆公司对杜邦公司三步法合成工艺做了卓有成效的改进，用 HF 作催化剂，在较低的温度（50℃）和较低的压力（6.9MPa）下，甲醛与合成气反应生成乙醇酸，其收率为 95%，其工艺过程与杜邦公司相似。当甲醛与水的质量比不大于 4∶1 时，可获得乙醇酸最大收率，其比值增加，乙醇酸增加。当压力大于 3.4MPa 时，压力对乙醇酸的收率和反应速率影响不大。

雪佛隆公司甲醛羰基化合成乙二醇生产工艺流程示意图如图 6-12 所示。

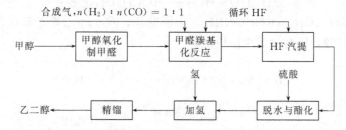

图 6-12 雪佛隆公司甲醛羰基化合成乙二醇生产工艺流程示意图

（2）甲醛氢甲酰化方法 甲醛、CO 和氢在 19.6MPa、120℃ 下转化为乙醇醛，然后乙醇醛加氢生成乙二醇。

$$HCHO + CO + H_2 \longrightarrow HOCH_2CHO$$
$$HOCH_2CHO + H_2 \longrightarrow HOCH_2CH_2OH$$

1983 年美国 Monsanto 公司采用了新开发的 $HRh(CO)_2 \cdot [PPh_3]$ 胺系多组分均相催化剂，提高了反应速率，使甲醛加氢生成乙醇醛的生产速率达到 $25mol/(L \cdot h)$，甲醇转换率达到 95% 以上。以后，美国 Halcon 公司又使用了一种亲脂性铑膦酰胺催化剂 $PPh_2CH_2CH_2C(O)N(CH_3)(C_{18}H_{37})$ 和一种有效的溶剂，提高了乙二醇的收率。

日本鸟取大学开发了以甲醛、CO、氢为原料的氢甲酰化工艺，采用铑系催化剂，在 70℃、4.90MPa 等缓和条件下，甲醛转化率接近 100%，最高收率可达 98%。

田和龙等采用钴和铑的配合物催化剂，在 0.1L 高压釜中研究甲醛氢甲酰化反应，用二甲基乙酰胺为溶剂，反应压力为 14.7MPa。

几种络合物催化剂体系的实验结果见表 6-6。

表 6-6 几种络合物催化剂体系的实验结果

实验	催化剂体系组成	温度/℃	反应时间/h	甲醛转化率/%	乙醇醛选择性/%	乙二醇选择性/%
1	$RhCl(PPh_3)_3 + PPh_3$	110	16	66.5	82.4	17.6
2	$Fe(CO)_5 - Co_2(CO)_8 + [Crown + M^+]^{①}$	200	16	63.4	47.5	52.5
3	$Fe(CO)_5 - Co_2(CO)_8 + [Crown + M^+]^{①}$	200	32(有少量甲醇)	100	51.8	48.2
4	$Co_2(CO)_8(PBu_3) + KI$	200	16	39.2	75.7	24.4

① 王冠醚＋金属离子。

甲醛氢甲酰化制乙二醇是通过甲醛基配合物的氢甲酰化过程实现的。在羰基金属氢化物中，一氧化碳插入 M—H 键生成 M—CHO。甲醛基配合物进一步反应可以在比较温和的条件下实现。科斯塔认为可以归结于如下机理。

中间产物（A）加氢有生成甲醇的副反应，叔膦基具有稳定催化剂的作用，但叔膦基降低了反应的活性，叔膦基是强碱配位基，而甲醛是弱配位基，竞争性配位的结果导致甲酰化速率的降低，所以实验应保持膦配位基适量，以防催化剂失活。

$$CH_2O + HM(CO)_n \Longrightarrow HOCH_2M(CO)_n$$
$$(A)$$

$$\Longrightarrow HOCH_2\overset{O}{\overset{\|}{C}}M(CO)_{n-1} \xrightarrow{HM(CO)_n} HOCH_2CHO + M_2(CO)_{2n-1}$$

$$\downarrow H_2$$

$$HOCH_2CH_2OH$$
$$(乙二醇)$$

（3）甲醛二聚法 甲醛二聚加氢制乙二醇反应为

$$2HCHO + H_2 \longrightarrow HOCH_2CH_2OH$$

Sanderson 等以 $(CH_3)_3COOC(CH_3)_3$ 为诱发剂，在 1,3-二氧杂环戊烷存在的条件下，甲醛加氢生成乙二醇，同时生成甲酸甲酯。

$$HOCH_2CH_2OH + HCOH \longrightarrow \text{（环）} + H_2O$$

$$\text{（环）} + HCHO \xrightarrow{\text{引发剂}} \text{（环）}-CH_2OH$$

$$\text{（环）}-CH_2OH + H_2O \longrightarrow HOCH_2CH_2OH + HOCH_2CHO$$

$$HOCH_2CHO + H_2 \longrightarrow HOCH_2CH_2OH$$

实验结果表明，随着反应温度降低，乙二醇选择性增加，甲酸甲酯选择性降低，当反应温度为 75℃ 时，乙二醇的选择性为 44.9%，而甲酸甲酯的选择性为 3%。

6.5.2.2 合成气合成乙二醇

合成气制乙二醇的方法主要有合成气经草酸酯制乙二醇和合成气直接合成乙二醇。

（1）合成气经草酸酯制乙二醇 日本宇部工业公司研究了 CO、醇类和 O_2 经二步法合成乙二醇的工艺。第一步是关键步骤。

$$4CO+12CH_2OH+3O_2 \longrightarrow 4(COOCH_3)_2+6H_2O$$

反应以镍为催化剂，在压力 7.0MPa、温度 80℃下液相反应 4h 后，草酸二甲酯为 66.5%，碳酸二甲酯为 25%，甲酸甲酯为 8.5%。

第二步甲酸二甲酯加氢还原生成乙二醇。

$$(COOCH_3)_2+4H_2 \longrightarrow (CH_2OH)_2+2CH_3OH$$

反应以镍为催化剂，在 3.0～4.0MPa、250℃下进行，生成的甲醇循环使用。

宇部公司对催化剂进行了深入的研究。催化剂用的卤化物（如 $PdCl_2$）、铜（Ⅰ）和铁（Ⅱ）盐类（$CuCl_2$ 和 $FeCl_2$）、钴、镍、镉和锌的卤化物以及醌类等。催化剂载体是活性炭、硅胶、氧化铝和硅藻土等。

美国 Altlantic 公司用 CO 和脂肪族、脂环族或放烷基醇类与氧在催化剂的存在下，在 3.4～20.7MPa 和 50～200℃下反应生成草酸二酯，无机催化剂有钯、铂、铑、镉、钴等盐类，有机催化剂有脂肪族、脂环族、盐类、芳族或杂环胺类等。

天津大学王得伟研究了 CO 气相偶联合成草酸二甲酯钯催化剂，开发了合成草酸二甲酯的合成工艺，该工艺以亚硝酸酯为催化剂。

二步法合成草酸酯中用丁醇代替甲醇，日本宇部工业公司和美国联碳公司共同开发的液相草酸二烷基酯制乙二醇工艺，首先在 90℃和 9.6MPa 下，将 CO 和 O_2、丁醇通过钯催化剂反应（亚硝酸丁酯作助催化剂）生成草酸二丁酯。

$$O_2+4CO+4C_4H_9OH \longrightarrow 2(COOC_4H_9)_2+2H_2O$$

宇部公司还开发了一种气相工艺，并申请了专利。其工艺是，CO 和亚硝酸甲酯在 110℃下，通过活性炭载钯催化剂，反应生成草酸二甲酯。

$$2CO+2CH_3ONO \longrightarrow (COOCH_3)_2+2NO$$

所得的草酸二甲酯分批净化，然后气相加氢，得到乙二醇。

$$(COOCH_3)_2+4H_2 \longrightarrow (CH_2OH)_2+2CH_3OH$$

以草酸二甲酯反应器中生成的 NO，用氧和甲醇转化成亚硝酸甲酯，再循环使用。

$$4NO+O_2+4CH_3OH \longrightarrow 4CH_3ONO+2H_2O$$

（2）合成气直接制乙二醇 开发合成气一步合成乙二醇的生产工艺是最有前途的新工艺，选用的催化剂有钴、钌等催化体系。

1974 年，美国联碳公司首先发表了合成气在 344.5MPa、190～240℃下，以羰基铑配合物为催化剂，四氢呋喃为溶剂，H_2 与 CO 摩尔比为 1.5∶1，液相一步制乙二醇，副产物是丙二醇和甘油的专利。

$$2CO+3H_2 \longrightarrow HOCH_2CH_2OH$$

产品按质量计，乙二醇为 76.5%，丙二醇为 11.75%，甘油为 11.75%，其他副产物还有甲醇。

联碳公司采用了新型铑催化剂，在 56MPa、240℃、H_2 与 CO 摩尔比为 1 的情况下进行液相反应，乙二醇选择性为 70%～75%，时空收率为 280g/(L 催化剂·h)。此反应工艺具有能耗低的优点，但其高压条件过于苛刻，选择性低，要实现工业化，需改善反应条件。联碳公司和德士古公司联合发表新型的铑、钌双金属的催化剂，提高催化剂的性能，乙二醇的时空收率为 416g/(L 催化剂·h)，比铑催化剂高 1.5 倍。近期联碳公司采用松散的烷基膦改性的铑催化剂，提高了反应效果，但在如此高的压力条件下，转换率和选择性仍然很低，德士古公司把三价的乙酰丙酮化钌、乙酰丙酮化铑悬浮在四丁基膦溴化物中，组成双金属催化剂，在 220℃、286MPa、H_2 与 CO 摩尔比为 1 的条件下反应，得到较高的乙二醇收率。

6.5.3 合成气合成乙二醇未来展望

日本化学研究所正在开发 CO 和 H_2 一步合成乙二醇工艺。它是以 CO 和 H_2 合成气作原料，在高压微型反应器（20mL）中进行试验。反应器材质为 KTA 系列特殊耐热、耐腐蚀合金，反应温度最高 300℃，使用钴、铑等催化剂。用钴催化剂可在 60～100MPa 下反应生成乙二醇。在此高压下，铑催化剂性能显著提高，通过试验表明，反应压力对反应结果有很大的影响。

合成气直接合成乙二醇的方法，目前世界各国都在研究开发之中，由于合成压力太高，副产甲醇多，铑回收率低（约 90%），该方法还未实现工业化。

6.6 醋酸的合成

6.6.1 醋酸

醋酸，学名乙酸，分子式为 CH_3COOH，相对分子质量 60.06。醋酸是食用醋的主要成分，故得名醋酸。醋酸是重要的有机化工原料，可生产醋酐、醋酸酯、醋酸乙烯、醋酸纤维等，广泛用于纤维、造漆、共聚树脂以及制药、染料等工业。

醋酸的生产方法主要有粮食发酵法、乙醛氧化法、低碳烷烃液相氧化法和甲醇羰基化法。20 世纪 70 年代初，美国孟山都公司开发了铑基配合物催化剂，以碘化物为助催化剂，使甲醇羰基化生产醋酸在低压下进行，并实现了工业化。由于低压羰基化制醋酸技术经济先进，Monsanto 公司陆续向各国转让新技术，70 年代初中期建造的醋酸生产装置大多采用 Monsanto 公司的甲醇低压羰基化技术。到了 80 年代中期，Monsanto 公司将甲醇低压羰基化制醋酸技术及专利权出售给英国石油公司，使其垄断了世界甲醇低压羰基化制醋酸技术，并成为世界最大的醋酸销售商。

6.6.2 醋酸的合成技术

最初的醋酸是由粮食发酵和木材干馏获得。合成醋酸的工艺路线主要有乙炔（电石）法、乙醇氧化法、丁烷氧化法和羰基合成法（OXO）等。乙炔法装置由于使用 $HgSO_4$ 这种污染大的催化剂，现基本上被关闭。乙醇法耗用大量的粮食，成本高，该技术正在逐步地萎缩。丁烷氧化法以钴、锰催化剂为主，收率不高，国内无使用该法的生产厂家。乙烯氧化法是 20 世纪 60 年代发展起来的工艺，在我国大庆、扬子、吉化和上海石化建成，但由于消耗乙烯资源，无法与新近迅速发展起来的甲醇羰基合成法工艺竞争。几种醋酸生产方法的技术经济比较和消耗定额比较见表 6-7 及表 6-8。

表 6-7 几种醋酸生产方法技术经济比较

项目	乙醛氧化法		低碳烷烃液相氧化法		甲醇羰基法
	乙烯→乙醛	乙醛→醋酸	正丁烷液相氧化法	轻油液相氧化法	孟山都法
催化剂	钯/铜盐	醋酸锰	醋酸钴	醋酸锰	铑碘配合物
温度/℃	125～130	66	150～225	200	175～245
压力/MPa	1.1	1.0	5.6	5.3	≤4.0
原料	乙烯	乙醛	正丁烷	石脑油	甲醇，CO
收率/%	95	95	57	40	99、90
原料消耗/(kg/t)	670	770	1076	1450	540 530
副产品	醋酸甲酯	甲酸,丙酮等	甲酸,丙酸等		

表 6-8 几种醋酸生产方法的消耗定额比较

名称	酒精法	乙炔法	乙烯法	OXO 法
催化剂体系	醋酸锰	$HgSO_4$	醋酸锰	
反应温度/℃	70~80	98~105	60~80	180~200
反应压力/MPa	0.25	0.13~0.15	0.31~0.35	2.65~2.8
主要原料	C_2H_5OH,O_2	C_2H_2	C_2H_4	CH_3OH,CO
转化率/%	88	74	95.90	99.90
消耗定额/(kg/t)	920	606	528.634	545.530
冷却水/(m³/t)	180	300	20	165
电/[(kW·h)/t]	700	140	85	29
汽/(kg/t)	5000	750	3000	2200
工业化年份	1930	1916	1960	1970

由此可以发现：OXO 法能耗约为酒精法的 80%，是乙烯法的 75%，单位成本比酒精法低一半，比乙烯法低 10% 以上。几种生产方法中，低碳烷烃液相氧化法只适用于有廉价原料的欧美少数国家。普遍采用的是乙醛氧化法和甲醇低压羰基化法。由于甲醇低压羰基化法制醋酸具有原料易得（甲醇和一氧化碳都可廉价地从煤、天然气或重油气化的合成气中获得）、反应条件温和、醋酸收率高（以甲醇计为 99%，以一氧化碳计大于 90%）、产品质量好等优点，是目前醋酸生产中技术经济指标最先进的方法。缺点是用贵金属铑为催化剂，为了保证催化剂的稳定性，反应条件必须严格控制。而且醋酸和碘化物，对设备腐蚀严重，设备需用耐腐蚀性能优良的哈氏合金 C、B2，甚至锆材，这些材料都是十分昂贵的。据统计，目前全球醋酸工业生产中甲醇羰化法占 64%，乙醛氧化法占 19%，其余为正丁烷氧化法。

6.6.2.1 甲醇高压羰基化

甲醇与一氧化碳在碘化钴均相催化剂存在下，压力 63.7MPa、温度 250℃ 时进行反应，制得醋酸，即

$$CH_3OH + CO \longrightarrow CH_3COOH$$

其生产流程图见图 6-13，液态甲醇原料经尾气洗涤塔后，与二甲醚与一氧化碳一起连续加入反应器，由反应器顶部引出的粗醋酸及未反应的气体，冷却后进入低压分离器，从低压分离器底部出来的粗醋酸送至精制工段，顶部出来的尾气用进料甲醇洗涤以回收转化气中的甲基碘，经过洗涤的尾气用作燃料。

在精制工段，粗醋酸先进脱气塔，除去低沸点组分，然后在催化剂分离器中脱除碘化钴，碘化钴是在醋酸水溶液中作为塔底残余物除去。脱除催化剂的粗醋酸在共沸物蒸馏塔中脱水并精制，所用夹带剂是一种随蒸气蒸发的副产混合物，它是在反应过程中生成的，并在催化剂分离塔中分离出来。共沸蒸馏塔塔底得到不含水和甲酸的醋酸，再在两个精馏塔中加工成纯度为 99.8% 以上的纯醋酸。

甲醇高压羰基化制醋酸，其收率以甲醇计为 90%，以一氧化碳计为 70%。但此法存在的主要问题是操作压力高，副产物多，产品精制复杂。

本法每吨产品消耗甲醇 610kg，一氧化碳 630m³（STP 标准温压）。

6.6.2.2 甲醇低压羰基化

美国孟山都公司于 20 世纪 70 年代初成功开发的甲醇低压羰基化法生产醋酸，采用铑的羰基配合物与碘化物组成的催化体系。

孟山都法甲醇和一氧化碳在水-醋酸介质中于压力 2.9~3.2MPa、温度 180~190℃ 的条件下反应生产醋酸。

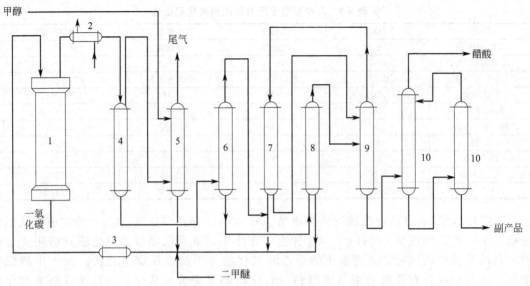

图 6-13　甲醇高压羰基化制醋酸生产流程

1—反应器；2—冷却器；3—预热器；4—低压分离器；5—尾气洗涤塔；

6—脱气塔；7—分离塔；8—催化剂分离器；9—共沸蒸馏塔；10—精馏塔

$$CH_3OH + CO \longrightarrow CH_3COOH$$

由于催化剂的活性和选择性都很高，副产物很少，主要副反应式是

$$CO + H_2O \Longrightarrow CO_2 + H_2$$

还有少量的醋酸甲酯、二甲醚和丙酸等副产物。

孟山都法甲醇制醋酸的工艺流程主要由四部分组成，即反应工序、精制工序、轻组分回收工序和催化剂制备及再生工序，其工艺流程见图 6-14。

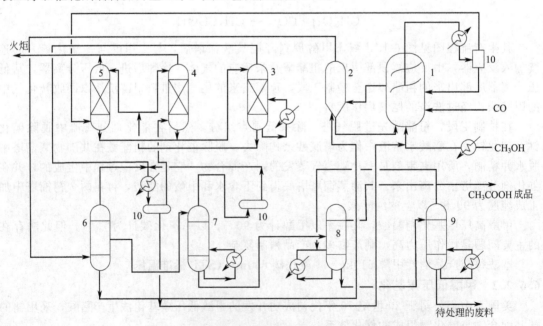

图 6-14　甲醇低压羰基化生产醋酸流程

1—反应器；2—闪蒸塔；3—解吸塔；4—低压吸收塔；5—高压吸收塔；

6—轻组分塔；7—脱水塔；8—重组分塔；9—废酸汽提塔；10—分离塔

（1）反应工序　甲醇羰基化是一气液相反应，反应器可采用搅拌釜或鼓泡塔，催化剂溶液放在反应器中，甲醇加热到 185℃ 与从压缩机来的一氧化碳在约 3MPa 压力下，喷入反应器底部，反应后的物料从塔侧进入闪蒸槽，含有催化剂的溶液从闪蒸槽底部出来，再返回反应器，含有醋酸、水、碘甲烷和碘化氢的蒸气从闪蒸槽顶部出来进入精制工序。反应器顶部排放出来的 CO_2、H_2、CO 和碘甲烷作为弛放气进入冷凝器，凝液重新返回反应器，其余不凝物送轻组分回收工序。反应温度控制在 180~190℃，而以 185℃ 为最佳。温度升高，副产物甲烷和二氧化碳增多。

（2）精制工序　由轻组分塔、脱水塔、重组分塔、废酸汽提塔组成，各塔主要作用如下。

① 轻组分塔　由闪蒸槽来的醋酸、水、碘甲烷和碘化氢在此进行分离，塔顶蒸出物经冷凝液碘甲烷返回反应器，不凝尾气送往低压吸收塔。水和醋酸组合而成的高沸点混合物和少量铑催化剂以及溶解的碘化氢从塔底排出再返回闪蒸槽。含水醋酸由侧线出料进入脱水塔上部。

② 脱水塔　塔顶蒸出的水尚含有碘甲烷、轻质烃和少量醋酸，仍返回吸收塔，塔底主要是含有重组分的醋酸，送往重组分塔。

③ 重组分塔　塔顶蒸出轻质烃，含有丙酸和重质烃的物料从塔底送入废酸汽提塔。塔侧线得到成品醋酸，其中丙酸 $<50mg/m^3$，水分 $<1500mg/m^3$，总碘 $<40mg/m^3$，可食用。

④ 废酸汽提塔　从重组分中进一步蒸出醋酸，并返回重组分塔底部，汽提塔底部排出的是废料，内含丙酸和重质烃，需进一步处理。

（3）轻组分回收工序　从反应器出来的弛放气进入高压吸收塔，用醋酸吸收其中的碘甲烷，吸收在加压下进行，压力约 2.8MPa。未吸收的废气主含 CO、CO_2、H_2，送至火炬焚烧。

从高压吸收塔和低压吸收塔吸收了碘甲烷的两股醋酸富液，进入解吸塔汽提解吸，解吸出来的碘甲烷蒸气送到精制工序的轻组分冷却器，再返回反应工序。汽提解吸后的醋酸作为吸收循环液，再用于高压和低压两个吸收塔中。

在醋酸生产中，孟山都低压法的技术经济指标是最先进的。其缺点是贵金属铑催化剂稳定性较差，特别是当一氧化碳分压较低时，容易发生催化剂分解，而使铑以 RhI_3 形式沉淀。

🔳 6.6.3　醋酸合成的未来展望

醋酸是一种用途广泛的基本有机化工产品，也是化工、医药、纺织、轻工、食品等行业不可缺少的重要原料。1998 年，全世界醋酸的生产能力约为 7.2Mt，世界最大的五大生产商分别为 Celanese、BP、Amoco、Acetex 和 Millennium 公司，它们所拥有的生产能力已超过世界总生产能力的 80%，且还有进一步加强的趋势。

我国的醋酸合成法生产开始于 1953 年，上海试剂一厂建成首套以乙醇为原料的乙醇乙醛法生产装置。20 世纪 70 年代后，上海石化总厂、吉林化学工业公司和扬子石化总厂先后引进乙烯法制乙醛，再氧化制醋酸的生产装置。1996 年 8 月，我国首套 100kt/a 以甲醇为原料的羰基合成法装置在上海吴泾化工总厂建成投产。1997 年国内醋酸的生产能力约为 650kt/a，随着四川维尼纶厂和镇江化工厂两套装置建成投产，2000 年我国的醋酸生产能力达到 1.15Mt/a。

目前全国有 90 多套醋酸生产装置，年总生产能力达 1.15Mt/a，其中，甲醇羰基化合成法生产能力 350kt/a，占总生产能力的 30.4%；乙烯氧化法为 388 kt/a，占 33.7%；乙醇氧化法为 387 kt/a，占 33.7%；乙炔法为 25 kt/a，占 2.2%。

我国的醋酸消费构成中，醋酸乙烯、聚乙烯醇等约占总消费的 15%，醋酸酯类 15%，对苯二甲酸 18%，染料 14%，氯乙酸 6%，醋酐 8%，医药 10%，农药 4%，其他品种 10%。我国醋酸的消费主要用于生产醋酸乙烯、醋酐、醋酸乙酯、醋酸丁酯、氯乙酸和聚乙烯醇等化工产品。随着甲醇工艺的发展，大规模甲醇低压羰基化制醋酸技术成为可能，我国必须发展甲醇低压羰基化合成醋酸工业。

6.7 碳酸二甲酯的合成

6.7.1 碳酸二甲酯

碳酸二甲酯（dimethyl carbonate，DMC）系环保型绿色化工产品，为重要的有机化工原料之一，享有有机合成新基石产品的美称。

DMC 分子结构式 $(CH_3O)_2CO$，相对分子质量为 90.08，相对密度为 1.070，折射率为 1.3697；熔点为 4℃，沸点为 90.1℃。在常温下为无色透明、略有气味、微甜的液体，具有可燃性，微溶于水但能与水形成共沸物，几乎可与醇、醚、酮等所有的有机溶剂混溶；对金属无腐蚀性，可用铁筒盛装贮存；微毒（$LD_{50} = 6400 \sim 12900mg/kg$，而甲醇的 $LD_{50} = 3000mg/kg$）。由于 DMC 分子中含有 CH_3-、CH_3O-、CH_3O-CO-、$-CO-$ 等多种官能团，其化学性质非常活泼，具有良好的反应活性，可与醇、酚、胺、肼、酯等发生化学反应，故可衍生出一系列重要化工产品；其化学反应的副产物主要为甲醇和 CO_2。与光气（$COCl_2$）、硫酸二甲酯（DMS）等的反应副产物盐酸、硫酸盐或氯化物相比，危害相对较小，故而，一方面 DMC 在诸多领域可全面替代光气、硫酸二甲酯、氯甲烷及氯甲酸甲酯等剧毒或致癌物进行羰基化、甲基化、甲酯化及酯交换等反应生成多种重要化工产品；另一方面，以 DMC 为原料可以开发、制备多种高附加值的精细专用化学品，在医药、农药、合成材料、染料、润滑油添加剂、食品增香剂、电子化学品等领域获得广泛应用；其三，非反应性用途如溶剂、溶媒和汽油添加剂等也正在或即将进入实用工业。

因此，DMC 作为一种性能优良的甲基化、羰基化试剂，用于合成多种高附加值产品，在医药、农药、工程塑料、染料、电子化学品、食品添加剂等领域有着广泛用途，更由于其属于无毒无公害化学品，对煤化工、甲醇化工、碳一化工起到巨大的推动作用，将在 21 世纪具有极其广阔的市场应用前景。

6.7.2 生产工艺

国内外 DMC 生产工艺主要有光气法、甲醇液相/气相氧化羰基化法、酯交换合成法等三种合成方法。

（1）光气法 该法是 DMC 最早的合成方法，采用光气和甲醇或甲醇钠为原料反应生成 DMC。反应式为：

该法原料光气有剧毒，工艺流程长，设备管道腐蚀严重，污染环境，从安全、经济、环保等方面考虑，此法不宜采用，已逐步被淘汰。以前美国的 PPG 公司、法国的 SNPE 公司、德国的 Bayer 公司、BASF 公司都采用过该法生产 DMC；国内的上海吴淞化工厂、江苏吴县农药厂、重庆东风化工厂等少数厂家也曾采用过该工艺。

（2）酯交换合成法 该法以碳酸丙烯酯或碳酸乙烯酯与甲醇酯交换反应生成DMC并联产丙二醇或乙二醇：

$$\begin{array}{c}
\mathrm{H_2C-O} \\
\quad\quad\quad \mathrm{C{=}O} + 2\mathrm{CH_3OH} \rightleftharpoons \\
\mathrm{H_3CHC-O}
\end{array}
\quad
\begin{array}{c}
\mathrm{H_3C-O} \\
\quad\quad\quad \mathrm{C{=}O} + \\
\mathrm{H_3C-O}
\end{array}
\quad
\begin{array}{c}
\mathrm{CH_2OH} \\
| \\
\mathrm{CH_2OH}
\end{array}$$

$$\begin{array}{c}
\mathrm{H_3CHC-O} \\
\quad\quad\quad \mathrm{C{=}O} + 2\mathrm{CH_3OH} \rightleftharpoons \\
\mathrm{H_2C-O}
\end{array}
\quad
\begin{array}{c}
\mathrm{H_3C-O} \\
\quad\quad\quad \mathrm{C{=}O} + \\
\mathrm{H_3C-O}
\end{array}
\quad
\begin{array}{c}
\mathrm{CH(CH_3)OH} \\
| \\
\mathrm{CH_2OH}
\end{array}$$

碳酸丙烯酸（PC）或碳酸乙烯酯（EC），可由环氧丙烷或环氧乙烷与CO_2合成。

由于环氧乙烷需钢瓶贮运，成本费用相对环氧丙烷较高，故一般国内采用环氧丙烷为原料占多数，但如果DMC生产与环氧乙烷产地就近相建，则就经济得多。

该工艺为两步，第一步是环氧丙烷与CO_2在6 MPa压力，170℃催化剂存在下，生产粗碳酸丙烯酯，再经精馏塔脱除轻组分和催化剂，获得高纯碳酸丙烯酯；第二步是碳酸丙烯酯与甲醇在1.0 MPa，催化剂甲醇钠的存在下，反应生成DMC，塔顶得DMC与甲醇共沸物，经再次精馏将DMC与甲醇分离，DMC粗品精制获高纯度产品，反应釜出来的物料经精馏脱除甲醇后，回收得丙二醇，未反应物甲醇、碳酸丙烯酯等回收循环使用。国内部分企业将碳酸丙烯脂与DMC生产分为两个系统或直接用碳酸丙烯酯与甲醇反应生产DMC。

酯交换法生产的本质是CO_2与甲醇合成DMC过程与环氧丙烷或环氧乙烷水解合成丙二醇或乙二醇过程的偶合。

华东理工大学的酯交换法，采用了催化反应精馏新技术，提高了反应的转化率，可达99%以上，具有原料来源广，工艺简单，设备投资少，生产过程基本无"三废"等特点，国内大部分DMC生产企业采用此法。国外，美国的Texaco公司也采用该法。

整个工艺包括反应精馏、脱轻组分、共沸物分离、溶剂回收、甲醇回收和碳酸丙烯酯回收工序。反应精馏是将反应和分离两个过程结合在一个设备中进行，既满足反应规律，又遵守精馏原理。反应精馏的优点为：反应产物一旦生成即从反应区蒸出；破坏可逆反应平衡，增加碳酸丙烯酯的转化率；反应物蒸出反应区，提高了反应速率。反应精馏在反应精馏塔中完成，甲醇与PC按一定比例加入反应精馏塔，在催化剂的作用下生成DMC和丙二醇，甲醇与DMC形成的共沸物从塔顶蒸出，共沸物组成为DMC：甲醇＝30：70（质量比），共沸点约63.5℃。反应精馏分为三段：下段是提馏段，中段是反应段，上段是精馏段。工艺流程见图6-15。

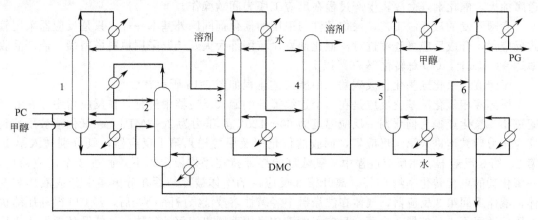

图 6-15 酯交换法合成 DMC 工艺流程

1—反应精馏塔；2—脱轻组分塔；3—萃取精馏塔；4—溶剂回收塔；5—甲醇回收塔；6—PG 回收塔

反应中甲醇是过量的。由反应精馏塔塔釜出来的组分有甲醇、丙二醇及少量未反应的丙二醇及催化剂，塔釜物料进入脱轻组分塔。在脱轻组分塔中完成轻组分甲醇、DMC与丙二醇、PC的分离，脱轻组分塔塔釜为副产品丙二醇和少量未反应的PC及催化剂，丙二醇与PC是高沸点物质，去PC回收塔。甲醇与DMC共沸物采用萃取精馏法。反应精馏塔塔顶出来的甲醇与DMC共沸物进入萃取分离塔，加入溶剂ST以改变共沸物的相对挥发度，在萃取蒸馏塔塔顶蒸出甲醇和溶剂ST的混合物，塔釜得到产品DMC。萃取精馏塔塔顶馏出物在萃取塔（溶剂回收塔）中回收溶剂ST，所用的萃取剂是水，溶剂ST不溶于水而甲醇溶于水，这样溶剂ST与甲醇分离，溶剂ST循环使用。溶剂回收塔塔釜出来的甲醇水溶液在甲醇回收塔中回收甲醇，甲醇返回反应精馏塔。由脱轻组分塔塔釜来的丙二醇、PC混合物在丙二醇回收塔中回收副产品丙二醇，由于丙二醇和PC沸点较高，故采用真空精馏，塔顶得到丙二醇产品，塔釜PC和催化剂返回反应精馏塔。

另外，据悉上海石油化工股份有限公司与清华大学已合作开发了酯交换合成DMC新工艺，即利用超临界二氧化碳的性质，将环氧乙烷、甲醇和二氧化碳经一步反应合成DMC。此工艺在反应中不引入其他溶剂，避免溶剂分离和碳酸乙烯酯的分离提纯，不仅简化工序，节约能源，而且提高反应速率和反应收率，可大大降低成本，这项技术已申请专利。

（3）甲醇氧化羰基化法　CH_3OH、CO和O_2在催化剂存在下，直接合成DMC。该法无副反应发生，被各国认为是最有发展前途的生产方法，也是各国着重开发的重点路线。

① 液相法工艺　该工艺以意大利的 Enichem 公司为代表，以氯化亚铜为催化剂，在$100\sim130℃$，$2\sim3$ MPa 压力下，在多台串联带搅拌的淤浆反应釜中甲醇、氧气和氯化亚铜反应生成甲氧基氯化亚铜，甲氧基氯化亚铜再与 CO 反应生成 DMC。反应式为：

$$2CuCl+2CH_3OH+0.5O_2 \longrightarrow 2Cu(OCH_3)Cl+H_2O$$

$$2Cu(OCH_3)Cl+CO \longrightarrow (CH_3O)_2CO+2CuCl$$

总的反应式可写为：

$$2CH_3OH+CO+0.5O_2 \longrightarrow \begin{matrix} H_3CO \\ \diagdown \\ \diagup \\ H_3CO \end{matrix} C{=}O + H_2O$$

反应速率由加入 O_2 的速率控制，气液反应物经闪蒸分离，回收液相中的催化剂，循环利用未反应的气相，最终反应釜分离的液相经脱水、脱醇、萃取和精馏制得 DMC 成品。

该工艺产品收率高，但甲醇单程转化率只有 30% 左右，物料（特别是 Cl^-）对设备管道腐蚀大，催化剂寿命短，生产过程在反应工序为间歇操作。

我国开发的液相法工艺，操作条件与采用的催化剂同国外基本一样，只是反应器采用管式反应器，合成反应可连续进行，催化剂寿命较国外大大延长，采用填料塔精馏，使产品收率达 98% 以上，CO 总转化率 76% 以上。

甲醇液相氧化羰基化合成碳酸二甲酯工艺流程如图 6-16 所示。

甲醇液相氧化羰基化反应是在 3 个连续搅拌的罐式反应器中进行，在反应器中存在气液固三相，氯化亚铜为催化剂，反应温度为 $90\sim120℃$，压力为 $2\sim3$MPa。一氧化碳被压缩到反应压力后鼓泡进入第 1 反应器，回收的催化剂及甲醇送入第 1 反应器，氧分别送入第 1、第 2、第 3 反应器。在反应过程中，氧浓度始终保持在爆炸极限以下。通过 3 个反应器后，一氧化碳的单程转化率约 67%。离开第 3 反应器的气体被冷却后在分离罐中分成液体和气体，液体返回第 3 反应器，气体在洗涤器中经碱性溶液洗涤脱除 CO_2 后，经 CO 循环压缩机加压后送回第 1 反应器。出第 3 反应器的液体经闪蒸脱出溶解的气体，气体循环返回第 1 反应器，液体通过催化剂过滤器分离出催化剂，催化剂与甲醇用泵送回第 1 反应器，无催化剂

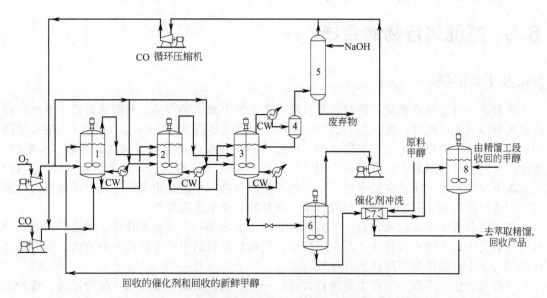

图 6-16 甲醇液相氧化羰基化合成碳酸二甲酯工艺流程

1,2,3—氧化羰基化反应器；4—分离罐；5—洗涤器；
6—闪蒸罐；7—催化剂过滤器；8—混合器

的液体含有碳酸二甲酯、水和未反应的甲醇送去萃取精馏。ENI 公司甲醇液相氧化羰基化生产碳酸二甲酯，按一氧化碳计，碳酸二甲酯的选择性为 90%，按甲醇计，其选择性大于 98%（摩尔分数）。

② 气相法工艺　气相法与液相法的反应原理相同，只是催化剂采用固体催化剂。以美国 Dow 化学公司为代表：甲醇、CO、O_2 气态物流在 $100 \sim 150^\circ C$，2 MPa 下，在有固体催化剂的固定床反应器内生成 DMC。催化剂为浸渍过无水氯化铜并加入氯化钾、氯化镁等助剂的活性炭。

该法避免了液相法催化剂对设备腐蚀的缺点，催化剂容易再生利用，但国内尚未工业化生产。

③ 常压非均相法　该法为日本宇部兴产公司开发，采用钯系催化剂，以亚硝酸甲酯为反应循环溶剂，在 $100^\circ C$、0.2MPa 下合成 DMC，反应分为两步进行，首先 CO 和亚硝酸甲酯反应生产 DMC 和 NO，第二步 NO 与甲醇和氧气反应生成亚硝酸甲酯。

反应式为：

$$2NO + 0.5O_2 + 2CH_3OH \longrightarrow 2CH_3ONO + H_2O$$
$$2CH_3ONO + CO \longrightarrow (CH_3O)_2CO + 2NO$$

总的反应式可写为：

$$2CH_3OH + CO + 0.5O_2 \longrightarrow (CH_3O)_2CO + H_2O$$

反应器采用多管式固定床反应器，催化剂采用活性炭吸附的 $PdCl_2/CuCl_2$。反应产物经冷凝，回收冷凝液中的草酸二甲酯后，在分离工段脱除甲醇获得 DMC 产品，甲醇回收利用，气相一部分循环使用，一部分与补充的 NO 和 O_2 在亚硝酸甲酯再生器内生成亚硝酸甲酯作为原料气返回反应器。

该工艺产品纯度可达 99% 以上，CO 选择性为 96%，但副产草酸二甲酯、甲酸甲酯、CO_2、醋酸甲酯等副产物，对设备材质要求较高，但催化剂寿命长。目前国内还没有采用该工艺的生产装置。

6.8 其他化合物的合成

6.8.1 甲醛

甲醛是一种基本有机化工原料，是目前最大宗的甲醇下游产品。甲醛在常温下是无色的有特殊刺激气味的气体，沸点为$-21℃$，易溶于水。含甲醛$37\%\sim40\%$、甲醇8%的水溶液叫做福尔马林，常用作杀菌剂和防腐剂。甲醛有毒，在很低浓度时，就能刺激眼、鼻黏膜，浓度很大时对呼吸道黏膜也有刺激作用。甲醛容易氧化，极易聚合，其浓溶液（60%左右）在室温下长期放置就能自动聚合成三分子的环状聚合物。甲醛是重要的有机合成原料，大量用于制造酚醛树脂、脲醛树脂、合成纤维（维尼纶）及季戊四醇等。

甲醛的合成方法：以液化石油气为原料非催化氧化法；二甲醚氧化法；甲烷氧化法；甲醇空气氧化法；甲缩醛氧化法。其中甲醇空气氧化法是目前甲醛生产的主导方法。甲缩醛氧化法是为了生产高浓度甲醛而新开发的方法。

甲醇氧化生产甲醛，工业上有两种方法：一种是用金属银作催化剂，称为银法，这种方法操作时原料中甲醇浓度高于爆炸极限（大于36%），即在甲醇过量和较高温度下操作；另一种是用铁、钼、钒等金属氧化物为催化剂，称为铁钼法，这种生产操作时空气过量，在空气、甲醇混合气体中，甲醇浓度低于爆炸极限（小于6.7%），甲醇几乎全部转化，得到低浓度的甲醛产品。

6.8.1.1 银催化法

催化剂银呈金属网状或沉积在惰性多空载体浮尸上。甲醇、空气与水蒸气的混合物主要发生下列反应。

$$2CH_3OH+O_2 \longrightarrow 2HCHO+2H_2O \tag{6-3}$$
$$CH_3OH \longrightarrow HCHO+H_2 \tag{6-4}$$
$$2H_2+O_2 \longrightarrow 2H_2O \tag{6-5}$$

反应式(6-3)在$200℃$以上开始进行，故开车时原料气需预热；反应式(6-3)又是一个强放热反应，点火后反应温度迅速上升，要考虑副产蒸汽回收反应热。

反应式(6-4)在$500℃$以上发生，是生成甲醛的主要反应之一，它是吸热反应，对控制催化床温度有利，同时又是可逆反应，当反应式(6-5)即生成水的反应发生时，反应式(6-4)向生成甲醛的方向转移，提高了甲醛转化率。

除发生甲醇氧化和脱氢的主反应外，还有少量生成甲烷、二氧化碳等的副反应。

温度、原料气组成与原料气纯度对反应过程的影响如下。

① 温度　升高温度有利于反应式(6-4)，但温度过高容易引起过度氧化和产品分解，也会使催化剂熔融结块，反应温度一般在$600\sim720℃$。

② 原料气组成　对反应结果影响很大：甲醇与空气的比例应在爆炸范围之外，要有适量水蒸气存在，带走部分反应热，以防止催化剂过热。

③ 原料气纯度　原料甲醇的纯度有严格的要求，不可含硫，以防止生成硫化银；不可含醛、酮，以免发生树脂化反应，覆盖于催化剂表面；不可含羰基铁，以免促使甲醛分解。

银法甲醛生产工艺流程见图6-17。

Ag催化剂具有较高的活性，转化率可达97%以上，选择性也可达85%以上，但反应温度较高。为进一步提高选择性，可采用Ag合金催化剂，但转化率会有所降低。

6.8.1.2 铁钼法

本法采用铁、钼、钒等金属氧化物为催化剂。由于空气过量，甲醇在铁钼催化剂上，除

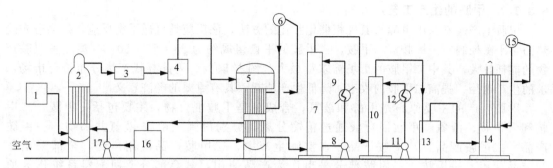

图 6-17　电解银法生产工艺流程图

1—甲醇高位槽；2—甲醇蒸发锅；3—过热器；4—过滤阻火器；5—氧化炉；6，15—汽包；
7——号吸收塔；8——号循环泵；9——号冷却器；10—二号吸收塔；11—二号循环泵；
12—二号冷却器；13—冷风槽；14—尾气燃烧炉；16—热水槽；17—热水泵

了生成甲醛的主反应外，还发生甲醇深度氧化为二氧化碳和水、甲醛氧化为甲酸等副反应，对这些深度氧化的连串副反应可通过让反应物急速冷却的方法加以克服。对于甲醇氧化制甲醛的反应，若以氧化钼为催化剂，反应选择性好，但转化率差；若仅以氧化铁为催化剂，反应转化率高，但选择性差；只有以适当比值制成的铁钼催化剂，才有高活性、高选择性的效果。

温度、原料浓度、接触空时对反应的影响如下。

① 温度　铁钼系催化剂不耐高温，必须严格控制反应温度，操作温度超过 480℃，活性组分遭到破坏。为了保证甲醛收率高，反应选择性好，反应温度以 350℃ 左右为宜。

② 原料浓度　甲醇进料浓度对氧化温度十分敏感，甲醇浓度增减 1%，反应热点温度变化约 5℃，因此要保持进料中甲醇浓度恒定。

③ 接触空时　甲醇在铁钼催化剂上以过量空气氧化，适宜大空速进行，接触时间为 0.2～0.5s。

🔳 6.8.2　甲胺

6.8.2.1　概述

甲胺，由于氢原子被甲基取代数目不同，形成一甲胺 CH_3NH_2（简称 MMA）、二甲胺 $(CH_3)_2NH$（简称 DMA）、三甲胺 $(CH_3)_3N$（简称 TMA）。甲胺是重要的基本精细有机化工原料之一，广泛应用于农药、医药、橡胶、制革、合成染料、合成树脂、化学纤维、溶剂、表面活性剂、炸药和饲料添加剂等领域。三种甲胺都是重要的有机化工原料，我国一甲胺消耗构成大体为农药占 60%，医药占 15%，染料占 10%，炸药占 10%，其他占 5%。二甲胺消费构成大体为二甲基甲酰胺（简称 DMF）占 30%，橡胶促进剂占 20%，农药占 18%，医药占 16%，其他为 16%。三甲胺消费构成大体为氯化胆碱占 35%，农药占 20%，医药和其他工业产品占 45%。

甲胺主要生产公司为美国的空气产品和化学品公司和杜邦公司、德国的巴斯夫公司、日本的日东化学工业公司和三菱瓦斯化学公司，以德国巴斯夫公司装置能力最大，达 10 万吨/a。我国甲胺生产始于 20 世纪 60 年代末，目前生产厂已达 20 多家，生产能力总计达 8.95 万吨/a。浙江江山化工公司、山东华鲁恒升公司、江苏新亚化工公司、南京扬巴公司和安阳化学工业公司等五家为我国最大的甲胺工厂，年生产规模都超过万吨。它们的总产量几乎占我国甲胺产量的一半。国内甲胺生产能耗一直偏高，与国际水平相比差距较大。

6.8.2.2 甲胺的生产工艺

甲胺生产通常采用甲醇与氨气相催化胺化的方法,该反应是可逆平衡反应,产品分布受热力学平衡控制,一甲胺、二甲胺、三甲胺的平衡组成约为 23:27:50。分离三种甲胺产物的能耗较大,其中二甲胺的市场需求量最大,约占 80%。因此寻找产物分布符合市场需求的生产途径,提高二甲胺的收率,降低生产能耗,具有重要的经济意义。

甲胺生产的主要原料是甲醇和液氨,合成液是甲胺混合物,主要包括一甲胺、二甲胺和三甲胺、液氨。甲胺混合液通过精馏分离,分别得到三甲胺-液氨共沸物、一甲胺产品、二甲胺产品、三甲胺产品。在实际生产中,二甲胺产品应用广泛,全部采出作为产品使用,一甲胺、三甲胺部分采出作为产品使用,其余部分返回配料系统作为原料循环利用。

甲胺生产工艺流程见图 6-18。

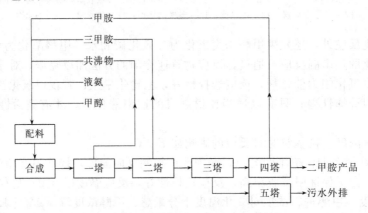

图 6-18　甲胺生产工艺流程示意图

目前我国工业合成甲胺方法,采用由甲醇和氨在加压条件下,于酸性催化剂催化下反应合成,生产技术相对成熟,生产过程是甲醇和氨以 1:(1.5~4)的配料比,在高温(425℃)、高压(2.45MPa)及催化剂存在下,进行连续气相催化反应,生成一甲胺、二甲胺和三甲胺的混合粗品,再经过一系列的蒸馏塔连续加压精馏分离、脱氨、脱水,得到一甲胺、二甲胺和三甲胺的工业品。

6.8.2.3 甲胺生产工艺技术发展

目前全球市场三种甲胺需求比例大致为一甲胺:二甲胺:三甲胺＝21:61:18。二甲胺是最需要的产品,因此无论国外还是国内,甲胺生产技术的发展就是围绕尽可能地多产二甲胺。在国外主要有两条发展途径,一是对传统平衡催化工艺的优化,二是研制开发新型择形甲胺催化剂。

传统平衡催化工艺优化,指采用传统催化剂,产品分布受热力学平衡控制,一甲胺、二甲胺、三甲胺的平衡组成大体为 23:27:50。由于三甲胺所占比例最高,因此通过提高反应温度,或者增加进料氨/甲醇的值,或者增加三甲胺返料等,从而在一定程度上提高二甲胺的收率,但这样调整,需要庞大的精制分离系统,增加了物耗、能耗。为此,开发高效和高选择性的甲胺催化剂来提高二甲胺的产量就成为重点。

20 世纪 70 年代,国外发现具有独特规整孔道结构的沸石分子筛催化剂,不但可获得理想的二甲胺选择性,而且具有比传统催化剂更高的转化率。在对多种天然或合成沸石分子筛如镁碱沸石、毛沸石、菱沸石、丝光沸石等的研究中,国外已经取得了重要的成果。目前国外开发的高效择形甲胺催化剂,能使三种甲胺比例在一定范围调节,其基本原理是利用沸石分子筛有形状选择性,其特殊的孔道网络,能够扩散或者限制进出孔道分子,对分子起筛分作用。比如，沸石孔径尺寸小到足以阻止三甲胺[分子尺寸(0.39±0.02)nm]扩散逸出，而能让一甲胺[分子尺寸(0.22±0.02)nm]和二甲胺[分子尺寸(0.30±0.02)nm]较容易扩散出沸石孔道，则最终产品将由于"产物择形"而偏向于一甲胺、二甲胺，从而达到选择性合成一甲胺、二甲胺，抑制三甲胺的目的。

目前在开发高效和高选择性甲胺催化剂处于世界领先水平的是美国的空气产品和化学品公司（APCI）和日本日东化学工业公司。尤其是日本日东化学工业公司以改性丝光沸石为催化剂，首先在 2.4 万吨/a 装置上择形化生产二甲胺成功。据称，该工艺技术的应用可使二甲胺的产率提高一倍以上，而三甲胺减少 80%，还可使原有装置的生产能力提高 40%。有文献报道，该工艺催化剂使用温度低，可使其连续工作寿命达到一年。

除了采用新型催化剂，日东化学工业公司新工艺还包括采用五塔流程双反应器系统。在前一反应器内装填分子筛催化剂，生成高比例二甲胺混合物。考虑到虽然分子筛催化剂具有择形性，已经减少了三甲胺，但是三甲胺仍然会逐步积累，因此需要设装填常规硅铝催化剂的第二反应器，使由第一反应器来的经分离出二甲胺后剩余的一甲胺和三甲胺与氨及甲醇进一步反应，从而增加二甲胺产率，少产或不产三甲胺。

在国外，将以上这样的工艺称为双反应系统工艺，属于当今世界最先进的甲胺生产工艺技术。它具有装置生产能力高，二甲胺选择性高，公用工程消耗低等明显的优点。由美国空气产品和化学品公司开发的甲胺生产双反应系统工艺也已于 1991 年完成，其最终产品组成为一甲胺、二甲胺、三甲胺，它们的质量分数分别约为 32.6%，54.2%和 13.2%。

相比国外，国内甲胺生产技术目前虽仍处在平衡催化工艺水平，但在开发双反应系统工艺方面，也做了一些研究工作。天津大学曾对甲胺丝光沸石催化剂进行过详细的小试研究；北京化工研究院在这一基础上，进行了工业放大研究，据报道，在 320~340℃，氨/甲醇分子数比=1.6~1.8，该催化剂二甲胺选择性达 70%以上，甲醇转化率则为 98%以上，这是我国在这一领域的一大突破。然而我国要把研究成果转化为工业化生产能力，还有很长的路要走。同一切催化过程一样，甲胺催化剂是甲胺工艺技术的关键所在，甲胺催化剂性能的优劣在很大程度上决定了甲胺工艺技术经济指标的优劣。

不过国内也有单位正在试探走一条改良的道路，上海石化院独特的甲胺工艺技术就是范例。该单位科研人员，在国内平衡催化工艺优化和开发择形催化剂结合方面做得最好，尤其是 A-6 型催化剂，相比国内同类催化剂，其二甲胺选择性高，产率分布随催化剂使用时间延长变化小，活性下降缓慢，即使在一甲胺和三甲胺大量返料的情况下，也不会造成积累，各项技术指标处于国内领先水平，接近国际先进水平。

上海石化院甲胺工艺技术有两方面特征，首先，A-6 型催化剂对二甲胺的选择性达到 35%~40%，介于平衡型与择形型之间；其次，该催化剂能立足于现有工业装置直接使用而无需对装置进行根本性的改造。

根据了解，A-6 型催化剂以氧化铝和丝光沸石为主体，其甲胺成套工艺，采用连续进料、绝热固定床反应器合成和五塔分离，具有：

① 工艺流程热能得到充分利用；

② 公用工程消耗低；

③ 轴向绝热固定床反应器内构件能够使得气流均匀分布；

④ 一甲胺、二甲胺、三甲胺的产量可以根据需要调节；

⑤ 萃取水部分循环使用，使得大幅度减少工艺水耗量和废水量等一系列优点。

■ 6.8.3 甲基丙烯酸甲酯

甲基丙烯酸甲酯（MMA）是甲醇的一个传统下游产品，有多种生产路线，目前以丙酮氰醇路线占主导地位。

英国璐彩特国际公司已于 2006 年 8 月第一次采用其 α-MMA 新技术在新加坡动工建设甲基丙烯酸甲酯（MMA）装置，这是该工艺开发成功 10 年后建设的第一套装置，能力为 12 万吨/a，项目定于 2008 年初投产。该装置的设计数据来自完全一体化、连续式的微型装置（由 Davy 过程技术公司建造）。该微型装置概念包含了中型装置至工业规模装置的设计详情，而却按实验室规模的费用基准操作，典型的放大因子为 10000～30000。按常规开发路线建造这样规模的 MMA 装置可能需 5 年时间，该微型装置概念使放大到工业装置的中试时间减少到 3 年。璐彩特国际公司利用乙烯、甲醇和 CO 生产 MMA 的 α-MMA 工艺与基于丙酮和氢氰酸或异丁烯的现有技术相比，可减少生产成本 40%～45%。该工艺不产生任何废物，而且选择性高。待新加坡这套 12 万吨/a MMA 装置建成后，璐彩特国际公司还计划再建一套 25 万吨/a 装置，初定 2011 年建成。

我国最近成功开发了甲基丙烯酸甲酯（MMA）环境友好制备新技术，中国石油兰州石化研究院与中科院过程所合作完成的"裂解碳四的综合利用——甲基丙烯酸甲酯（MMA）新生产工艺研究"项目，在中国石油超前共性项目验收和中期评估会上，在 12 个验收评估项目中位列专家评审总分第一。专家认为，该项成果形成了具有自主知识产权的创新技术，展现出良好的工业化前景。

中国石油兰州石化研究院与中科院过程所合作，联合开发了利用裂解碳四生产甲基丙烯酸甲酯的新技术。新工艺以混合碳四中的异丁烯为原料制取叔丁醇，叔丁醇经氧化成为甲基丙烯醛，再进一步氧化酯化可获得甲基丙烯酸甲酯。该项成果形成了具有自主知识产权的创新技术，展现出良好的工业化前景。

6.8.4 甲基叔丁基醚

甲基叔丁基醚（methyl tertiary butyl ether，MTBE），又称 2-甲氧基-2-甲基丙烷（2-methoxy-2-methyl-propane），结构式为 $CH_3OC(CH_3)_3$，分子式为 $C_5H_{12}O$，相对分子质量为 88.15。甲基叔丁基醚在 1904 年首次被合成并被表征其特性。在第二次世界大战期间，美国的研究工作验证了 MTBE 作为汽油高辛烷值添加剂的作用。

20 世纪 70 年代，MTBE 作为提高汽油辛烷值的汽油调和组分开始被人们注意。MTBE 的基础辛烷值 RON 为 118，MON 为 100，是优良的汽油高辛烷值添加剂和抗爆剂。MTBE 与汽油可以任意比例互溶而不发生分层现象，与汽油组分调和时，有良好的调和效应，调和辛烷值高于其净辛烷值。MTBE 化学性质稳定，含氧量相对较高，能够显著改善汽车尾气排放，降低尾气中一氧化碳的含量。而且燃烧效率高，可以抑制臭氧的生成。它可以替代四乙基铅作为抗爆剂，生产无铅汽油。现在约有 95% 的 MTBE 用作辛烷值提高剂和汽油中含氧剂。

除此之外，MTBE 在生物分析技术中也得到了广泛的应用，主要用于生物样品中药物的提取分离。

目前，世界上有 40 多个国家和地区生产 MTBE，2006 年年产量已经超过 3000×10^4 t。

中国的 MTBE 技术开发起步较晚，在 20 世纪 70 年代末，先后有十多家单位开始研究。在 80 年代初期，国内有组织地进行了 MTBE 生产技术开发。1984 年，齐鲁石化公司橡胶厂建成我国第一套 5500t/a MTBE 生产装置。在有关单位密切合作下，先后完成了一系列 MTBE 生产技术的开发。齐鲁石化公司研究院、北京设计院等单位联合开发了列管反应技术、筒式外循环反应技术、混相反应技术、催化蒸馏技术和混相反应蒸馏技术。洛阳工程公司开发了膨胀床反应技术，吉林化学工业公司开发了筒式外循环反应技术。到 2006 年，采用国内开发的技术在我国已建成 60 余套 MTBE 装置，总生产能力已超过 250×10^4 t/a。

MTBE 作为具有高辛烷值车用汽油添加组分，对国内车用汽油无铅化、汽油质量升级以及清洁汽油生产和出口均发挥了积极作用。已成为我国无铅汽油，特别是高标号汽油不可缺少的调和成分。

我国依靠自己的科技力量成功地开发了不同类型的 MTBE 合成工艺，其技术水平与国外相比毫不逊色。MTBE 的工业应用，为我国炼油和石油化工事业的发展和环境保护作出了应有的贡献。

MTBE 合成主要有两种原料，即异丁烯和甲醇，异丁烯不是单独存在的原料，它广泛存在于混合 C_4 中。两种原料分别放在贮罐中。混合 C_4 和甲醇分别经管道送进料泵中，增压计量后合并到一条管道后，进入静态混合器，充分混合后再进入进料预热器中加热到预定温度后，就可以进入醚化反应器内。

异丁烯与甲醇生成 MTBE 的反应式如下：

$$CH_3-\underset{\underset{CH_3}{|}}{\overset{\overset{CH_2}{\|}}{C}}-CH_3 + CH_3-OH \rightleftharpoons CH_3-\underset{\underset{CH_3}{|}}{\overset{\overset{CH_3}{|}}{C}}-O-CH_3 + \Delta H_1$$

可能的副反应有：

（1）异丁烯水合生成叔丁醇（TBA）

$$CH_3-\overset{\overset{CH_2}{\|}}{C}-CH_3 + H_2O \rightleftharpoons CH_3-\underset{\underset{OH}{|}}{\overset{\overset{CH_3}{|}}{C}}-CH_3 + \Delta H_2$$

（2）异丁烯二聚生成二异丁烯（DIB）

$$2CH_3-\overset{\overset{CH_2}{\|}}{C}-CH_3 \rightleftharpoons \left[CH_3-\overset{\overset{CH_2}{\|}}{C}-CH_3 \right]_2 + \Delta H_3$$

（3）甲醇脱水生成二甲醚（DME）和水

$$2CH_3-OH \rightleftharpoons CH_3-O-CH_3 + H_2O$$

异丁烯和甲醇生成 MTBE 的反应是催化放热反应。反应条件是缓和的，较好的反应条件是 $30 \sim 82℃$、$0.71 \sim 1.42MPa$，使用强酸性离子交换树脂催化剂。

但是，MTBE 极易溶解于水，比汽油中其他组分更快地进入水体，由于地下汽油贮罐泄漏，美国部分地区在饮水中越来越多地发现了 MTBE，于是美国的加利福尼亚州决定在 2003 年 12 月 31 日后禁止使用 MTBE，纽约州也从 2004 年 1 月起禁止使用 MTBE，这对 MTBE 的生产和使用前景带来了消极影响。

6.8.5　合成甲烷氯化物

甲烷氯化物包括一氯甲烷、二氯甲烷、三氯甲烷（氯仿）和四氯甲烷，简称 CMS，自 20 世纪 30 年代工业化生产以来，已成为有机氯产品中仅次于氯乙烯的大宗氯系产品，为重要的化工原料和有机溶剂，目前世界产能近 400 万吨/a。

氯甲烷生产有两条途径：甲醇氯化法和甲烷氯化法。全球能力的约 15% 基于甲烷，其余则基于甲醇。甲醇法已成为甲烷氯化物生产的主导方法，与甲烷法相比，其具有明显的优势，例如甲醇原料易得、甲醇及氯的利用率高、副产品氯化氢量少、产品比例调节范围大、产品质量高等。我国最早生产甲烷氯化物的自贡鸿鹤化工总厂是从甲烷法开始的，随着我国甲烷氯化物工业的发展，甲醇法在我国也已居主导地位。国内目前的甲醇法装置多采用从国外引进的技术，但近年来国内自行开发的甲醇法技术也取得了实质性的进步。如已有数套装置采用了四川天一科技股份有限公司的技术。近年江苏梅兰化工股份有限公司自主开发利用甲醇加工甲烷氯化物的工艺，取得成功。

近年来我国甲烷氯化物的生产和消费都快速增长，目前产能已超过 100 万吨/a，消费量亦居世界前列。

6.8.6 合成聚碳酸酯

近年来我国聚碳酸酯进出口贸易均保持快速增势，虽然 2005 年增速明显放缓，但 2006 年很快恢复快速增势，出口增速创近年来新高。2006 年我国聚碳酸酯出口 18.5 万吨，同比增长 40.4%，出口平均价格为 2885 美元；进口 90 万吨，同比增长 23.1%，进口平均价格为 2924 美元。

6.8.7 羰基合成系列产品

利用一氧化碳的羰基合成技术可生产甲酸甲酯、甲酸、丙酸、醋酐、碳酸二甲酯（DMC）、碳酸二苯酯、DMF、甲酰胺等许多重要的化工原料和精细化工产品，是一氧化碳资源化利用的重要途径。

羰基合成技术在许多产品的合成中优于这些产品的传统生产技术，并已逐步替代了传统生产技术。

6.9 碳一化学发展前景

展望碳一化工的未来，其前景极其光明。石油替代、环境保护和可持续发展的要求是推动碳一化工迅速发展的三驾马车。

天然气、煤层气、天然气水合物和生物气等所蕴含的甲烷量极其丰富，因此甲烷将成为后石油时代的重要清洁替代能源和化工原料。甲烷化工在制氢、合成氨、甲醇、二甲醚、氢氰酸等传统优势领域将会进一步发展，而在合成烯烃、合成油、合成芳烃等领域也将会开拓更大的空间。甲烷化工正在向天然气丰富和价廉的地区转移，在中东、南美等天然气丰富的地区甲烷化工发展较快。我国虽然具有相当的天然气地质储量，但目前探明、开采和供应量都明显不足，由此短期内限制了其化工利用的发展，但是在一些优势领域，特别是制氢上仍将有较好的发展前景。

煤是一种相对丰富和价格低廉的矿物燃料，特别是在我国，煤炭较石油和天然气都要丰富得多，因此煤将是接替石油的重要能源和化工原料。将煤气化转化成合成气，然后通过碳一化工路线合成各种油品和石化产品是碳一化工的极为重要的领域，具有广阔的前景，在未来相当一段时期将成为碳一化工的主要领域。国家发改委《煤化工产业中长期发展规划征求意见稿》显示，2010 年、2015 年和 2020 年，煤制油规划年产分别为 150 万吨、1000 万吨和 3000 万吨（2015 和 2020 年，煤制油占成品油的比例分别为 4% 和 10%）；掺烧于汽油的二甲醚的规划是，在上述三个时间点上年产分别为 500 万吨、1200 万吨和 2000 万吨；煤烯烃的规划是，在上述时间点上年产分别为 140 万吨、500 万吨和 800 万吨，占烯烃总量比例分别为 3%、9% 和 11%；煤制甲醇的规划增长速度也很大，在上述时间点上年产分别达 1600 万吨、3800 万吨和 6600 万吨，到 2020 年，煤制甲醇占甲醇总量的 94%。

从保护环境和可持续发展的角度上看，二氧化碳化工和以生物质合成气为原料的碳一化工在未来都具有更为广阔和长远的发展前景，因为煤和天然气都是有限的，而生物质和二氧化碳可以是取之不竭用之不尽的，化工生产所需的碳源最终都将要来自二氧化碳和生物质。

参 考 文 献

[1] 应卫勇，曹发海，房鼎业. 碳一化工主要产品生产技术. 北京：化学工业出版社，2004.

[2] 郭树才，胡浩权. 煤化工工艺学. 第 3 版. 北京：化学工业出版社，2012.

[3] 葛庆杰，黄友梅，李树本. 二甲醚的用途及制备. 石油化工，1997，26（8）：560-564.

[4] 崔世纯，胡立智，朱冬茂等. 甲醇气相催化脱水制二甲醚工艺. 石油化工，1999，28：43-45.

[5] 郭俊旺，牛玉琴，张碧江. 气-液-固三相合成二甲醚技术进展. 天然气化工，1996，21（4）：38-43.

[6] Qingjie G，Youmei H，Fengyan Q，et al. Bifunctional catalysts for conversion of synthesis gas to dimethyl ether. Appl Catal. A：General，1998，167（1）：23-30.

[7] 张间璜. 甲醇制烃. 曾祥焜，李正清译. 北京：化学工业出版社，1998.

[8] 郭国清，黄友梅. CO/H_2 合成低碳烯烃催化剂制备的研究. 天然气化工，1997，22（2）：25-29.

[9] Philippou A，Salehirad F，et al. Investigation of Surface Methoxy groups on SAPO-34. J Chem Faraday Trans，1998，94（18）：2851-2856.

[10] 刘红星，谢在库，张成芳等. 甲醇制烯烃（MTO）研究新进展. 天然气化工，2002，27（3）：49-56.

[11] UOP. Process for producing light olefins：US5744680.1998.

[12] UOP. Process for producing light olefins：US5990369.1999.

[13] 白尔铮. 甲醇制烯烃用 SAPO-34 催化剂新进展. 工业催化，2001，9（4）：3-8.

[14] 顾其威. 甲醇合成汽油的开发研究. 化学工程，1984（3）：18-24.

[15] 王宗义. 国外甲醇制汽油的发展概况. 天然气化工，1988（6）：1-6.

[16] 胡津仙，胡靖文，王俊杰，相宏伟，李永旺. 甲醇在不同酸性 ZSM-5 上转化为汽油（MTG）的研究. 天然气化工，2001（6）：1-3.

[17] 李鹤延，南方，姚维崇. 合成乙醇. 北京：化学工业出版社，1985.

[18] 汪海有，刘金波，蔡启瑞. 合成气制乙醇催化反应机理述评. 分子催化，1994，8（6）：472-480.

[19] 杨鼎文. 合成气制乙二醇发展方向剖析. 辽宁化工，1982（3）：26-33.

[20] 谢光金. 日本合成气直接法合成乙二醇. 天然气化工，1987（5）：34-41.

[21] 郑宁来. 乙二醇的发展趋势. 石油化工，1988，17（12）：821-827.

[22] 戴文涛. 甲醇低压羰基法合成醋酸的特点及发展. 化工生产与技术，1999，6（4）：35-38.

[23] Aubigne，et al. Process for the production of acetic acid：US5416237.1995.

[24] 李好管，闫慧芳. 醋酸工业现状与发展. 煤化工，2001（2）：10-14.

[25] 刘宗健，蔡晔. 酯交换法合成碳酸二甲酯的研究进展. 浙江化工，1999（2）：18-21.

[26] 吕环春，历明蓉，蒋桂垒. 甲醛生产中的催化剂. 天津化工，1997，137：7-8.

[27] 沈炎芳. 甲胺的生产及应用. 湖北化工，1992，9（3）：42-44.

[28] 杨学萍. 甲基丙烯酸甲酯生产工艺及技术经济比较. 化工进展，2004，23（5）：506-510.

[29] 杭道耐. 甲基叔丁基醚生产和应用. 北京：中国石化出版社，1993.

[30] 郜广铃. 合成 MTBE 的分子筛催化剂研究述评. 天津化工，2001（6）：9-11.

[31] 张倩，曹守凯. 甲基叔丁基醚生产技术概况. 山东化工，2002，31（4）：14-16.

[32] 加藤顺，小林博行，村田义夫. 碳一化学工业生产技术. 金革，王骥，张俊甫，张在明译. 北京：化学工业出版社，1990.

7 煤的直接液化

7.1 概述

7.1.1 煤直接液化的意义

煤直接液化是将煤在较高温度和压力下与氢反应使其降解和加氢，从而转化为液体油类的工艺，故又称加氢液化。

由于自然界的煤炭资源远比石油丰富，石油的发现量逐年下降而开采量不断上升。世界范围内的石油短缺已经显现。我国的能源结构为"富煤、缺油、少气"，近几年中国原油加工量增加速度远高于自产原油增产的幅度，2004 年中国已成为世界第二大原油进口国，达到 $1.2 \times 10^8 t$，而中国的煤炭资源丰富，分布较广，资源潜力大，而且煤种齐全，特别是低变质、中变质的煤占有较大的比例，这对煤炭的液化、特别是直接液化是非常重要的资源保障。利用液化技术将煤转化为发动机燃料和化工原料的工艺即将在中国实现工业化，加紧有关的研究和开发已成当务之急。

与此同时，我国的环境污染特别是大气污染与能源的开发利用和消费有密切的关系。2000 年，全国生活二氧化硫的排放量为 382.6 万吨，工业二氧化硫的排放量为 1612.5 万吨，合计 1995.1 万吨；生活和工业烟尘的排放量为 1165.4 万吨。而二氧化硫排放的 80%，烟尘排放的 70% 以上被认为与煤的燃烧有关。为了解决这些问题，在未来相当长的时间内我们还得主要从煤的加工技术入手，而煤的液化可以得到馏分油，经过加工就可以得到汽油、煤油和柴油等油类，可以说它是解决我国石油供需矛盾和安全的一个重要的途径。而且煤的液化是一种洁净煤技术，在液化过程中得到的产物中含硫量大大地降低，几乎不含有粉尘，极大减少了二氧化硫和粉尘的排放，对环境的保护起到了重要的作用。而且煤炭的液化可以获得许多的化工燃料，有些化学物质的产量比炼焦多得多。萘的产量增加 5～8 倍，苯酚增加 60～80 倍，氮萘增加 300～500 倍，已经分离出来的产物达 150 多种。

由于煤液化的种种好处，我们更加应该加大对煤液化技术及其产物性质、结构等方面的研究。从而使得液化技术的不断改进，产物得到进一步加工和合理利用。

煤液化包含直接液化和间接液化两种工艺，何优何劣不能一概而论，应该因地制宜，具体分析。总的来讲，直接液化热效率比间接液化高，对原料煤的要求高，较适合于生产汽油和芳烃；间接液化允许采用高灰分的劣质煤，较适合于生产柴油、含氧的有机化工原料和烯烃等。所以，两种液化工艺各有所长，都应得到重视和发展。

7.1.2 煤直接液化的发展概况

煤直接液化已经走过了漫长的历程。1913 年，德国的柏吉斯（Bergins）首先研究了煤的高压加氢，从而为煤的加氢液化技术奠定了基础。德国染料公司在比尔（Pier）领导下成功开发耐硫的钨钼催化剂，并把加氢过程分为糊相和气相两段，从而使这一技术走向工业化。1927 年，德国莱纳（Leuna）建立了世界上第一个煤直接液化工厂，规模为 10×10^4 t /a。在 1936～1943 年间，又有 11 套装置建成投产，到 1944 年总生产能力达到 400×10^4 t/a，加上 60×10^4 t/a 的合成油，为发动第二次世界大战的德国法西斯提供了约 2/3 的航空汽油和 50% 的汽车及装甲车用油。在 20 世纪 30 年代，英国利用德国的技术建立了一座 15×10^4 t/a 的煤加氢工厂，法国、意大利、朝鲜和中国东北也相继兴建了煤或煤焦油加氢的工厂。

由于第二次世界大战的破坏，更主要的是 20 世纪 50 年代后中东地区大量廉价石油的开发，使煤加氢液化失去了竞争力和继续存在的必要。美国取代德国成为研究和开发煤液化技术的主要国家，在 20 世纪 50～60 年代做了大量的基础工作。

1973 年，西方世界发生了一场能源危机，煤炭在能源中的地位有所回升，煤转化技术的开发又活跃起来。在煤直接液化方面，相继开发了许多工艺，已经完成或正在进行中试的有溶剂精炼煤法 I 和 II（SRC-I 和 SRC-II）、氢煤法（H-Coal）、供氢溶剂法（EDS）、德国液化新工艺（NewIG）、日本新能源开发机构液化法（NEDOL）、超临界抽提（萃取）法（SCE）和煤与渣油联合加工（CO·Processing）等。它们在工艺和技术上分别取得了不同程度的突破。由于近几年世界原油价格上涨，故煤直接液化又出现生机。

总的说来，煤直接液化是在溶剂油存在下通过高压加氢使煤液化的方法，根据溶剂油和催化剂的不同、热解方式和加氢方式的不同以及工艺条件的不同，可以分为以下几种工艺。

（1）溶解热解液化法　利用重质溶剂对煤热解抽提可制得低灰分的抽提物（日本称膨润炭）；利用轻质溶剂在超临界条件下抽提可得到以重质油为主的油类。此法不用氢气，前一种工艺产率虽高但产品仍为固体，后一种工艺抽提率不太高。

（2）溶剂加氢抽提液化法　如上述 SRC 和 EDS 等，使用氢气，但压力不太高，溶剂油有明显的作用。

（3）高压催化加氢法　如德国的新老液化工艺和美国的氢煤法等都属于这一类。

（4）煤和渣油联合加工法　以渣油为溶剂油与煤一起一次通过反应器，不用循环油。渣油同时发生加氢裂解转化为轻质油。美国、加拿大、德国和前苏联等各有不同的工艺。

（5）干馏液化法　煤先热解得到焦油，然后对焦油进行加氢裂解和提质。

（6）地下液化法　将溶剂注入地下煤层，使煤解聚和溶解，加上流体的冲击力使煤崩散，未完全溶解的煤则悬浮于溶剂中，用泵将溶液抽出并分离加工。此法可以实现煤的就地液化，不必建井采煤，所以是很诱人的。不过还存在许多技术和经济问题，近期内不可能工业化。

7.2　煤直接液化的原理

■ 7.2.1　煤与石油的比较

煤和石油同是可燃矿物，有机质都由碳、氢、氧、氮和硫元素构成，但它们在结构、组成和性质上又有很大差别。

① 化学组成上石油的 H/C 原子比高于煤，而煤中的氧含量显著高于石油，见表 7-1。

② 煤的主体是高分子聚合物，故不挥发、不熔化、不溶解（可溶胀），并有黏弹性，而石油的主体是低分子化合物。

③ 煤中有较多的矿物质。由此可见，要将煤转化为油需要加氢、裂解和脱灰。

表 7-1　几种典型煤种与原油、汽油和甲苯的元素组成

元素组成	无烟煤	中等挥发分烟煤	高挥发分烟煤		褐煤	原油	汽油	甲苯
			A	B				
$w(C)/\%$	93.7	88.4	84.5	80.3	72.7	$83\sim87$	86	91.3
$w(H)/\%$	2.4	5.0	5.6	5.5	4.2	$11\sim14$	14	8.7
$w(O)/\%$	2.4	4.1	7.0	11.1	21.3	—	—	
$w(N)/\%$	0.9	1.7	1.6	1.9	1.2	0.2	—	
$w(S)/\%$	0.6	0.8	1.3	1.2	0.6	1.0	—	
$w(H)/w(C)$	0.31	0.67	0.79	0.82	0.69	1.76	1.94	1.14

7.2.2　煤加氢液化中的主要反应

现已证明，煤的加氢液化与热解有直接关系。在煤的开始热解温度以下一般不发生明显的加氢液化反应，而在煤热解的固化温度以上加氢时，结焦反应大大加剧。在煤的加氢液化中，不是氢分子攻击煤分子而使其裂解，而是煤首先发生热解反应，生成自由基碎片，后者在有氢供应的条件下与氢结合而得以稳定，否则就要缩聚为高分子不溶物。所以，在煤的初级液化阶段，热解和供氢是两个十分重要的反应。

7.2.2.1　煤的热解

从前面几章可知，煤在隔绝空气的条件下加热到一定温度，就会发生一系列复杂反应，析出煤气、热解水和焦油等产物，剩下煤焦。由于煤中的桥键和交联键有不同类型，如 —CH₂—CH₂、—CH₂—O—、—CH₂—、—O— 和 C芳—C芳等，其稳定性也各不相同。这样，煤的热解必须有一个较大的温度范围。当煤达到开始热解的温度时，只有最弱的键裂解；随着温度的升高，较稳定的键相继断开，所以热解速度随温度升高而明显加快。对于褐煤和烟煤，焦油和煤气析出速度最快或胶质体生成量最大的温度范围大致在 $400\sim450℃$，这与煤加氢液化的适宜温度区间基本一致。这并不是巧合，而是因为热解恰好是加氢的先决条件。

7.2.2.2　对自由基碎片的供氢

自由基碎片是不稳定的。它如能与氢结合就能变得稳定，成为相对分子质量比原来的煤要低得多的初级加氢产物。不能与氢结合时，自由基碎片则以彼此结合的方式实现稳定，相对分子质量增加，变为煤焦或类似的重质产物。上述情况可用下面的化学方程式示意表示：

$$R—CH_2—CH_2—R' \xrightarrow{\triangle} RCH_2 \cdot + R'CH_2 \cdot$$
$$RCH_2 \cdot + R'CH_2 \cdot + 2H \longrightarrow RCH_3 + R'CH_3$$

或

$$RCH_2 \cdot + R'CH_2 \cdot \longrightarrow RH_2C—CH_2R'$$
$$2RCH_2 \cdot \longrightarrow RH_2C—CH_2R$$
$$2R'CH_2 \cdot \longrightarrow R'H_2C—CH_2R'$$

氢的来源有以下几个方面：

① 溶解于溶剂油中的氢在催化剂作用下变为活性氢；

② 溶剂油可供给的或传递的氢；

③ 煤本身可供应的氢；

④ 化学反应生成的氢，如 $CO + H_2O \longrightarrow CO_2 + H_2$。它们之间的相对比例随液化条件的不同而不同。

用伊利诺伊（Illinois）6 号煤在 427℃和 6.7MPa 氢初压条件下轻度加氢制取溶剂精炼煤时，不同来源氢的比例和溶剂中四氢萘含量的关系列于表 7-2。

表 7-2 不同来源氢的比例和溶剂中四氢萘含量的关系

溶剂中四氢萘的含量/%		0	4	8.5	40
氢来源/%	溶剂	0	19	32	80
	氢气	57	43	31	0
	煤	43	38	37	20

当溶剂无供氢能力时，煤液化消耗的氢分别来自氢气和煤。随着溶剂中四氢萘浓度的提高，来自溶剂的氢逐渐增加，前面两种来源的比例则不断下降。可见，溶剂的供氢性对煤液化有重要影响，对此后面还要进一步讨论。值得注意的是，在煤的轻度液化中，所消耗的氢有相当部分来自煤本身，一般要占 40%左右，所以在初级加氢过程中耗氢并不多，外来氢耗量占干燥无灰基煤的质量分数约为 2%。

采取以下措施对供氢有利：

① 使用有供氢性能的溶剂；

② 提高系统氢气压力；

③ 提高催化剂活性；

④ 保持一定的 H_2S 浓度等。

当液化反应温度提高，裂解反应加剧时，需要有相应的供氢速度相配合，否则就有结焦的危险。

7.2.2.3 脱杂原子的反应

从煤的元素组成可知，煤的有机质中除碳和氢以外，还含有一定量的氧、氮和硫（见表7-1）。年轻褐煤的氧含量在 20%以上，中等挥发分烟煤只有 5%，无烟煤则更少。各种煤的氮含量波动不大，一般在 1%～2%。硫含量与煤化程度无直接关系而与成因有关，一般含硫 1%左右，高硫煤含硫≥2 %，甚至可达 5%以上。煤中含有的上述杂原子在煤液化过程中逐步生成 CO_2、CO、H_2O、H_2S 和 NH_3 等。它们的脱除反应既和煤液化深度有直接关系，又影响产品质量和对环境造成污染，故应予重视。

（1）脱氧反应 煤中氧的存在形式如下：

① 含氧官能团—COOH、—OH、—CO 和醌基等；

② 醚键和杂环。

羧基最不稳定，加热到 200℃以上即发生明显的脱羧反应，析出 CO_2。酚羟基在比较缓和的加氢条件下相当稳定，故一般不会破坏。只有在高活性催化剂作用下才能脱除。羰基和醌基在加氢裂解中，既可生成 CO 也可生成 H_2O。醚键有脂肪醚键和芳香醚键两种，前者易破坏，后者相当稳定。杂环氧和芳香醚键差不多，也不易脱除。

（2）脱硫反应 脱硫反应与上述脱氧反应相似。由于硫的负电性弱，所以脱硫反应更容易进行。硫醚键和巯基（—SH）很容易脱除，以杂环形式存在的硫在加氢条件下也不难破坏。以二苯并噻吩为例，其脱硫反应如下：

反应条件为 300℃，10.4MPa，Co-Mo 催化剂。括号内为一级反应速率常数。由上式可见，不需对苯环饱和加氢就能破坏噻吩杂环。

（3）脱氮反应　煤中的氮大多存在于杂环中，少数为氨基。与脱硫和脱氧相比，脱氮要困难得多。在轻度加氢中，氮含量几乎未减少（见表 7-3）。

表 7-3　轻度加氢时原料煤和产品的元素组成

原料	元素组成					产率/%
	$w(C)/\%$	$w(H)/\%$	$w(N)/\%$	$w(S)/\%$	$w(O)$（差减）/%	
原料煤	79.60	5.74	1.74	4.33	8.59	—
溶剂精炼煤	87.37	5.78	2.15	0.75	3.95	57.9
轻油	84.29	11.05	0.36	0.44	3.85	6.8

以喹啉为例的脱氮反应如下式所示：

反应条件：342℃，13.6MPa H_2，预硫化的 Ni-Mo-Al_2O_3 催化剂。括号内数字为反应速率常数，单位为 g 油/（g 催化剂·min）。由上式可见，芳香环先要饱和加氢，然后才能破坏脱氮。

7.2.2.4　结焦反应

前面已经提到，热解生成的自由基碎片，如果没有机会与氢反应，它们就会彼此结合，这样就达不到降低相对分子质量的目的。多环芳烃在高温下有自发缩聚成焦的倾向，如蒽可能发生以下反应：

在煤加氢液化中这是一个不希望发生的反应。一旦发生，轻则使催化剂表面积炭，重则使反应器和管道结焦堵塞。采取以下措施可防止结焦：

① 提高系统的氢分压；
② 提高供氢溶剂的浓度；
③ 反应温度不要太高；
④ 降低循环油中沥青烯含量；
⑤ 缩短反应时间。

◆7.2.3 煤加氢液化的反应产物

煤加氢液化后得到的并不是单一的产物，而是组成十分复杂的，包括气、液、固三相的混合物。按照在不同溶剂中的溶解度不同，对液固相部分可以进一步分离，见图7-1。

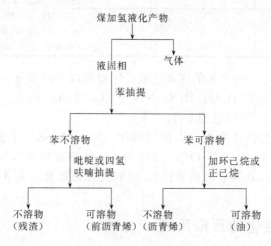

图 7-1 煤加氢液化产物

残渣不溶于吡啶或四氢呋喃，由尚未完全转化的煤、矿物质和外加的催化剂构成。

前沥青烯是指不溶于苯但可溶于吡啶或四氢呋喃的重质煤液化产物，其组成举例见表7-4，平均相对分子质量约1000，杂原子含量较高。

表 7-4 溶剂精炼煤（SRC）中各组分的组成结构

结构参数[①]	组分			
	前沥青烯(36%)	沥青烯(45%)	树脂[②](15%)	油(4%)
$w(H_{ar})/\%$	0.51	0.455	0.43	0.48
$w(H_a)/\%$	0.34	0.36	0.30	0.18
$w(H_{al})/\%$	0.15	0.16	0.27	0.24
$w(f_{car})$	0.84	0.79	0.75	0.76
M	1026	560	370	264
C_A	62.7	32.4	20.8	16.3
C_{RS}	12.6	7.4	4.1	2.7
C_N	1.4	1.4	1.9	1.9
示性式	$C_{74.45}H_{48.72}N_{0.70}O_{2.44}S_{0.70}$	$C_{40.8}H_{38.5}N_{6.22}O_{1.58}S_{0.03}$	$C_{27.71}H_{24.57}N_{0.22}O_{0.61}S_{0.11}$	$C_{20.1}H_{18.3}N_{0.08}O_{0.18}S_{0.05}$

① H_{ar} 为芳香氢占总氢；H_a 为芳环 a 位置侧链的氢占总氢；H_{al} 为脂肪氢占总氢；f_{car} 为碳的芳香度；C_A 为分子中芳香碳原子数；C_{RS} 为芳环上发生了取代反应的碳原子数；C_N 为脂环中碳原子数。

② 正己烷可溶物置于白土层析柱上，先以正己烷冲洗出油，再以吡啶冲洗，其冲洗物即为树脂。

沥青烯是指可溶于苯但不溶于正己烷或环己烷的、类似于石油沥青质的重质煤液化产物，与前者一样也是混合物，平均相对分子质量约为500。

油是指可溶于正己烷或环己烷的轻质煤液化产物，除少量树脂外，一般可以蒸馏，沸点有高有低，相对分子质量大致在300以下。

旨在得到轻质油品时，则用蒸馏法分离，沸点＜200℃者为轻油或称石脑油，沸点为200～325℃者为中油，它们的组成举例见表7-5。总的来讲，轻油中含有较多的酚类，中性油中苯族烃含量较高，经过重整可以比原油的石脑油得到更多的苯类；中油含有较多的萘系和蒽系化合物，另外酚类和喹啉类化合物也较多。

表 7-5　煤液化轻油和中油的组成举例

馏分		含量/%	主要成分
轻油	酸性油	20.0	90％为苯酚和甲酚、10％为二甲酚
	碱性油	0.5	吡啶及同系物、苯胺
	中性油	79.5	芳烃40％、烯烃5％、环烷烃55％
中油	酸性油	15	二甲酚、三甲酚、乙基酚、萘酚
	碱性油	5	喹啉、异喹啉
	中性油	80	2～3环芳烃69％、环烷烃30％、烷烃1％

煤液化中不可避免还有一定量的气体生成。它包括以下两部分：

① 含杂原子的气体，如 H_2O、H_2S、NH_3、CO_2 和 CO 等；

② 气态烃，C_1～C_3（有时包括 C_4）。

其产率与煤种和工艺条件有关，以伊利诺伊 6 号煤和 SRC-Ⅱ法为例，C_1～C_2 含量为 11.6％，C_3～C_4 含量为 2.2％，H_2O 含量为 6.0％，H_2S 含量为 2.8％，CO_2 含量为 1.0％，CO 含量为 0.3％（均对 daf 煤，以质量计）。生成气态烃要消耗大量的氢，所以气态烃产率增加将导致氢耗量提高。

7.2.4　煤加氢液化的反应历程

由上可见，煤加氢液化的产物非常复杂，既有多种气体和沸点不同的油类，又有结构十分复杂的重质产物。现已证明，煤加氢液化包括一系列的顺序反应和平行反应，即有一定的顺序。一方面：反应产物的相对分子质量由高到低，结构从复杂到简单，出现的时间先后大致有次序；但另一方面，反应又是平行进行的，在反应初期，煤刚刚开始转化时，就有少量气体和油产生。对这一反应过程如何用化学反应方程式表示，国内外做了大量的工作，提出了多种模型，至今尚未完全统一。下列几点看法是人们所公认的。

（1）煤不是组成均一的反应物　煤的组成是不均一的，既存在少量易液化的成分，也包含一些极难液化的惰性成分，如丝质组。所以，把煤看作组成均一的反应物是有条件的，一般不符合客观实际。

（2）反应以顺序进行为主　虽然反应初期已有气体和轻油生成，但为数不多，在比较温和的条件下数量更少，所以总的讲，反应以顺序进行为主。

（3）前沥青烯和沥青烯是中间产物　前沥青烯和沥青烯都不是组成确定的单一化合物，在不同反应阶段生成的前沥青烯和沥青烯并不相同，它们转化为油的反应速率较慢，需要活性较高的催化剂。

（4）逆反应（即结焦反应）也有可能发生　根据上述认识，可将煤加氢液化的反应历程表示为图 7-2。

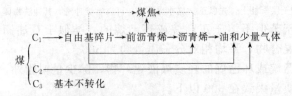

图 7-2　煤加氢液化反应历程示意图

上述反应历程中，C_1 为煤有机质的主体，C_2 为存在于煤中的低分子化合物，C_3 为惰性成分。上述反应历程并不包括所有反应。

根据煤加氢反应动力学的研究，由煤生成前沥青烯和沥青烯的反应的表观活化能为

42～84kJ/mol，而从沥青烯生成油的表观活化能为 84～126 kJ/mol。所以，后一反应需要更高的温度和活性较高的催化剂。

7.3 煤直接液化工艺

7.3.1 德国煤直接液化老工艺

7.3.1.1 工艺流程

由德国染料工业公司开发而成，又称 IG 工艺。过程分两段：第一段为糊相加氢，将煤转化为粗汽油和中油；第二段为气相加氢，将上述产物加工成商品油。

煤糊相加氢的工艺流程见图 7-3。

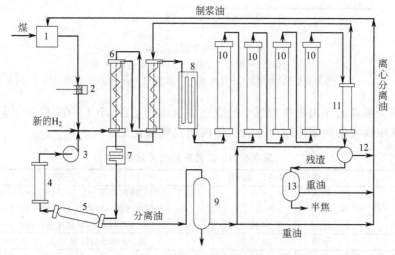

图 7-3 煤糊相加氢工艺流程

1—煤浆制备；2—高压泵；3—气体循环压缩机；4—循环气洗涤塔；
5—冷分离器；6—热交换器；7—冷却器；8—预热器；9—蒸馏塔；
10—高压反应器；11—热分离器；12—离心机；13—低温干馏炉

将煤、催化剂和循环油在球磨机内湿磨制成煤浆（煤糊），然后用高压泵输送并与氢气混合送入热交换器，与从热分离器顶部出来的油气进行热交换，接着进入预热器和 4 个串联的反应器。反应后的物料先进入热分离器，分出气体和抽蒸气，剩下重质糊状物料。前者经过热交换器后再到冷分离器，分为气体和油。气体的主要成分是 H_2，经洗涤后作为循环气再回到反应系统。从冷分离器底部得到的油经蒸馏得到粗汽油、中油和重油。重质糊状物料经离心过滤分为重质油和固体残渣，离心分离重质油和蒸馏重油合并后作为循环油返回系统，用于调制煤糊。固体残渣干馏可得到焦油和半焦。蒸馏得到的粗汽油和重油再进入气相加氢系统。

气相加氢的工艺流程见图 7-4。

粗汽油和中油与氢气混合后，经热交换器和预热器，进入 3 个串联的固定床催化加氢反应器。产物通过热交换器后进一步冷却分离，分出气体和油，前者基本作为循环气，后者经蒸馏得到汽油作为主要产品，塔底残油返回作为加氢原料油。

7.3.1.2 主要工艺条件和产品收率

（1）催化剂 IG 工艺使用的催化剂种类见表 7-6。糊相加氢主要采用拜尔赤泥、硫酸

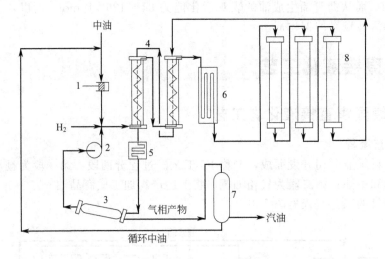

图 7-4 气相加氢工艺流程

1—高压泵；2—循环气压缩机；3—分离器；4—热交
热器；5—冷却器；6—预热器；7—蒸馏器；8—高压反应器

亚铁和硫化钠。后者的作用是中和煤中的氯在加氢中产生的 HCl。在 IG 新工艺中也沿用这一催化剂。气相加氢主要采用以白土为载体的硫化钨催化剂。

表 7-6 IG 工艺采用的催化剂

过程		原料	反应压力/MPa	催化剂[1]
糊相		烟煤	70	$1.5\% \sim 2.0\%$拜尔赤泥$+1.5\%FeSO_4 \cdot 7H_2O+0.3\%Na_2S$
		烟煤	30	6%拜尔赤泥$+0.06\%$草酸锡$+1.15\%NH_4Cl$
		褐煤	30 或 70	6%拜尔赤泥或其他含铁矿物
液相		焦油	20 或 30	钼、铁载于活性炭上，$0.3\% \sim 1.5\%$
气相(一段)		中油	70	$0.6\%Mo,2\%Cr,5\%Zn,5\%S$,载体为用 HF 洗过后的白土
气相 (二段)	预加氢	中油	30	$27\%WS_2,3\%NiS,70\%Al_2O_3$
	后加氢	中油	30	$10\%WS_2,90\%HF$ 洗过的白土

① 糊相加氢中催化剂组成的百分数均以干煤质量为基准，其他过程中催化剂组成的百分数均以催化剂质量为基准。

（2）温度和压力

① 热交换器 煤糊预热至 $300 \sim 350℃$；

② 预热器 比预定反应温度低 $20 \sim 60℃$；

③ 反应器 470℃左右，容积 $9 \sim 13m^3$/个；

④ 热分离器 将沸点 325℃以下的油和气体与沸点 325℃以上的油和不挥发的残渣分开；反应系统压力大多为 70MPa。

（3）固液分离 从热分离器底部流出的淤浆在 $140 \sim 160℃$温度下直接进入离心过滤机分离。对 1000kg 干燥无灰烟煤（原煤干基灰分 4%）而言，转化率 70%时，淤浆总量为 1130kg，固体残渣重 340kg；转化率提高到 96%时，上述数量分别减少到 270kg 和 80kg。淤浆太稠时，需要加蒸馏油稀释，使其中的固体含量降低到 $15\% \sim 20\%$。离心分离得到的滤液含固体 $2\% \sim 12\%$，滤饼含固体 $38\% \sim 40\%$。为了回收滤饼中大量的油，还需进行干馏，油收率约为 30%（对进料）。干馏炉有两种：对褐煤残渣用螺旋式炉，对烟煤残渣用装有钢球或瓷球的回转炉。

（4）产品收率 对 100t 高挥发烟煤（daf）进行糊相加氢，氢耗量 7%时，可得到汽油 13.8t、中油 47.7t 和 $C_1 \sim C_4$ 24.3t。每生产 1t 汽油和液化气需用煤 3.6t，其中 38%用于制氢、27％为动力消耗、35％用于液化本身，效率为44％。

7.3.2　德国直接液化新工艺

第二次世界大战后，德国的煤液化工厂全部停工，设备部分被破坏、部分被拆迁、还有一部分后来用于重油加氢。1973年，西方石油危机后，德国对煤液化技术的开发又重视起来。首先，煤炭研究公司（Bergbau Forschung Gmbh）在政府资助下建成0.5t/d的煤直接液化装置，将IG老工艺发展为IG新工艺。接着，鲁尔煤矿公司和威巴石油公司合作，在上述工作的基础上经三年设计和两年建设，于1981年建成煤处理量200t/d的中试装置，试验从1981年底开始，于1987年初结束，持续5年半，加煤运转时间21700h，用煤量共 16×10^4 t。试验取得了较好的结果。与此同时，萨尔煤矿公司和巴斯夫公司合作，建成了煤处理量6t/d的中试装置。

7.3.2.1　新老工艺的比较

IG新工艺的原则流程见图7-5。

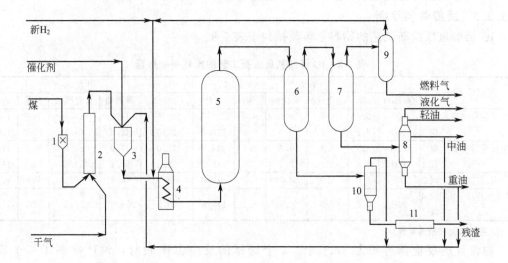

图 7-5　德国煤直接液化新工艺的原则流程
1—磨煤机；2—干燥装置；3—煤浆制备；4—预热器；5—反应器；
6—热分离器；7—冷分离器；8—常压蒸馏塔；9—气体油洗涤塔；
10—真空蒸馏塔；11—造粒

与老工艺相比，新工艺主要有以下改进。

① 固液分离不用离心过滤，而用闪蒸塔，生产能力大、效率高。若按老工艺建一个年产 200×10^4 t油的工厂，需要200台离心机和40座干馏炉。

② 循环油不但不含固体，还基本上排除了沥青烯。按循环油的沸点范围，大约是由55％的中油和45％的重油构成。煤浆黏度大大降低。反应压力不再需要70MPa，而可降低到30MPa。

③ 闪蒸塔底流出的淤浆有流动性，可以用泵输送进德士古气化炉，气化制氢或供锅护燃烧。

④ 煤糊相加氢和油的加氢精制一体化，油收率增加，质量提高。

7.3.2.2　原料煤和主要工艺条件

试验用煤除了鲁尔煤外，还有美国伊利诺伊煤和澳大利亚煤等，主要煤种的分析数据见

表 7-7。它们都是高挥发分烟煤。

表 7-7 主要原料煤的分析数据

原料煤	A_d/%	V_{daf}/%	$w(C)$/%	$w(H)$/%	$w(N)$/%	$w(S)$/%	$w(Cl)$/%	$w(O)$(差减)/%
Westerholt	5.6	37.1	83.9	5.25	1.44	1.53	0.28	7.60
Prosper	3.8	37.4	85.9	5.22	1.89	1.11	0.20	5.68
Illinois	7.2	43.1	81.0	5.51	1.63	3.34	0.06	8.46

主要工艺条件如下。

① 原料煤 磨碎到<0.2mm，水分<1%，煤糊中煤与循环油的比例为 1 : 1.2 左右；反应温度糊相 475℃，气相 390~420℃。

② 反应压力 30MPa。

③ 比空速 0.5~0.6t煤/(m^3·h)。

④ 氢气/煤 (daf) 或油糊相 4500m^3/t；气相 1000m^3/t。

⑤ 气相加氢催化剂负荷 2.5t油/(t 催化剂·h)。

7.3.2.3 反应物料平衡

IG 煤加氢反应新工艺的物料平衡数据列于表 7-8。

表 7-8 IG 煤加氢反应新工艺的物料平衡数据

反应器类型		入方					出方				
		煤(daf)	灰	催化剂[1]	硫化钠	氢	小计	C_1~C_4	蒸馏油	真空残渣	其他	小计
三个反应器串联	煤1	100	5.1	6.5	0.5	6.0	118.1	20.5	41.9	46.0	9.7	118.1
	煤2	100	6.2	7.3	0.3	6.8	120.6	22.0	42.0	44.3	12.3	120.6
四个反应器串联	煤3	100	3.9	4.8	0.3	6.4	115.4	22.0	47.0	36.9	9.5	115.4
	煤4	100	7.8	4.6	0.1	7.0	119.5	22.3	50.7	34.6	11.9	119.5
一个大反应器	煤2	100	4.0	6.8	0.3	6.7	117.8	23.9	50.4	35.7	7.8	117.8
一个大反应器+气相加氢	煤1	100	4.5	2.3	0.1	8.1	115.0	19.0	58.0	29.2	8.8	115.0

① 拜尔赤泥和硫酸亚铁。

原设计的反应器容积为 5m^3/个，4 个这样的反应器串联时，油产率高于 3 个反应器串联的结果，说明延长反应停留时间有利。后又设计了一台容积为 15m^3 的大反应器代替上述串联的反应器。对同样的煤和相近的氢耗量，油产率从 42% 增加到 50.4%，真空残渣从 44.3% 减少到 35.7%，表明反应深度增加。当用大反应器进行糊相加氢并与气相加氢串联时，效果更加明显，油产率达到 58%，真空残渣只剩下 29.2%。蒸馏油的馏分组成：汽油（<200℃）22%，中油（200~325℃）70%，真空瓦斯油（325~500℃）8%。

按糊相加氢和气相加氢一体化的结果，由 100t 煤 (daf) 可得到汽油 13t，中油 40t，重油 5t，氢耗量 8.1t。真空残渣气化制氢可供应 50% 的氢。热效率超过 60%，远高于 IG 老工艺 44% 的水平。

7.3.2.4 煤加工制取化工原料

由煤的组成和化学结构可知，煤不但是能源，而且也是生产化工原料的起始原料。煤加氢液化正是实现这种转化的有效途径之一。德国煤炭研究公司在这一方面做了开创性的工作。

煤经糊相加氢和气相加氢后所得到的汽油含有大量芳烃，可用于提取苯、甲苯和二甲苯等重要化工原料，剩下的石脑油馏分用裂解法可制得 C_2~C_4 烯烃。对 1000kg 原料煤 (daf) 可得到的产品列于表 7-9。

表7-9 1000kg原料煤（daf）用加氢和裂解工艺可得到的产品

工艺	氢	甲烷	乙烯	丙烯	丁二烯	丁烯	异丁烷	苯	甲苯	二甲苯	苯乙烯	汽油	燃料油	合计
加氢	—	67.2	—	—	—	—	13.7	44.7	77.1	60.9	—	20.3	—	283.9
裂解	8.1	66.6	176.6	57.4	13.6	13.5	—	12.7	9.7	3.5	1.8	29.4	8.3	401.2
合计	8.1	133.8	176.6	57.4	13.6	13.5	13.7	57.4	86.8	64.4	1.8	49.7	9.3	685.1

由表7-9可见，由1000kg原料煤（daf）可得到的BTX总和高达208.6kg，即20.56%，比炼焦时的粗苯产率高十几倍，$C_2 \sim C_4$烯烃总和达261.1kg，即26.11%。从氢气到燃料油的产品总量为685.1kg。可见，这一工艺的实用前景良好，值得重视。另外，苯液化石脑油也可进行催化重整，BTX产率一般高于原油的石脑油（表7-10）。

表7-10 煤液化石脑油和原油石脑油催化重整的比较

原料油来源	原料油组成/%			产品产率/%					
	烷烃	环烷烃	芳烃	氢/(m³/m³)	$C_1 \sim C_4$	苯	甲苯	二甲苯	C_9或C_9以上芳烃
煤液化	16	65	19	—	—	13	26	20	15(C_9)
原油	38.1	42.6	19.3	184	5.7	2.3	11.8	21.2	49.0

由表7-10可见，煤液化石脑油经催化重整后，BTX的产率达到59%，而某种原油的石脑油经同样加工时，BTX的产率只有35.3%，其中，60%为二甲苯。

7.3.3 美国溶剂精炼煤法

此法属加氢抽提液化工艺，按照产品的不同有SRC-Ⅰ和SRC-Ⅱ等。前者加氢程度较低，后者加氢程度较高。这两种工艺都比较成熟。

7.3.3.1 溶剂精炼煤法SRC-Ⅰ

（1）工艺流程　与前面介绍的德国直接液化老工艺相似，其原则流程见图7-6。

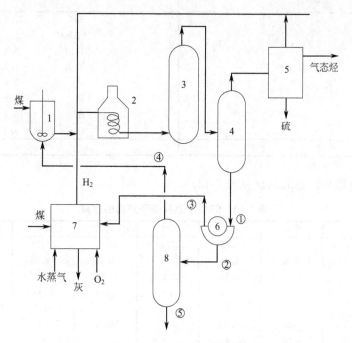

图7-6 SRC-Ⅰ的工艺流程

1—煤浆制备；2—预热器；3—反应器；4—分离器；5—气体洗涤塔；6—真空回转过滤机；7—气化制氢；8—蒸馏塔；①~⑤—表示不同位置的物料

煤浆用往复式高压泵输送，与新鲜 H_2 和循环 H_2 混合后送入用直接火加热的预热器，加热至规定温度后进入溶解器，也就是反应器。溶解器的操作条件：出口温度约 450℃，压力为 10～13MPa，停留时间为 40min。从溶解器流出的料浆经热交换器后进入分离器。由其顶部排出 H_2、H_2S、CO_2 和气态烃，先经油吸收除去酸性气体和气态烃，然后，H_2 循环回到反应系统。吸收油解吸时放出的气体进入酸性气体洗涤塔除去 H_2S 和 CO_2，剩下的为气态烃，可作燃料或其他用途。从分离器底部排出的是由溶剂油、煤溶解物和未溶固体所组成的淤浆。开始采用预涂硅藻土的回转过滤器分离，以后改用其他方法。滤液加热后进入真空蒸馏塔脱除溶剂油，塔底排出物即为溶剂精炼煤。SRC-Ⅰ工艺流程中各点物料的组成见表 7-11。

表 7-11　SRC-Ⅰ工艺流程中各点物料的组成（对 100kg 干煤）

物料位置		1	2	3	4	5
组成/%	溶剂油	150.0	150.0	0	150.0	0
	SRC	59.0	57.1	1.9	0	57.1
	固体残渣	14.1	0	14.1	0	0
	合计	223.1	207.1	16.0	150.0	57.1

过滤得到的滤饼经洗涤和烘干，其中含 60% 的矿物质和 40% 的有机物，可作气化原料使用。

可气化的油经蒸馏分为轻油（<195℃）、洗涤滤饼的溶剂（195～250℃）和循环溶剂油（250～455℃）。

（2）物料平衡和产品组成　物料平衡数据列于表 7-12。SRC 对原料煤（daf）的产率为 63.2%。

表 7-12　SRC-Ⅰ的物料平衡数据

原料/%		产品/%	
		SRC	57.9
		气态烃	11.4
		轻油	5.3
		酚类	1.5
干煤	98.7	硫	2.4
氢	1.3[①]	灰	7.1
		水	10.9
		CO_2＋损失	3.5
小计	100	小计	100

① 此数据偏低，一般在 2% 左右。

SRC-Ⅰ原料煤和产品的组成见表 7-13。

表 7-13　SRC-Ⅰ原料煤和产品的组成

组成	原煤	粉煤	SRC	固体残渣（干）	轻油	洗涤溶剂	循环溶剂
$w(C)/\%$	67.70	70.57	87.24	32.50	84.29	84.81	88.93
$w(H)/\%$	5.09	5.09	5.77	1.89	11.06	8.64	7.28
$w(N)/\%$	1.33	1.54	2.15	0.60	0.36	0.55	0.94
$w(S)/\%$	3.92	3.84	0.75	7.74	0.44	0.22	0.46
$w(O)$（差减）/%	5.92	7.62	3.93	—	3.85	5.78	2.39
灰分/%	9.87	9.89	0.16	59.32	—	—	—
水分/%	6.80	1.45	—	—	—	—	—
吡啶不溶物/%				86.96			
软化点/%			162				

所得 SRC 在常温下为低硫（0.75%）、低灰（0.16%）和可熔化（熔点 162℃）的固体。它可作洁净的锅炉燃料、高炉喷吹燃料、型煤黏结剂、碳素材料的原料和进一步加氢裂解的原料等。此法对高硫煤的开发利用和环境保护有重要意义。经过 50t/d 装置的中试，运转情况正常。存在问题主要是循环溶剂损失较大，自给尚有困难，过滤法分离效率低，需要改进。

7.3.3.2　溶剂精炼煤法 SRC-Ⅱ

SRC-Ⅱ 是在 SRC-Ⅰ 法基础上发展起来的，基本流程和工艺条件与 SRC-Ⅰ 法相近，不同点如下。

① 气液分离器底部流出的淤浆一部分循环用于制煤糊，另一部分进减压蒸馏塔。淤浆部分循环的好处：一是延长了煤及中间产物在反应器内的停留时间，达到 60min 左右，故反应深度增加；二是使反应器内的硫铁矿浓度提高。

② 用减压蒸馏分离重抽和固体残渣，处理量大也比较方便。

③ 产品以油为主，氢耗量比 SRC-Ⅰ 法高一倍。

物料平衡数据见表 7-14。蒸馏油总产率为 36%（对干煤）。

表 7-14　SRC-Ⅱ 的物料平衡数据

原　料		产品		
		$C_1 \sim C_4$		16.5
		C_5		
		$\leqslant 190℃$	石脑油	10.2
		$190 \sim 320℃$	中油	17.9
		$320 \sim 480℃$	重油	7.9
干煤　100		$> 480℃$	渣油	24.0
氢　4.4		未溶煤		4.6
		灰		13.1
		$CO + CO_2$		1.1
		H_2S		2.5
		NH_3		0.4
		水		6.2
合计	104.4	合计		104.4

此法在中试成功后，原计划建一座日处理 6000t 煤的工业示范厂，已完成设计，但由于原油供应形势发生变化而未能投入施工。

❖7.3.4　氢煤法

氢煤法是美国烃类研究公司研究开发的煤加氢液化工艺。它的基础是对重油进行催化加氢的氢油法（H-oil），已完成煤处理量为 200～600t/d 的中间试验。

7.3.4.1　工艺流程

氢煤法的工艺流程见图 7-7。

原料煤干燥并破碎到 40 目以下，与制浆油混合制成煤浆，再混入氢气，经过预热器预热后进入流化床催化反应器。催化剂为圆柱形颗粒，直径为 1.6mm、高为 14.96mm，主要成分为 Co-Mo-Al_2O_3。反应器底部设有高温油循环泵，使循环油向上流动以保证催化剂处于流化状态。由于催化剂的密度比煤高，故可使催化剂保留在反应器内，而未反应的煤粉则随液体从反应器上部排出。为保证催化剂维持一定的活性，在反应中连续抽出约 2% 的催化剂进行再生，同时补充足够的新催化剂。反应产物的分离和 IG 新工艺相近，即经过热分离器到闪蒸塔，塔顶产物经精馏分为轻油、中油和重油；塔底产物经旋流器，含固体少的淤浆

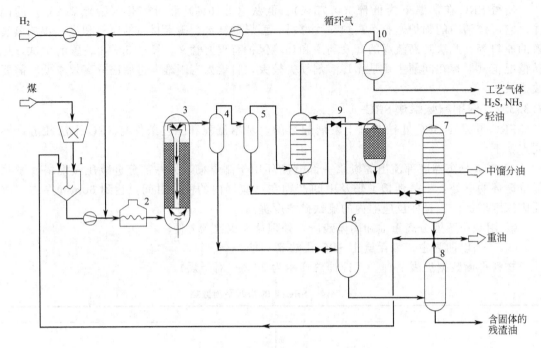

图 7-7　氢煤法的工艺流程

1—煤浆生产；2—管式加热炉；3—加氢反应器；
4—热分离器；5—冷分离器；6—闪蒸罐；7—常
压蒸馏；8—减压蒸馏；9—气体净化；10—气体分离

返回系统制煤浆，而含固体多的淤浆再进行减压蒸馏，塔底残渣用于气化制氢，塔顶出重油。

7.3.4.2　原料煤、操作条件和试验结果

（1）原料煤　有伊利诺伊 6 号煤、怀俄达克次烟煤和澳大利亚褐煤等。煤质分析数据列于表 7-15。

表 7-15　氢煤法原料煤分析数据

煤种	工业分析			元素分析(d)				
	$M_{ad}/\%$	$A_d/\%$	$V_d/\%$	$w(C)/\%$	$w(H)/\%$	$w(N)/\%$	$w(S)/\%$	$w(O)(差减)/\%$
伊利诺伊	17.5	9.9	42.0	70.7	5.4	1.0	5.0	8.0
怀俄达克次	30.4	7.9	44.1	68.4	5.4	0.8	0.7	16.8
澳大利亚	64.2	8.3	49.0	62.3	4.5	0.5	1.2	23.2

注：M_{ad}—分析基水分；A_d—干燥基灰分；V_d—干燥基挥发分；d—干燥基。

（2）主要操作条件

① 反应温度　450℃。

② 反应压力　16～19MPa。

③ 制浆油，煤　1.5～2.0（质量比）。

④ 空速　0.5～2kg煤/（kg催化剂·h）。

⑤ 反应器内的料浆性质

黏度　　　　　$(0.2\sim0.5)\times10^{-2}g/(cm\cdot s)$

相对密度　　　0.6～0.7

气体流速　　　0.012～0.049m/s

料浆流速　　0.021～0.055m/s

料浆含煤　　9%～22%

（3）试验结果　试验结果举例列于表 7-16。

表 7-16　氢煤法试验结果

产品	怀俄达克次煤		伊利诺伊煤		肯塔基 9 号煤	澳大利亚褐煤
	中试	小试	中试	小试	中试	小试
C_1～C_3	9.29	9.98	9.89	10.68	10.36	6.6
C_4						
≤204℃	25.95	13.20	18.55	18.74	14.74	
204～343℃	14.60	13.20	19.30	20.37	17.80	48.8
343～524℃	9.33	10.86	10.39	7.96	10.23	
渣油	10.65	11.27	21.68	19.00	27.38	16.6
未反应煤	9.12	10.72	3.51	5.78	2.18	6.5
灰	9.13	8.84	10.58	11.51	9.27	—
氢耗	6.28	5.57	4.74	4.91	4.51	4.7

由表 7-16 可见，几种煤的试验结果相似，中试与小试情况基本一致，表明这一工艺过程是比较稳定的。蒸馏油产率在 48% 左右。

7.3.4.3　工艺放大及中试情况

氢煤法中流化床反应器为关键设备，自然是工艺放大中主要考虑的问题。和其他煤液化工艺一样，反应器的放大都是逐步进行的，经验证明不可能从实验室一下子跨入工业规模。所以，煤化工技术的开发通常是一个费钱、费时、费力的系统工程，一般需要 10～15 年的时间，急于求成是不行的。

氢煤法的中试持续近 3 年时间，开始碰到许多技术问题，中试装置不得不改建。经改建后的装置可以进行较长时间的运转，最长的一次加煤试验周期为 80d。中试用煤共 $6×10^4$ t，外来油（开工用油和专用泵密封油等）$0.6×10^4$ t，得到近 $2×10^4$ t C_4≤525℃ 油品和 $3×10^4$ t 残渣。试验证明，流化床反应器等主要设备与煤浆泵、管道和阀门等附件的操作都是可靠的。后来，该工艺中的流化床反应器又改为外设循环泵的全返混反应器。

▶ 7.3.5　供氢溶剂法

该法是由埃克松研究工程公司在其他部门配合下开发而成的煤直接液化工艺，煤处理量 250t/d 的中试装置运转了两年半，为开发这一项目总共花费 3.4 亿美元。中试装置中还有一个 70t/d 的灵活焦化（flexicoking）器。

7.3.5.1　工艺流程

供氢溶剂法的工艺流程见图 7-8。

煤粉与循环溶剂混合加热脱水，然后用高压泵升压到 17.5MPa。加热到 425℃ 以上，预热后的物料与氢气一起自下而上流过中空的圆筒形反应器，靠氢气和溶剂提供的氢使煤转化为油。反应后的物料分离与上述其他工艺相似。产品精制则利用目前炼油厂成熟的工艺和设备。循环溶剂油在返回制浆系统前先经过固定床催化加氢反应器以提高它的供氢能力。在煤液化时，由于原料煤本身含有较多的硫铁矿，故一般不另加催化剂。对溶剂油预加氢是此法的特色。

加氢产物分离为含 O、N 和 S 的气体、气态烃、C_3≤535℃ 蒸馏油和真空残渣（包括渣油、未转化的煤和矿物质），取一部分 200～425℃ 的馏分油作循环溶剂油。

真空残渣进灵活焦化器加工。这是一个带有循环流化床的流化焦化和流化气化的联合反应器，原用于加工石油渣油。可得到液体油、低热值煤气和高灰焦。

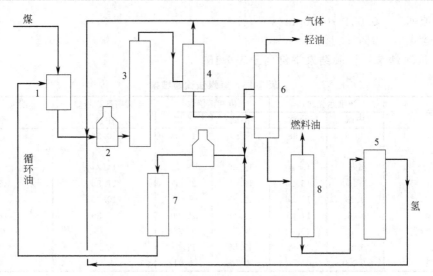

图 7-8　供氢溶剂法的工艺流程

1—煤浆制备；2—预热器；3—加氢反应器；4—热分离器；

5—气化制氢；6—蒸馏塔；7—循环油加氢反应器；8—真空蒸馏塔

7.3.5.2　原料煤、操作条件和试验结果

（1）原料煤　主要有伊利诺伊煤、怀俄明煤和德克萨斯褐煤。

（2）操作条件

① 加氢抽提反应器　约450℃、14MPa、36min。

② 灵活焦化器　3MPa，焦化段485～650℃，气化段815～950℃。

③ 气化炉　当煤的转化率高时也可让残渣完全气化，3～6MPa，1370～1540℃。

（3）试验结果　煤浆一次通过加氢反应器时，$C_3 \leqslant 540$℃的油产率：烟煤39%～46%，次烟煤约38%，褐煤约36%。煤的总转化率随煤种和操作条件的不同而异，在50%～70%，与其他方法比，该工艺的转化率较低。

采用真空残渣部分循环（即再回到反应器）的方法，煤的转化率可提高到80%，油产率的提高也很明显，对烟煤可达55%～60%，对次烟煤可达44%～50%，对褐煤可达47%。采用灵活焦化法还可增加5%～10%的油产率。

总的来讲，供氢溶剂法的工艺流程并不复杂，大多采用成熟的技术，故操作可靠性好，对煤种的适应性强，从褐煤到烟煤都能用，灰分高达23%的煤作原料时，在试验中亦未碰到困难。主要缺点是煤的转化率、油产率、特别是轻油产率比德国工艺和氢煤法低。看来，单靠供氢溶剂来实现煤的深度转化有一定困难。

7.3.6　NEDOL 法

为保护大气环境，加大开发和利用洁净能源的步伐，日本在20世纪80年代制定了阳光计划，并专门成立了新能源产业技术综合开发机构（NEDO），负责该计划的实施。在NEDO组织下，日本开发出NEDOL煤液化工艺，并在PDU试验成功的基础上，设计建设了150t/d的大型中试装置。到1998年，该中试装置已完成运转两个印尼煤和一个日本煤的试验，取得了工程放大设计数据。

该工艺的特点是反应压力较低，为17～19MPa；反应温度为455～465℃；催化剂使用合成硫化铁或天然硫铁矿；固液分离采用减压蒸馏的方法；配煤浆用的循环溶剂单独加氢，以提高溶剂的供氢能力；液化油含有较多的杂原子，还须加氢提质才能获得合格产品。

NEDOL 工艺流程见图 7-9。

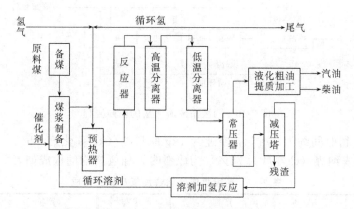

图 7-9　NEDOL 工艺流程图

该工艺由煤前处理单元、液化反应单元、液化油蒸馏单元及溶剂加氢单元 4 个主要单元组成。

该工艺的优点主要有以下几点。

① 商业化放大风险较小。

② 液化反应塔可稳定运行，NEDOL 工艺的反应塔使用悬浊鼓泡床反应塔，内部无构造，结构简单，运行稳定。

③ 液化油蒸馏系统运行相对可靠，NEDOL 工艺，以 150t/d 中试装置及 1t/d 工艺支持单元的运行实绩为基础，在大型化装置的液化生成物蒸馏工艺中，采用纯液体生成物和含残渣生成物并联蒸馏工艺，前者采用常压蒸馏塔进行分离，后者采用减压蒸馏塔进行分离。

④ 溶剂加氢系统相对简单，NEDOL 工艺使用循环溶剂，只将必要的溶剂加氢，产品液化粗油在提质设备进行氢化。

⑤ 油收率相对较高，液化油收率很大程度上取决于煤炭的性状，必须根据每种煤炭的性状设定最适合的反应条件。

⑥ 反应条件相对温和，NEDOL 工艺的标准反应条件是温度 450℃、压力 17MPa，反应条件（反应温度、反应压力、滞留时间等）根据煤炭种类设定最适合的条件。

7.3.7 两段集成液化法

前面讨论的液化工艺均为一段法或分开的两段法。从煤液化机理知道，这一过程大致可分为两个阶段。

热解抽提——煤转化为前沥青烯和沥青烯。

加氢裂解——上述重质中间产物转化为可蒸馏的油。

这两个阶段的反应本性不同，前一段速率较快，需要的氢不多，催化剂的影响小，而后一段则相反。在一段法中是让这两个阶段在一个反应器中进行，工艺虽然简单，但不可能对每一段都提供优化条件，难免顾此失彼。针对这一缺点，于是提出了两段集成液化的设想，让上述两个阶段在两个不同的反应器中进行，即先进行热解抽提，然后脱灰，接着对初级液化产物催化加氢得到蒸馏油。

两段集成液化法有好几种类型，实际是现有工艺的不同组合，其原则流程见图 7-10。

第一段热解抽提的条件与 SRC-Ⅰ 基本相同。脱灰有临界溶剂法和反溶剂法两种工艺。按前一方法，溶剂与真空残渣之比为 5∶1，温度 325～340℃，压力 5MPa；第二段催化加氢可以用 H-coal 中的流化床反应器或 EDS 中的固定床反应器，反应温度为 350～400℃，压

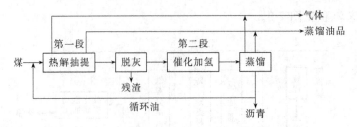

图 7-10　两段集成液化法的原则流程

力为 20MPa，停留时间约为 50min，空速为 1kg 原料油/(kg 催化剂·h)。

以美国印第安纳煤（C 含量为 78%）为原料时，加氢产物的构成如表 7-17 所示。

表 7-17　两段集成液化法加氢产物的构成

产物	产率/%	产物	产率/%	产物	产率/%
水	8.62	C_3H_8	0.98	344～455℃重油	8.01
H_2S	2.90	C_4H_{10}	0.78	>455℃沥青	19.28
NH_3	1.07	C_5		未反应煤	7.15
CO	0.44	≤200℃石脑油	6.65	灰	10.65
CO_2	0.23	200～260℃轻质中油	9.37	合计	104.17
CH_4	1.43	260～344℃中油	25.26	氢耗	4.17
C_2H_6	1.35				

由表 7-17 可见，$C_1 \sim C_4$ 的产率为 4.54%，蒸馏油产率为 49.29%，氢耗为 4.17%，相当于每消耗 1kg 氢可得到 11.82kg 蒸馏油。如果有一理想加氢过程，可保持气体烃产率为 0，即上述气态烃中的碳全部转入蒸馏油内，这样，氢耗可降低到 3.68%，即每消耗 1kg 氢得到的蒸馏油为 14.5kg。以此为基准，ITSL 法氢的有效利用率为 81.5%，这是相当好的结果。

7.3.8　煤和渣油的联合加工

这里的渣油是指原油蒸馏后的残油，分常压渣油（长渣）和减压渣油（短渣）。煤和渣油联合加工是以渣油作为煤加氢的制浆油，在高温高压下裂解和加氢使煤和渣油同时发生转化的工艺。这是近几年出现的煤加氢液化新工艺，发展十分迅速，值得重视。

减压渣油一般占原油的 30%～40%，全世界年产量 10 多亿吨。中国原油多为重质型，大庆和胜利两种主要原油中减压渣油占 43% 左右。中国炼油厂目前每年有上亿吨渣油产出，过去大部分用于燃烧发电，现在基本上都得到深加工。减压渣油中含 C 量约 86%，含 H 量约 12%，H/C 原子比约为 1.7，比煤要高一倍多，这是一个十分宝贵的资源。

目前，正在开发中的煤和渣油联合加工的工艺主要有美国烃类研究公司在氢油法和氢煤法基础上开发而成的 HRI 两段催化法、加拿大矿业能源技术中心在渣油加氢裂解基础上发展而成的 Canmet 法和德国煤液化公司开发的 Pyrosol 法等。联合加工的工艺流程与煤直接液化法基本相同，主要区别是没有循环油，而是将煤粉与渣油按一定比例混合制浆，一次通过加氢反应器。

联合加工的特点主要有以下几点。

(1) 装置的加工能力提高　煤和渣油都是加工对象，故装置的总加工能力可提高一倍以上，油产量则可增加 2～3 倍。

(2) 煤和渣油之间的协同效应　在联合加工中煤的作用如下。

① 防止渣油在反应器、加热器和管道内壁结焦。煤粉起晶种作用，故直接在煤粒表面结焦。

② 吸附渣油中含重金属的胶质和沥青质，使其脱除。

③ 对渣油轻质化有促进作用。

④ 煤本身转化为液体和气体产物。

渣油的作用如下。

① 对煤液化有一定的供氢作用。

② 作为溶剂和介质。

③ 渣油本身轻质化。

在煤和渣油配合适当时，两者有很好的协同效应，煤与渣油的比例为1∶2和1∶1时，以总进料为基准计算的产品分布基本相同，表明尽管多加了煤但并未降低油产率。许多实验室对比试验更清楚地证明了这一协同效应。

（3）产品质量较高　与煤液化油相比，此法得到的馏分油比重较低，H/C原子比较高，更易于精炼提质。

（4）氢的利用率较高　因为在一般的煤液化工艺中有不少氢消耗于循环油加氢。另外，要使煤转化为轻质油需要的氢相当多。在联合加工中，由于渣油本身的H/C原子比较高，在加工过程中以热裂解反应为主，所以消耗的氢很少，甚至还有氢多余。联合加工中生成的油与消耗的氢的质量比约为15，而煤直接液化的这一比值只有7。

（5）对煤质的要求有所放宽　因为煤浆中煤的含量只有30％，产品油大部分来自渣油，故煤质对联合加工的影响较小。

（6）成本大幅度降低　联合加工产品油的成本大概只有煤直接液化产品油成本的50％～70％。

7.3.9　美国HTI工艺

20世纪70年代中期以来，美国碳氢技术公司（HTI）的前身HRI公司就开始从事煤加氢液化技术的研究和开发工作。他们首先利用已得到普遍工业化生产的沸腾床重油加氢裂化工艺研究了H-coal煤液化工艺，并以此为基础，将之改进成两段催化液化工艺（TSCL）。后来，利用近十几年开发的悬浮床反应器和拥有自主知识产权的铁基催化剂（Gelcat™）对该工艺进行了改进，形成了HTI煤液化新工艺。在其系列煤液化工艺放大实验中，HTI积累了大量的经验，并取得了良好的实验结果。该工艺是在两段催化液化法和H-coal工艺基础上发展起来的，采用近十年来开发的悬浮床反应器和HTI拥有专利的铁基催化剂。

HTI工艺流程简图见图7-11。

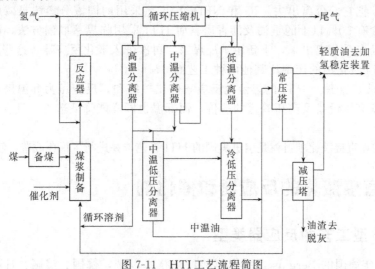

图7-11　HTI工艺流程简图

该工艺是两段催化法，采用近十年开发的悬浮床反应器和 HTI 拥有专利的铁基催化剂（Gelcat™）。煤液化的第一段和第二段都是装有高活性加氢和加氢裂解催化剂（Ni、Mo 或 Co、Mo）的沸腾床反应器，两个反应器既分开又紧密相连，可以使加氢裂解和催化加氢反应在各自的最佳条件下进行。液化产物先用氢淬冷，重质油回收作溶剂，排出的产物主要组成是未反应的煤和灰渣。

HTI 工艺的主要特点是：反应条件比较缓和，反应温度为 $440 \sim 450℃$，压力为 17MPa；采用悬浮床反应器，到达全返混反应模式；催化剂是采用 HTI 专利技术制备的铁系胶状高活性催化剂，用量少；在高温分离器后面串联有在线加氢固定床反应器，对液化油进行加氢精制；固液分离采用临界溶剂萃取的方法，从液化残渣中最大限度回收重质油，从而大幅度提高了液化油回收率。同 H-coal 工艺相比较，C_4 以上 $402℃$ 馏分油增加 53%，液化 1t 无水无灰煤生成的馏分油从 3.3 桶提高到 5.0 桶；$C_1 \sim C_3$ 气体烃产率从 11.3% 降到 8.6%，氢利用率从 8.4% 提高到 10.7%；油品质量提高，氮、硫杂原子减少 50%，从而使煤液化经济性明显改善，液化油成本降低了 17%。

该工艺具有如下优点：

① HTI 工艺油收率高，可达到 60% 以上；

② HTI 工艺反应器有特点，易于大型化；

③ HTI 的胶体催化剂活性较好；

④ HTI 工艺已经进行了大量试验，技术先进，工艺较成熟。

目前，世界上有代表性的煤直接液化工艺是德国的 IG 新工艺，美国的 HTI 工艺和日本的 NEDOL 工艺。这些新液化工艺的共同特点是煤炭液化的反应条件比老液化工艺大为缓和，生产成本有所降低，中间放大试验已经完成。

相比较而言，美国的 HTI 工艺技术更先进，工艺更成熟，与德国 IG 新工艺和日本 NEDOL 工艺相比，有如下突出优点。

（1）反应器类型　采用全返混反应模式的悬浮床反应器，克服了反应器内煤固体颗粒的沉降问题，反应器的直径比大，因而，单系列生产装置的规模比其他两个工艺增加了近一倍。同时全返混性也使反应器内的反应温度更易控制。

（2）催化剂　HTI 采用的铁系催化剂由于催化活性高，Fe 的加入量少，这不仅减少了煤浆管道及阀门的磨损，而且还减少了残渣的生成量。同时，催化剂制备简单，成本低。

（3）固液分离方法　煤经液化反应后，还有少量的惰性组分不能转化，为了得到纯净的液化油，必须把它们分离出去。IG 和 NEDOL 工艺采用的固液分离法是减压蒸馏，得到的固体残渣中含有 50% 以上的重油及沥青质。而 HTI 采用临界萃取的方法，能把残渣中的大部分重油及沥青质分离出来，重新用于配煤浆，再次进入液化反应器。这些重质组分的进一步转化使 HTI 液化油的产率比其他两种工艺高 5%～10%。

（4）液化反应条件　HTI 的煤液化反应条件比较缓和，反应压力和温度均较低。低的压力条件可降低高压设备及高压管道的造价，而低温也同样能降低造价，且有助于延长设备的使用寿命。

中国神华的煤直接液化项目就是引进美国的 HTI 工艺，并进行了优化改造，使之更加实用。

7.4　煤直接液化的反应器和催化剂

7.4.1　典型工艺的反应器类型

自从 1913 年德国的 Bergius 发明煤直接液化技术以来，德国、美国、日本、前苏联等国家已经相继开发了几十种煤液化工艺，所采用的反应器的结构也各不一样。总的来说，迄今为止，经过中试和小规模工业化的反应器主要有3种类型：鼓泡床反应器，悬浮床反应器，环流反应器。

7.4.1.1 鼓泡床反应器

气液鼓泡床反应器有良好的传热、传质、相间充分接触与高效率的可连续操作性能，广泛应用于有机化工、煤化工等生产过程。鼓泡床反应器结构简单，其外形为细长的圆筒，里面除必要的管道进出口外，无其他多余的构件。为达到足够的停留时间，同时有利于物料的混合和反应器的制造，通常用几个反应器串联。氢气和煤浆从底部进料，反应后的物料从上部出。

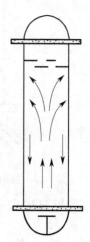

图 7-12 鼓泡床反应器简图

鼓泡床反应器（图7-12）是最早的反应器形式。在反应器中，利用氢气增加反应器内的扰动，进而实现物料与氢气的混合。该种操作模式的优点是结构简单，混合比较均匀，易操作；而缺点也是明显的，如在反应器底部外围边缘处容易产生死角。在该死角区域，氢气不易到达，热解产生的煤自由基碎片将相互结合，产生结焦，氢气在反应器内部的气含率分布也不均匀，导致各处的反应速率和反应深度区别很大。另外反应器内液体的流动速度很小，催化剂颗粒以及煤粉颗粒在反应器内部容易沉积，尤其容易在反应器底部边缘地区沉积。

德国在第二次世界大战前的工艺（IG）和新工艺（IG-OR）、日本的NEDOL工艺等都采用这种反应器。相对而言，它是最为成熟的一种。

日本新能源开发机构组织了10家公司合作，开发了NEDOL液化工艺，在日本鹿岛建成了150t/d中试厂。该厂于1996年7月投入运行，至1998年完成了1个印尼煤种和1个日本煤种的连续运行试验。NEDOL工艺反应器底部为半球形，由于长期运转后，反应器底部有大颗粒的沉积现象，因此反应器底部设置一个排泄装置，用于不定期排出有可能存留于反应器内的生煤、煤灰或者固体颗粒等，可大大降低后续的处理负荷，有利于提高后续的分离质量。

德国IG公司二战前通过工业试验发现，用某些褐煤做液化试验时，第一反应器运行几个星期后，反应器就会因为堵塞而停下来，里面积聚了大量的2～4mm的固体。经过分析，发现固体主要是矿物质，而没有新鲜煤。后来他们在反应器的圆锥底部进料口的旁边安装了排渣口，才解决了堵塞问题。另外他们也发现，鼓泡床反应器内影响流体流动的内构件，特别是其形状易截留固体的构件越少，反应器操作就越平稳。因此，工业化鼓泡床反应器实际上是空筒。

7.4.1.2 强制循环悬浮床反应器

该反应器是基于鼓泡床反应器开发出的新型反应器（图7-13），在反应器内增加一个收集杯，底部采用循环泵强制物料循环，大大增加物料在反应器内的混合速度和混合程度。由于强制循环，浆体在反应器内的流速大大加快，降低固体颗粒在反应器内沉积概率，也减少了结焦的可能性。这是由于内构件的加入，使得该反应器内部更加复杂，不可避免地将增加一些死角，结焦的可能性增大；另外对循环泵的质量要求也是相当高，不仅要求高温、高压，还要求是气-液-固三相物料。

应用该种反应器的煤液化工艺主要有美国的H-coal工艺、HTI液化工艺、中国神华煤液化工艺等。因H-coal工艺反应器（图7-14）内催化剂呈沸腾状态，因此也称之为沸腾床反应器。

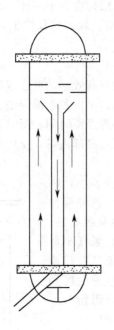

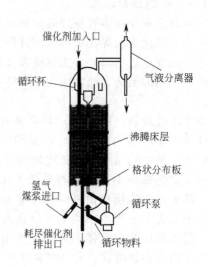

图 7-13　强制循环悬浮床反应器简图　　　　图 7-14　美国 H-coal 工艺反应器

美国 HTI 公司借用 H-oil 重油加氢反应器的经验将其用于 H-coal 煤液化工艺，使用 Co/Mo 催化剂，只要催化剂不粉化，就呈沸腾状态保持在床层内，不会随煤浆流出，解决了煤炭液化过去只能用一次性铁催化剂，不能用高活性催化剂的难题。为了保证固体颗粒处于流化状态，底部可用机械搅拌或循环泵协助。另外，为保证催化剂的数量和质量，一方面要排出部分催化剂再生，另一方面要补充一定量的新催化剂。

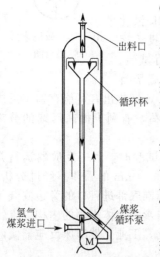

图 7-15　神华工艺反应器

我国神华集团借鉴美国 HTI 液化工艺反应器，开发了神华煤液化反应器（图 7-15），也有人称这种反应器为外循环全返混反应器。采用循环泵外循环方式增加循环比，以保证在一定的反应器容积下，达到一个满意的生产能力和液化效果。

7.4.1.3　环流反应器

环流反应器是在鼓泡床反应器的基础上发展起来的一种高效多相反应器。它的主要优点是反应器内流体定向流动，环流液速较快，实现了全返混模式，而且不会发生固体颗粒的沉积；气体在其停留时间内所通过的路径长，气体分布更均匀，单位反应器体积的气泡比表面积大，因此相间接触好，传质系数也较大。这种反应器利用进料气体在液体中的相对上升运动，产生对液体的曳力，使液体也向上运动，或者说利用导流筒内外的气含率不同而引起的压强差，使液体产生循环运动。气升式内环流有 2 种类型，中心进料环流反应器和环隙进料环流反应器，如图 7-16 所示。

环流反应器基本上解决了鼓泡反应器底部边缘地区液速低而导致固体沉积的问题，但是通过冷模试验发现，传统的环流反应器导流筒外侧的底部地区，局部气含率明显低于其他部分。也就是说，对于煤液化反应，此处的氢气含量将很低，可能导致此处的煤自由基由于得不到足够量的氢气而发生结焦。据经验判断，此处的气含率最好不要低于 5%。新型多级环

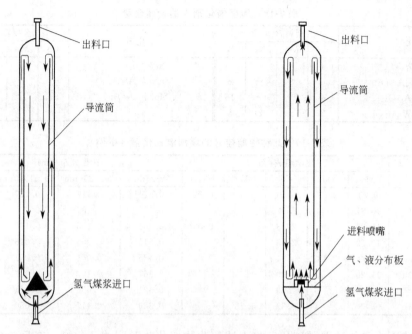

图 7-16 中心进料和环隙进料环流反应器

流反应器（MSALR）就是针对该问题而开发的（如图 7-17 所示），有效地解决了导流筒外侧局部气含率低的问题。

多级环流反应器基本解决了传统的环流反应器的缺点，因此有希望在煤液化领域得到应用。相对于鼓泡反应器、平推流反应器等传统反应器，多级环流反应器显示了较多的优势。当然，在应用方面还需要解决很多问题，比如开孔率以及开孔大小等对煤结焦的影响、分布器的设计等都需要做大量的实验来进一步完善。可以预见，环流反应器，尤其是多级环流反应器，在煤液化领域将可能占有一席之地。

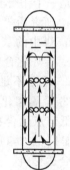

图 7-17 新型多级环流反应器（MSALR）

7.4.2 催化剂

选用合适的催化剂对煤的直接液化至关重要，一直是技术开发的热点之一。实际经验和理论分析均证明，催化剂对煤的初级加氢反应影响不大，而对转化为蒸馏油的过程都是不可缺少的。

7.4.2.1 目前常用的催化剂

① 铁系催化剂有含氧化铁的矿物、铁盐和煤中的硫铁矿等。德国采用的是炼铝废渣，其中拜尔赤泥的组成是 Fe_2O_3 含量 34.0%、Al_2O_3 含量 32.2%、SiO_2 含量 12.8%、TiO_2 含量 8.7% 和 CaO 含量 3.2% 等；卢特赤泥的组成是 Fe_2O_3 含量 60%、TiO_2 含量 32%、Al_2O_3 含量 6% 和 Na_2O 含量 2%。上述催化剂一般要在有硫存在的条件下才有较高的活性。所以，煤中含有的硫铁矿是一种较理想的催化剂。美国伊利诺伊煤和中国兖州煤等许多高硫煤的直接液化试验都证明了这一点。铁盐有 $FeSO_4$ 等。铁系催化剂一般用于煤的糊相加氢，反应后不回收，故称一次性催化剂。

② 石油工业中常用的工业加氢催化剂用于氢煤法、供氢溶剂法（循环油预加氢）和初级加氢产物的加氢裂解和提质。这类催化剂都是担载型的，载体大多用 Al_2O_3，主要成分有 NiO、MoO_3、CoO 和 WO_3 等，其组成参见表 7-18 和表 7-19。

表 7-18 加氢催化剂中的金属含量

催化剂	金属含量/%				催化剂	金属含量/%			
	Co	Mo	Ni	W		Co	Mo	Ni	W
CoMo-Al$_2$O$_3$	4	16	—	—	NiW-Al$_2$O$_3$	—	—	4	16
CoMoW-Al$_2$O$_3$	4	8	—	8	MoNiW-Al$_2$O$_3$	—	8	4	8
CoW-Al$_2$O$_3$	4	—	—	16	MoNi-Al$_2$O$_3$	—	16	4	—
CoMoNiW-Al$_2$O$_3$	2	8	2	8					

表 7-19 几种性能较好的煤加氢催化剂（举例）

催化剂	化学组成/%					孔径分布/(mL/g)			
	Mo	Ni	Co	V	Na$_2$O	5~20nm	20~200nm	20~1000nm	>1000nm
HDS-1442A	9.73	2.75			0.02	0.274	0.117	0.117	0.022
H-coal No.1	10.81		2.32			0.359	0.139	0.095	0.037
H-coal No.2	11.29		2.93		0.05	0.364	0.105	0.117	0.032
Amocat-2A	10.22		2.53			0.519	0.055	0.018	0.018
Amocat-1A	9.59	2.18			0.04	0.485	0.051	0.011	0.023
H-coal No.3	11.20		2.30			0.367	0.100	0.047	0.007
Shell 324	12.00		1.89			0.421	0.006	0.004	0.007
H-coal No.4	9.88		2.33	1.26		0.329	0.117	0.080	0.011

这些催化剂在使用前要预硫化，将上述氧化物转化为对应的硫化物，在反应中还要保证气相中有足够的 H$_2$S 存在。它们的活性明显高于铁系催化剂，但价格较贵，需要反复使用，故一般不适合于糊相加氢。在煤直接液化过程中，这类催化剂比较容易失活，如何延长使用寿命是一个十分重要的课题。失活的原因如下：

a. 沥青烯等在催化剂表面积炭；

b. 煤中的灰分和油中的金属在表面沉积；

c. 杂环化合物在表面被牢固吸附；

d. H$_2$S 不足，金属硫化物被 H$_2$ 还原等。

③ 金属卤化物试验中用得最多的是 ZnCl$_2$，其他还有 SnCl$_2$、CoCl$_2$ 和 FeCl$_2$ 等。它们都是低熔点化合物，可以不用溶剂油制煤浆，而以熔融的催化剂为介质。它们的活性很高，能明显降低加氢反应温度和缩短反应时间。其最大缺点是对不锈钢腐蚀严重，暂时还没有相应的合适材料。

7.4.2.2 硫的作用

大量试验表明，煤液化时加入适量的硫可以增加煤的转化率，特别是油的产率（见表 7-20）。

表 7-20 添加硫对煤直接液化的影响[①]

催化剂	是否加硫	煤转化率/%	油产率/%	催化剂	是否加硫	煤转化率/%	油产率/%
无	否	51.0	0	Ni(OH)$_2$	是	63.5	42.9
Fe(OH)$_3$	否	53.8	14.3	Al(OH)$_3$	否	42.5	8.8
Fe(OH)$_3$	是	72.9	42.6	Al(OH)$_3$	是	69.2	29.5
Ni(OH)$_2$	否	46.0	15.5	赤泥	是	75.8	44.9

① 日本煤（C 84.1%），硫占催化剂10%，蒽油为溶剂，410℃、21MPa、10min。

关于硫的作用机理可以概括为以下几点。

① $(1-x)FeS_2 + (1-2x)H_2 \longrightarrow Fe_{1-x}S + (1-2x)H_2S$
    黄铁矿   磁黄铁矿

② $S + H_2 \longrightarrow H_2S$

③ $H_2S \longrightarrow HS \cdot + H \cdot$ （裂解）

$$R\cdot(煤裂解自由基)+H\cdot \longrightarrow RH \quad (供氧)$$
$$HS\cdot+H_2 \longrightarrow H_2S+H\cdot \quad (自由基传递)$$
$$3H_2S+Fe_2O_3 \longrightarrow FeS+FeS_2+3H_2O \quad (硫化)$$
$$R^1—O—R^2(煤)+H_2S \longrightarrow R^1OH+R^2SH \quad (解聚)$$

④ 磁黄铁矿 $Fe_{1-x}S$ 中有较多的金属空位，可吸附 H_2S，加速其裂解，也可吸附煤裂解产生的自由基，防止其缩聚。研究发现，$Fe_{1-x}S$ 对四氢萘脱氢和许多有机化合物的加氢有催化作用，其活性随气相中 H_2S 浓度的增加而提高。

7.4.2.3　催化剂的改进

迄今为止，在煤加氢催化剂方面已做了大量的工作，对元素周期表中的大多数元素进行过试验。目前的开发研究工作主要集中在以下几方面。

（1）提高铁系催化剂的活性　用穆斯堡尔谱研究铁系催化剂在反应中的变化和活性最好的形态，选择最佳的铁硫比，纳米铁催化剂提高铁盐的酸性，采用油溶性有机铁盐和拨基铁，通过离子交换将铁离子负载到褐煤上等。

（2）对石油工业通用的加氢催化剂改性　通过改性使这些催化剂更适合于煤加氢过程，如有效成分和含量的调整，改变载体和载体的孔径分布等，如表 7-19 中的 Shell 324 的改良型 Shell 324M 的组成为：NiO 含量 3.2%，MoO_3 含量 19.5%，P_2O_5 含量 6.4%，Al_2O_3 含量 63.5%，平均孔径为 11.3nm。

（3）专用催化剂的研制　如脱氮和脱氧催化剂，联合加工催化剂等。

7.5　中国神华煤直接液化项目介绍

7.5.1　项目概况

神华集团以能源为主业，集煤矿、电厂、铁路、港口、航运为一体，实施跨地区、多元化经营，是我国最大的煤炭企业，在国民经济中占有重要地位。2003 年 12 月 27 日，神华集团的煤炭生产和销售双双突破 1 亿吨，使神华集团一跃成为我国煤炭行业首家实现产销超亿吨的大型企业集团，并在国际同行中排列第 5 位。

神华所属神府东胜煤田位于中国陕西省榆林地区和内蒙古鄂尔多斯，属世界八大煤田之一，已探明煤田含煤面积为 3.12 万平方公里，地质储量达 2236 亿吨。目前正在开发建设的矿区规划面积为 3481 平方公里，地质储量为 354 亿吨。该煤田赋存条件好，煤质属低灰、特低硫、特低磷、中高发热量，为优质动力、冶金和化工用煤，也是国家有关部门推荐的城市环保洁净煤。

神华煤直接液化项目以神府东胜煤田的高品质原煤为原料，经过煤液化处理后，再进行深度加工，生产出柴油、汽油等产品。项目总建设规模为年产油品 500 万吨，分二期建设，其中，一期工程用煤 970 万吨，建设规模为年产油品 320 万吨（汽油 50 万吨，柴油 215 万吨，液化气 31 万吨，苯、混合二甲苯等 24 万吨），由三条生产线组成，包括煤液化、煤制氢、溶剂加氢、加氢改质、催化剂制备等 14 套主要生产装置。工程采取分步实施的方案，先建设一条生产线，装置运转平稳后，再建其他生产线。2004 年 8 月一期工程开工建设，2007 年 7 月建成第 一条生产线，2010 年建成了后两条生产线。

7.5.2　项目进展

1997 年，神华集团与美国合作完成了百万吨级煤直接液化商业示范厂的（预）可行性研究，从技术上和经济上进行了建设大规模煤液化工厂的论证和评价。

2004 年 8 月，国家发改委批准神华煤直接液化项目一期工程开工建设。

2004 年 9 月，中国神华煤制油有限公司就神华煤直接液化项目与中国人民财险、平安财险、太平洋财险和天安保险四家保险公司签订了保险合同及保险服务协议。

2005 年 1 月，上海煤液化中试装置（PDU）投煤试运行，获得试验油品，工艺流程全面打通。

2005 年 4 月，神华煤直接液化项目核心装置开始建设。

2005 年 10 月，上海煤液化中试装置（PDU）优化改造后再次投煤开工，实现装置运转稳定，各项控制参数正常；经化验数据分析，装置蒸馏油收率达到 54%～56%，转化率为 90%～91%，神华煤直接液化工艺技术的可行性和可靠性在试验中得到验证。

2006 年，神华煤直接液化项目工程主要设备制造工作已经完成，煤液化反应器、加氢稳定反应器、煤制氢气化炉等超大型设备已吊装就位，空分、油罐、循环水、气柜等设备以及管道、仪表电气安装等主要实体安装工作基本完成。

截至 2006 年 11 月底，项目累计完成投资 72 亿元，占总投资的 73%，完成混凝土浇注 22.8 万立方米、钢结构安装 2.8 万吨、工艺设备安装 1284 台套、管道安装 379km。生产准备工作也在加紧进行，煤液化厂到岗人员已经达到 700 人，并基本 完成了实习和培训。

在内蒙古鄂尔多斯市建设的神华煤直接液化项目，是目前世界上唯一的煤炭直接液化项目。2004 年 8 月，国家发改委批准了神华煤直接液化项目的工艺优化方案，并批准项目一期工程开工建设。一期工程建设规模为 320 万吨/a，由三条生产线组成。为尽量减小和规避首次工业化可能遇到的风险，一期工程采取分步实施的方案，先建设一条年产 108 万吨的生产线，待取得成功后，再建设其余生产线。

2007 年，神华煤直接液化项目工程全面建成，实现除煤液化装置外的全部单元中间交接，循环水、蒸汽管网、供电、输煤、罐区、火炬、铁路等公用工程和系统工程陆续中间交接并投运或具备使用条件，空分、煤制氢等装置陆续投料试车。

2008 年 12 月 30 日，神华煤直接液化示范工程第一次投煤试车取得圆满成功，使我国成为世界上唯一掌握百万吨级煤直接液化关键技术的国家。

2009 年，一期工程第 1 条生产线投资已基本完成，试生产成功，5 月份正式投产。

7.5.3　神华煤直接液化工艺流程

神华煤引进美国的 HTI 工艺，并进行了优化改造。工艺流程图见图 7-18。

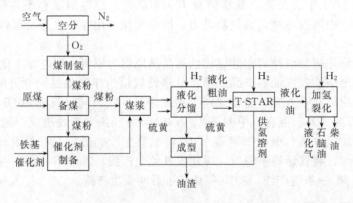

图 7-18　神华煤直接液化工艺流程示意图

原煤经洗选后，精煤从厂外经皮带机输送进入备煤装置加工成煤液化装置所需的油煤浆，约 15% 的洗精煤在催化剂制备单元经与催化剂混合，制备成含有催化剂的油煤浆也送至煤液化装置；煤粉、催化剂以及供氢溶剂，在高温、高压、临氢条件和催化剂的作用下发生加氢反应生成煤液化油并送至加氢稳定装置，未反应煤质组分、灰分、催化剂和部分油质组成的油灰渣直接作为本项目自备电厂锅炉燃料送锅炉燃烧或经过成型后作为油渣产品出厂。

煤液化油在加氢稳定装置——T-STAR 加氢装置中的主要目的是生产满足煤液化要求的供氢溶剂，同时脱除部分硫、氮、氧等杂物从而达到预精制的目的。煤柴油馏分至加氢改质装置进一步提高油品质量；>260℃溶剂油返回煤液化和备煤装置循环作为供氢剂使用。各加氢装置产生的含硫气体、加氢稳定产物分馏切割出的石脑油，均经轻烃回收以回收气体中的液化气、轻烃、氢气，并经脱硫装置进行处理。同时，石脑油进一步到加氢改质装置处理。

各装置生产的酸性水均需在含硫污水汽提装置中处理后回用。对于煤液化装置产生的含酚酸性水还需经酚回收装置回收其中的酚后回用。煤液化、煤制氢、轻烃回收以及脱硫和含硫污水汽提等装置脱出的硫化氢经硫黄回收装置制取硫黄供煤液化装置使用，不足的硫黄部分外购。各加氢装置所需的氢气，由煤制氢装置生产并提供。空分装置制取氧气和氮气，供煤制氢、煤液化等装置使用。

7.5.4 神华煤直接液化工艺特点

（1）采用悬浮床反应器，处理能力大，效率高 煤液化反应器的制造是煤液化项目中的核心制造技术。煤液化反应器在高温高压临氢环境下操作，条件苛刻，对设备材质的杂质含量、常温力学性能、高温强度、低温韧性、回火脆化倾向等都有特殊要求。反应器材质为2.25Cr1Mo0.25V，是中国一重集团新开发的钢种。反应器外径为 5.5m，壁厚为 335mm，设备单体质量达 2050t，是目前世界上最大的反应器。煤液化反应器采用悬浮床反应器，具有两个优点：

① 通过强制内循环，改善反应器内流体的流动状态，使反应器设计尺寸可以不受流体流动状态的限制，因此，单台设备和单系列装置处理能力大；

② 由于悬浮床反应器处于全返混状态，径向和轴向反应温度均匀，可以充分利用反应热加热原料，降低进料温度，同时气、液、固三相混合充分，反应速率快，效率高。

（2）高效催化剂的应用 在研究了国外先进的催化剂的基础上，我国合成的新型高效"863"催化剂是国家高新技术研究发展计划（863 计划）的一项课题成果，性能优异，具有活性高、添加量少、油收率高等特点。该催化剂为人工合成超细铁基催化剂，主要原料为无机化学工业的副产品，国内供给充足，价格便宜，制备工艺流程简单，生产成本低廉，操作稳定。由于催化剂用量少，在催化剂制备装置将催化剂原料加工，并与供氢溶剂调配成液态催化剂，有效解决了催化剂加入煤浆难的问题。

（3）采用 T-STAR 工艺对液化粗油进行精制 T-STAR 工艺是沸腾床缓和加氢裂化工艺，借助液体流速使具有一定粒度的催化剂处于全返混状态，并保持一定的界面，使氢气、催化剂和原料充分接触而完成加氢反应的过程。该工艺具有原料适应性广、操作灵活、产品选择性高、质量稳定、运转连续、更换催化剂无需停工等特点。

（4）加氢改质 主要是把从 T-STAR 装置出来的柴油馏分和轻烃回收装置出来的石脑油进行加氢精制，去除油品中的硫、氮、氧杂原子及金属杂质，另外对部分芳烃进行加氢，改善油品的使用性能。

（5）重整抽提 包括催化重整和芳烃抽提两部分。从加氢改质单元出来的重石脑油进入重整抽提单元，主要是生产高辛烷值汽油和苯。

（6）异构化 异构化过程是在一定的反应条件和有催化剂存在下，将正构烷烃转变为异构烷烃的过程。异构化过程可用于制造高辛烷值汽油组分。

(7) 煤制氢 神华煤炭直接液化项目所需要的氢气由 2 套干煤处理能力为 2000t/h 的煤制氢装置供给，采用 Shell 粉煤加压气化工艺，该工艺是目前世界上较先进的典型的煤气化工艺之一，气化炉有效气体（CO＋H_2）生产能力为 150000m^3/h。煤气化生产的合成气经 CO 变换、低温甲醇洗净化和变压吸附提浓后供各装置使用。Shell 煤气化属加压气流床粉煤气化，以干煤粉进料，纯氧作气化剂，液态排渣。煤气中的有效成分高达 90％以上，甲烷含量很低，煤中约 83％以上的热能转化为有效气，约 15％的热能以中压蒸汽的形式回收。

7.5.5 神华煤直接液化项目经济性

2003 年国内有关机构完成了对神华煤直接液化工艺项目的评审，该技术的主要经济指标列于表 7-21。

表 7-21 神华煤直接液化项目主要经济指标

序号	项 目	神华工艺
1	原料：煤/(10^4t/a)	662.48
	天然气/(10^4t/a)	9.98
2	主要产品：产品总量/(10^4t/a)	315.01
	LPG/(10^4t/a)	15.65
	石脑油/(10^4t/a)	56.47
	柴油/(10^4t/a)	180.95
	其他副产品/(10^4t/a)	61.94
3	工程总投资/亿元	202.30
	其中：建设投资/亿元	185.76
	流动资金/亿元	4.63
	建设期利息/亿元	11.91
4	年均销售收入/亿元	73.81
5	年均税金/亿元	12.73
6	年均总成本/亿元	41.43
7	年均所得税/亿元	2.87
8	年均税后利润总额/亿元	16.78
9	投资利润率/亿元	9.71
10	长期借款偿还期（外汇借款）/年	10.0
	国内借款/年	9.59
11	全投资财务内部收益率（所得税前）/%	12.47
	全投资财务内部收益率（所得税后）/%	11.28
	自有资金财务内部收益率/%	14.55
12	全投资回收期（所得税前）/年	11.24

由表 7-21 可知，项目的全投资财务内部收益率（所得税前）为 12.47％，高于行业 10％的平均值。经计算，折合吨油指标，原油成本为 1720 元/t 油品（相当于 30.56 美元/桶），远低于采购原油的价格，效益十分显著。项目在经济上完全是可行的。

目前，该项目正常生产，从开工以来项目每年的运行情况见表 7-22。

表 7-22 项目每年的运行情况

年份	当年投煤运转时间/d	当年生产成品油/t	年份	当年投煤运转时间/d	当年生产成品油/t
2009 年	61	65000	2012 年	302	865000
2010 年	215	443000	2013 年	315	888000
2011 年	281	790000	合计	1174	3051000

2013年实现了一年一次检修，到目前为止实现了单次连续投煤时间超过了到9个月；高差压减压阀单次连续运转超过2500h；吨产品耗水从设计的10t，降至目前的6t。污水完全达到零排放。

国家能源局组织专家于2014年2月11日12时至14日12时进行了72h标定：①油综合能耗为1.69t/t；②油原料煤耗为3.23t/t；③油水耗为5.82t/t；④能源转化效率为58.0%。

标定结果表明：工艺技术先进，装置设计合理，设备选择恰当，装置运行稳定、安全可靠，产品质量特点明显，能源转化效率高，"三废"排放达到国家标准要求，已取得了明显的社会效益，具有较好的经济效益。

7.6 煤炭液化技术比较

所谓煤炭液化是指，固体煤炭通过化学加工过程，使其转化成为液体燃料、化工原料和产品的先进洁净煤技术。根据不同的加工路线，煤炭液化可分为直接液化和间接液化两大类。

煤直接加氢液化一般是在较高温度、高压、氢气（或 $CO+H_2$，$CO+H_2O$）、催化剂和溶剂作用下，将煤进行解聚、裂解加氢，直接转化为液体油的加工过程。煤炭间接液化是先将煤气化制成合成气（$CO+H_2$），在一定温度和压力下，定向地催化合成烃类燃料油和化工原料的工艺。两种液化工艺有着显著的不同。

7.6.1 不同的工艺及生产过程

7.6.1.1 间接液化工艺及生产过程

间接液化工艺包括：煤的气化及煤气净化、变换和脱碳；F-T合成反应；油品加工等三个纯串联步骤。它的生产过程为：气化装置产出的粗煤气经除尘、冷却得到净煤气，净煤气经CO宽温耐硫变换和酸性气体（包括 H_2S 和 CO_2 等）脱除，得到成分合格的合成气。合成气进入合成反应器，在一定温度、压力及催化剂作用下，H_2 和 CO 转化为直链烃类、水以及少量的含氧有机化合物。生成物经三相分离，水相去提取醇、酮、醛等化学品；油相采用常规石油炼制手段（如常、减压蒸馏），根据需要切割出产品馏分，经进一步加工（如加氢精制、临氢降凝、催化重整、加氢裂化等工艺）得到合格的油品或中间产品；气相经冷冻分离及烯烃转化处理得到LPG、聚合级丙烯、聚合级乙烯及中热值燃料气。

7.6.1.2 直接液化工艺及生产过程

直接液化工艺包括：氢气制备、煤糊相（油煤浆）制备、加氢液化反应、油品加工"先并后串"4个步骤。它的生产过程为：将煤、催化剂和循环油制成的煤浆，与制得的氢气混合送入反应器。在液化反应器内，煤首先发生热解反应，生成自由基碎片，不稳定的自由基碎片再与氢在催化剂存在条件下结合，形成相对分子质量比煤低得多的初级加氢产物。出反应器的产物构成十分复杂，包括气、液、固三相。气相的主要成分是氢气，分离后循环返回反应器重新参加反应；固相为未反应的煤、矿物质及催化剂；液相则为轻油（粗汽油）、中油等馏分油及重油。液相馏分油经提质加工（如加氢精制、加氢裂化和重整）得到合格的汽油、柴油和航空煤油等产品。重质的液固淤浆经进一步分离得到循环重油和残渣。

7.6.2 对煤种的不同要求

7.6.2.1 间接液化对煤种的要求

间接液化工艺对煤种的选择性也就是与之相适应的气化工艺对煤种的选择性。气化的目的是尽可能获取以合成气（CO＋H₂）为主要成分的煤气。目前得到公认的最先进煤气化工艺是干煤粉气流床加压气化工艺，已实现商业化的典型工艺是荷兰 Shell 公司的 SCGP 工艺。干煤粉气流床加压气化从理论上讲对原料有广泛的适应性，几乎可以气化从无烟煤到褐煤的各种煤及石油焦等固体燃料，对煤的活性没有要求，对煤的灰熔融性适应范围可以很宽，对于高灰分、高水分、高硫分的煤种也同样适应。但从技术经济角度考虑，褐煤和低变质的高活性烟煤更为适用。通常入炉原料煤种应满足：灰熔融性流动温度（FT）低于1400℃，高于该温度需加助熔剂；灰分含量小于20％；干煤粉干燥至入炉水分含量小于2％，以防止干煤粉输送罐及管线中"架桥"、"鼠洞"和"栓塞"现象的发生。

7.6.2.2　直接液化对煤种的要求

原料煤的特性对所有直接液化工艺的影响是决定性的。实践表明，随原料煤煤化程度的增加，煤的加氢反应活性开始变化不大，中等变质程度烟煤以后则急剧下降；煤的显微组分中镜质组和稳定组为加氢活性组分，惰质组为非加氢活性组分；原料煤中的硫铁矿为良好的加氢催化剂，矿物质中的碱性物质对液化不利；氧含量高的煤气产率高，液体产率相对较低。根据加氢液化的大量试验研究结果，认为原料煤一般应符合以下几个条件：高挥发分低变质程度烟煤和硬质褐煤，碳元素含量大致在77％～82％；惰质组含量小于15％；灰分含量小于10％。

▶ 7.6.3　不同的产品结构

7.6.3.1　间接液化产品结构分析

间接液化产物分布较宽，如 SASOL 固定流化床工艺，C₄ 以下产物约占总合成产物的44.1％，这些气态烃类产物经分离及烯烃歧化转化得到 LPG、聚合级丙烯、聚合级乙烯等终端产品。C₅ 以上产物约占总合成产物的49.7％，这些液态产物经馏分切割得到石脑油、α-烯烃、C₁₄～C₁₈ 烷烃及粗蜡等中间产品。石脑油经进一步加氢精制，得到高级乙烯料（乙烯收率可达到37％～39％，普通炼厂石脑油的乙烯收率仅为27％～28％），也可以重整得到汽油；α-烯烃不经提质处理就是高级洗涤剂原料，经提质处理得到航空煤油；C₁₄～C₁₈ 烷烃不经提质处理也是高品质的洗涤剂原料，通过加氢精制和异构降凝处理即成为高级调和柴油（十六烷值高达75）；粗蜡经加氢精制得到高品质软蜡。国内外的相关研究结果表明，现阶段，在我国发展间接液化工艺，适宜定位在生产高附加值石油延长产品即所谓的中间化学品，如市场紧俏的聚合级丙烯、聚合级乙烯、高级石脑油、α-烯烃及 C₁₄～C₁₈ 烷烃等；若定位在单纯生产燃料油品，由于提质工艺流程长、主产品（如汽油）的质量差，导致经济效益难以体现。

7.6.3.2　直接液化产品结构分析

直接液化工艺的柴油收率在70％左右，LPG 和汽油约占20％，其余为以多环芳烃为主的中间产品。由于直接液化产物具有富含环烷烃的特点，因此，经提质处理及馏分切割得到的汽油及航空煤油均属于高质量终端产品。另外，加氢液化产物也是生产芳烃化合物的重要原料。实践证明，不少芳烃化合物通过非煤加氢液化途径获取往往较为困难，甚至不可能。

国内外的相关研究结果表明，基于不可逆转的石油资源形势和并不乐观的国际政治形势，在我国发展直接液化工艺，适宜定位在生产燃料油品及特殊中间化学品。

▶ 7.6.4　对多联产系统的不同影响

多联产是新型煤化工的一种发展趋势。所谓多联产系统就是指多种煤炭转化技术通过优化偶合集成在一起，以同时获得多种高附加值的化工产品（包括脂肪烃和芳香烃）和多种洁净的二次能源（气体燃料、液体燃料、电等）为目的的生产系统。多联产与单产相比，实现了煤炭资源价值的梯级利用，达到了煤炭资源价值利用效率和经济效益的最大化，满足煤炭资源利用的环境最友好。

间接液化属于过程工艺，是构成以气化为龙头的集成多联产系统的重要生产环节（单元），也是整个串联生产系统中的桥梁和纽带，对优化多联产系统中的生产要素、实时整合产品结构及产量、保证多联产系统最大化的产出投入比具有重要意义。

直接液化属于目标（或非过程）工艺，与煤基间接液化相比，与其他技术串联集成多联产系统的灵活性相对较小，通常加氢液化就是整个系统的核心，需要与其他技术互补，来进一步提高自身的技术经济性。如液化残渣中含有约35%的油，因此，若将油灰渣气化，既避免了油灰渣外排，又得到加氢液化工艺不可或缺的宝贵氢气。

7.6.5 工艺选择

根据以上分析，同一煤种在既适合间接液化工艺又适合直接液化工艺的前提条件下，若间接液化与直接液化两种工艺均以生产燃料油品为主、化学品为副，则后者的经济效益将明显优于前者，以选择直接液化为好；如果以生产化学品（直链烃）为主、燃料油品为副，则前者的经济效益将明显优于后者，故以选择间接液化为好。需要指出的是，对于间接液化和直接液化，不能简单从技术论优劣，也不能简单从经济论优劣，二者虽有共性的一面，但根本的区别点在于各有其适用范围，各有其目标定位。从历史渊源、工艺特征、煤种的选择性、产品的市场适应性及对集成多联产系统的影响等多方面分析，两种煤液化工艺没有彼此之间的排它性。

无论是发展的煤炭直接液化还是间接液化，均没有简单定位在取代我国的全部石油进口，而在于减轻并最终消除由于石油供应紧张带来的各种压力以及可能对经济发展产生的负面影响，同时应做到煤化工与石油化工在技术及产品方面的优势互补。不论是间接液化还是直接液化，均需加大技术投入，加快发展自主知识产权，特别是核心技术及关键技术的自主知识产权（如间接液化的合成反应器及高效催化剂、直接液化的加氢反应器及催化剂等），完全依附于他人，难免受制于人。煤炭高效清洁利用，推进煤炭液化工艺的发展，坚持绿色生态煤炭工业是我国实现可持续发展的必由之路。

参 考 文 献

[1] 郭树才，胡浩权. 煤化工工艺学. 第3版. 北京：化学工业出版社，2012.
[2] 任相坤，房鼎业，金嘉璐等. 煤直接液化技术新进展. 化工进展，2010，29（2）：198-203.
[3] 薛贤贞，高仲峰. 煤直接液化的技术及经济性评述. 上海化工，2001（15）：32-35.
[4] 高晋生，张德祥，吴克. 煤加氢液化反应器的研究与开发. 煤化工，2007（2）.
[5] 张同旺，靳海波，何广湘等. 加压大型鼓泡床反应器内大小气泡气含率研究. 化学工程，2004（5）.
[6] Schafer R, Merten C, Eigenberger G1 Bubble Size Distributions in a Column Reactor Under Industrial Conditions. Experimental Thermal and Fluid Science, 2002 (26).
[7] 胡发亭，霍卫东，史士东等. 环流反应器流体力学参数测定技术研究. 化工科技，2007（1）.
[8] 李飞，王保国，陈筛林等. 新型多级环流反应器流体力学研究. 化学工程，2006（2）.
[9] Hirano K. Outline of NEDOL coal liquefaction process development (pilot plant program). Fuel processing Technology, 2000, 62: 109-118.
[10] 张玉卓. 神华集团大型煤炭直接液化项目的进展. 中国煤炭，2008（5）：8-10.
[11] 李克健. 煤直接液化是中国能源可持续发展有效途径. 煤炭科学技术，2001，29（3）：1-3.
[12] 舒歌平. 中国应加快煤炭直接液化技术产业化步伐. 洁净煤技术，2000，6（4）：21-24.
[13] 张玉卓. 中国神华煤直接液化技术新进展. 中国科技产业，2006（2）：32-35.

8 洁净煤技术

8.1 概述

洁净煤技术是指从煤炭开发到利用的全过程中旨在减少污染排放与提高利用效率的加工、燃烧、转化及污染控制等新技术。

洁净煤（clean coal）一词是 20 世纪 80 年代初期美国和加拿大关于解决两国边境酸雨问题谈判的特使德鲁·刘易斯（Drew Lewis，美国）和威廉姆·戴维斯（William Davis，加拿大）提出的。当前已成为世界各国解决环境问题主导技术之一，也是高技术国际竞争的一个重要领域。

8.1.1 洁净煤技术内容

洁净煤技术包括两个方面，一是直接烧煤洁净技术，二是煤转化为洁净燃料技术。它是旨在减少污染和提高效率的煤炭加工、燃烧、转换和污染控制新技术的总称，是当前世界各国解决环境问题的主导技术之一，也是高新技术国际竞争的一个重要领域。

（1）直接烧煤洁净技术　这是在直接烧煤的情况下，需要采用的技术措施。

① 燃烧前的净化加工技术　主要是洗选、型煤加工和水煤浆技术。原煤洗选采用筛分、物理选煤、化学选煤和细菌脱硫方法，可以除去或减少灰分、矸石、硫等杂质；型煤加工是把散煤加工成型煤，由于成型时加入石灰固硫剂，可减少二氧化硫排放，减少烟尘，还可节煤；水煤浆是先用优质低灰原煤制成，可以代替石油。

② 燃烧中的净化燃烧技术　主要是流化床燃烧技术和先进燃烧器技术。流化床又叫沸腾床，有泡床和循环床两种，由于燃烧温度低可减少氮氧化物排放量，煤中添加石灰可减少二氧化硫排放量，炉渣可以综合利用，能烧劣质煤，这些都是它的优点；先进燃烧器技术是指改进锅炉、窑炉结构与燃烧技术，减少二氧化硫和氮氧化物的排放技术。

③ 燃烧后的净化处理技术　主要是消烟除尘和脱硫脱氮技术。消烟除尘技术有很多，静电除尘器效率最高，可达 99% 以上，电厂一般都采用。脱硫有干法和湿法两种，干法是用浆状石灰喷雾与烟气中二氧化硫反应，生成干燥颗粒硫酸钙，用集尘器收集；湿法是用石灰水淋洗烟尘，生成浆状亚硫酸排放。它们脱硫效率可达 90%。

（2）煤转化为洁净燃料技术　主要有以下四种。

① 煤的气化技术　有常压气化和加压气化两种，它是在常压或加压条件下，保持一定温度，通过气化剂（空气、氧气和蒸汽）与煤炭反应生成煤气，煤气中主要成分是一氧化碳、氢气、甲烷等可燃气体。用空气和蒸汽作气化剂，煤气热值低；用氧气作气化剂，煤气热值高。煤在气化中可脱硫除氮，排去灰渣，因此，煤气就是洁净燃料了。

② 煤的液化技术　有间接液化和直接液化两种。间接液化是先将煤气化，然后再把煤

气液化，如煤制甲醇，可替代汽油，我国已有应用。直接液化是把煤直接转化成液体燃料，比如直接加氢将煤转化成液体燃料，或煤炭与渣油混合成油煤浆反应生成液体燃料，我国已开展研究。

③ 煤气化联合循环发电技术　先把煤制成煤气，再用燃气轮机发电，排出高温废气烧锅炉，再用蒸汽轮机发电，整个发电效率可达 45%。我国正在开发研究中。

④ 燃煤磁流体发电技术　当燃煤得到的高温等离子气体高速切割强磁场，就直接产生直流电，然后把直流电转换成交流电。发电效率可达 50%～60%。我国正在开发研究这种技术。

8.1.2　洁净煤技术发展概况

8.1.2.1　洁净煤技术国外发展概况

1986 年 3 月美国率先推出"洁净煤技术示范计划(CCTP)"，主要包含四个方面：

① 先进的燃煤发电技术（整体煤气化联合循环发电——IGCC，流化床燃烧——CFBC，改进燃烧和直接燃煤热机）；

② 环境保护设备（NO_x 与 SO_x 控制）；

③ 煤炭加工成洁净能源技术（洗选、温和气化、液化）；

④ 工业应用（炼铁、水泥及其他行业控制硫、氮、灰尘排放和烟气回收洗涤等）。已有 13 项取得初步商业化成果。欧共体国家正在研究开发的项目有煤气化联合循环发电（IGCC），煤和生物质及废弃物联合气化（或燃烧），循环流化床燃烧，固体燃料气化与燃料电池联合循环技术等。

日本开始较大幅度地增加煤炭的消费量，发展洁净煤技术成为热点。正在开发的项目包括：

① 提高煤炭利用效率的技术，如 IGCC、CFBC 和 PFBC；

② 脱硫、脱氮技术，如先进的煤炭洗选技术，氧燃烧技术，先进的废烟处理技术，先进的焦炭生产技术等；

③ 煤炭转化技术，如煤炭直接液化，加氢气化，煤气化联合燃料电池和煤的热解等；

④ 粉煤灰的有效利用技术。

8.1.2.2　洁净煤技术国内发展概况

我国围绕提高煤炭开发利用效率、减轻对环境污染开展了大量的研究开发和推广工作。随着国家宏观发展战略的转变，洁净煤技术作为可持续发展和实现两个根本转变的战略措施之一，得到政府的大力支持。1995 年国务院成立了"国家洁净煤技术推广规划领导小组"，组织制定了《中国洁净煤技术"九五"计划和 2010 年发展纲要》，并于 1997 年 6 月获国务院批准。

中国洁净煤技术计划框架涉及四个领域（煤炭加工、煤炭高效洁净燃烧、煤炭转化、污染排放控制与废弃物处理），包括十四项技术，即：煤炭洗选、型煤、水煤浆；循环流化床发电技术、增压流化床发电技术、整体煤气化联合循环发电技术；煤炭气化、煤炭液化、燃料电池；烟气净化、电厂粉煤灰综合利用、煤层甲烷的开发利用、煤矸石和煤泥水的综合利用、工业锅炉和窑炉。

在《中共中央关于制定国民经济和社会发展第十二个五年规划的建议》中，提出要"培育发展战略性新兴产业"，要"推动能源生产和利用方式变革，构建安全、稳定、经济、清洁的现代能源产业体系。加快新能源开发，推进传统能源清洁高效利用"，要"积极应对全球气候变化。把大幅降低能源消耗强度和二氧化碳排放强度作为约束性指标，有效控制温室气体排放"，给发展洁净煤技术赋予新的目标和要求。

8.1.3　中国发展洁净煤技术的必要性

煤炭是中国的基础能源，洁净煤技术是实现煤炭可靠、廉价和洁净利用的重要技术。在中国，能源资源、经济水平等决定以煤为主的能源消费结构在未来 20～30 年内不发生根本变化的情况下，大力发展洁净煤技术，实行全过程控制，是保证社会经济快速发展，同时是使大气环境得到有效改善，能源效率有效提高，保证国家环保目标实现的唯一选择。

(1) 有利于提高煤炭效率，减少粉尘和 SO_2 污染　采用煤炭加工技术，如洗选煤、型煤、配煤和水煤浆技术，可有效减少原料煤的含灰和含硫量，实现燃烧前的脱硫降灰。如采用先进选煤技术可降低原煤灰分 50%～80%，脱除黄铁矿硫 60%～80%，可大量减少煤炭无效运输，电厂和工业锅炉燃用洗选煤，可提高热效率 3%～8%；用户燃用固硫型煤，不仅可减少 SO_2 排放 30%～40%，减少烟尘 70%～90%，还可以节煤 15%～27%。采用先进的煤炭燃烧技术，可有效提高热效率，实现燃烧中脱硫。

(2) 有利于保障能源安全　国家能源资源条件和现有经济条件不足以支撑用油、气大规模作为一次能源。发展洁净煤技术，可在充分利用中国丰富煤炭资源的前提下，解决环境污染问题，还可以将煤炭转化为洁净的油、气，在相当程度上可以缓和中国石油、天然气供应的不足。煤炭价格及各项煤炭利用技术的运行成本大大低于石油和天然气，有利于中国清洁能源技术的发展及长远的能源安全。

(3) 有利于调整产业结构　技术及装备水平落后、生产规模小、大量低水平用煤，是中国工业部门环境污染严重的主要原因。改变传统用煤方式，用洁净煤技术替代现有用煤技术，提高产品质量，提高能效。减少污染，将是工业行业技术发展的主要趋势。煤炭行业在调整产业结构中，可通过大力发展先进的煤炭加工技术（选煤、配煤、水煤浆等）和加大煤炭就地转化（发电、气化、液化等），增加企业经济效益；其他用煤行业，通过广泛采用先进的燃煤技术和煤炭转化技术，将有效提高能源效率，降低污染，提高企业整体水平。发展洁净煤技术还可以带动设备加工、后续服务等相关产业链的发展和形成，促进行业及区域经济发展。

(4) 有利于加入世贸组织后所面临的挑战与机遇　随着中国加入世贸组织后，国内能源市场已开放，国际跨国能源公司凭借其产品的低成本和高质量优势及先进的生产技术、现代化企业管理水平，正在全力抢占中国市场，必然对国内能源企业的生产和经营造成冲击，能源价格将随国际价格涨落波动，能源产品生产受到冲击。目前国内约有 40% 的石油和化工产品面临国外同类产品的冲击，相比较而言，煤炭及洁净技术所受到的冲击较小。目前中国多数洁净煤技术已有成熟技术，煤炭气化、液化、烟气脱硫等关键技术正处于自主知识产权技术开发阶段，通过国际合作，有可能实现技术的突破。

(5) 有利于国民经济的可持续发展　发展洁净煤技术对于改善终端能源结构，实现能源、经济、环境协调发展将起到积极的促进作用。西北地区是中国的重要产煤区，发展洁净煤技术将有利于西部大开发战略的实施；东南沿海发达地区采用先进洁净煤技术，可保证清洁能源的安全供应，使经济和环境得到良性发展。洁净煤技术立足于中国能源特点，贯穿于煤炭开发、加工、转化、终端利用全过程，是现实经济条件下实现可持续发展的必然选择。

8.2　煤炭洗选技术

选煤是使用物理、物理化学方法，将原煤分成不同质量、规格产品的加工过程。选煤可以除去煤中的杂质，包括矸石和 50%～70% 的硫，提高煤炭产品的质量、增加煤炭品种、减少无效运输、提高热效率、节约能源、减少 SO_2、NO_x 和烟尘的排放量。选煤还是综合利用资源、提高煤炭企业经济效益的重要手段。因此，选煤已成为煤炭工业现代化生产中不可缺少的重要环节和洁净煤技术中的源头技术，是煤炭深加工的基础和前提。发展煤炭洗选加工既可满足国民经济快速、健康发展对煤炭的需求，又能使煤炭污染在总量上有所减少，改善生态环境恶化状况，实现经济与环境的协调发展。我国选煤工业起步较晚，20世纪50年代才开始建立起自己的选煤工业，经历了两次快速发展时期。70年代以"洗煤保钢"为主要内容的选煤大发展，使原煤入选比例由1970年的10%增长到1980年的17%，基本满足了我国钢铁工业对炼焦煤质的要求；2000年以来，选煤工业进入新的快速发展时期。到2005年，我国煤炭产量达21.3亿吨，原煤入选量为7.04亿吨，原煤入选比例达到33%。

8.2.1　煤炭洗选的必要性

（1）提高煤炭质量，减少燃煤污染物排放　煤炭洗选可脱除煤中50%～80%的灰分、30%～40%的全硫（或60%～80%的无机硫），燃用洗选煤可有效减少烟尘（TSP）、SO_2和NO_x的排放，入洗1亿吨动力煤一般可减排60万～70万吨的SO_2，去除矸石$16×10^6 t$。而洗矸石和高灰分煤泥用作电厂的燃料，或用于生产矸石砖、水泥等，有的用作铺路、充填塌陷区和造地复田，延长了煤炭企业的产业链，为发展循环经济和节能减排创造了条件，减少了矿区环境污染。

（2）提高煤炭利用效率，节约能源　煤炭质量提高将显著提高煤炭利用效率。研究表明：炼焦煤的灰分降低1%，炼铁的焦炭耗量降低2.66%，炼铁高炉的利用系数可提高3.99%；合成氨生产使用洗选的无烟煤可节煤20%；发电用煤灰分每增加1%，发热量下降200～360J/g，1kW·h电的标准煤耗增加2～5g；工业锅炉和窑炉燃用洗选煤，热效率可提高3%～8%，可以节约煤炭10%～15%，同时硫分每降低0.1个百分点，SO_2可减少8%。煤炭经洗选，可降低原料煤中的硫分、灰分和其他有害物质，实现煤炭燃前脱硫降灰，大大减少污染物排放，显著提高燃烧效率，减少煤炭利用的外部成本。

（3）优化产品结构，提高经济效益　当前煤炭企业多数以销售原煤为主，产品结构单一，产业链短，经济效益差。发展选煤以后，选出的精煤可以供焦化厂、电厂、化肥厂使用，副产品中煤、煤泥可以就地建低热值燃料电厂，有电就可以利用高铝煤矸石生产电解铝、铝材，电厂的炉渣又可以生产小水泥、建材。洗选有利于煤炭产品由单结构、低质量向多品种、高质量转变，延伸煤炭企业的产业链，实现产品的优质化，为煤矿提高经济效益、走可持续发展道路、开展综合利用、发展循环经济创造了条件。

（4）有利于提高煤炭出口的竞争力　我国煤炭消费及国外需求用户多，对煤炭质量和品种的要求不断提高。有些城市要求煤炭硫分小于0.5%，灰分小于10%，若不发展选煤便无法满足市场要求。而出口的煤炭由于杂质多、质量不稳定，价格比同等灰分或发热量的煤炭低2～3美元/t。煤炭经过洗选，质量提高后，可以提高煤炭出口的竞争力。

（5）减少运力浪费　由于我国的产煤区多，远离用煤多的经济发达地区，煤炭的运量大、运距长，平均煤炭运距约为600km。据统计分析，我国原煤中矸石平均含量20%左右，经过洗选加工排矸后，可以减少2亿～3亿吨的铁路运力，节约运费近200亿元。

（6）煤炭洗选促进煤炭清洁利用　在我国，煤炭资源是经济社会的基础能源，根据我国能源结构和经济发展水平以及世界能源形势，在未来的数十年内，以煤为主的能源结构不会改变，且煤炭在未来能源中的地位将更加重要。然而，煤炭在开发利用过程中造成了严重的环境破坏和资源浪费问题，无论是对大气污染、酸雨等区域性环境问题，还是气候变化等全球问题，都是主要的影响因素。环境与效率问题已成为煤炭的开发利用，乃至整个国民经济持续健康发展的重大制约因素。煤炭洗选加工从源头上提高了商品煤质量，是煤炭生产和高效利用过程中不可缺少的一个重要环节，是提高煤炭利用率、减少污染物排放、节约运力、增加煤炭企业经济效益的有效方法，是实现煤炭清洁生产利用的重要手段，也是最直接、最重要的洁净煤技术。煤炭洗选加工技术在中国煤炭洁净利用技术体系中是最成熟、最可靠、最经济、最有效的技术，是洁净煤技术的基础和前提，是煤炭清洁燃烧的关键环节。目前，原煤入洗比重已经成为衡量一个国家煤炭工业技术水平的重要标志，我国煤炭的入洗率普遍小于 30%，因此，充分利用先进的选煤技术，进行煤炭洗选加工，提高原煤入洗比例，是我国煤炭工业进行产业结构调整和优化升级、提高煤炭企业经济效益和社会效益的必然选择，也是我国 21 世纪能源发展战略中洁净煤技术的重要组成部分，对环境保护和实现我国煤炭工业的可持续发展有着重要的战略意义。

8.2.2 煤炭洗选方法

煤炭洗选是利用煤和杂质（矸石）的物理、化学性质的差异，通过物理、化学或微生物分选的方法使煤和杂质有效分离，并加工成质量均匀、用途不同的煤炭产品的一种加工技术。

按选煤方法的不同，可分为物理选煤、物理化学选煤、化学选煤及微生物选煤等。

物理选煤是根据煤炭和杂质物理性质（如粒度、密度、硬度、磁性及电性等）上的差异进行分选，主要的物理分选方法有：①重力选煤，包括跳汰选煤、重介质选煤、斜槽选煤、摇床选煤、风力选煤等；②电磁选煤，利用煤和杂质的电磁性能差异进行分选，这种方法在选煤实际生产中没有应用。

物理化学选煤——浮游选煤（简称浮选），是依据矿物表面物理化学性质的差别进行分选，目前使用的浮选设备很多，主要包括机械搅拌式浮选和无机械搅拌式浮选两种。

化学选煤是借助化学反应使煤中有用成分富集，除去杂质和有害成分的工艺过程。目前在实验室常用化学的方法脱硫。根据常用的化学药剂种类和反应原理的不同，可分为碱处理、氧化法和溶剂萃取等。

微生物选煤是用某些自养性和异养性微生物，直接或间接地利用其代谢产物从煤中溶浸硫，达到脱硫的目的。

物理选煤和物理化学选煤技术是实际选煤生产中常用的技术，一般可有效脱除煤中无机硫（黄铁矿硫），化学选煤和微生物选煤还可脱除煤中的有机硫。目前工业化生产中常用的选煤方法为跳汰、重介、浮选等选煤方法，此外干法选煤近几年发展也很快。

由于煤质、煤种、厂型、市场、环境及历史的原因，我国现行的选煤厂主要有以下几种工艺：大于 0.5mm 级的煤，一般用跳汰、重介选或跳汰重介组合分选；小于 0.5mm 级的煤，一般用浮选或煤泥重介；特大块煤一般采用手选或动筛选，或者重筛选。

(1) 重介选煤技术　重介选煤是一种高效率的重力选煤方法，具有可高效率地分选难选煤和极难选煤，分选密度、调节范围宽、适应性强、分选粒度范围宽、处理能力大、实现自动控制等特点。我国的重介选煤技术始于 1958 年，在解决了设备的耐磨、介质回收和高效泵设备问题后，重介选煤技术在中国得到了迅速的发展，先后研制成功了各种类型的重介分选机、两产品及三产品有压和无压给料的重介旋流器、多产品低下限重介分选系统微细介质重介旋流器分选煤泥等，并投入工业应用，为重介选煤技术的进一步发展奠定了雄厚的技术基础。目前，我国重介选煤的旋流器及其工艺明显地向两极方向发展：一是提高入料上限；二是明显降低分选下限。利用小直径旋流器，在高离心力场下分选 0.5mm 以下的煤泥，使旋流器的有效分选下限达 0.045mm；在工艺流程方面，重点发展原煤不脱泥入选和小直径重介旋流器处理细粒煤，以及将上述 2 种工艺加以综合的复选工艺。重介分选技术的今后发展重点和趋势主要表现在对介的改进，以及开发新型选煤介质。

（2）跳汰选煤技术　跳汰选煤是主要的煤炭分选工艺，它的优点在于工艺流程简单、设备操作维修方便、处理能力大且有足够的分选精确度；另外，跳汰选煤入料粒度范围宽，能处理 15～150mm 粒级原料煤。跳汰选煤的适应性较强，主要应用于洗选中等难选到易选的煤种。是否采用跳汰方法选煤关键看原煤的可选性，原则上中等可选、易选的和极易选原煤都应采用跳汰选煤方法。难选煤是用跳汰选还是用重介选，应通过技术经济比较来确定，对极难选煤，应采用重介选煤方法，以求得高质量和高效益。在我国使用较多的国产跳汰机有 SKT 系列、X 系列筛下空气室跳汰机。X 系列跳汰机采用液压托板排料方式，跳汰面积为 4～45m^2；SKT 系列跳汰机跳汰面积为 60～40m^2，采用无溢流堰深仓式稳静排料方式，可避免已分层物料撞击或翻越溢流堰造成二次混杂。总的来看，跳汰技术的发展是朝着设备大型化、降低制造和运行成本、更加精确地实现分选、提高单机及系统的自动化程度等方向进行的。因此，在未来很长一段时间内，跳汰选煤仍将在我国选煤行业中居优势地位。

（3）浮选技术　浮选工艺是利用矿物表面的物理化学性质的差别分选矿物颗粒的作业过程，是一种应用非常广泛的选煤方法。生产实践证明，不同粒级的煤泥在浮选时的速度和可浮性存在较大的差异。因此，浮选工艺的一个发展方向是，采用分级入浮方式处理可使不同粒级的煤泥得到合理有效的处理，一般可将煤泥分为 3 个级别，即粗粒级（+0.25mm）、中等粒级（0.25～0.045mm）、高灰细泥（-0.045mm）。近年来我国研制成功的筛网旋流器为煤泥分级浮选或分级处理流程创造了条件。另外，对浮选剂的研发也得到了一定的发展，浮选剂的主要作用是提高煤粒表面疏水性和煤粒在气泡上黏着的牢固度，在矿浆中促使形成大量气泡，防止气泡兼并和改善泡沫的稳定性，使煤粒有选择性地黏着气泡而上浮，调节煤与矿物杂质的表面性质，提高煤泥的浮选速度和选择性。近年来对煤泥浮选的药剂进行了很多研究，除了各类捕收剂和起泡剂外主要致力于两个方面：一是煤泥浮选促进剂；二是复合浮选药剂。在这两个方面，国内外的专家学者通过不懈努力已经取得了丰硕成果。

8.2.3　洗煤厂工艺流程

煤炭加工、矸石处理、材料和设备输送等构成了矿井地面系统。其中地面煤炭加工系统由受煤、筛分、破碎、选煤、贮存、装车等主要环节构成，是矿井地面生产的主体。

（1）受煤　受煤是在井口附近设有一定容量的煤仓，接受井下提升到地面的煤炭，保证井口上下均衡连续生产。

（2）筛分　用带孔的筛面把颗粒大小不同的混合物料分成各种粒级的作业叫筛分。筛分所用的机器叫筛分机或者筛子。

在选煤厂中，筛分作业广泛地用于原煤准备和处理上。按照筛分方式不同，分为干法筛分和湿法筛分。

（3）破碎　把大块物料粉碎成小颗粒的过程叫做破碎，用于破碎的机器叫做破碎机。在选煤厂中破碎作业主要有以下要求：

① 适应入选颗粒的要求，精选机械所能处理的煤炭颗粒有一定的范围，超过这个范围的大块要经过破碎才能洗选；

② 有些煤块是煤与矸石夹杂而生的夹矸煤，为了从中选出精煤，需要破碎成更小的颗粒，使煤和矸煤分离；

③ 满足用户的颗粒要求，把选后的产品或煤块粉碎到一定的粒度，物料粉碎主要用机械方法，有压碎、劈碎、折断、击碎、磨碎等几种主要方式。

（4）选煤　选煤是利用煤与其他物质的不同物理性质、物理化学性质，在选煤厂内用机械方法去除混在原煤中的杂质，把它分成不同质量、规格的产品，以适应不同用户的需求。

按照选煤厂的位置与煤矿的关系，选煤厂可以分为：矿井选煤厂、群矿选煤厂、中心选煤厂和用户选煤厂。我国现有的选煤厂大多是矿井选煤厂。现代化的选煤过程是一个由许多作业组成的连续机械加工过程。

① 跳汰选煤　跳汰选煤是在垂直脉动的介质中按颗粒密度差别进行选煤的过程。跳汰选煤的介质是水或空气，个别的也用悬浮液。选煤中以水力跳汰的最多。

跳汰机是利用跳汰分选原理将入选原料按密度大小分选为精煤、中煤和矸煤等产品的设备。

② 重介选煤　在密度大于 $1g/cm^3$ 的介质中，按颗粒密度的大小差异进行选煤，叫做重介质选煤或重介选煤。选煤所用的重介质有重液和重选浮液两类。重介选煤的主要优点是分选效率高于其他选煤方法；入选力度范围宽，分选机入料粒为 $1000\sim6mm$，旋流器为 $80\sim0.15mm$，生产控制易于自动化。重介选煤的缺点是生产工艺复杂，生产费用高，设备磨损快，维修量大。

重介选煤一般都分级入选。分选块煤一般在重力作用下用重介质分选机进行；分选沫煤在离心力作用下用重介质旋流器进行。

（5）贮存　贮煤仓：为调节产、运、销之间产生的不平衡，保证矿井和运输部门正常和均衡生产而设定有一定容量的煤仓，接受生产成品煤炭，保证能顺利出厂，进入最后的装车阶段。

（6）装车　装车包括装车（船）、吊车和计量。

8.2.4　煤炭主洗设备及发展趋势

我国煤炭资源丰富，是世界上少数几个以煤为主要能源的国家之一。煤炭是我国能源供给和能源安全的最基本、最经济、最可靠的保障。但随着洁净煤技术的迅速发展和环保要求的提高，实现清洁能源，同时满足我国和世界经济发展对能源的需求。我们对煤炭洗选设备也有了更高的要求和期望。

8.2.4.1　设备现状

我国煤炭洗选加工的工艺和技术经过"九五"国家科技攻关项目的实施和"十五""十一五"期间的发展，整体水平取得了长足进步。重介质选煤工艺有较大的发展，特别是具有自主知识产权的三产品重介质旋流器选煤工艺及设备已经优于国际同类的工艺和设备水平；浮选技术发展很快，单槽 $28m^3$ 的机械搅拌式浮选机、$44m^3$ 的喷射式浮选机等设备达到国际先进水平，"十一五"研发的"带有矿浆预矿化器的机械搅拌式浮选机"已大面积推广应用；干选技术发展迅速，其中煤炭的干选技术和成套设备，已出口到十几个国家。同时，经过我国选煤界和选煤设备制造业的共同努力，我国的选煤设备总体有了较大的发展与进步，近年来研发成功的 LWZ 型沉降过滤式离心脱水机、加压过滤机、压滤机等部分设备也达到了国际领先水平和国际先进水平，完全可以取代国外同类设备。在我国现有的选煤厂中，采用的选煤设备 90%以上都是国产设备。

8.2.4.2　主洗设备

（1）跳汰机　跳汰机是选煤厂传统的主洗设备，其最基本也是最核心的两个必需自动化的部分是排料系统和风阀系统。目前，新型跳汰机的风阀系统自动化程度基本能满足跳汰选煤的需求。而作为衡量跳汰机技术性能指标的最重要的因素之一的排料系统自动化系统，在当前市场需求变化的情况下，存在的问题颇多，这严重制约了跳汰机的整机性能，甚至关系到其是否还能作为选煤厂的主洗设备。准确、及时地排出重产物是跳汰选煤对跳汰机排料的基本要求，是保证跳汰床层分层后正常分离的必要条件，其自动化程度的高低又直接影响跳汰机的工艺指标。具体地说，排料的准确性影响跳汰选煤的回收率，其及时性直接制约跳汰机的处理量，只有在机械、电气等执行控制机构满足了这两方面需求的基础上的自动化程度才具有实际意义。目前跳汰机床层的检测装置基本是浮标和传感器；排料装置基本是液压托板和排料轮排料；排料电气控制为 PLC 控制；这三者有机结合为一完整系统，对不同煤质及特殊生产需求既有特殊设计又便于在线及时调整。

在目前重介选煤盛行的前提下，跳汰机的发展应主要面对动力型选煤厂或跳汰、重介联合工艺流程中的粗排矸环节，而且就目前跳汰机发展的技术水平而言，准确、及时且故障率低的自动的排料系统应是主要解决的问题。这样在满足选煤厂工艺及生产需求的前提下，选煤厂的工艺流程会因跳汰机的分选特性大大简化，降低选煤厂的吨煤投资，跳汰机才有市场需求。

（2）重介旋流器　目前，重介旋流器的分类标准有 2 种：按入料压力可分为有压给料旋流器和无压给料旋流器；按产品数量可分为两产品旋流器和三产品旋流器。这样重介旋流器一般就有 4 种：两产品无压给料式、两产品有压给料式、三产品无压给料式、三产品有压给料式。

DWP 型重介旋流器、沃赛尔重介旋流器、大粒级煤重介旋流器等属于两产品无压给料式；DSM 圆锥形重介旋流器、DBZ 型重介旋流器、FXZ 型重介旋流器、倒立型重介旋流器等属于两产品有压给料式；3NZW 型旋流器、3GDMC 型旋流器、FT-3/50 型旋流器为无压给料三产品旋流器。

最近几年，无压给料三产品重介旋流器在我国选煤厂得到了较大推广，并通过 3GDMC 型无压三产品旋流器来介绍重介旋流器的优越性。

三产品重介旋流器见图 8-1，循环介质以一定的压力在一段旋流器的下部沿切线方向给入，入选物料则在一段旋流器的筒体上端靠旋流器中心空气柱的真空吸气作用及自重进入旋流器，有少部分循环悬浮液给到入选原煤溜槽中起润湿作用。物料在旋流器内回转运动的悬浮液中很快得到分选，高密度物料随浓缩的重悬浮液进入第二段旋流器分选，而低密度物在第一段旋流器的内螺旋流带动下经中心管排出。二段旋流器的分选密度由底流口和中心管插入深度控制，底流口减小或中心管的插入深度增加都会使分选密度提高。三产品旋流器中心管插入深度一般都可以在线调节。设备说明书上都有调节二段分选密度的具体步骤，但在实际生产过程中二段分选密度很难实现好的调节，这是三产品旋流器存在的问题。

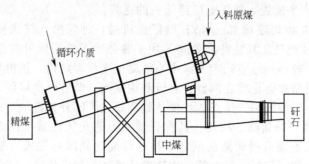

图 8-1　三产品重介旋流器结构图

与其他类型重介旋流器相比，无压三产品重介旋流器有如下特点：

① 悬浮液和入选物料分开给入旋流器，可避免物料过粉碎，减少再生煤泥量；同时还可减少动能损失，并便于布置；

② 充分且仅仅利用第一段排出的重悬浮液的剩余压头作为产生第二段旋流器离心力场的动力源；

③ 选择圆筒-圆锥形旋流器为第二段分选设备,采用变化其底流口大小与溢流管插入深度结合的办法,在一定程度上解决第二段分选密度的调节问题。

重介旋流器选煤比跳汰选煤有以下优点:

① 重介旋流器的分选精度高,对同样的入洗煤,重介旋流器效率明显高于跳汰机,可以得到更高的经济效益;

② 容易实现分选的自动化控制,产品质量更加稳定。而跳汰选煤虽在一定程度上实现了自动控制,但由于影响跳汰选煤的因素较多,有的参数自动控制还没有实现,操作上还需要人工操作配合,产品质量波动较大。

8.2.4.3 浮选设备

（1）机械搅拌式浮选机　WEMCO Smart CELL TM 型浮选机容积为 $127.5m^3$,是目前世界上规格最大的浮选机。该设备为自吸型机械搅拌式浮选机,其槽体为圆柱形,高 4.63m,直径 6.24m,可改善空气的弥散条件,稳定液面。导流管为圆锥形,进口面积较大,有利于固体颗粒的悬浮和混合。该设备可获得较高的选别指标,同时其操作成本较低。

SF 型浮选机为自吸型机械搅拌式浮选机,主要特点有:

① 采用独特的带有双锥盘的闭式叶轮,结构新颖,有别于国内外其他浮选机的叶轮结构,具有搅拌力强、节能和吸气量大等优点;

② 槽体下部矿浆下循环作用较强,有利于粗粒矿物的悬浮,可避免粗砂沉槽,使选别指标得以提高;

③ 具有吸浆吸气和浮选的双重功能,浮选回路的中间产品靠自吸作用循环,不需要辅助设备;

④ 各作业段之间水平配置,便于老选煤厂浮选机的更新;

⑤ 近年来采用了整体制作的超高分子量聚乙烯叶轮,其寿命可达原钢骨架包胶叶轮的 2 倍。

BF 型自吸式浮选机,该机是 SF 型的一种改进,其主要特征为:

① 为自吸矿浆、自吸空气机械搅拌式浮选机,带有双锥盘的闭式叶轮,结构新颖,有别于国内其他浮选机的叶轮结构;

② 浮选机槽体下部有较强的矿浆下循环,有利于粗颗粒矿物的悬浮,避免沉槽;

③ 具有吸浆吸气浮选的双重作用;

④ 各作业之间水平配置,便于老厂浮选机的更新。

（2）充气机械搅拌式浮选机　KYF 型浮选机是一种深槽充气机械搅拌式浮选机,采用 U 形槽体和空心轴充气。其独特之处是采用了独创的单壁后倾叶片倒锥台状叶轮、多孔圆筒形气体分散器、较小的悬空式定子和中心活动推泡板等结构,该机具有结构简单、安装方便、能减少矿浆短路和防止槽底沉砂、有效利用气泡、节省风机风量、能耗低、矿液面稳定、回收率高、停车不需放矿等优点,性能达到和超过了国外先进的 OK 浮选机的水平。

XCF 型浮选机是一种新型、高效、具有吸浆能力的充气机械搅拌式浮选机,解决了充气机械搅拌式浮选机不能自吸矿浆的问题,技术性能达到国际先进水平。该设备主要由叶轮、定子机构、中心筒、盖板、给矿管、中矿管和槽体等部件组成。工作时,叶轮旋转,其上叶片抽吸给矿管和中矿管,槽内矿浆从四周到达槽底,然后被叶轮从下部吸入到其下叶片间;同时,由鼓风机供给的低压空气通过分配器也进入叶轮下叶片间。矿浆和空气在叶轮下叶片间充分混合后被叶轮下叶片向四周排出,与叶轮上叶片排出的矿浆一起经周围定子稳流和定向后进入槽内主体矿浆中,矿化气泡上升到槽内矿浆表面形成泡沫层,一部分矿浆循环返回叶轮下叶片,另一部分通过槽间壁上的流通孔进入下一槽再选。这种浮选机可单独使用,也可以与 KYF 型等无自吸能力的浮选机联合使用,使各段浮选作业水平配置,不需其他辅助设备。

CLF 型粗粒浮选机可分选粒度最大为 0.5~0.7mm 的物料。设备采用了新型叶轮、定子系统和全新的矿浆循环方式。其高比转数后倾叶片叶轮，下叶片形状设计为与矿浆通过叶轮叶片间的流线相一致，具有搅拌力弱、矿浆循环量大、功耗低的特点，与槽体和格子板一起保证了粗粒矿物的悬浮和空气的分散。叶轮圆周速度较低，粗粒矿物可悬浮在槽子中部，而返回叶轮的循环矿浆浓度低、粒度细，不仅有利于粗粒浮选，也有利于细粒浮选。格子板安装在距槽底 1/3 槽深处，作用是缩短粗粒矿物矿化气泡的上升距离，使之处在浅槽浮选的状态下，并且减少槽内上部矿浆的紊流，建立稳定的分离区和泡沫层。该机的总体结构及叶轮、槽体结构属国内外首创，达到了国际先进水平。

HCC 型浮选机由环射式浮选机改进而成，其叶轮为单层半封闭结构，装有 9~12 个螺旋形叶片。叶轮下部设有锥形导流台，槽体四周下部设有弧形稳流板。工作时叶轮上部和下部分别形成两个负压区，上部负压区吸入矿浆和部分空气进行循环，下部甩出矿浆时形成另一负压区吸入空气。由于没有定子，槽底可保持较高的紊流状态，有利于物料悬浮、气泡破碎和矿粒向气泡附着等微观浮选过程。分离区液面平稳，可减少附着在气泡上的粗颗粒的脱落，有利于粗粒浮选。该设备具有较高的搅拌强度，不但可防止粗重颗粒下沉，还有助于空气泡进入槽底，使得几乎浮选机内的所有矿浆内都布满空气泡，从而提高了浮选机的容积利用率，提高了浮选效率，降低了能耗。总之，该设备具有充气量大、空气弥散好、搅拌力强、浮选速度快、浮选效率高、能耗药耗低等优点。

PF 型磷块岩浮选机是为矿物嵌布粒度很细的磷块岩浮选专门设计的，主要特点有：①转速和充气量分别控制，确保磷块岩浮选要求的搅拌强度和较小充气量；②叶轮在绕其轴线旋转的同时还作摆动，使得即使在转速较低时中矿管路也畅通，且槽底不会沉砂；③采用中心套筒多孔回流，矿浆回流均匀，保证了矿浆循环量；④采用环形多孔充气器，空气分散均匀；⑤槽体深宽比适当。该设备结构新颖，维修操作方便，技术经济指标好，经济效益显著。

（3）浮选柱　20 世纪 80 年代以来，国际上掀起了研究和应用浮选柱的新热潮。这些浮选柱具有一些与老式浮选柱不同的特点，主要有：

① 充气方式和材料多样化，充气性能不断提高，使用寿命逐步延长；

② 采用多种浮选新技术和电、磁、真空、溶气等方法；

③ 采用较高水平的自动控制技术；

④ 应用范围不断扩大。

FCSMC-3000 旋流-静态微泡浮选柱工作原理及主要性能：该浮选柱主体结构（图 8-2）包括浮选柱分选段（柱分离装置）、旋流力场分离段（旋流分离装置）和管浮选装置三部分。整个设备为一柱体结构，柱分选段位于整个柱体上部；旋流分离段位于柱分选段下部，与柱分选段直通连接；管浮选装置布置在设备柱体外，其出料沿切线方向与旋流分离段柱体相连。柱分选段相当于放大了的旋流分离段的溢流管，管浮选装置则相当于旋流分离段的切线给料管。

管浮选装置包括气泡发生器与浮选管段两部分。气泡发生器是浮选柱的关键部件，它采用类似于射流泵的内部结构，具有依靠射流负压自身引入气体并把气体粉碎成气泡的双重作用。气泡发生器的工作介质为循环中矿，经过

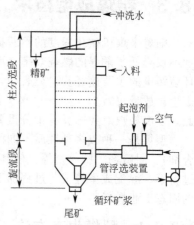

图 8-2　FCSMC-3000 旋流-静态微泡浮选柱结构示意图

加压的循环矿浆进入气泡发生器，引入气体并形成含有大量微细气泡的气-固-液三相体系。含有气泡的三相体系在浮选管段内高度紊流矿化，然后以较高能量状态沿切向高速进入旋流分离段。这样，管浮选装置在完成浮选充气与高度紊流矿化功能的同时，又以切向入料的方式在浮选柱底部形成了旋流力场，它是整个浮选柱分选的能量来源。大量气泡沿切向进入旋流分离段时，由于离心力和浮力的共同作用，迅速以旋转方式向旋流分离段中心汇集，进入柱分离段并在柱体断面上得到分散。与此同时，由上部给入的原矿浆连同煤粒呈整体向下塞式流动，与呈整体向上升浮的气泡发生逆向运行与碰撞；气泡在上升过程中不断矿化，形成柱分选的持续矿化过程，更重要的是，柱分选段对来自底部的旋流力场及管浮选段回收的中矿进行精选，从而保证了整个设备的精矿产品质量。

8.2.4.4　选煤设备发展趋势

现有的国内外大型选煤厂，其入选能力往往是多个分选系统的组合或多个厂、车间的入选能力的总量。"十二五"期间，为了适应大量煤炭洗选加工的需要，要研究符合中国煤质特点的、具有知识产权的单系统 1000 万吨/年特大型动力煤选煤厂成套技术和关键装备、单系统 600 万吨/年特大型炼焦煤选煤厂成套技术和关键装备及其配套通用的关键设备，为建设真正的大型选煤厂创造技术条件，并提高设备的可靠性、处理能力，改进工艺参数，满足特大型选煤厂建设的需要。需要研发的设备主要有小时处理能力为 1000～1200t、入选上限＞150mm 的特大型三产品重介质旋流器；小时处理能力＞500t、入料粒度为 350～25mm 的大型动筛跳汰机；小时处理能力为 2000t、入料粒度为 325～25mm 的大型动力煤跳汰机；小时处理矿浆能力 1500～2500m³ 的大型浮选机。此外，还要开发运转可靠、处理能力大的选煤厂辅助设备以及智能化的自动控制系统，从而提高原煤的洗选能力。

在我国，主体选煤工艺是跳汰、重介、浮选等三种方法。随着市场需求的发展和煤层的深度挖掘，许多选煤厂都会遇到入选原煤的可选性变差的问题。这样对于一个选煤厂是否选择合适的工艺流程将尤为重要，由于浮选主要用于处理煤泥，所以不会成为主导因素，那么就将在跳汰和重介两者中选择，鉴于重介选煤比跳汰选煤有着很大的优越性，针对入选原煤可选性将逐渐变差的状况，毫无疑问会选择重介。当然重介并不是仅用重介旋流器，它还包括很多种其他设备，例如斜轮，它也可以达到分选的精度要求，但是入选的粒度下限太高，无法解决全级的问题，而旋流器就不一样了，它的入选下限低，可以全级入选。因此，重介旋流器将会更适应煤质的变化和市场发展，将会有更好的发展前景。

8.3　粉煤成型技术

随着采煤机械化程度的不断提高，粉煤在原煤中所占的比例也越来越大。粉煤比例的增加不仅降低了散煤的燃烧效率，而且严重地污染了环境。发展型煤是提高粉煤利用率和减少环境污染的重要途径。研究表明，工业锅炉、窑炉使用型煤后可比烧散煤节煤 10%～27%，烟尘排放量可减少 50%～60%，添加固硫剂后，二氧化硫的排放量可减少 35%～50%。因此，发展型煤对我国具有十分重要的现实意义。

型煤是一种或多种性质不同的煤炭按着本身特性经科学配合掺混一定比例的添加剂（黏合剂）、固硫剂、膨松剂等，使其发热量、挥发分、固硫率等技术指标达到预定的数值，经过粉碎、混配成型等工艺过程加工成具有一定几何形状和冷热强度并有良好燃烧和环保效果的固态工业燃料。

8.3.1　型煤生产方法

型煤的生产方法可分为黏结剂成型和无黏结剂成型两大类。黏结剂成型是研究时间最长、应用最广的成型方法。这种方法主要用于无烟煤、烟煤和年老褐煤的成型。目前，世界上绝大多数型煤厂都采用黏结剂成型的方法生产型煤。

黏结剂成型实际上是将黏结剂与煤炭颗粒均匀搅拌，然后利用型模加压成型，再经过适当的后处理，最后获得符合要求的型煤。黏结剂成型的基本流程如图 8-3 所示。

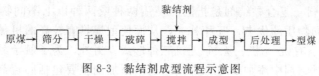

图 8-3　黏结剂成型流程示意图

8.3.2　生产型煤工艺流程

（1）筛分工序　目的在于选取粒度不同的块煤。筛分的尺寸随工艺的不同而不同，筛选小于 20mm 的煤。

（2）干燥工序　目的是将混合后的原煤水分保持在一定的水平。根据使用的黏结剂的不同，对混合后的原煤水分的要求也不同。例如，用沥青作黏结剂，原煤水分应保持在 2%～4%；用纸浆废液或腐殖酸盐溶液作黏结剂，原煤水分应控制在 10%～12%。

（3）破碎工序　目的是将原煤破碎到所需的粒度。破碎机破碎至 0～3mm 或 0～6mm 直接用于生产型煤。有些厂将大于 3mm 或 6mm 的块煤选出后，省略破碎工序，直接将小于 3mm 或 6mm 的粉煤用于型煤生产。为了避免铁器损坏破碎机，一般在破碎机前安装电磁除铁器。

（4）搅拌工序　目的在于将原煤和黏结剂均匀混合，使黏结剂均匀地分布在煤炭颗粒的表面。采用沥青作黏合剂时，还需通入蒸汽进行加热。

（5）成型工序　成型工序是型煤成型的关键。型煤成型机主要有对辊式成型机、冲压式成型机和环式成型机等。蜂窝式成型机主要用于生产民用型煤。目前，在工业型煤中应用最广的是对辊式成型机。

（6）后处理工序　刚刚成型的型煤强度很低，需要经过后处理才能达到一定的强度。后处理工序也叫养护或干燥工序。后处理工序的目的在于使黏结剂在适当的温度下产生物理化学反应，从而使型煤具有一定的强度。欧洲一些国家的型煤厂还在后处理工序中给型煤涂覆一层保护膜，从而使型煤具有防潮和耐磨的特性。

8.3.3　型煤黏结剂

黏结剂也是型煤技术的关键。目前，世界上已开发了数百种不同的黏结剂。从发展趋势看，各国在研究黏结剂时，主要将重点放在来源充足、当地易得、廉价、无污染和防水等方面。型煤黏结剂大致可分为：有机黏结剂、无机黏结剂、工业废料和复合黏结剂。

（1）有机黏结剂　有机黏结剂可分为亲水型和疏水型两种。亲水型有机黏结剂主要有淀粉、腐殖酸（风化粉煤）盐和生物质等。疏水型有机黏结剂主要有煤焦油沥青、石油沥青和高分子聚合物等，而高分子聚合物主要包括聚乙烯（醇）、聚苯乙烯、合成树脂和树脂乳胶等。

有机黏结剂的黏结性能好，固化后可使型煤具有较高的机械强度。在高温时，有机质易于分解，因此用有机黏结剂生产的型煤，其热机械强度和热稳定性都不太理想。

（2）无机黏结剂　无机黏结剂主要有石灰、水泥、黏土、石膏和硅酸钠等。无机黏结剂的共同特点是具有较强的黏结能力，固化后能起骨架的作用，使型煤具有较高的机械强度。由于大多数无机黏结剂在较高的温度下不易分解，因而用无机黏结剂生产的型煤的热机械强度和热稳定性都比较理想。无机黏结剂的主要缺点是防水性差并增加了型煤的灰分。

（3）工业废料　工业废料主要指纸浆废液、酿酒废液、制革废液和制糖废液等。这些废液主要属于有机黏结剂。利用工业废料作为黏结剂既可使废物得到充分的利用，又可大大减少废料对环境的污染。这是值得大力提倡的好事。

（4）复合黏结剂　复合黏结剂是指同时使用两种或两种以上不同物质作黏结剂。复合黏结剂可以利用不同物质的优点，互相补充，从而使型煤具有较高的机械强度。复合黏结剂主要包括有机-有机、有机-无机、无机-无机三种形式。另外，为了赋予黏结剂或型煤特殊的性能，人们常常在黏结剂中添加少量添加剂。这些添加剂主要包括固硫剂、防水剂、速凝剂和助燃剂等。

■ 8.3.4　型煤成型设备

型煤生产涉及筛分、干燥、搅拌、成型、后处理、包装和黏结剂制造等众多的设备，其中最受人们关注的是成型设备。

成型设备是型煤生产中的关键设备，它的选择应以原煤的特性、型煤的用途及成型时的压力等因素为基础。目前工业上应用最广的是对辊式成型机，另外，还有冲压式成型机、环式成型机和螺旋式成型机等。在我国，蜂窝式成型机也广泛应用于民用型煤的生产。

（1）对辊式成型机　对辊式成型机的工作原理如图8-4所示，它主要由两个大小相同的压辊和加料箱组成。在压辊的表面分布着许多型模，每个型模相当于半个型煤的形状。有的加料箱中还装有螺旋送料器，以便及时送料并对原煤进行预压。在对辊式成型机中，原煤受压的时间短，成型压力不大，因而型煤的弹性变形较小。目前，这种机型主要用于生产使用黏结剂的型煤。

（2）环式成型机　环式成型机有固定外环和旋转外环两种形式，其工作原理如图8-5所示。对固定外环成型机来说，型煤是被旋转压辊从固定外环的底部挤出的，型煤被挤出后由切刀切断。而旋转外环成型机的成型是由旋转外环和压辊共同旋转来完成的。

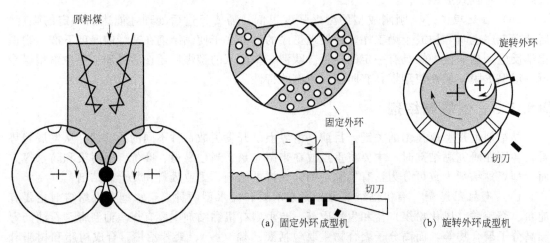

（a）固定外环成型机　　（b）旋转外环成型机

图 8-4　对辊式成型机工作原理　　　　　图 8-5　环式成型机工作原理

（3）冲压式成型机　冲压式成型机有多种不同的形式，目前应用最广的是液压冲压缸成型机和曲柄连杆冲压缸成型机，冲压式成型机的工作原理如图8-6所示。

冲压式成型机的生产过程如下：给料机构将一定数量的原料煤送入成型机内；冲杆前移，原料煤被逐步压实，成为型煤；在冲杆前移的同时，已成型的型煤被向前推动一定的距离，而最前端的型煤被推出了型模；冲杆回程，返回到起始位置。冲压式成型机的优点是成型压力大，型煤在成型过程中多次受压而易产生塑性变形。其缺点是耗能大、单产低。

（4）螺旋式成型机　螺旋式成型机的工作原理如图 8-7 所示，原料煤由供料口加入，螺旋叶片向前推进原料煤，同时对原料煤施加混合和加压的作用。原料煤被挤压通过一段导管，在出口处一段段地断裂，最终形成表面光滑的煤棒。

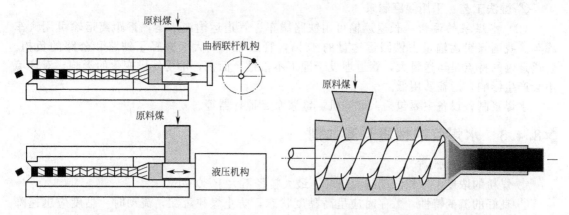

图 8-6　冲压式成型机工作原理　　　　图 8-7　螺旋式成型机工作原理

总之，随着研究工作的不断深入和科学技术的不断发展，上述各种成型机的自动化程度在不断地提高，设备的性能也在不断地完善。目前，中国、法国、英国、德国、美国和日本等许多国家都在为用户提供各种不同的型煤成型机。

8.4　水煤浆技术

8.4.1　水煤浆的由来及发展

水煤浆是由 65%～70%的煤，29～34%的水和约 1%的化学添加剂制成的混合物，是一种低污染、高效率、可管道输送的代油煤基流体燃料。其单位发热量约为燃油的 40%～50%。

20 世纪 70 年代出现了石油危机，国际上开展了浆体燃料——油煤混合燃料（coal oil mixture，COM）的研究，目的是以煤代替燃油。继而，为节约燃油，80 年代初，发达国家开展了水煤浆（coal water mixture，CWM）的开发研究，水煤浆在运输上更有优越性。

水煤浆可以像流体一样输送和贮存，不仅可以减少环境污染，也为煤炭输送开辟了新途径，许多国家作为一种储备技术继续开发和完善。

水煤浆的品种及用途如下。

① 精细水煤浆　用于内燃机。

② 经济型水煤浆　用于沸腾炉燃料。

③ 气化水煤浆　用于气化原料。

④ 环保型水煤浆　用于锅炉脱硫燃料。

⑤ 原煤水煤浆　用管道输送至炉前脱水，供锅炉燃料。

水煤浆是一种固、液两相的粗分散系统，为防止煤颗粒沉淀，需加入少量稳定剂，使其有变稀的流变特性和防止产生不可恢复的沉淀。

8.4.2　水煤浆制备工艺及设备

水煤浆从制备到应用，主要包括 4 个重要环节：制备、运输、应用和环境处理。

水煤浆的制备主要包括：原煤的洗选、破碎、细磨、加入添加剂（分散剂和稳定剂）、加水、搅拌混合、贮存等工序。

（1）水煤浆制备

① 干法工艺　将煤用干磨磨成粉，然后与水、添加剂搅拌混合成浆（主要用于炉前制备）。

② 湿法工艺　采用湿磨制浆。

（2）水煤浆的运输　长途运输可用铁路罐车、管道运输或水运，近距离运输可用汽车罐车。我国煤炭运输量占铁路运输量的 45%，管道运输，大大减轻了铁路和公路的负担。管道运输的特点是运送量大，管道埋设于地下不占地上面积，不受气候变化的影响，对环境不会产生影响，运输费用低。

水煤浆制备设备主要包括：球磨机、输浆泵、搅拌器等。

8.4.3　水煤浆的性质及添加剂

（1）水煤浆的性质

① 煤粉的浓度　体积浓度越大越好，最大粒径不大于 $300\mu m$。

② 良好的流变特性　贮存时应呈高黏度状态，防止煤粒沉淀，流动时，黏度应迅速降低，具有良好的流动性。

③煤粉颗粒悬浮的稳定性　一旦产生沉淀较难恢复悬浮状态。

（2）添加剂　煤粉颗粒为疏水性物质，不易为水所浸润，很容易产生煤粉颗粒与水分离。煤粉颗粒能够维持较长时间的稳定悬浮，添加剂至关重要，不可缺少的是降黏分散剂和稳定剂；其中分散剂最为重要，它直接影响着水煤浆的质量和制备成本。

① 分散剂　分散剂的作用主要是改善煤颗粒表面的亲水性，增强颗粒之间的静电斥力，使煤颗粒均匀分散在水中，防止颗粒聚结，降低黏度，提高流动性。

分散剂多为表面活性剂，分为阴离子型、非离子型，可兼作分散剂和稳定剂，用量少，价格贵。

② 稳定剂　使已经分散的颗粒与颗粒和水之间形成有一定强度的空间结构，以致悬浮颗粒不沉淀。能起到这种作用的稳定剂有无机盐、高分子有机化合物，如聚丙烯酰胺絮凝剂。

稳定剂的作用有两个，其一，使水煤浆在静止状态下有较高的黏度，当流动时又会将黏度迅速降低；其二，使沉淀物具有松软结构，防止颗粒沉淀。

③ 辅助添加剂　通常为消泡剂，常用的有醇类和磷酸酯类。

8.4.4　水煤浆的应用

（1）国内应用情况

① 电站和工业锅炉的应用　约占总产量的 83.3%，电站锅炉燃烧效率在 99% 以上，锅炉效率在 90% 以上。

② 工业窑炉的应用。

③ 气化炉应用。

（2）雾化喷嘴　不论是水煤浆应用燃烧还是气化，将其送入炉内时都需要进行雾化。水煤浆经雾化后，其比表面积增加有利于传热和传质，提高反应速率，提高利用率，同时增加燃烧和气化过程的稳定性。

雾化喷嘴是最重要的设备，分为三种：内混合式喷嘴（用于小容量），Y 形喷嘴（用于大容量），低压旋流喷嘴（用于中等容量）。

① 燃烧用喷嘴　Y 形喷嘴、低压旋流喷嘴。

② 气化用喷嘴　内混式、外混式。

8.4.5　有关水煤浆燃料的评价

（1）环保方面　制取水煤浆通常要经过洗选，所以可减少使用现场污染物的排放；同时，水煤浆为低温燃烧，可以减少、控制 SO_2 和 NO_x 的生成。

（2）锅炉的燃用情况　和燃油锅炉相比，使用水煤浆可以节省燃料费用约 20%；和燃煤电厂相比，可减少用电量约 13.8%～27.5%。

参　考　文　献

[1] 王爱华等．洁净煤技术进展与展望．节能，2004（5）.
[2] 甘正旺，许振良．洁净煤技术及其发展前景．辽宁工程技术大学学报，2005（4）.
[3] 中国工程院．"十五"高技术产业发展咨询报告——先进能源技术领域．2001.
[4] Maulbetsch J S. Progress and plans in IEC. In：Proceedings of 2nd Symposium on Integrated Environmental Controls for Coal-Fired Power Plants. Denver，1983：15-18.
[5] Joos D W，Morgan W E，Martinez A L. Economic Comparison of Conventional and Integrated Environmental Control System Design. In：Proceedings of 2nd Symposium on Integrated Environmental Controls for Coal-Fired Power Plants. Denver，1983：13-28.
[6] 郑楚光．洁净煤技术．武汉：华中理工大学出版社，1996.
[7] 陈清如．中国洁净煤战略思考——洁净煤炭能源．黑龙江科技学院学报，2004（14）.
[8] 时思．洁净煤技术是中国能源发展的必然选择．昆明冶金高等专科学校学报，2005（5）.
[9] 俞珠峰．洁净煤技术发展与应用．北京：化学工业出版社，2004.

9 煤化工生产与环境保护

9.1 环境保护概述

■ 9.1.1 我国环境形势

经济增长、社会进步与环境保护是可持续发展的三大任务，正确处理经济发展与环境保护是我国可持续发展的核心问题。环境是国民经济可持续发展的基础条件，环境安全是社会公平与稳定的重要保障，环境改善是实现全面小康目标的重要任务。为避免重复发达国家走过的先污染后治理、以牺牲环境换取经济增长的老路，我国积极探索有中国特色的环境保护新道路。在污染防治取得积极进展的同时，也要清醒地认识到，当前环境形势依然十分严峻。

（1）污染物的总量居高不下　据有关专家测算，即使实现"十一五"减排指标，我国化学需氧量和 SO_2 排放总量仍高居世界第一，远远超过环境承载能力。

（2）环境污染的总体形势不容乐观　城市大气环境质量虽有所好转，但仍有 1/3 的城市超标，若按欧盟标准评价，超标城市数量将超过 95%。全国大江大河水质虽有所改善，但仍有近 1/4 监测断面超过劣 V 类水质。流经城市的河段污染尤为严重，全国流经城市中的河流中，90% 的河段受到比较严重的污染，全国约有一半城市市区地下水污染严重，且污染区域不断扩大。75% 的江河湖泊出现了富营养化问题，城市内湖污染严重。28 个国控重点湖库中有 39.3% 为劣 V 类水体。

（3）新的污染问题不断出现　机动车保有量快速增加导致大中型城市空气中氮氧化物和挥发性有机物浓度增加，由此造成化学烟雾污染和大气灰霾频繁发生。危险废物环境安全隐患严重。土壤污染开始呈现以有机污染物和重金属共存的复合型污染态势，危害农作物生长和土地开发利用，甚至对人体健康造成直接危害。

当前我国面临的环境压力过大，环境和资源问题突出，解决起来十分困难。我国面临的环境形势可概括为：局部地区和行业的部分环境指标有所下降；环境恶化状况尚未得到根本遏制；环境形势依然十分严峻；未来的环境压力将继续加大。

■ 9.1.2 环境问题的主观因素

我国环境问题的成因是综合性的。我国工业化进程加快发展特别是重化工快速发展是污染密集化产生的历史阶段。此外，由于一些地方片面追求经济增长，急功近利，竭泽而渔，忽视环境保护，导致环境问题不断加剧。从环境和资源的角度看，我国以往的经济发展过程总体上具有"牺牲环境换取经济增长"的特点。"以环境换增长"的发展方式后果是严重的，付出了过大的资源环境代价。与我国快速的经济发展相比，环境保护的脚步似乎有些迟缓。造成严重环境问题的原因中有主客观原因，但主观因素占很大比例。

（1）经济发展方式转变迟缓　我们多年来一直强调转变经济发展方式，即从粗放型转变为集约型，但是进展却相当迟缓。如果目前这种高投入、高消耗、高污染的经济发展方式不改变，环境污染严重状况就难以改观。国内外的实践都证明，走新型工业化道路的发展方式，是一项明智的选择，不仅可以促进经济的持续发展，而且可以从源头上解决环境污染问题。

党的十六届五中全会把"加快建设资源节约型、环境友好型社会"列入国民经济与社会发展中长期规划。党的十七大又进一步把建设资源节约型、环境友好型社会写入党章。这是党和国家对我国发展方式进行重大战略调整的重大决断。标志着环境保护作为基本国策已成为全党意志，成为发展的行动指南。

（2）法制松弛、监管不力　我国宪法规定"国家保护和改善生活环境和生态环境，防治污染和其他公害"。我国环境法治工作于十一届三中全会后全面启动，国家已颁布环境与资源保护方面的法律25部，主要领域和方面都有了规定。如果按法律、规定去办，现存的环境污染和生态破坏问题应该得到控制。但是有法不依、执法不严、监管不力的问题十分突出。"违法成本低、守法成本高"的问题依然存在，原因就在于有些政府的作为不够。环保法规定，各级地方政府"对本辖区的环境质量负责，采取措施改善环境质量"。实际上一些政府把这一法律放在了一边，甚至对依法监管进行干扰。国家对干部的政绩考核制度过分强调GDP的增长，没有把环保政绩与经济成绩同等对待，这也是某些地方政府环境保护作为不够的重要原因。

9.1.3 煤化工与环境污染

煤是化学工业的主要能源及原料。煤是由有机质和无机质两大部分组成的复杂物质。要把一个构成复杂的不清洁的物质经过多过程的物理、化学加工转化为清洁能源和化工品，必然会产生一些污染物。这些污染物对环境造成污染，表现为大气污染、水体污染及土壤污染。煤炭是低效、高污染的能源。一般说来，煤在加工过程中产生的污染物比碳氢化合物（石油、天然气）要高得多。煤化工是一个重要的污染源，要发展煤化工，必须同时解决由此产生的污染问题。煤化工只能在环境容量允许的条件下发展，即在生态、环境可承载的能力和条件下发展。

煤化工可生产多种化工产品和能源化学品，其生产过程不一样，产生的污染及其严重程度亦不一样。以煤气化为例，由于煤气化工艺的不同，随之产生的污染物数量亦不同。例如，鲁奇气化工艺对环境的污染远远大于德士古气化工艺。以褐煤、烟煤为原料进行气化产生的污染程度远远高于以无烟煤和焦炭为原料的污染物。气化工艺不同，污水中杂质大不相同，与固定床相比，流化床和气流床工艺的废水水质较好。

煤化工污染的重点是污水处理问题。焦化污水有酚、氨、氰、硫化氢和烃等，经煤气化合成氨、醇、烃等物质的污水中含有醇、酸、酮、醛、酯等有机物。污水中的COD和BOD均较高，有的生化降解有难度，污水的无害化处理还要下很大功夫，有的还需进行科研攻关。

近年来，人们格外关心煤化工的温室气体的排放问题。温室气体主要是指CO_2、甲烷、NO_x和氟氯烃类等。虽然目前在我国CO_2没有直接被作为污染物被控制，但联合国气候变化框架公约《京都议定书》已经生效，我国亦已做出必要的承诺。气候变化的严峻现实要求人类采取措施。1991～2005年我国已减少排放18亿吨CO_2，"十一五"期间我国还将减少排放13亿吨CO_2。

我国以煤为主体（约占一次能源的70%）的能源结构导致大气污染物排放总量居高不下。2008年全国23.2%的城市空气质量未达到国家二级标准，城市空气中的可吸入颗粒物、SO_2浓度依然维持较高水平，城市大气污染依然严重。我国SO_2排放量和CO_2排放量分别居世界第一和第二位，空气质量持续恶化已对环境形成难以承受的压力。

在各种化石燃料中，煤炭燃烧对温室气体的增长率最高，比石油高 29％、比天然气高 69％。我国大气污染物排放中 85％的 SO_2、85％的 CO_2、60％ NO_x、70％的烟尘均来自于煤炭。在煤制油的转化过程中，大约 70％的 C 生成 CO_2 后直排大气，每生产 1t 油所排向大气的 CO_2 约 8.8t。每生产 1t 甲醇排出 CO_2 约 2.3t。每生产 1t 氨排出 CO_2 约 3.4t（某先进气化工艺配尿素流程，含动力消耗中排出的 CO_2，为天然气制氨排出 CO_2 的 5 倍）。

大量排出温室气体是发展煤化工所必须付出的环境代价。

工业污染防治是中国环境保护工作的重点。与过去相比，中国工业污染防治战略正在发生重大变化。正逐步从末端治理向源头和全过程控制转变；从浓度控制向总量和浓度控制相结合转变；从点源治理向流域和区域综合治理转变；从简单的企业治理向调整产业结构、清洁生产和发展循环经济转变。我国正在深入贯彻科学发展观，努力探索环境保护新道路。作为污染大户的煤化工产业应按照国家要求加强污染治理工作。

9.2　煤化工生产中的主要污染物

■ 9.2.1　煤制焦过程的污染物

（1）废气　焦化废气主要来源于装煤、炼焦、化产回收等过程。装煤初期，煤料在高温条件下与空气接触，形成大量黑烟及烟尘、荒煤气及对人体健康有害的多环芳烃。炼焦时，废气一方面来自化学转化过程中未完全炭化的细煤粉及其析出的挥发组分、焦油、飞灰和泄漏的粗煤气，另一方面来自出焦时灼热的焦炭与空气接触生成的 CO、CO_2、NO_x 等，主要污染物包括苯系物（如苯并芘）、酚、氰、硫氧化物以及碳氢化合物等。生产 1t 焦炭将产生 400 m^3 左右的废气，大量的粉尘和有毒气体被排放到大气中。

（2）废水　焦化废水来源于炼焦过程中的备煤、湿法熄焦、焦油加工、煤气冷却、脱苯脱萘等工序，主要包括除尘废水、剩余氨水、酚氰废水、脱硫废液、煤气水封水等。从物料平衡来说，排放废水来源于煤中的水分以及喷淋氨水、煤气冷却水等外加水源。根据联合国环境规划署工业与环境中心的有关报告，生产 1t 焦炭需要 1.25t 煤，产生约 0.6m^3 的废水、30g 悬浮固体、90g 硫以及 85kg 焦油、苯、沥青等其他物质。

焦化废水中的无机物有氨氮、氰化物、硫氰化物、硫化物等。易降解有机物主要是酚类化合物和苯类化合物，可降解的有机物有吡咯、萘、呋喃类，难降解有机物主要有吡啶、咔唑、联苯、三联苯等。废水中含有大量有机物组分和多种有害难降解成分，有毒及抑制性物质多，生化处理过程中难以实现有机污染物的完全降解，严重污染环境。

韦朝海等分析了国内 38 家焦化企业的焦化废水，总结的典型焦化废水水质特征见表 9-1。从表 9-1 可看出，不同企业的焦化废水水质差别很大，某些污染物浓度可相差 10 倍以上。COD、氨氮、酚类的平均质量浓度分别为 3433.7mg/L、549.3mg/L 和 483.0mg/L。COD 和 BOD 数值较高，组成复杂，BOD/COD 均值在 0.30 左右，属可生化废水。由于氰化物等的存在，废水呈碱性，部分呈强碱性。氨氮和酚类物质的浓度高，酚类易于生物降解而氨氮达标排放则有一定困难。硫化物和氰化物的浓度较其他废水高，生产 1t 焦炭平均产生废水 0.5m^3。

表 9-1　国内典型焦化企业的废水水质

项目	pH	COD /(mg/L)	BOD /(mg/L)	氨氮 /(mg/L)	酚类 /(mg/L)	氰化物 /(mg/L)	油类 /(mg/L)	硫化物 /(mg/L)	SS /(mg/L)	吨焦废水 /m^3
最大值	10.3	8000	2050	3250	1300	350	385	215	500	1.02
最小值	7.0	1000	335	73	90	5	10	18	75	0.24
平均	8.2	3434	903	549	483	35	114	94	199	0.50

（3）废渣 焦化厂的废渣及油状废弃物包括原煤在输送、粉碎、筛分和上煤过程中产生的粉尘，推焦、熄焦及筛焦等生产过程中除尘器收集的煤尘，硫铵饱和器中产生的酸焦油，焦油氨水澄清分离出的焦油渣与剩余污泥等。以年产焦炭145万吨焦化厂计，平均每年可产生酸焦油500t、焦油渣3000t、各种粉尘1300t。

■ 9.2.2 煤制气过程的污染物

（1）废气 煤制气废气的来源主要是气化炉开车过程中由于炉内结渣、火层倾斜等非正常停车而产生的逸散，另外，还有炉内的排空气形成部分废气、固定床气化炉的卸压废气、粗煤气净化工序中的部分尾气、硫和酚类物质回收装置的尾气及酸性气体、氨回收吸收塔的排放气。这些废气的主要成分包括碳氧化物、硫氧化物、氨气、苯并芘、CO、CH_4等，有些还夹杂了煤中的砷、镉、汞、铅等有害物质，对环境及人体健康有较大的危害。

（2）废水 煤中所含的氮、硫、氧和金属元素，在煤制气过程中，部分转化为氨、氰化物和金属化合物。一氧化碳和水蒸气反应生成少量的甲酸，甲酸和氨又反应生成甲酸铵。这些有害物质大部分溶解在气化过程的洗涤水、洗气水、蒸汽分离后的分离水和贮罐排水中，一部分在设备管道清扫过程中放空废水，通常可分为以下两类。

一类是煤气发生站废水。此废水主要来自发生炉中煤气的洗涤和冷却过程，废水的量和组成随原料煤、操作条件和废水系统的不同而变化，具体水质见表9-2。从表9-2可看出，在用烟煤和褐煤作原料时，废水的水质较差，含有大量的酚类、焦油和氨等。

表 9-2 煤气发生站废水水质   单位：mg/L

指标	无烟煤		烟煤		褐煤
	水不循环	水循环	水不循环	水循环	
悬浮物	—	1200	<100	200~3000	400~1500
总固体	150~500	5000~10000	700~10000	1700~15000	1500~11000
酚类	10~100	250~1800	90~3500	1300~6300	500~600
焦油	—	微量	70~300	200~3200	多
氨	20~40	50~1000	10~480	500~2600	700~10000
硫化物	5~250	<200	—	—	少量
氰化物和硫	5~10	50~500	<10	<25	<10
COD	20~150	500~3500	400~700	2800~20000	1200~23000

另一类是气化工艺废水。不同气化工艺的废水水质见表9-3。从表9-3可看出，固定床的水质较差，COD质量浓度高，在3500mg/L以上，最高达23000mg/L；流化床废水中氨的质量浓度较高，稳定在9000mg/L；气流床的水质为三者中最好。

表 9-3 不同气化工艺的废水水质   单位：mg/L

项目	焦油	苯酚	甲酸	氨	氰化物	COD
固定床（鲁奇炉）	<500	1500~5500	无	3500~9000	1~40	3500~23000
流化床（温克勒炉）	10~20	20	无	9000	5	200~300
气流床（德士古炉）	无	<10	100~1200	1300~2700	10~30	200~760

（3）废渣 煤在气化过程中，在高温条件下与气化剂反应，煤中的有机物转化成气体燃料，而煤中的矿物质形成灰渣。灰渣是一种不均匀金属氧化物的混合物。表9-4所示为某厂造气炉的灰渣组成，可以考虑作为生产水泥的基料。

表 9-4 造气炉的灰渣组成   单位：%

SiO_2	Al_2O_3	Fe_2O_3	CaO	MgO	其他
51.28	30.85	5.20	7.65	1.23	3.79

▶9.2.3　煤制油过程的污染物

　　煤的液化可分为直接液化和间接液化。煤直接液化时，经过加氢反应，所有异质原子基本被脱除，也无颗粒物，回收的硫可以获得元素硫，氮大多转化为氨。煤间接液化时，催化合成过程中的排放物不多，未反应的尾气（主要是CO）可以在燃烧器中燃烧，排放的废气中 CO_2 和硫很少，也没有颗粒物的生成。煤液化过程对环境造成的影响较小，主要的污染物是液化残渣，这是一种高碳、高灰和高硫物质，在某些工艺中占到液化原料煤总量的40%左右，需进一步处理。

▶9.2.4　煤燃烧过程的主要污染物

　　煤燃烧过程主要污染物有粉尘与烟雾、SO_2 为主的硫化物、N_2O、NO、NO_2、N_2O_3、N_2O_4 等氮氧化物、Hg、Cd、Pb、Cr、As、Se、F 等有害微量元素、产生温室效应的 CO_2 等。煤直接燃烧的能量利用率低，环境污染严重。

9.3　煤化工污染的防治

　　(1) 制定煤化工发展规划　目前，我国产煤大省发展煤化工产业的热情很高，煤化工产业发展存在过热现象已是不争的事实，国家有关部门正在研究制定全国煤化工发展规划、产业政策和新上煤化工项目的准入条件。各地应在国家政策的指导下，认真编制本地区煤化工产业的区域发展规划，综合考虑地域资源优势和市场竞争力等各方面的因素，以可持续发展为目标，合理规划并布局本地区的煤化工产业，制定合理的区域性煤化工产业定位、产品结构和产业链。

　　(2) 采取措施改变煤炭消费结构　我国煤炭资源相对丰富，是煤炭资源大国，但更是煤炭消费大国，可提供给煤化工产业的煤炭资源不可能很多，因此发展煤化工必须改变我国目前的煤炭消费结构，以便为煤化工产业提供充足的煤炭资源。具体措施如下。

　　① 加快发展核电，减少火力发电用煤量，国民经济发展增量对电力的要求应尽量依靠核电予以弥补，而不是依靠大量发展火电来弥补。

　　② 大力发展民用天然气和沼气，减少民用煤的数量。

　　③ 控制并减少冶金耗煤量，我国焦炭出口量很大，大量消耗紧张的煤炭资源，同时又留下严重的环境污染，因此，必须控制焦炭产量，当务之急是控制焦炭企业的数量和规模。

　　④ 加大节能措施的执行力度，减少能耗，提高煤炭利用率。

　　(3) 提高煤炭资源集中度　大型煤化工企业耗煤量巨大，以建设一个每年需耗煤10000kt（产能约为2500～3000kt 的煤制油项目，或产能2000kt 的煤制烯烃项目）、工厂设计寿命为30 年的大型煤化工企业为例，则需配套的煤炭资源为 $3×10^8$ t（3 亿吨），加上为其配套的社区用煤量（取暖和民用燃气等），需要配套的煤炭资源量将大于 $3×10^8$ t。

　　因此，发展煤化工必须提高煤炭资源的集中度，我国煤炭发展规划需作适当修改，应将提高煤炭集中度的问题补充编入全国煤炭发展规划。

　　(4) 实行严格的节水制度　煤化工产业不论是生产甲醇及其下游产品、还是生产煤制油产品，都要消耗大量的水资源，水资源可靠与否是建设大型煤化工企业的先决条件。我国煤炭资源丰富的西北地区，是煤化工规划发展的重点地区，但也是严重缺水地区，煤化工企业必须实行严格的节水制度，因此控制生产用水、实现"废水零排放"应成为新上煤化工项目的准入条件之一。

　　(5) 规范煤化工规模　煤化工的规模效益非常明显，煤化工企业要综合考虑当地资源条件、产品结构、品种差异、市场变化趋势、技术成熟程度以及投资情况等因素，确定具有一定市场竞争力的产品结构和规模；同时，副产品的加工利用也需主产品要具有足够的规模方可产生经济效益。工厂结构的复杂程度将显著提高，运营管理将变得十分复杂，规模经济效益将难以发挥。综上所述，确定煤化工项目的建设规模时应注意以下问题。

① 煤化工企业的规模不能太小，规模小的煤化工企业其副产品产量也较小，难以单独加工成高附加值的副产品，对企业整体经济效益有很大的负面影响，因此煤化工企业必须达到一定的经济规模。

② 煤化工企业的规模又不能太大，规模太大则工厂结构过于复杂，运营管理十分困难，势必抑制规模经济效益的发挥。

③ 目前我国拟建煤制油或煤制烯烃项目的一般规模（油品 3000kt/a，烯烃 600～1000kt/a）基本上是合适的，若与炼油、IGCC 热电、制氢等产业进行有机联合，则规模经济效益更为显著。

（6）成熟技术问题　煤化工是技术高度密集的产业，在选择生产技术时，不仅要考虑技术的先进性和投资情况，更要考虑技术的成熟度和存在的风险。对于大型的煤化工联合生产装置，不仅要考虑单项技术的成熟程度，还要考虑不同技术组合后的成熟程度，以便将技术风险控制在最小限度之内。

（7）环境保护问题　我国煤化工产业必须走高效、节能和环境友好的可持续发展之路，决不能走单一的煤转化之路，应将防范和解决环境保护问题贯穿于煤化工项目的规划、设计、建设、运行和管理等全过程之中。清洁生产和清洁生产技术是煤化工产业防范和解决环境保护问题的重点和核心，必须予以高度重视，煤化工产业应选用成熟的清洁生产技术，认真实行清洁生产制度。

（8）发展循环经济　从资源流程和对环境影响的角度考察，增长方式存在两种模式：一种是传统模式，即"资源—产品—废物"的单向线性过程。经济增长越快，资源消耗越大，污染排放越多，对资源环境的负面影响越大。另一种是循环经济模式，即"资源—产品—废弃物—再生资源"的闭环反馈式循环过程。现在发达国家正在走的是这种发展模式。

9.4　煤化工的"三废"治理

9.4.1　煤化工废水治理

煤化工企业排放废水以高浓度煤气洗涤废水为主，含有大量酚、氰、油、氨氮等有毒、有害物质。综合废水中 COD_{Cr} 一般在 5000mg/L 左右、氨氮在 200～500mg/L，废水所含有机污染物包括酚类、多环芳香族化合物及含氮、氧、硫的杂环化合物等，是一种典型的含有难降解的有机化合物的工业废水。废水中的易降解有机物主要是酚类化合物和苯类化合物；吡咯、萘、呋喃、咪唑类属于可降解类有机物；难降解的有机物主要有砒啶、咔唑、联苯、三联苯等。

目前国内煤化工废水处理方法主要采用生化法，生化法对废水中的苯酚类及苯类物质有较好的去除作用，但对喹啉类、吲哚类、吡啶类、咔唑类等一些难降解有机物处理效果较差，使得煤化工行业外排水 COD_{Cr} 难以达到一级标准。

同时煤化工废水经生化处理后又存在色度和浊度很高的特点（因含各种生色团和助色团的有机物，如 3-甲基-1,3,6 庚三烯、5-降冰片烯-2-羧酸、2-氯-2-降冰片烯、2-羟基-苯并呋喃、苯酚、1-甲磺酰基-4-甲基苯、3-甲基苯并噻吩、萘-1,8-二胺等）。

因此，要将此类煤气化废水处理后达到回用或排放标准，主要进一步降低 COD_{Cr}、氨氮、色度和浊度等指标。

煤化工废水治理工艺路线基本遵行"物化预处理＋A/O 生化处理＋物化深度处理"。

（1）物化预处理　预处理常用的方法：隔油、气浮等。

因过多的油类会影响后续生化处理的效果，气浮法煤化工废水预处理的作用是除去其中的油类并回收再利用，此外还起到预曝气的作用。

（2）A/O 生化处理　对于预处理后的煤化工废水，国内外一般采用缺氧、好氧生物法处理（A/O 工艺），但由于煤化工废水中的多环和杂环类化合物，好氧生物法处理后出水中的 COD 指标难以稳定达标。

为了解决上述问题，近年来出现了一些新的处理方法，如 PACT 法、固定床生物膜反应器（FBBR）法、厌氧生物法，厌氧-好氧联合生物法等。

① 改进的好氧生物法

a. PACT 法　PACT 法是在活性污泥曝气池中投加活性炭粉末，利用活性炭粉末对有机物和溶解氧的吸附作用，为微生物的生长提供食物，从而加速对有机物的氧化分解能力。活性炭用湿空气氧化法再生。

b. 固定床生物膜反应器（FBBR）法　FBBR 技术可应用于高浓度煤化工废水的处理，也可应用于后续的深度处理回用单元。

② 厌氧生物法　一种被称为上流式厌氧污泥床（UASB）的技术用于处理煤化工废水。该法所用的反应器是由荷兰的 G. Lettinga 等于 1977 年开发成功的，废水自下而上通过底部带有污泥层的反应器，大部分的有机物在此被微生物转化为 CH_4 和 CO_2。在反应器的上部，设有三相分离器，完成气、液、固三相的分离。

另外，活性炭厌氧膨胀床技术也被用于处理煤化工废水，该技术可有效地去除废水中的酚类和杂环类化合物。

③ 厌氧-好氧联合生物法　单独采用好氧或厌氧技术处理煤化工废水并不能够达到令人满意的效果，厌氧和好氧的联合生物处理法逐渐受到研究者的重视。

煤化工废水经过厌氧酸化处理后，废水中有机物的生物降解性能显著提高，使后续的好氧生物处理 COD_{Cr} 的去除率达 90％以上。其中较难降解的有机物萘、喹啉和吡啶的去除率分别为 67％，55％和 70％，而一般的好氧处理这些有机物的去除率不到 20％。采用厌氧固定膜-好氧生物法处理煤化工废水，也得到了比较满意的效果。

（3）物化深度处理　煤化工废水经生化处理后，出水的 COD_{Cr}、氨氮等浓度虽有极大的下降，但由于难降解有机物的存在使得出水的 COD_{Cr}、色度等指标仍未达到排放标准。因此，生化处理后的出水仍需进一步的处理。深度处理的方法主要有混凝沉淀、固定化生物技术、吸附法催化氧化法及反渗透等膜处理技术。

① 混凝沉淀　沉淀法是利用水中悬浮物的可沉降性能，在重力作用下下沉，以达到固液分离的过程。其目的是除去悬浮的有机物，以降低后续生物处理的有机负荷。

在生产中通常加入混凝剂如铝盐、铁盐、聚铝、聚铁和聚丙烯酰胺等来强化沉淀效果，此法的影响因素有废水的 pH、混凝剂的种类和用量等。

② 固定化生物技术　固定化生物技术是近年来发展起来的新技术，可选择性地固定优势菌种，有针对性地处理含有难降解有机毒物的废水。

经过驯化的优势菌种对喹啉、异喹啉、吡啶的降解能力比普通污泥高 2～5 倍，而且优势菌种的降解效率较高，经其处理 8h 可将喹啉、异喹啉、吡啶降解 90％以上。

③ 高级氧化技术　由于煤化工废水中的有机物复杂多样，其中酚类、多环芳烃、含氮有机物等难降解的有机物占多数，这些难降解有机物的存在严重影响了后续生化处理的效果。

高级氧化技术是在废水中产生大量的 HO·，HO·能够无选择性地将废水中的有机污染物降解为二氧化碳和水。高级氧化技术可以分为均相催化氧化法、光催化氧化法、多相湿式催化氧化法以及其他催化氧化法。

催化氧化法可以应用在煤化工废水处理工艺的前段，去除部分 COD_{Cr} 和增强废水的可生化性，但存在消耗量大、运行不经济的问题，因此该技术在后续的深度处理单元中应用可以获得更好的经济性和降解效果。

④ 吸附法　由于固体表面有吸附水中溶质及胶质的能力，当废水通过比表面积很大的固体颗粒时，水中的污染物被吸附到固体颗粒（吸附剂）上，从而去除污染物质。该方法可取得较好的效果，但存在吸附剂用量大、费用高、产生二次污染等问题，一般适合小规模污水处理应用。

废水处理工艺基本要求：

a. 按技术成熟、经济合理的原则进行总体设计，力求节能降耗、工程投资低、运行成本低、操作管理方便、工艺技术先进成熟的废水处理工艺流程；

b. 工艺流程做到稳定、高效、抗冲击负荷能力强，运行灵活、设备布置合理、结构紧凑；

c. 设备选型、匹配得当，运行稳定可靠，性价比高，维护保养简单，使用寿命长；

d. 采用现代化自控技术，设置必要的监控仪表，实现自动化管理，提高管理水平；

e. 处理系统运行有一定的灵活性和调节余地，以适应水质水量的变化；

f. 设计美观、布局合理。尽量采取措施减小对周围环境的影响，合理控制气味、噪声。

9.4.2　废气治理措施

9.4.2.1　备煤系统

采取筒仓或室内煤库贮存原煤，在卸煤处、输送机转运点和下料点设抽风除尘和水喷淋。

9.4.2.2　气化系统

① 对在生产过程中间歇排放、事故排放及开停车检修排放的废气，设置火炬系统。气化炉开、停车尾气应直接引入火炬系统处置；固定床气化炉煤锁卸压弛放气经旋风除尘后引入火炬燃烧处置。

② 为减少造气污水渠道和沉灰池上方氰、酚、硫的无组织排放量，应在渠道和沉灰池上方加活动盖板抑制污染物挥发，并在冷却塔上部设冷水喷淋段以吸收污染物，减少对大气排放。

③ Shell 干煤粉加压气化装置气化飞灰通过高温高压飞灰过滤器截留收集。

9.4.2.3　净化、变换和回收系统

① 低温甲醇洗工艺脱碳尾气主要成分为 CO，应考虑回收进行综合利用。如利用空分排出的氮气和变换制得的氢气合成氨，再和 CO 反应制碳铵或尿素；也可作为原料制可降解塑料（其中 CO_2 占 42%）等，形成循环经济产业链。

② 低温甲醇洗工艺脱硫尾气、预洗闪蒸塔排放气和酚回收酸性气送硫回收装置。硫回收装置尾气采用克劳斯＋SCOT 的方法进一步回收处理。

③ 氨回收吸收塔排放气采用软水吸收处理生成氨水。

④ 根据环保要求，应将贮罐呼吸尾气送火炬系统处理。

9.4.3　固体废物治理措施

① 炉渣（包括锅炉炉渣）作为固体废物应落实处置或综合利用的出路，可作为建筑材

料水泥、制砖原料，生产的水泥配制的砂浆流动性能好，输送方便，常作为高层建筑用料，在长三角一带已成为较紧俏的建材原料。炉渣也可以作为筑路的路基。在厂内应设有固定炉渣外运的临时堆场，并设置水雾喷洒设施防止扬尘。

② 飞灰由于粒径小，危害性很大，但目前被忽视，大都没有妥善处置。可将其作建材原料考虑，或加入水泥固化成砌块作道路路基，对此应开展必要的研究工作。

③ 一般将废催化剂送回制造厂商进行回收处理。

④ 废水预处理产生的污泥，应作危废处置；生化处理剩余污泥干化后一般可外运作填埋处置。

⑤ 精馏残液除部分加工作副产外，其余应作危废处置。

参 考 文 献

[1] 季惠良. 煤化工污染及治理措施探讨. 化工设计，2009，19（6）：24-27.
[2] 黄斌，李慧晶，柴朝晖. 关于对煤化工厂污染物环境治理的探讨. 内蒙古石油化工，2005（1）：28.
[3] 吕任生，陈平，张晓亮，徐静，王永斌. 新疆煤化工产业开发中的环保问题分析. 新疆环境保护，2009，31（3）：22-25.
[4] 程新源. 试论我国煤化工发展中的环境保护问题. 化工设计，2009，19（6）：14-23.
[5] 郭森，周学双，杜啸岩. 煤气化工艺清洁生产及环境保护分析. 煤化工，2008，12（6）：13-16.